2020 한국인 영양소 섭취기준

Dietary Reference Intakes for Koreans 2020

자료 : 보건복지부, 2020 한국인 영양소 섭취기준, 2020

2020 한국인 영양소 섭취기준 연령·체위기준

연령	2020 체위기준					
	신장(cm)		체중(kg)		BMI(kg/m²)	
0-5(개월)	58.3		5.5		16.2	
6-11	70.3		8.4		17.0	
1-2(세)	85.8		11.7		15.9	
3-5	105.4		17.6		15.8	
	남자	여자	남자	여자	남자	여자
6-8(세)	124.6	123.5	25.6	25.0	16.7	16.4
9-11	141.7	142.1	37.4	36.6	18.7	18.1
12-14	161.2	156.6	52.7	48.7	20.5	20.0
15-18	172.4	160.3	64.5	53.8	21.9	21.0
19-29	174.6	161.4	68.9	55.9	22.6	21.4
30-49	173.2	159.8	67.8	54.7	22.6	21.4
50-64	168.9	156.6	64.5	52.5	22.6	21.4
65-74	166.2	152.9	62.4	50.0	22.6	21.4
75 이상	163.1	146.7	60.1	46.1	22.6	21.4

2020 한국인 영양소 섭취기준 – 에너지 적정비율

영양소		에너지 적정비율(%)						
		영아	유아		남녀		임신부	수유부
		0-11개월	1-2세	3-5세	6-18세	19세 이상		
탄수화물		-	55-65	55-65	55-65	55-65	55-65	55-65
단백질		-	7-20	7-20	7-20	7-20	7-20	7-20
지질[1)]	지방	-	20-35	15-30	15-30	15-30	15-30	15-30
	포화지방산	-	-	8 미만	8 미만	7 미만		
	트랜스지방산	-	-	1 미만	1 미만	1 미만		

[1)] 콜레스테롤: 19세 이상 300 mg/일 미만 권고

2020 한국인 영양소 섭취기준 – 당류

총당류 섭취량을 총 에너지섭취량의 10~20%로 제한하고, 특히 식품의 조리 및 가공 시 첨가되는 첨가당은 총 에너지섭취량의 10% 이내로 섭취하도록 한다. 첨가당의 주요 급원으로는 설탕, 액상과당, 물엿, 당밀, 꿀, 시럽, 농축과일주스 등이 있다.

성별	연령	에너지(kcal/일)				탄수화물(g/일)				식이섬유(g/일)				지방(g/일)			
		필요추정량	권장섭취량	충분섭취량	상한섭취량	평균필요량	권장섭취량	충분섭취량	상한섭취량	평균필요량	권장섭취량	충분섭취량	상한섭취량	평균필요량	권장섭취량	충분섭취량	상한섭취량
영아	0-5(개월)	500						60								25	
	6-11	600						90								25	
유아	1-2(세)	900				100	130					15					
	3-5	1,400				100	130					20					
남자	6-8(세)	1,700				100	130					25					
	9-11	2,000				100	130					25					
	12-14	2,500				100	130					30					
	15-18	2,700				100	130					30					
	19-29	2,600				100	130					30					
	30-49	2,500				100	130					30					
	50-64	2,200				100	130					30					
	65-74	2,000				100	130					25					
	75 이상	1,900				100	130					25					
여자	6-8(세)	1,500				100	130					20					
	9-11	1,800				100	130					25					
	12-14	2,000				100	130					25					
	15-18	2,000				100	130					25					
	19-29	2,000				100	130					20					
	30-49	1,900				100	130					20					
	50-64	1,700				100	130					20					
	65-74	1,600				100	130					20					
	75 이상	1,500				100	130					20					
임신부[1]		+0 +340 +450				+35	+45					+5					
수유부		+340				+60	+80					+5					

성별	연령	리놀레산(g/일)				알파-리놀렌산(g/일)				EPA+DHA(mg/일)				단백질(g/일)			
		평균필요량	권장섭취량	충분섭취량	상한섭취량	평균필요량	권장섭취량	충분섭취량	상한섭취량	평균필요량	권장섭취량	충분섭취량	상한섭취량	평균필요량	권장섭취량	충분섭취량	상한섭취량
영아	0-5(개월)			5.0				0.6				200[2]				10	
	6-11			7.0				0.8				300[2]		12	15		
유아	1-2(세)			4.5				0.6						15	20		
	3-5			7.0				0.9						20	25		
남자	6-8(세)			9.0				1.1				200		30	35		
	9-11			9.5				1.3				220		40	50		
	12-14			12.0				1.5				230		50	60		
	15-18			14.0				1.7				230		55	65		
	19-29			13.0				1.6				210		50	65		
	30-49			11.5				1.4				400		50	65		
	50-64			9.0				1.4				500		50	60		
	65-74			7.0				1.2				310		50	60		
	75 이상			5.0				0.9				280		50	60		
여자	6-8(세)			7.0				0.8				200		30	35		
	9-11			9.0				1.1				150		40	45		
	12-14			9.0				1.2				210		45	55		
	15-18			10.0				1.1				100		45	55		
	19-29			10.0				1.2				150		45	55		
	30-49			8.5				1.2				260		40	50		
	50-64			7.0				1.2				240		40	50		
	65-74			4.5				1.0				150		40	50		
	75 이상			3.0				0.4				140		40	50		
임신부[3]				+0				+0				+0		+12 +25	+15 +30		
수유부				+0				+0				+0		+20	+25		

[1] 1, 2, 3분기별 부가량 [2] DHA [3] 단백질: 임신부 - 2, 3분기별 부가량

성별	연령	메티오닌+시스테인(g/일)				류신(g/일)				이소류신(g/일)				발린(g/일)				라이신(g/일)			
		평균필요량	권장섭취량	충분섭취량	상한섭취량	평균필요량	권장섭취량	충분섭취량	상한섭취량	평균필요량	권장섭취량	충분섭취량	상한섭취량	평균필요량	권장섭취량	충분섭취량	상한섭취량	평균필요량	권장섭취량	충분섭취량	상한섭취량
영아	0-5(개월)			0.4				1.0				0.6				0.6				0.7	
	6-11	0.3	0.4			0.6	0.8			0.3	0.4			0.3	0.5			0.6	0.8		
유아	1-2(세)	0.3	0.4			0.6	0.8			0.3	0.4			0.4	0.5			0.6	0.7		
	3-5	0.3	0.4			0.7	1.0			0.3	0.4			0.4	0.5			0.6	0.8		
남자	6-8(세)	0.5	0.6			1.1	1.3			0.5	0.6			0.6	0.7			1.0	1.2		
	9-11	0.7	0.8			1.5	1.9			0.7	0.8			0.9	1.1			1.4	1.8		
	12-14	1.0	1.2			2.2	2.7			1.0	1.2			1.2	1.6			2.1	2.5		
	15-18	1.2	1.4			2.6	3.2			1.2	1.4			1.5	1.8			2.3	2.9		
	19-29	1.0	1.4			2.4	3.1			1.0	1.4			1.4	1.7			2.5	3.1		
	30-49	1.1	1.4			2.4	3.1			1.1	1.4			1.4	1.7			2.4	3.1		
	50-64	1.1	1.3			2.3	2.8			1.1	1.3			1.3	1.6			2.3	2.9		
	65-74	1.0	1.3			2.2	2.8			1.0	1.3			1.3	1.6			2.2	2.9		
	75 이상	0.9	1.1			2.1	2.7			0.9	1.1			1.1	1.5			2.2	2.7		
여자	6-8(세)	0.5	0.6			1.0	1.3			0.5	0.6			0.6	0.7			0.9	1.3		
	9-11	0.6	0.7			1.5	1.8			0.6	0.7			0.9	1.1			1.3	1.6		
	12-14	0.8	1.0			1.9	2.4			0.8	1.0			1.2	1.4			1.8	2.2		
	15-18	0.8	1.1			2.0	2.4			0.8	1.1			1.2	1.4			1.8	2.2		
	19-29	0.8	1.0			2.0	2.5			0.8	1.1			1.1	1.3			2.1	2.6		
	30-49	0.8	1.0			1.9	2.4			0.8	1.0			1.0	1.4			2.0	2.5		
	50-64	0.8	1.1			1.9	2.3			0.8	1.1			1.1	1.3			1.9	2.4		
	65-74	0.7	0.9			1.8	2.2			0.7	0.9			0.9	1.3			1.8	2.3		
	75 이상	0.7	0.9			1.7	2.1			0.7	0.9			0.9	1.1			1.7	2.1		
임신부		1.1	1.4			2.5	3.1			1.1	1.4			1.4	1.7			2.3	2.9		
수유부		1.1	1.5			2.8	3.5			1.3	1.7			1.6	1.9			2.5	3.1		

성별	연령	페닐알라닌+티로신(g/일)				트레오닌(g/일)				트립토판(g/일)				히스티딘(g/일)				수분(mL/일)					
		평균필요량	권장섭취량	충분섭취량	상한섭취량	평균필요량	권장섭취량	충분섭취량	상한섭취량	평균필요량	권장섭취량	충분섭취량	상한섭취량	평균필요량	권장섭취량	충분섭취량	상한섭취량	음식	물	음료	충분섭취량 액체	충분섭취량 총수분	상한섭취량
영아	0-5(개월)			0.9				0.5				0.2				0.1					700	700	
	6-11	0.5	0.7			0.3	0.4			0.1	0.1			0.2	0.3			300			500	800	
유아	1-2(세)	0.5	0.7			0.3	0.4			0.1	0.1			0.2	0.3			300	362	0	700	1,000	
	3-5	0.6	0.7			0.3	0.4			0.1	0.1			0.2	0.3			400	491	0	1,100	1,500	
남자	6-8(세)	0.9	1.0			0.5	0.6			0.1	0.2			0.3	0.4			900	589	0	800	1,700	
	9-11	1.3	1.6			0.7	0.9			0.2	0.2			0.5	0.6			1,100	686	1.2	900	2,000	
	12-14	1.8	2.3			1.0	1.3			0.3	0.3			0.7	0.9			1,300	911	1.9	1,100	2,400	
	15-18	2.1	2.6			1.2	1.5			0.3	0.4			0.9	1.0			1,400	920	6.4	1,200	2,600	
	19-29	2.8	3.6			1.1	1.5			0.3	0.3			0.8	1.0			1,400	981	262	1,200	2,600	
	30-49	2.9	3.5			1.2	1.5			0.3	0.3			0.7	1.0			1,300	957	289	1,200	2,500	
	50-64	2.7	3.4			1.1	1.4			0.3	0.3			0.7	0.9			1,200	940	75	1,000	2,200	
	65-74	2.5	3.3			1.1	1.3			0.2	0.3			0.7	1.0			1,100	904	20	1,000	2,100	
	75 이상	2.5	3.1			1.0	1.3			0.2	0.3			0.7	0.8			1,000	662	12	1,100	2,100	
여자	6-8(세)	0.8	1.0			0.5	0.6			0.1	0.2			0.3	0.4			800	514	0	800	1,600	
	9-11	1.2	1.5			0.6	0.9			0.2	0.2			0.4	0.5			1,000	643	0	900	1,900	
	12-14	1.6	1.9			0.9	1.2			0.2	0.3			0.6	0.7			1,100	610	0	900	2,000	
	15-18	1.6	2.0			0.9	1.2			0.2	0.3			0.6	0.7			1,100	659	7.3	900	2,000	
	19-29	2.3	2.9			0.9	1.1			0.2	0.3			0.6	0.8			1,100	709	126	1,000	2,100	
	30-49	2.3	2.8			0.9	1.2			0.2	0.3			0.6	0.8			1,000	772	124	1,000	2,000	
	50-64	2.2	2.7			0.8	1.1			0.2	0.3			0.6	0.7			900	784	27	1,000	1,900	
	65-74	2.1	2.6			0.8	1.0			0.2	0.2			0.5	0.7			900	624	9	900	1,800	
	75 이상	2.0	2.4			0.7	0.9			0.2	0.2			0.5	0.7			800	552	5	1,000	1,800	
임신부		3.0	3.8			1.2	1.5			0.3	0.4			0.8	1.0							+200	
수유부		3.7	4.7			1.3	1.7			0.4	0.5			0.8	1.1						+500	+700	

아미노산: 임신부, 수유부 - 부가량 아닌 절대필요량임.

2020 한국인 영양소 섭취기준 – 지용성 비타민

성별	연령	비타민 A(μg RAE/일)				비타민 D(μg/일)			
		평균 필요량	권장 섭취량	충분 섭취량	상한 섭취량	평균 필요량	권장 섭취량	충분 섭취량	상한 섭취량
영아	0-5(개월)			350	600			5	25
	6-11			450	600			5	25
유아	1-2(세)	190	250		600			5	30
	3-5	230	300		750			5	35
남자	6-8(세)	310	450		1,100			5	40
	9-11	410	600		1,600			5	60
	12-14	530	750		2,300			10	100
	15-18	620	850		2,800			10	100
	19-29	570	800		3,000			10	100
	30-49	560	800		3,000			10	100
	50-64	530	750		3,000			10	100
	65-74	510	700		3,000			15	100
	75 이상	500	700		3,000			15	100
여자	6-8(세)	290	400		1,100			5	40
	9-11	390	550		1,600			5	60
	12-14	480	650		2,300			10	100
	15-18	450	650		2,800			10	100
	19-29	460	650		3,000			10	100
	30-49	450	650		3,000			10	100
	50-64	430	600		3,000			10	100
	65-74	410	600		3,000			15	100
	75 이상	410	600		3,000			15	100
임신부		+50	+70		3,000			+0	100
수유부		+350	+490		3,000			+0	100

성별	연령	비타민 E(mg α-TE/일)				비타민 K(μg/일)			
		평균 필요량	권장 섭취량	충분 섭취량	상한 섭취량	평균 필요량	권장 섭취량	충분 섭취량	상한 섭취량
영아	0-5(개월)			3				4	
	6-11			4				6	
유아	1-2(세)			5	100			25	
	3-5			6	150			30	
남자	6-8(세)			7	200			40	
	9-11			9	300			55	
	12-14			11	400			70	
	15-18			12	500			80	
	19-29			12	540			75	
	30-49			12	540			75	
	50-64			12	540			75	
	65-74			12	540			75	
	75 이상			12	540			75	
여자	6-8(세)			7	200			40	
	9-11			9	300			55	
	12-14			11	400			65	
	15-18			12	500			65	
	19-29			12	540			65	
	30-49			12	540			65	
	50-64			12	540			65	
	65-74			12	540			65	
	75 이상			12	540			65	
임신부				+0	540			+0	
수유부				+3	540			+0	

성별	연령	비타민 C(mg/일)				티아민(mg/일)				리보플라빈(mg/일)				니아신(mg NE/일)[1]			
		평균필요량	권장섭취량	충분섭취량	상한섭취량	평균필요량	권장섭취량	충분섭취량	상한섭취량	평균필요량	권장섭취량	충분섭취량	상한섭취량	평균필요량	권장섭취량	충분섭취량	상한섭취량 니코틴산/니코틴아미드
영아	0-5(개월)			40				0.2				0.3				2	
	6-11			55				0.3				0.4				3	
유아	1-2(세)	30	40		340	0.4	0.4			0.4	0.5			4	6		10/180
	3-5	35	45		510	0.4	0.5			0.5	0.6			5	7		10/250
남자	6-8(세)	40	50		750	0.5	0.7			0.7	0.9			7	9		15/350
	9-11	55	70		1,100	0.7	0.9			0.9	1.1			9	11		20/500
	12-14	70	90		1,400	0.9	1.1			1.2	1.5			11	15		25/700
	15-18	80	100		1,600	1.1	1.3			1.4	1.7			13	17		30/800
	19-29	75	100		2,000	1.0	1.2			1.3	1.5			12	16		35/1000
	30-49	75	100		2,000	1.0	1.2			1.3	1.5			12	16		35/1000
	50-64	75	100		2,000	1.0	1.2			1.3	1.5			12	16		35/1000
	65-74	75	100		2,000	0.9	1.1			1.2	1.4			11	14		35/1000
	75 이상	75	100		2,000	0.9	1.1			1.1	1.3			10	13		35/1000
여자	6-8(세)	40	50		750	0.6	0.7			0.6	0.8			7	9		15/350
	9-11	55	70		1,100	0.8	0.9			0.8	1.0			9	12		20/500
	12-14	70	90		1,400	0.9	1.1			1.0	1.2			11	15		25/700
	15-18	80	100		1,600	0.9	1.1			1.0	1.2			11	14		30/800
	19-29	75	100		2,000	0.9	1.1			1.0	1.2			11	14		35/1000
	30-49	75	100		2,000	0.9	1.1			1.0	1.2			11	14		35/1000
	50-64	75	100		2,000	0.9	1.1			1.0	1.2			11	14		35/1000
	65-74	75	100		2,000	0.8	1.0			0.9	1.1			10	13		35/1000
	75 이상	75	100		2,000	0.7	0.8			0.8	1.0			9	12		35/1000
임신부		+10	+10		2,000	+0.4	+0.4			+0.3	+0.4			+3	+4		35/1000
수유부		+35	+40		2,000	+0.3	+0.4			+0.4	+0.5			+2	+3		35/1000

성별	연령	비타민 B_6(mg/일)				엽산(μg DFE/일)[2]				비타민 B_{12}(μg/일)				판토텐산(mg/일)				비오틴(μg/일)			
		평균필요량	권장섭취량	충분섭취량	상한섭취량	평균필요량	권장섭취량	충분섭취량	상한섭취량[3]	평균필요량	권장섭취량	충분섭취량	상한섭취량	평균필요량	권장섭취량	충분섭취량	상한섭취량	평균필요량	권장섭취량	충분섭취량	상한섭취량
영아	0-5(개월)			0.1				65				0.3				1.7				5	
	6-11			0.3				90				0.5				1.9				7	
유아	1-2(세)	0.5	0.6		20	120	150		300	0.8	0.9					2				9	
	3-5	0.6	0.7		30	150	180		400	0.9	1.1					2				12	
남자	6-8(세)	0.7	0.9		45	180	220		500	1.1	1.3					3				15	
	9-11	0.9	1.1		60	250	300		600	1.5	1.7					4				20	
	12-14	1.3	1.5		80	300	360		800	1.9	2.3					5				25	
	15-18	1.3	1.5		95	330	400		900	2.0	2.4					5				30	
	19-29	1.3	1.5		100	320	400		1,000	2.0	2.4					5				30	
	30-49	1.3	1.5		100	320	400		1,000	2.0	2.4					5				30	
	50-64	1.3	1.5		100	320	400		1,000	2.0	2.4					5				30	
	65-74	1.3	1.5		100	320	400		1,000	2.0	2.4					5				30	
	75 이상	1.3	1.5		100	320	400		1,000	2.0	2.4					5				30	
여자	6-8(세)	0.7	0.9		45	180	220		500	1.1	1.3					3				15	
	9-11	0.9	1.1		60	250	300		600	1.5	1.7					4				20	
	12-14	1.2	1.4		80	300	360		800	1.9	2.3					5				25	
	15-18	1.2	1.4		95	330	400		900	2.0	2.4					5				30	
	19-29	1.2	1.4		100	320	400		1,000	2.0	2.4					5				30	
	30-49	1.2	1.4		100	320	400		1,000	2.0	2.4					5				30	
	50-64	1.2	1.4		100	320	400		1,000	2.0	2.4					5				30	
	65-74	1.2	1.4		100	320	400		1,000	2.0	2.4					5				30	
	75 이상	1.2	1.4		100	320	400		1,000	2.0	2.4					5				30	
임신부		+0.7	+0.8		100	+200	+220		1,000	+0.2	+0.2					+1.0				+0	
수유부		+0.7	+0.8		100	+130	+150		1,000	+0.3	+0.4					+2.0				+5	

[1] 1 mg NE(니아신 당량) = 1 mg 니아신 = 60 mg 트립토판

[2] Dietary Folate Equivalents, 가임기 여성의 경우 400 μg/일의 엽산보충제 섭취를 권장함.

[3] 엽산의 상한섭취량은 보충제 또는 강화식품의 형태로 섭취한 μg/일에 해당됨.

2020 한국인 영양소 섭취기준 – 다량 무기질

성별	연령	칼슘(mg/일)				인(mg/일)				나트륨(mg/일)			
		평균 필요량	권장 섭취량	충분 섭취량	상한 섭취량	평균 필요량	권장 섭취량	충분 섭취량	상한 섭취량	평균 필요량	권장 섭취량	충분 섭취량	만성질환위험 감소섭취량
영아	0-5(개월)			250	1,000			100				110	
	6-11			300	1,500			300				370	
유아	1-2(세)	400	500		2,500	380	450		3,000			810	1,200
	3-5	500	600		2,500	480	550		3,000			1,000	1,600
남자	6-8(세)	600	700		2,500	500	600		3,000			1,200	1,900
	9-11	650	800		3,000	1,000	1,200		3,500			1,500	2,300
	12-14	800	1,000		3,000	1,000	1,200		3,500			1,500	2,300
	15-18	750	900		3,000	1,000	1,200		3,500			1,500	2,300
	19-29	650	800		2,500	580	700		3,500			1,500	2,300
	30-49	650	800		2,500	580	700		3,500			1,500	2,300
	50-64	600	750		2,000	580	700		3,500			1,500	2,300
	65-74	600	700		2,000	580	700		3,500			1,300	2,100
	75 이상	600	700		2,000	580	700		3,000			1,100	1,700
여자	6-8(세)	600	700		2,500	480	550		3,000			1,200	1,900
	9-11	650	800		3,000	1,000	1,200		3,500			1,500	2,300
	12-14	750	900		3,000	1,000	1,200		3,500			1,500	2,300
	15-18	700	800		3,000	1,000	1,200		3,500			1,500	2,300
	19-29	550	700		2,500	580	700		3,500			1,500	2,300
	30-49	550	700		2,500	580	700		3,500			1,500	2,300
	50-64	600	800		2,000	580	700		3,500			1,500	2,300
	65-74	600	800		2,000	580	700		3,500			1,300	2,100
	75 이상	600	800		2,000	580	700		3,000			1,100	1,700
임신부		+0	+0		2,500	+0	+0		3,000			1,500	2,300
수유부		+0	+0		2,500	+0	+0		3,500			1,500	2,300

성별	연령	염소(mg/일)				칼륨(mg/일)				마그네슘(mg/일)			
		평균 필요량	권장 섭취량	충분 섭취량	상한 섭취량	평균 필요량	권장 섭취량	충분 섭취량	상한 섭취량	평균 필요량	권장 섭취량	충분 섭취량	상한 섭취량[1]
영아	0-5(개월)			170				400				25	
	6-11			560				700				55	
유아	1-2(세)			1,200				1,900		60	70		60
	3-5			1,600				2,400		90	110		90
남자	6-8(세)			1,900				2,900		130	150		130
	9-11			2,300				3,400		190	220		190
	12-14			2,300				3,500		260	320		270
	15-18			2,300				3,500		340	410		350
	19-29			2,300				3,500		300	360		350
	30-49			2,300				3,500		310	370		350
	50-64			2,300				3,500		310	370		350
	65-74			2,100				3,500		310	370		350
	75 이상			1,700				3,500		310	370		350
여자	6-8(세)			1,900				2,900		130	150		130
	9-11			2,300				3,400		180	220		190
	12-14			2,300				3,500		240	290		270
	15-18			2,300				3,500		290	340		350
	19-29			2,300				3,500		230	280		350
	30-49			2,300				3,500		240	280		350
	50-64			2,300				3,500		240	280		350
	65-74			2,100				3,500		240	280		350
	75 이상			1,700				3,500		240	280		350
임신부				2,300				+0		+30	+40		350
수유부				2,300				+400		+0	+0		350

[1] 식품외 급원의 마그네슘에만 해당

성별	연령	철(mg/일)				아연(mg/일)				구리(μg/일)				불소(mg/일)			
		평균필요량	권장섭취량	충분섭취량	상한섭취량	평균필요량	권장섭취량	충분섭취량	상한섭취량	평균필요량	권장섭취량	충분섭취량	상한섭취량	평균필요량	권장섭취량	충분섭취량	상한섭취량
영아	0-5(개월)			0.3	40			2				240				0.01	0.6
	6-11	4	6		40	2	3					330				0.4	0.8
유아	1-2(세)	4.5	6		40	2	3		6	220	290		1,700			0.6	1.2
	3-5	5	7		40	3	4		9	270	350		2,600			0.9	1.8
남자	6-8(세)	7	9		40	5	5		13	360	470		3,700			1.3	2.6
	9-11	8	11		40	7	8		19	470	600		5,500			1.9	10.0
	12-14	11	14		40	7	8		27	600	800		7,500			2.6	10.0
	15-18	11	14		45	8	10		33	700	900		9,500			3.2	10.0
	19-29	8	10		45	9	10		35	650	850		10,000			3.4	10.0
	30-49	8	10		45	8	10		35	650	850		10,000			3.4	10.0
	50-64	8	10		45	8	10		35	650	850		10,000			3.2	10.0
	65-74	7	9		45	8	9		35	600	800		10,000			3.1	10.0
	75 이상	7	9		45	7	9		35	600	800		10,000			3.0	10.0
여자	6-8(세)	7	9		40	4	5		13	310	400		3,700			1.3	2.5
	9-11	8	10		40	7	8		19	420	550		5,500			1.8	10.0
	12-14	12	16		40	6	8		27	500	650		7,500			2.4	10.0
	15-18	11	14		45	7	9		33	550	700		9,500			2.7	10.0
	19-29	11	14		45	7	8		35	500	650		10,000			2.8	10.0
	30-49	11	14		45	7	8		35	500	650		10,000			2.7	10.0
	50-64	6	8		45	6	8		35	500	650		10,000			2.6	10.0
	65-74	6	8		45	6	7		35	460	600		10,000			2.5	10.0
	75 이상	5	7		45	6	7		35	460	600		10,000			2.3	10.0
임신부		+8	+10		45	+2.0	+2.5		35	+100	+130		10,000			+0	10.0
수유부		+0	+0		45	+4.0	+5.0		35	+370	+480		10,000			+0	10.0

성별	연령	망간(mg/일)				요오드(μg/일)				셀레늄(μg/일)				몰리브덴(μg/일)				크롬(μg/일)			
		평균필요량	권장섭취량	충분섭취량	상한섭취량	평균필요량	권장섭취량	충분섭취량	상한섭취량	평균필요량	권장섭취량	충분섭취량	상한섭취량	평균필요량	권장섭취량	충분섭취량	상한섭취량	평균필요량	권장섭취량	충분섭취량	상한섭취량
영아	0-5(개월)			0.01				130	250			9	40							0.2	
	6-11			0.8				180	250			12	65							4.0	
유아	1-2(세)			1.5	2.0	55	80		300	19	23		70	8	10		100			10	
	3-5			2.0	3.0	65	90		300	22	25		100	10	12		150			10	
남자	6-8(세)			2.5	4.0	75	100		500	30	35		150	15	18		200			15	
	9-11			3.0	6.0	85	110		500	40	45		200	15	18		300			20	
	12-14			4.0	8.0	90	130		1,900	50	60		300	25	30		450			30	
	15-18			4.0	10.0	95	130		2,200	55	65		300	25	30		550			35	
	19-29			4.0	11.0	95	150		2,400	50	60		400	25	30		600			30	
	30-49			4.0	11.0	95	150		2,400	50	60		400	25	30		600			30	
	50-64			4.0	11.0	95	150		2,400	50	60		400	25	30		550			30	
	65-74			4.0	11.0	95	150		2,400	50	60		400	23	28		550			25	
	75 이상			4.0	11.0	95	150		2,400	50	60		400	23	28		550			25	
여자	6-8(세)			2.5	4.0	75	100		500	30	35		150	15	18		200			15	
	9-11			3.0	6.0	80	110		500	40	45		200	15	18		300			20	
	12-14			3.5	8.0	90	130		1,900	50	60		300	20	25		400			20	
	15-18			3.5	10.0	95	130		2,200	55	65		300	20	25		500			20	
	19-29			3.5	11.0	95	150		2,400	50	60		400	20	25		500			20	
	30-49			3.5	11.0	95	150		2,400	50	60		400	20	25		500			20	
	50-64			3.5	11.0	95	150		2,400	50	60		400	20	25		450			20	
	65-74			3.5	11.0	95	150		2,400	50	60		400	18	22		450			20	
	75 이상			3.5	11.0	95	150		2,400	50	60		400	18	22		450			20	
임신부				+0	11.0	+65	+90			+3	+4		400	+0	+0		500			+5	
수유부				+0	11.0	+130	+190			+9	+10		400	+3	+3		500			+20	

식품구성자전거

다양한 식품을 매일 필요한 만큼 섭취하여 균형 잡힌 식사를 유지하며, 규칙적인 운동으로 건강을 지켜 나갈 수 있다는 것을 표현하고 있습니다.

식품군별 대표식품의 1인 1회 분량

식품군	1인 1회 분량
곡류 (300 kcal)	쌀밥(210 g), 보리밥(210 g), 백미(90 g), 현미(90 g), 수수(90 g), 팥(90 g), 가래떡(150 g), 시루떡(150 g), 국수 말린 것(90 g), 라면사리(120 g), 팥빵·쨈빵(80 g), 고구마(70 g)*, 감자(140 g)*, 옥수수(70 g)*, 밤(60 g)*, 묵(200 g)*, 시리얼(30 g)*, 당면(30 g)*, 식빵(35 g)*, 과자(30 g)*, 밀가루(30 g)*
고기·생선·달걀·콩류 (100 kcal)	돼지고기(60 g), 돼지고기 삼겹살(60 g), 쇠고기(60 g), 닭고기(60 g), 소시지(30 g), 햄(30 g), 고등어(60 g), 명태(60 g), 참치통조림(60 g), 오징어(80 g), 바지락(80 g), 새우(80 g), 어묵(30 g), 멸치 말린 것 (15 g), 명태 말린 것(15 g), 오징어 말린 것(15 g), 달걀(60 g), 두부(80 g), 대두(20 g), 잣(10 g)*, 땅콩(10 g)*
채소류 (15 kcal)	당근(70 g), 양배추(70 g), 오이(70 g), 무(70 g), 애호박(70 g), 콩나물(70 g), 부추(70 g), 풋고추(70 g), 상추(70 g), 시금치(70 g), 토마토(70 g), 양파(70 g), 마늘(10 g), 배추김치(40 g), 총각김치(40 g), 열무김치(40 g), 깍두기(40 g), 표고버섯(30 g), 느타리버섯(30 g), 김(2 g), 미역(30 g)
과일류 (50 kcal)	참외(150 g), 사과(100 g), 배(100 g), 복숭아(100 g), 귤(100 g), 오렌지(100 g), 바나나(100 g), 키위(100 g), 감(100 g), 포도(100 g), 건포도(15 g), 대추 말린 것(15 g), 과일주스(100 mL)
우유·유제품류 (125 kcal)	우유(200 mL), 호상요구르트(100 g), 액상요구르트(150 mL), 아이스크림(100 g), 치즈(20 g)*
유지·당류 (45 kcal)	깨(5 g), 콩기름(5 g), 마요네즈(5 g), 버터(5 g), 설탕(10 g), 물엿(10 g), 꿀(10 g)

*표시는 0.3회

재미있는 영양교육 및 상담

Nutrition Education and Counseling

재미있는 영양교육 및 상담

정은자 · 박란숙 · 허채옥
노성윤 · 백희준 · 오희경

수학사

머리말

21세기 글로벌 시대를 맞아 정치, 경제, 사회의 변화와 더불어 식생활 전반에 관한 네트워크 또한 급격히 확대되고 긴밀해졌으며, 정보산업의 급속한 발전은 최첨단 산업의 홍수를 이루고 있습니다. 아울러 풍족한 식생활과 최첨단 의료기술의 발달로 인간의 평균수명이 길어지기는 하였으나, 잘못된 식습관, 과도한 스트레스, 환경호르몬 등에서 오는 각종 질병도 증가하여 건강하게 오래 사는 것이 풀어야 할 숙제로 주어지고 있습니다.

한편, 웰빙(well-being)을 추구하는 사람들의 호기심을 자극하는 건강 관련 정보들이 무분별하게 쏟아져 나오고, 이로 인해 오히려 사회적인 혼란이 초래되고 있습니다. 식생활에 대한 올바른 지식을 제공하기 위한 영양교육이 더욱 필요하게 되었고, 지역사회에서의 영양사의 역할이 중요한 시점에 이르렀습니다.

그리하여 본 저서 『재미있는 영양교육 및 상담』에서는 식품과 영양 그리고 관련 분야의 학문적 이론을 근거로 영양교육과 영양상담을 실시하는 데 필요한 내용을 제시하였습니다. 영양교육은 교육자가 전문적인 지식을 바탕으로 대상자에게 요구되는 교육내용을 파악하고 적절한 교육방법을 찾아 성실하게 열정을 가지고 교육을 시행했을 때 놀랄 만한 효과가 나타날 수 있습니다.

그러므로 이 책이 식품영양학을 전공하는 학생들의 교재로, 영양교육자나 상담자의 길잡이로, 환자에서 건강한 사람에 이르기까지 모든 사람에게 도움을 줄 수 있는 참고서적이 되기를 바랍니다.

본서는 (사)한국영양학회의 한국인 영양섭취기준 개정(2010)에 따라 해당 내용을 반영하였고, 그동안 수업을 진행하면서 필요하다고 판단되었던 사항들을 알기 쉽게 전달하고자 그림과 표 및 구체적인 사례 등을 제시하여 이해를 돕도록 구성하였습니다. 책의 특성상 식생활의 변화에 맞추어 늘 새롭게 채워나가야 하기 때문에 앞으로도 변화의 속도에 맞추어 더 좋은 책을 만들어 가도록 노력하겠습니다.

끝으로 이 책을 대하는 분들의 많은 조언을 부탁드리며, 책이 출간되기까지 여러 면에서 도움을 주신 수학사 이영호 사장님과 편집진의 노고에 깊은 감사를 드립니다.

2013년 8월

저자 일동

차례

제1장 **영양교육의 개념과 배경**

제1절 영양교육의 의의 • 16

1. 영양교육의 정의 16
2. 영양교육의 목적 및 목표 17
3. 영양교육 실시의 문제점 17

제2절 영양교육의 필요성 및 방향 • 19

1. 식환경의 변화와 영양교육의 필요성 19
2. 영양교육의 필요 분야 22

제3절 영양교육의 역사적 배경 • 23

1. 식습관의 변화 23
2. 한국의 영양사 31

제2장 **영양교육의 이론**

제1절 건강신념 모델 • 36

1. 개념 36
2. 적용 38

제2절 합리적 행동이론과 계획적 행동이론 • 38

1. 개념 38
2. 적용 39

제3절 사회인지론 • 40

1. 개념 40
2. 적용 42

제4절 행동변화단계 모델 • 42

1. 개념 42
2. 적용 44

제5절 개혁확산 모델 • 44

1. 채택 과정 45
2. 확산 과정 45

제3장 **영양교육의 실시 과정**

제1절 영양교육의 실태 파악 • 48

1. 기초조사 및 영양문제의 발견 48
2. 영양문제의 원인과 관련 요인 파악 49
3. 대상자의 요구도 분석 50

제2절 영양교육의 계획 • 52

1. 영양문제의 선정 52
2. 영양교육의 목적 및 목표 설정 53

3. 영양중재 방법의 선택 54
4. 영양교육의 활동 설계 55
5. 영양교육의 홍보전략 61
6. 영양교육의 평가계획 61

제3절 영양교육의 실행 • 62

제4절 영양교육의 평가 • 63
1. 평가의 목적 63
2. 평가의 종류와 내용 64

제4장 영양교육의 방법

제1절 영양교육의 대상 • 68
1. 대상의 파악 68

제2절 교육방법의 유형 • 70
1. 커뮤니케이션 유형에 따른 교육 방법 70

제3절 영양교육의 형태와 방법 • 73
1. 개인지도 73
2. 가정지도 77
3. 집단지도 78

제4절 수업설계 • 93
1. 수업설계의 필요성과 내용 93
2. 수업의 단계와 주요 활동 93
3. 학습지도안의 작성 96

제5절 영양교육과 매스미디어 • 106
1. 매스미디어의 정의 106
2. 매스커뮤니케이션 과정 106
3. 매스미디어의 기능 107
4. 커뮤니케이션의 유형 108
5. 영양교육과 매스미디어 109
6. 매스미디어 영양교육의 사례 109
7. 영양정보의 모니터링 110

제5장 영양교육 매체

제1절 영양교육 매체 • 114
1. 매체의 의의 및 활용 114
2. 데일의 경험의 원추 이론 115
3. 교수매체의 기여도 117
4. 매체활용의 절차 118

제2절 매체의 종류와 제작 • 122
1. 인쇄매체 122
2. 전시·게시매체 130
3. 입체매체 140
4. 영사매체 143
5. 전자매체 146
6. 멀티미디어 147
7. 기타 151

제6장 영양판정

제1절 영양판정의 개요 및 의의 • 156
1. 영양판정의 목적 157
2. 영양판정의 필요성 157

제2절 영양판정의 방법 • 157
1. 신체계측조사 158
2. 생화학적 조사 180
3. 임상조사 201
4. 식이섭취조사 202

제7장 영양조사

제1절 영양조사의 개념 • 220
1. 영양조사의 의의 220
2. 영양조사의 내용 220
3. 영양조사 실시상의 유의점 222
4. 영양조사와 식생활 규제 요인 222

제2절 영양조사의 전개 • 223
1. 예비조사의 실시 223
2. 조사의 계획 224
3. 조사대상의 선정 224
4. 조사 방법 226
5. 조사표의 설계 227
6. 조사의 실시 228
7. 결과의 정리 및 보고 229
8. 조사표의 양식 230

제3절 국민건강영양조사 • 236
1. 조사목적 및 방법 237
2. 2011년도 국민건강영양조사 결과 247
3. 문제점 및 개선방향 257

제8장 영양상담

제1절 영양상담의 개요 • 260

1. 영양상담의 정의 260
2. 영양상담이론 261
3. 영양상담의 진행원리 266
4. 영양상담자의 역할 269

제2절 효과적인 영양상담을 위한 상담기술 • 272

1. 면담기술 272
2. 듣기기술 277
3. 행동기술 279
4. 교육기술 282

제3절 영양상담의 절차 및 방법 • 283

1. 친밀관계 형성 284
2. 영양판정 284
3. 목표설정 및 계획수립 286
4. 영양상담 실시 289
5. 평가 293

제4절 효과적인 영양상담을 위한 도구 • 295

1. 영양상담기록지 295
2. 전산프로그램을 이용한 영양상담 305
3. 식사기록지 308
4. 각종 시청각 자료 308
5. 식사계획 시 활용 도구 309

제5절 영양상담의 실제 • 315

1. 체중조절과 영양상담 315
2. 심혈관 질환과 영양상담 318
3. 당뇨병과 영양상담 321

제9장 **영양정책과 행정기구**

제1절 보건 · 영양정책 및 영양정책의 필요성 • 328

1. 보건 · 영양정책 328
2. 영양정책의 필요성 330

제2절 영양정책 현황 및 문제점 • 337

1. 주요 영양정책 현황 337
2. 현재까지의 영양정책의 문제점 및 개선방향 340

제3절 영양정책 관련 부처 및 관련법 • 349

1. 보건복지부 349
2. 식품의약품안전처 351
3. 질병관리본부 352
4. 국립보건연구원 352
5. 보건소 354

제10장 **대상별 영양교육**

제1절 집단급식소별 영양교육 • 358

1. 초등학교 358
2. 산업체 363
3. 병원 371
4. 보건소 387

제2절 생애주기별 영양교육 • 393

1. 임신, 수유부 영양교육 393
2. 유아기 영양교육 397
3. 학동기 어린이의 영양교육 402
4. 청소년기의 영양교육 404
5. 성인기 영양교육 406
6. 노년기 영양교육 408

제11장 **식품안전성과 영양교육**

제1절 식품안전성 관리 • 414

1. 식품안전성 위해요소 416
2. 식품안전성과 영양교육 422

제2절 식품영양표시제 • 426

1. 식품영양표시제 필요성 426
2. 식품영양표시제 현황 427
3. 식품영양표시제와 영양교육 433

제3절 건강기능식품과 영양교육 • 435

1. 건강기능식품의 정의와 종류 435
2. 건강기능식품과 영양교육 441

참고문헌 _444

찾아보기 _449

제1장

영양교육의 개념과 배경

제1절 영양교육의 의의

제2절 영양교육의 필요성 및 방향

제3절 영양교육의 역사적 배경

제1절 영양교육의 의의

1. 영양교육의 정의

영양교육이란 건강증진을 목적으로 식행동을 변화시키기 위해 다양한 학습경험을 제공하고자 하는 일련의 계획된 교육과정이다. 영양교육은 건강 유지와 증진 및 질병 예방을 목적으로 교육 대상자에게 올바른 영양지식·태도·실천기술을 보급하고, 잘못된 식습관을 개선하여 식생활을 보다 균형 있게 하기 위한 것으로 병원, 학교, 복지시설 등에서 다양한 형태로 실시되고 있다. 따라서 영양교육이란 개인이나 집단이 적절한 식생활을 실천하는 데 필요한 영양에 관한 지식(knowledge)과 기술을 활용하여 식생활을 바르게 이해하고 식생활에서 실천하려는 태도(attitude)로 변용케 하여, 스스로 식생활에서 행동(behavior)에 옮기도록 하는 것이라고 정의할 수 있다.

영양지식의 습득은 식행동의 변화 자체를 의미하는 것이 아니며 영양교육을 계획할 때 식행동의 변화에 영향을 미치는 요인인 교육 대상자의 영양지식, 개인의 태도와 신념, 행동 수행에 대한 자신감, 가족과 친지 등 주변인의 영향, 식생활 환경 등을 고려하여야 한다.

교육이란 학습과 지도를 합한 것으로서, 학습은 피교육자가 가지고 있는 능력을 발휘할 수 있도록 도움을 주며, 지도는 보다 구체적인 내용과 방법을 전달해야 한다. 따라서 영양교육과 지도는 거의 같은 의미로 쓰이며, 교육이 좀 더 포괄적이라 할 수 있다.

영양교육은 생활교육의 일부로 이루어져야 하며, 국가의 행정을 고려하여 시행되어야 한다. 즉, 여러 학문과 관련하여 교육 대상자에게 적합한 교육을 실시하여 올바른 영양과 식생활에 관한 지식을 이해시키며 일상생활 속에 밀착된 교육이 되도록 하여야 한다. 또한 이를 통해 현재 식생활 개선의 흥미를 유발시키고 개선 의욕을 불러일으켜야 하며, 일상생활 속에서 지속적으로 식생활 개선을 실천할 수 있도록 하여야 한다. 그러므로 영양교육은 올바른 영양과 식생활 지식이 생활화되도록 하는 것이 가장 중요하다.

영양교육의 영역과 분야는 각각 학문적으로 연구되어야 하고, 사회생활을 배경으로 직접 또는 간접적인 지도가 실시되어야 하며, 교육 대상자에게 잘 적응되고 영양개선의 효과가 기대되는 영양교육의 확립이 무엇보다 중요하다.

2. 영양교육의 목적 및 목표

1) 영양교육의 목적

영양교육은 교육 대상자들의 식생활을 변화시켜 영양상태를 향상시키고 건강의 유지와 증진을 달성하고, 질병 예방을 통해 국민건강을 위한 의료비용을 줄이는 한편, 작업에 대한 의욕을 촉진하고, 쾌적한 생활을 유지하여 국민의 체력 향상과 국가경제의 안정을 도모하며, 최종 목적은 국민과 국가의 복지와 번영에 기여하는 것이다.

2) 영양교육의 목표

영양교육의 목표는 영양개선이다. 영양개선을 위해서는 교육자와 교육 대상자가 함께 목표를 세우는 것이 바람직하며, 목표는 교육 대상자가 실현가능하도록 세워야 한다.

교육 대상자는 영양교육을 통해 교육의 목표인 지식의 이해 및 습득, 생활 속에서 실천할 수 있도록 태도의 변용과 행동의 변화로 영양상태를 향상시킬 수 있다. 이를 실천하기 위해 지식의 이해 측면에서는 적절한 식생활을 영위하기 위해서 올바른 지식과 기술을 습득해야 하며, 태도의 변용 측면에서는 영양에 관한 관심과 의욕 증진으로 식행동과 식습관을 변화시켜야 한다. 이러한 활동을 통해 생활습관에 대한 자각과 영양에 대한 의지를 갖게 되어 영양수준과 식생활의 향상으로 질병 예방과 건강을 증진시킬 수 있다.

3. 영양교육 실시의 문제점

영양교육의 대상과 내용은 광범위하기 때문에 영양과 식생활에 대한 올바른 지식이 생활화되도록 대상의 영양상태와 상황을 파악하여 식생활을 개선하도록 하여야 한다. 따라서 영양교육의 실시 과정은 교육이 진행되는 순서를 말하며 계획·실행·평가로 진행되어야 하며, 반복하여 실행하여야 영양교육의 효과가 커진다.

영양교육은 영양교육의 지식 획득이 효과가 아니고 교육 대상자가 스스로 실천함으로써 영양교육의 의의가 있다고 할 수 있다.

그러므로 획일적이고 절대적인 방법은 결정할 수 없다. 대상자의 생활조건, 사상, 수용능력 등의 조건에 따라 방법이 달라져야 하기 때문이다. 교육 대상자가 달라지거나 영양교육의 실행 시기가 달라지면 여기에 따른 적절한 방법을 강구하여야 효과를 올릴 수 있다. 또한 생활 속에 뿌리박힌 영양문제는 단시간에 변화될 수 없다. 여러 단계의 개선계획을 세워 반복 지도하여야 효과를 낼 수 있으며, 자발적으로 참여하도록 유도하여야 한다. 교육 대상자가 합리적인 식생활을 영위하도록 습관화시켜야 비로소 영양교육의 효과가 나타나는 것이다. 따라서 영양교육 실시의 문제점은 다음과 같다.

1) 교육내용과 방법의 선정

영양교육 대상자의 구성은 획일적이 아니고 다양하다. 대상자의 나이, 성별, 교육 정도, 노동 정도, 식습관, 기호, 사고방식 등에 차이가 있으며, 이에 따라 개인의 식생활도 다르다. 특히 식생활이나 식습관은 기호와 만족도에 치우치기 쉽다. 또한 식생활에 대한 사고방식은 매우 보수적이며, 개인의 경제상태도 역시 영양교육에 미치는 영향이 크다. 따라서 영양교육의 내용과 방법을 선정할 때는 대상자에게 맞도록 다양하게 조정되어야 하는 어려움이 있다.

2) 교육효과의 문제점

영양교육의 효과는 서서히 나타나며 비가시적이고 복합적인 특징이 있다. 영양교육의 효과는 속도가 더디고 매우 장기적으로 나타나므로 금방 드러나지 않는다. 식품과 영양의 결함으로 인한 위험은 식중독 현상을 제외하고는 장기간에 걸쳐서 체위, 체력, 건강에 영향을 미치게 되며, 즉시 나타나는 것이 아니기 때문이다. 또한 여러 가지 복합적인 원인이 합쳐져서 결과로 나타나므로 단순히 영양교육에 의한 효과로 판단하기 어려운 문제점이 있다.

3) 예산과 인력의 문제점

영양교육은 식행동의 변화가 생활화되어야 하므로 반복적인 교육과 장기적으로 실시해야 하는 특성이 있다. 따라서 영양교육 실시에는 많은 예산과 인력이 소요된다.

제2절 영양교육의 필요성 및 방향

1. 식환경의 변화와 영양교육의 필요성

현대인의 식생활 환경은 급속히 변화하고 있다. 식품산업과 외식산업의 발달, 다양하고 복잡한 형태의 식품이 계속적으로 개발되고, 식사 준비의 간편화와 편리화 경향으로 인한 가공식품이나 편의식품의 이용 증가, 노령 인구 증가 및 1인 가구의 증가, 평균수명의 증가 및 만성퇴행성 질환의 유병률 증가 등 빠른 속도로 변화하고 있다. 또한 현대인들의 건강과 식생활에 대한 관심이 높아지면서 신문, 방송, 인터넷 등 여러 매체를 통해 다양한 영양과 건강에 관한 정보가 넘쳐 나고 있다. 따라서 일생 동안 좋은 식생활로 건강을 유지할 수 있는 영양교육의 중요성과 필요성이 대두되고 있으며 이러한 식생활 환경 변화를 파악하여 영양교육이 전개되어야 한다.

1) 인구사회적 변화

(1) 인구동태적인 변화

가족과 주거 형태가 변화하고 있다. 경제발전과 함께 핵가족화, 저출산, 자녀와 가족 수의 감소, 노인 인구의 증가, 독거가구의 증가 등 가족 구성원의 변화로 식생활의 개인화가 촉진되고 있는 추세이다. 따라서 외식과 단체급식 등 가정 외에서의 식생활의 비중이 커지고 있어 식생활의 가족 공동체 문화가 퇴색되고 있다.

2012년 통계청 자료에 의하면 우리나라의 1인 가구가 차지하는 비율이 25.3%로 가장 많았고, 2인 가구가 25.2%로 나타나 1인과 2인 가구가 전체의 50.5%를 차지하는 것으로 나타났다. 만혼과 이혼, 출산율 감소, 1인 가구와 한 부모 가정, 맞벌이 가구 등이 증가하여 가족 형태가 대가족에서 핵가족으로 그리고 다시 1인 가구로 급속히 변화하고 있다.

(2) 가정 역할의 사회화

가사를 전담하고 있던 주부들의 사회 진출이 늘어나고, 가사가 주부 전담에서 가족 구성원의 분담으로 변화되고 있다. 따라서 식생활은 개인화와 사회화가 촉진되고 있으며, 조리된 음식의 구입이 늘어나고 가정에서의 생활보다 외부에서의 생활 비중이 커지고 있으며 식품도 소포장과 1인용 식품이 많이 출시되고 있다. 따라서 가족 구성원 모두가 자신의 영양문제나 식생활에 대한 문제점을 스스로 인식해야 하며 적절한 영양 섭취를 위한 능력과 기술을 익혀야 한다.

2) 식품산업과 대중매체의 발달

식품 및 영양과 관련된 산업이 발달하여 다양한 가공식품, 편의식품, 건강기능식품, 특수용도식품 등 다양한 형태의 식품이 계속 개발되고 있다. 식사 준비의 간편화와 편리화로 가공식품이나 편의식품을 구입해 이용하는 경우가 많아지고 있는데 이러한 경향은 앞으로 더욱 확산되어 갈 전망이다. 또한 외식산업의 발달과 국제화와 세계화에 따른 세계 각국의 음식전문점, 다양한 형태의 식품점 등이 점점 증가하고 있다. 따라서 식품표시제(food labeling)나 영양표시제(nutrition labeling)가 필요하며 소비자들이 식품을 이해하고 현명하게 선택할 수 있는 지식과 능력이 요구된다.

그리고 최근 건강과 영양에 대한 관심이 높아지면서 신문, 방송, 인터넷 등 여러 다양한 대중매체를 통해 영양과 건강, 식생활에 관한 정보가 넘쳐 나고 있다. 대중매체에 의한 영양정보는 많은 사람들에게 영향을 미치므로 과학적이고 신뢰성이 있어야 하며, 올바른 영양정보를 활용할 수 있는 교육이 필요하다.

3) 국가정책의 개발

(1) 의료비의 감소

건강검진으로 질병을 조기 발견하고 치료하기 위해 질병 위험인자와 영양상태 파악에 필요한 영양판정과 상담이 수행되고 있다. 영양교육과 상담이 질병 예방을 위한 과정일 때 개인의 경제적 손실뿐만 아니라 장기적으로 보험 급여비의 손실을 줄일 수 있어 의료비를 감소시킬 수 있다.

(2) 음식물 쓰레기 해결을 위한 영양교육

우리나라에서는 쓰레기종량제와 좋은 식단제 등을 도입하고, 시민단체나 소비자단체 등 민간단체를 지원하여 음식물 쓰레기 줄이기를 시도하고 있다. 그러나 우리나라 음식문화 및 상차림 등은 개선하기가 쉽지 않아 문제로 남아 있다.

(3) 영양 관련 정책과 영양교육

1995년 「국민건강증진법」 제정으로 국민건강증진사업이 이루어지고 있으며 영양개선을 위한 영양교육이 중요한 부분을 차지하고 있다. 또한 2005년부터 임산부와 영유아 보충영양관리사업이 미국의 WIC 프로그램(Special Supplemental Nutrition Program for Women, Infants and Children)을 모델로 하여 일부 보건소에서 시범적으로 시행되고 있다. 영양교육과 상담이 필수적인 이 사업은 점차 확대되어 나갈 전망이다.

2010년 제정된 「국민영양관리법」은 국가적 영양정책 수립과 시행으로 국민의 영양 및 건강증진을 목적으로 세정된 법이다. 따라서 국민영양관리를 위해 영양개선에 필요한 영양교육과 상담 등의 영양관리사업을 시행하도록 되어 있다. 이러한 영양 관련 정책에 따라 다양한 영양교육과 상담이 보다 확대 실시되어야 한다.

4) 현대사회의 특성 변화

현대사회는 폐쇄적 개인주의로 인해 더불어 사는 것을 부담스러워하는 추세이다. 따라서 자신의 영양이나 식생활에 문제가 생겨도 이를 인식하지 못하는 경우가 있다. 이러한 현대인의 특성을 극복하기 위해서는 영양교육을 통해 스스로의 문제점을 인식해야 하며, 그러기 위해서는 컴퓨터나 매스미디어(mass media)를 통한 영양교육이 이루어져야 한다.

5) 질병구조의 변화 및 의료비 증가

사회가 현대화됨에 따라 식생활과 관련된 여러 가지 질병, 즉 성인병이 증가하고 있으며 이러한 만성퇴행성 질환의 증가로 만성 질환으로 인한 경제적 비용이 급증하고 있다. 평균수명이 길어짐에 따른 노인 인구의 증가로 노인 의료비가 증가하고 있으며 이는 건강보험이나 복지에 큰 부담으로 작용하고 있다. 따라서 건강과 식생활에 대한 관심이 높아지고 있으며, 건강증진과 질병 예방을 위한 영양교육이 요구되고 있다.

특히 고령 사회화에 따라 식품과 영양에 직접 연관된 암, 비만, 당뇨, 심혈관 질환 등이 증가하고 있다. 당뇨병은 대한당뇨병학회가 발표한 '2012 한국인 당뇨병 연구 보고서'에 의하면 2010년 기준으로 우리나라의 30세 이상 성인 10명 중 1명(10%)이 당뇨병 환자이며, 그 비율은 나이가 들수록 증가해 65세 이상은 22.7%가 당뇨병 환자인 것으로 나타나 우리나라 65세 이상 인구 다섯 명 중 한 명이 당뇨병인 것으로 조사되었다.

2. 영양교육의 필요 분야

영양교육은 식행동의 변화를 통한 영양개선과 건강증진으로 대상자의 수준에 맞게 다양한 방법으로 시행되어야 한다. 영양교육은 모든 식생활과 관련된 분야에서 중요하지만 앞으로 더욱 강조되어야 할 분야는 다음과 같다.

1) 생애주기별 영양교육

사람은 생애주기별로 건강문제와 영양관리가 달라지므로 대상별 영양교육이 확대되어야 한다. 따라서 각 생애주기별로 다양하고 특성화된 영양교육이 필요하다.

① 임신부와 수유부, 영유아 및 이유기의 영양대책

② 유아원 및 유치원에서의 영양교육

③ 청소년을 위한 학교급식에서의 영양교육

④ 직장 내 단체급식소의 건강증진 프로그램

⑤ 노년기의 영양지도

2) 질환과 관련된 영양교육

질병을 가진 일반인이나 환자를 대상으로 하는 영양교육과 발병 전 예방에 초점을 둔 영양교육의 실시가 필요하다.

① 병원에서의 질병과 관련된 영양교육 및 영양상담실 운영

② 보건소에서의 질병 예방 및 건강증진을 위한 프로그램을 통한 영양교육

3) 사회적 소외집단을 위한 영양교육

소외계층이나 영양취약성을 갖는 계층을 위한 영양교육이 확대 실시되어야 한다. 사

회복지시설, 아동복지시설, 저소득층, 독거노인, 농촌이나 벽지 등 각 소외집단에 적합한 여러 가지 영양교육이 전개되어야 한다.

4) 식품과 소비자에 대한 영양교육

다양한 형태의 식품 개발로 인한 소비자들의 올바른 식품 선택에 필요한 영양교육 프로그램이 마련되어야 한다. 특히 영양표시제도의 올바른 이해를 돕기 위한 소비자 영양교육이 필요하다. 또한 식품 소비자와 생산자, 행정당국의 세 입장 모두에게 식생활 교육의 중요성을 인식시키고 실천하도록 이 분야에 대한 영양교육이 강조되어야 한다.

5) 영양교육 매체 개발의 활성화

흥미로운 영양교육 매체와 영양교육 프로그램이 개발·보급되어야 한다. 일반인 누구라도 언제든지 쉽게 사용할 수 있는 다양하고 흥미로운 교육자료가 개발되어야 하며 영양교육의 효과를 높일 수 있도록 대상자의 수준에 맞는 교육매체 또한 개발이 필요하다. 간편한 영양상태 판정법이나 식사평가법의 개발과, 식사구성안을 활용하여 식사계획을 할 수 있는 교육매체 등이 개발되어야 한다.

제3절 영양교육의 역사적 배경

1. 식습관의 변화

개인이나 집단의 식습관은 수 세기 동안 지속되어 내려오고 있다. 식습관이란 개인이나 집단이 사회적·문화적 영향을 받아서 공급이 가능한 식품의 적당량을 선택, 섭취, 이용하는 방법을 말한다. 식습관은 복잡하고 장기간에 걸쳐 형성되어 왔으므로 식습관을 변화시키기는 쉽지 않다. 올바른 식습관은 개인의 신체적, 심리적 건강을 유지하고 정서적 발달에도 영향을 미치며 국민건강에 기본적인 영향을 끼친다.

사람의 기호 성향은 어릴 때부터 자주 먹어온 음식에 의해 형성된다. 그러므로 개인이나 가족의 기호는 평소 생활에서 익혀온 식습관에서 비롯된다. 식습관이 좋지 못한 아이들은 적응성, 안정성, 자상성, 사교성 등이 비교적 낮고 타의성이 높다고 한다. 또 채식주의자들은 비경쟁적이고 심각하며, 육식을 즐겨 먹는 사람들은 자유분방하고 관능적이며 자기중심적 사고방식을 지닌 사람이 많다고 한다. 어릴 때부터 여러 가지 음식에 대한 경험을 풍부하게 쌓게 되면 올바른 식습관이 길러지므로 좋은 건강을 유지할 수 있고 원만한 성격을 가질 수 있다.

1) 식습관의 형성 및 변화요인

성인의 식습관은 급속한 사회변화에서도 크게 영향을 받지 않으므로, 한번 형성된 식습관은 변화시키기 힘들다. 우리나라는 근래에 사회, 경제, 문화 등 여러 면에서 많은 변화가 있었으며 이에 따라 식생활에도 변화가 일어났다. 이는 소득이 증가하면서 생활수준의 향상과 식품 및 식생활을 둘러싸고 있는 관련 산업의 기술혁신, 국제화, 외식산업 증가 등 빠른 속도로 변하는 환경에 따라 개인의 식습관도 변화를 일으키기 때문이다. 식습관이란 개인적 식행동이 집단 속에서 사회적, 문화적, 심리적 영향을 받아 습관이 된 것을 말하는데, 식품의 적당량을 선택하여 섭취하고 이용하는 방법을 배워 익힌 습관화, 고정화, 정식화된 습관을 말한다.

개인의 식습관 형성은 문화적, 지역적 요인, 전통, 교육, 매스컴, 가족, 종교, 심리적 요인 등 다양한 요인이 복합적으로 관련되어 있다. 여기에서는 몇 가지 요인만을 간단히 알아보고자 한다.

(1) 지역적인 요인

자연환경, 즉 그 지역의 기후나 지형에 따라 기호나 풍토가 다르고 생산되는 농산물의 종류와 생산량이 달라지며, 저장방법과 운반수송능력 등이 달라진다. 기후에 따라서 각기 다른 작물이 자라며 지역 특산물로 발전하여 왔다. 건조한 지역에서는 밀이, 기후가 습하고 더운 지역에서는 쌀이, 산간지역에서는 옥수수가 자랐으며 우리나라도 주식이 쌀인 이유는 바로 자연조건, 지역적인 영향 때문이다.

(2) 문화

개인이 어느 것을 먹느냐 하는 것은 각자의 문화에 달려 있다. 여기서 말하는 문화란 인간집단에 의해 습득된 생활양식이며, 한 세대에서 다음 세대로 전달되는 것을 말한다. 식품문화 또는 식생활은 수 세기 동안 인종집단 내에서 존재하여 왔고 새로운 변화를 받아들이는 데 있어 보수적임을 알려주는 유산이라고 볼 수 있다.

따라서 식품은 문화적 유산이며 곧 식품의 선택, 채취방법, 요리방법 등의 식생활이 인류의 문화를 건설하는 가장 기본적인 활동이었다. 우리나라는 문화적으로 중국의 영향을 크게 받았고 인근 국가와도 교류를 하는 가운데 한민족 특유의 문화를 형성, 발전시켜 왔다.

최근 서구문화가 식생활에 큰 영향을 미쳤음에도 불구하고 우리 고유의 식생활이 유지되고 있는 것은, 환경에 맞게 발전시켜 온 오랜 관습과 전통성 때문이다.

① 민속과 음식 금기

이미 알려진 여러 가지 음식 금기에는 과학적 근거가 없다 하더라도 워낙 고정적이라 깨뜨리는 것은 쉬운 일이 아니다. 개발도상국의 국민들 중에는 이와 같은 금기로 인하여 영양결핍이 두드러지기도 한다. 예를 들면, 나이지리아의 어떤 종족의 아이들은 고기나 달걀을 거의 먹지 않는다. 이런 음식은 매우 비싸서 이런 것을 주게 되면 어린이들로 하여금 그것을 훔치도록 도와주는 것이라고 생각하기 때문이다. 또한 코코넛 우유는 머리를 둔하게 한다고 해서 어린이들의 금기식품이다.

임신부나 수유부에게도 비슷한 금기식이 있다. 우리나라의 경우 임신부에게 닭고기를 먹이면 태어나는 아이의 피부가 닭살이 된다든지, 수유부에게 식혜를 먹이면 젖이 마른다든지 하여 그 기간 동안 섭취를 금하도록 하였다. 특히 양질의 단백질 및 영양요구량이 증가되는 임신, 분만, 수유부와 발육 성장의 중대한 시기에 있는 어린이 및 환자들에게 비과학적이고 잘못된 식품 금기에 대한 영양교육 및 홍보의 필요성이 대두된다고 할 수 있다.

② 가정의 전통

한 가정의 아이들은 그 가정의 전통적인 식습관을 이어받는다. 따라서 한 가정의 식습관은 주로 주부에 의해 형성되어 왔다. 대가족 제도에서는 연장자나 가장 위주의 음식 준비가 이루어졌으나 소가족, 핵가족화되면서 가족 전체, 아이들 위주의 식생활로 변화하고 있다.

어머니는 식탁에 오르는 음식을 총관리하는 관리인으로 언급되어 왔으나 점차 많은 가정에서 이 역할이 축소되어 가고 있다. 식품 선택과 음식의 준비에는 부모와 자녀들의 의견이 반영되고 이와 같은 경향은 가족에게 공급되는 식품에 영향을 준다. 가정 내에서 식품의 선택에 관계되는 요인은 부모의 성장 배경, 즉 출신지, 교육수준, 가족의 소득수준, 문화적 혜택 등이다.

보고된 바에 의하면 남자는 식품에 대한 기호면에서, 여자는 맛, 조리법, 식사 행동면에서 부모의 영향을 많이 받는다고 한다. 자녀와의 식습관 일치도를 보면 매운맛, 물 마시는 습관, 튀김, 구이 등의 기호 성향은 아버지의 영향을 받고 어머니로부터는 짠맛, 밥 먹는 속도, 볶음, 조림 등의 영향을 받는다고 한다.

합리적인 식습관을 갖는 데는 어머니의 식생활 관리 태도가 중요하다. 그것은 부모의 식습관 중 어머니 쪽의 영향이 더 크기 때문이다. 주부의 교육수준이 높을수록 영양 지식이나 가족의 영양에 대한 관심도, 그리고 새로운 음식에 대한 진취성이 높다고 볼 수 있다.

일상적인 가족의 식생활을 보면 학생들은 도시락 또는 간식의 형태로, 성인들은 직장에서 커피브레이크나 점심 또는 일과 후 스낵을 즐기며, 가족들의 아침 식사는 출근 시간에 맞추어야 하므로 대부분 가볍고 간단하게 한다. 일상적인 이러한 식사 습관은 필수영양소를 항상 공급한다고 볼 수 없으며 가족과 같이 경험하는 식사의 즐거움도 없어지게 되므로 식사시간만큼은 가족들이 함께하는 화목한 시간이 되도록 가족 구성원이 모두 함께 노력해야 한다.

근래에는 가족 형태가 대가족 제도에서 소가족, 핵가족화됨에 따라 식생활 공간의 변화, 주방설비, 주방기기의 활용으로 가정 내의 식생활도 많은 변화를 가져왔다. 저장식품의 종류와 양도 줄어들고 있으며, 식사 내용과 식사 준비 과정도 간편화되어 가족 수에 맞게 소량의 식품을 그때그때 소비할 수 있는 방향으로 바뀌고 있고, 식품의 양도 다량에서 다종류로 전환되어 가고 있다.

또한 바쁜 현대생활로 인해 시간과 인력이 덜 요구되는 가공식품이나 편의식품의 이용이 늘어나고, 주부들의 음식 담당 전통이 점점 희박해지면서 이에 따라 전통조리법의 단절, 김치와 장 등 발효식품 안 담그기, 손님초대 및 접대문화의 단절, 통과의례 및 관혼상제 등 의례음식의 변화, 가족 공동 식사 전통의 약화, 음식예절의 상실 등 식생활에서 많은 전통적 요소들이 사라지고 있다.

③ 교육 및 매스미디어

주부가 식생활 관리를 효율적으로 하기 위해서는 식품의 선택에서부터 식품의 사용, 조리법 등에 대한 여러 가지 지식과 정보가 필요하게 된다. 일상생활에서 주부는 책, 잡지, TV 같은 대중매체나 친구, 이웃, 친척으로부터 지혜를 얻게 된다. 근래에 식품습관에 관한 대중매체의 영향은 과장해도 지나치지 않다. 우리는 대중매체에 의해 많은 식품을 접하게 되고 제조업자들은 감정에 호소함으로써 그들의 제품에 대한 욕구를 불러일으킨다. 시각에 어필할 수 있도록 그리고 쾌감과 사회 여건, 대중의 선호를 받을 수 있도록 유도한다. 따라서 식품을 구입할 때는 영양적 내용보다는 감정적 욕구를 만족시키기 위해 구매하게 되는 것이다.

보고된 바에 의하면 교육이나 경제수준이 중간층인 주부들이 식생활에서 광고의 영향을 가장 많이 받는다고 한다. 이들은 정기 구독률이나 TV 시청률이 높으며, 배운 지식을 실제로 응용하려는 노력을 한다고 한다.

식습관에 대한 교육을 위해 초·중·고등학교 시기에 올바른 식습관을 위한 체계적인 영양교육을 정규 교육과정에 포함시켜야 한다. 관련학과 여학생의 경우에도 전문적인 영양지식을 실제 식생활에 반영시키지 못해 지식과 식행동의 상관관계가 낮은 것으로 나타났다. 따라서 영양교육, 식생활 관리 등 응용능력을 길러줄 수 있는 교육이 더욱 필요하다. 대중매체를 통한 정보 전달에 있어서도 책임 있는 영양교육 프로그램이 절실히 필요하다.

④ 영양정보와 영양교육의 영향

우리는 식품과 영양에 관한 정보 중 지나치게 확대, 해석된 이론이 적지 않은 과잉정보에 노출되어 있다. 이렇게 잘못된 영양정보가 범람하는 요인으로는 과학적으로 증명되지 못한 식이요법이 전문가가 아닌 사람들에 의해 잘못 지도된 것이 많고, 건강에 대한 일반인들의 과다한 관심으로 과대광고 및 식품에 과잉 기대를 하는 것 등을 들 수 있다. 우리가 섭취한 식품은 인체 내에서 소화와 대사 과정을 통해 분해되어 이에 함유된 영양소로서의 기능을 나타내는 것으로, 어느 한 식품이 건강에 필수적인 완전식품이라 할 수 없을 뿐만 아니라 한 식품만을 장기간 섭취하면 오히려 건강을 해치고 질병을 유발할 수 있다. 과학적인 증거가 확실하지 않은 정보가 범람하는 현실에서 정확하고 올바른 영양지식과 정보를 가지고 올바른 식품을 바로 선택하여 균형 있는 식생활을 하는 것이 중요하다 하겠다.

영양지식의 보급은 식습관을 변화시키는 중요한 요인이 되고 있는데 특히 대중매체와 친지들로부터 습득한 영양지식은 개인의 식행동 형성에 중요한 요인으로 지적되고 있다. 많은 주부들은 식사 준비에 적은 시간을 할애하려 하므로 이에 맞추어 여러 가지 가공품이 개발되고 있다. 대중매체는 이러한 가공식품의 편리성, 영양소 함량, 식품의 용도, 조리법 등을 소개하고 있다. 따라서 식품의 선택과 분배를 현명하게 하여 바람직한 방향으로 식생활 변화를 가능하게 해줄 수 있는 영양지식과 영양교육이 필요하다.

또한 영양과잉으로 인한 퇴행성 질병이 성인병으로 대두되면서 영양과 건강에 대한 관심이 높아지고 있다. 이러한 성인병의 원인 중 한 요인으로 동물성 식품과 지방의 과잉 섭취가 지적되면서 전 세계적으로 육류와 지방 섭취 기피 현상이 생기고, 세계인의 식탁이 식물성 내지 곡물 위주로 변화해 가고 있다.

또한 가공식품에 첨가되는 많은 종류의 식품첨가물이 암이나 고혈압과 관련이 있다는 연구 결과를 접하면서 자연식품으로 구성된 식탁을 선호하는 방향으로 변화되어 가고 있다. 체중조절의 문제가 영양문제로 대두되어 소량을 섭취하면서 운동을 하여 체중 증가를 막아 보자는 대중의 노력이 확산되어 가고 있다.

그리하여 밥을 주로 먹던 식사 내용이 밥의 양은 가능한 한 소량으로 줄이고 반찬을 많이 먹는 식사 내용으로 변화되고 있다. 혈압문제와 관련하여 소금의 섭취량 감소가 요구됨에 따라 짭짤한 전통 한국 저장식품의 섭취량이 감소되고 있으며, 가공식품보다는 자연식품 선호 경향이 두드러져 자연농원의 채소와 과일이 환영받고 있다.

(3) 사회

산업이 발달함에 따라 '도시화 현상'으로 국민의 의식주 생활에 현저한 변화와 함께 의식주에 대한 가치관마저 변화되기에 이르렀다. 음식을 섭취하는 목적도 생리적 욕구를 충족시키려는 차원에서 보다 더 풍요로운 식생활을 즐기려는 목적으로 전환되었다. 빠른 속도로 식생활 양상이 달라져 가정 내의 식사와 가정 외의 식사 비율이 점차 비슷해지는 형편이며, 외식의 비율이 늘어나면서 패스트푸드의 이용도 증가하는 추세이다. 이런 패스트푸드의 이용 증가는 식생활의 국제화와 더불어 간편성, 경제성, 미각성 때문인 것으로 보여진다.

산업발달과 더불어 고학력을 소지한 여성이 늘어나면서 지금까지 가정에서 가족의 식생활을 전담했던 여성들의 사회참여 욕구가 점차 증가하게 되었다. 직장을 가진 여성의 숫자가 증가하고, 고정적인 직장을 갖지 않더라도 가사에 투자했던 시간을 자기 표현의 시간으로 환원하려는 의식으로 전환되었다. 이 여성들은 음식을 준비하는 시간이나 식품을 구입하는 시간의 제한을 받게 되므로, 이에 부응하여 식품은 간편화되고 식품과 식생활을 둘러싼 여러 가지 관련 산업, 즉 식품산업기술이 발달하게 되었다.

식량 생산기술의 향상으로 농·축·수산물의 저장, 가공, 냉장, 냉동법이 크게 발달하였으며, 농업기술의 발달은 식품 생산과 이용에 영향을 미쳐 새로운 종류의 과일, 곡류, 채소 재배가 가능하게 되었고, 천연 농산물을 질적, 양적으로 변화시켰으며, 비닐하우스 재배로 계절을 가리지 않고 연중 모든 채소와 과일을 신선하게 얻을 수 있게 되었다. 김치의 섭취가 감소하는 것도 이와 같은 채소 원예의 발달로 김장의 양이 줄어들었기 때문이다. 냉동기술의 발달은 육류, 어패류 등 싱싱한 식품 사용에 영향을 미쳤으며, 수송기술과 교통의 발달은 식품을 각처로 보급하여 지역성을 없앴다.

동물의 사육법과 가공 냉동방법의 발달, 생산기술의 향상 및 식품 서비스산업의 증가 또한 식생활에 큰 변화를 가져오는 원인이 되었으며, 식생활 관리 체계에 변화를 주는 조리용 기기의 발전도 식습관과 관련성이 있다. 냉장고나 냉동고의 사용은 주부들의 노력을 크게 경감시키면서 전기오븐이나 전자레인지는 조리 방법의 변화까지 가져와 맛의 기호를 변화시키고 있다.

(4) 경제

GNP가 상승함에 따라 국민의 섭취 열량은 서서히 안정되기 시작하였다. 제3차 경제개발 5개년 계획이 시작될 무렵인 1975년 이후에는 당질의 섭취비율이 도시는 60~68%, 농촌은 80% 수준으로 감소하였으며, 지방은 점차 증가하였고, 단백질은 1980년대 이후 질적 향상을 가져오게 되었다. 도시인의 경우에는 아침밥 대신 빵을 선호하는 경향이 나타나 '밥'이라는 주식의 개념 변화를 보여주고 있다.

경제성장과 함께 소득과 구매력이 증가한다. 또한 소득은 각 식품군으로부터 구입해야 할 식품의 양과 종류에 영향을 미친다. 즉, 소득이 늘어날수록 에너지, 단백질을 포함한 거의 대부분의 영양소 섭취량은 증가하며 특히 단백질과 비타민A, 라이보플라빈, 나이아신, 비타민 C 등의 섭취량은 소득수준에 따라 유의적인 차이를 보인다. 소득수준이 높을수록 앞의 영양소의 섭취율이 높고, 곡류 및 그 제품, 쌀, 채소류의 섭취량이 낮으며, 육류 및 그 제품, 어패류, 유류의 섭취 및 기호식품의 소비가 증가하는 현상을 보인다.

2) 성장기 식습관의 변화

(1) 학령기 아동의 식습관

가족의 좋지 않은 식습관 또는 편식은 학령기 어린이의 식습관 형성에 직접적인 영향을 미친다. 불규칙한 식사시간을 예로 들 수 있는데, 식사시간의 간격이 길어지면 어린이는 심한 공복감을 느끼고, 반대로 식사시간의 간격이 단축되어 짧아질 경우 만복감으로 식욕이 없어지며, 편식하는 습관, 즉 자신이 좋아하는 식품이나 눈에 띄는 식품만을 선택하는 식습관이 형성된다. 어린이는 대개의 경우 학급활동, 친구 사이의 관계 등 감정적인 요인이 작용하여 음식물을 섭취하는 경우가 있으므로, 이렇게 형성된 편식을 교정하는 데는 시간을 두고 서서히 시정하여야 한다.

식습관의 좋고 나쁨은 아동의 건강 및 그들의 인지·인성 능력에도 영향을 미치는 것으로 나타나, 식습관이 좋을수록 인지·인성 능력의 점수가 높았다. 따라서 부모는 좋은 식습관을 통하여 건강하고 원만한 인격체를 길러낼 수 있음을 인식하고 좋은 질의 음식을 다양하고 균형 있게, 시각적으로도 식욕을 돋울 수 있도록 제공하여야 한다.

(2) 청소년기의 식습관

청소년기의 식습관에 영향을 주는 요인은 매우 다양하며, 이러한 요인들이 청소년기의 식사의 질과 식습관에 미치는 영향은 크다. 청소년기의 불량한 영양상태의 원인으로는 불규칙한 식사와 결식 및 패스트푸드의 이용 등을 들 수 있으며, 결식이 잦은 식사는 아침 시간의 부족과 식욕부진 등의 원인을 들고 있다. 아침 식사의 질은 그날의 식사의 질에 큰 영향을 미치며 개인의 지적, 신체적 발달에 영향을 미치므로 상당히 중요하다. 한 연구 결과에 의하면 식사시간이 규칙적일 때 성장·발육이 양호하게 나타나므로 부모는 좋은 식습관을 갖도록 지도하고, 또한 자녀 자신이 성장을 위한 영양식품을 올바르게 선택하고 책임감을 갖도록 노력해야 한다.

충청도 한 지역 주민들의 식습관을 조사한 결과에 의하면 53.5%가 매일 아침 식사를 하고 있다고 답했는데, 이는 결식의 습관화가 성인까지 계속됨을 보여주고 있으며, 인스턴트식품이나 가공식품의 섭취는 '주 1~2회 한다'가 38.2%로, '거의 섭취 안 한다'가 25%로 나타나 성인이 되면서 많은 사람들이 가공식품의 섭취가 건강에 좋지 않음을 인식하고 있는 것으로 나타났다. 자녀가 고쳐야 할 식습관으로는 군것질(39%), 편식(31.9%), 식사예절(7.7%), 탐식(7.6%)으로 나타나, 이는 자녀들의 식사의 불균형을 인지한 것으로서 부모의 입장에서 좀 더 많은 노력을 해야 할 것으로 보인다.

2. 한국의 영양사

1) 한국 영양사의 역사적 배경

우리나라에서 제도화된 학교교육에서 학생들에게 과학지식에 근거한 영양학을 교육하기 시작한 것은 이화여자전문학교 가정과가 창설되던 1929년이다. 1945년 광복 이후 고등교육기관의 설립과 더불어 영양학 교육을 가정과 교과과정에서 필수과목으로 정하면서 학생들에게 본격적으로 전수하게 되었다. 영양사에 의한 급식관리가 시작된 것은 6·25전쟁 이후로 서양문화가 확산, 발전되어 영양학이 도입되고 이와 더불어 1958년 국립중앙의료원에 영양과가 설치되면서 영양사라는 명칭을 사용하게 되어 전문적 급식책임자에 의한 병원급식이 시작되었다.

그 후 식량자원의 효율적 이용과 늘어나는 대량급식의 안정성 문제가 중요시되어 1962년 1월 20일, 법률 제1007호로 「식품위생법」이 제정·공포되었는데, 제2조에 "영양사는 영양사 면허를 받아 영양의 지도를 하는 것을 업으로 하는 자를 말한다."라고 정의를 내렸으며, 1963년에 비로소 보건사회부령 제112호에 「영양사에 관한 규칙」이 제정되어 영양사가 법적으로 탄생하게 되었다.

당시 보건사회부에서는 영양사의 자격을 얻는 데 필요한 교과과정을 정해 놓고 이것을 이수한 자에게 영양사 자격을 주었고, 1963년부터 대학에서는 종전의 가정학과에서 식품영양학과가 분리되어 나와 영양사 양성학교로 지정되었다(명지초급대학, 덕성여자초급대학, 숙명여자대학).

1964년부터 영양사 면허증이 발급되었으며, 1967년부터는 식품위생법상 50명 이상에게 급식을 제공하는 집단급식소에 영양사를 의무 고용하도록 법제화되었으나 2000년 7월에 폐지되었다. 1978년부터 영양사 면허가 국가자격시험제도로 바뀌었고, 그 후 영양사의 역할이 중요함을 인식하여 1981년 「학교급식법」이 제정·공포되면서 학교급식에 영양사가 배치되기 시작하였다. 그 후 1982년 「의료법」, 1991년 「영유아보육법」, 1997년 「지역보건법」 등에 영양사 배치에 관한 사항을 명시하였고, 2003년 7월 「초·중등교육법」과 2006년 7월 「학교급식법」의 개정으로 영양교사 제도가 도입되어 2007년 9월 4,098명의 영양교사가 학교에 임용·배치되었다. 또한 2010년 3월 「국민영양관리법」이 공포되어 임상영양사 자격증 제도가 시행되었다.

한편, 2000년 7월에 폐지되었던 영양사 의무 고용의 법제화가 2013년 4월 100인 이상의 산업체 집단급식소에 영양사를 의무 배치하라고 명시된 「식품위생법」 개정안이 의결 통과됨에 따라 2014년 4월부터 시행하게 되었다. 이렇게 되면 영양사의 취업 기회 확대는 물론 영양사의 전문적인 영양관리 및 급식관리를 통한 근로자의 건강증진 도모와 산업체의 예산 절감 효과 및 경쟁력 강화에 기여하여 궁극적으로 국가 발전에 이바지하게 될 것으로 생각된다.

현재 우리나라는 전문대학이나 대학에서 식품영양학을 전공한 사람으로 영양사 자격시험을 거쳐 영양사 면허를 취득할 수 있도록 하고 있다. 1969년에는 한국영양사회가 창립되었고 1974년 대한영양사회, 2001년 대한영양사협회로 개칭했으며 현재 활발한 활동을 전개하고 있다. 이와 같은 역사를 거쳐 현재 영양교육 담당자로서의 영양사는 다양한 분야에서 중요한 역할을 하고 있으며, 병원, 학교, 산업체 급식소, 연구소, 보건소, 사회복지시설, 영유아보육시설, 행정기관 등에서 활약하고 있다.

2) 한국 영양사의 활동

영양사 양성기관은 교육법에 의한 대학 또는 전문대학에서 식품학 또는 영양학을 교육시키는 학과로서 2007년 현재 전국적으로 84개의 4년제 대학과 12개의 3년제 전문대학 및 56개의 2년제 전문대학에서 영양사를 배출하는 학과를 설치하고 있어 총 152개교에서 약 10,000여 명의 정원에 달하고 있다. 영양사 교육과정은 학교마다 조금씩 차이가 있으나 일반적으로 식품학, 영양학, 급식관리학, 임상 및 보건영양학 분야를 포함하고 있다.

표 1-1 영양사 면허 소지자 수(누계)

연도(년)	1964~1975	1980	1985	1990	1995	2000	2005	2012
면허 취득자 수 (명)	4,439	10,017	21,731	39,459	60,155	81,958	100,881	129,758

자료 : 대한영양사협회, 2012

영양사 면허증 소지자는 매년 4,000여 명이 배출되고 있으며, 대한영양사협회의 자료에 따르면 2012년 4월을 기준으로 현재 129,758명이 배출되었다. 이 가운데 약 23,900여 명 가량이 집단급식소에서 근무(2005년 기준 취업영양사수 19,017명, 취업률 18.9%)하고 있다. 비집단급식소에 근무하는 영양사는 7,718명으로 둘을 합하면 총 31,622명의 영양사가 영양사로 활동하고 있다.

표 1-2 영양사의 분야별 취업현황

취업영양사 수 : 31,622명

집단 급식소	산업체	학교	병원	사회복지 시설	영유아 보육시설	유치원	교정	군대	소계
취업인원 (명)	7,121	9,412	4,513	1,372	663	668	71	84	23,904
취업률 (%)	22.5	29.8	14.3	4.3	2.1	2.1	0.2	0.2	75.6

비집단 급식소	건강기능식품 판매업소	교육 및 연구기관	식품제조 가공업소	위탁 급식업체	보건소	행정기관	기타	소계
취업인원 (명)	500	700	1,500	3,200	718	800	300	7,718
취업률 (%)	1.6	2.2	4.7	10.1	2.3	2.5	1.0	24.4

자료 : 대한영양사협회, 2012

영양사의 업무는 급식관리와 영양서비스로 나눌 수 있으며, 급식관리 직무로는 식단관리, 식재료 구매관리, 식재료 보관 및 재고관리, 조리작업관리, 배식 및 식기관리, 위생관리, 급식시설 및 기기관리, 인사관리, 급식경영관리 등이며, 영양서비스 직무로는 영양상태 평가, 영양치료, 영양교육 및 상담, 보건영양사업 등이다.

앞으로 우리나라의 영양사는 임상영양사, 급식경영영양사, 산업보건영양사, 보건 및 상담영양사, 영양교사 등 전문자격을 가진 영양사로 더욱 세분될 예정이며, 활동 분야도 더욱 다양하게 확대될 전망이다.

제2장

영양교육의 이론

제1절 건강신념 모델

제2절 합리적 행동이론과 계획적 행동이론

제3절 사회인지론

제4절 행동변화단계 모델

제5절 개혁확산 모델

영양교육은 교육 대상자의 영양문제를 파악하여 계획, 실행, 평가하여 식행동을 변화시키는 과정으로 영양교육을 효과적으로 실시하기 위해서는 교육학, 사회과학, 행동과학, 커뮤니케이션 등 여러 학문 분야의 이론이나 모형을 응용할 수 있다. 이론(theory)이란 행동을 설명하거나 예측하는 개념을 뜻하며, 행동을 설명하는데 중요한 요인들이 어떤 것들이며, 이들이 어떻게 서로 관련되어 있는지 제시한 것이다. 따라서 이론에 근거하여 계획된 영양교육은 그 교육적 효과를 설명할 수 있다. 영양행동이론은 실제 경험에 근거하여 건강이나 영양행동에 영향을 줄 수 있는 요인들의 연관성을 정립한 것으로 대상의 식행동을 이해하고 잘못된 행동을 변화시킬 수 있는 영양교육의 내용과 방법을 알려주는 역할을 한다고 할 수 있다.

그러나 영양교육 이론 중 하나의 이론이 모든 현상을 완벽하게 설명하지 못하며 각 이론은 장점과 제한점이 있으므로 영양교육에 활용할 경우 여러 가지를 고려하여 상황에 적합한 이론을 선택하여야 한다.

제1절 건강신념 모델

1. 개념

건강신념 모델(health belief model)은 미국에서 1960년대에 무료나 실비로 제공하는 공중보건사업에 주민들의 참여가 저조한 이유를 알기 위해 개발된 이론으로 보건교육에서 많이 사용되고 있는 모델이다. 건강신념 모델은 식사요법이나 약물요법의 순응도 등 질병을 진단하고 예방하는 프로그램에 왜 참여하지 않는지 사람들의 건강행동을 설명하고 예측하는 데 사용되어 왔다.

건강신념 모델은 건강행동의 실천 여부가 개인의 건강과 관련된 신념, 즉 여러 종류의 건강 관련 인식에 따라 정해진다는 이론으로 구체적으로 사람들은 다음과 같은 요인에 따라 건강에 바람직한 권장 행동에 참여 여부를 결정한다고 본다.

1) 질병 위협에 대한 인식

질병에 걸릴 가능성에 대한 개인의 주관적 인식과 질병을 그대로 두었을 때의 문제점, 즉 질병으로 인해 초래되는 신체적·정신적·사회적 기능의 장애 및 어려움 등 질병의 심각성에 따라 인식이 달라진다. 이러한 인식은 주관적인 것으로 개인에 따라 다르며 대상자의 연령, 성별, 인종, 성격, 지식, 교육수준, 사회경제적 수준 등 여러 가지 요인에 의해 영향을 받는다. 질병의 위험성과 심각성에 대한 인식은 건강상의 위협에 대한 인식을 변화시켜 개인의 행동에 영향을 미치게 한다.

2) 권장 행동을 했을 때의 이득이나 장애 요인에 대한 인식

추천된 건강행동을 했을 때 어떤 이익이 있는지, 장애 요인이 무엇인지, 얼마나 장애 요인이 많은지 등을 생각하고 건강행동을 할 것인지 결정하게 된다는 것이다. 즉, 바람직한 행동을 했을 때 그로 인해 자신이 얻을 수 있는 이득과 장애 요인을 비교하여 건강행동을 할 것인지를 결정한다는 것이다. 개인이 질병에 대한 위험성과 심각성에 대한 인식만으로 바람직한 건강행동을 하는 것은 아니며, 요구되는 행동이 수행 가능하고 효과가 있으며 그 행동을 수행하는 데 여러 가지 장애가 적을 때 행동에 옮기게 된다.

3) 자아효능감

자아효능감(self-efficacy)은 건강신념 모델에 없었던 개념인데 최근에 추가된 요인으로, 체중조절을 위한 저열량식, 혈압조절을 위한 나트륨 섭취 감소 등 특정 건강행동을 할 수 있다는 자신감과 바람직한 결과를 얻을 수 있는 행동을 성공적으로 수행할 수 있다는 자신감을 말한다.

이상과 같이 건강신념 모델은 개인의 건강에 대한 위협, 결과에 대한 기대, 자아효능감에 따라 건강행동을 할 것인가 결정한다는 이론이다. 사람들은 행동하는 데 장애가 없다고 느끼거나 적다고 느낄 때 예방하기 위한 행동과 치료하기 위한 행동을 가장 잘하게 되며, 건강문제에 대하여 민감하게 느낄수록 그 건강문제를 예방하기 위한 행동을 잘한다는 것이다. 따라서 건강신념 모델은 사람들의 특정한 행동이 변화될 것인가를 예측할 수 있게 도움을 주는 이론이다.

2. 적용

건강신념 모델은 영양교육의 요구도 조사, 영양교육 계획 및 실행 시, 식사요법이나 약물요법의 순응도, 질병 예방 및 질병 진단 프로그램의 참여 여부 등 건강행동을 예측하는 데 적용되고 있다.

제2절 합리적 행동이론과 계획적 행동이론

1. 개념

1) 합리적 행동이론

합리적 행동이론(theory of reasoned action)은 행동하려는 의지만 있으면 행동한다는 전제하에 인간은 합리적으로 자신이 이용할 수 있는 정보를 사용하며, 어떤 특정 행동에 대한 행동의도(행동의지)는 그 행동을 결정하는 직접적인 요인이 된다고 가정한다. 따라서 인간의 행동은 행동 수행 의도에 의해 결정되고, 행동의도는 그 행동에 대한 개인의 태도, 주관적 규범에 의해 결정된다는 이론이다. 행동의도를 파악하려면 개인이 갖는 행동에 대한 태도와 주관적 규범에 대한 분석이 이루어져야 한다.

행동에 대한 태도는 어떤 특정 행동에 대해 개인이 갖는 긍정적이거나 부정적 느낌을 말하며, 주관적 규범이란 자신이 중요하다고 생각하는 사람들이 행사하는 영향력에 대한 개인의 동의하는 정도를 말한다.

행동에 대한 태도와 주관적 규범은 각각 두 가지 요인으로 구성된다. 특정 행동에 대한 태도는 그 행동의 결과에 대한 신념과 행동 결과에 대한 평가로 구성되고, 주관적 규범은 규범적 신념과 순응 동기에 의해 결정된다. 규범적 신념이란 부모나 배우자 등 개인이 중요하게 생각하는 주변인이 자신의 행동을 지지할 것인지 반대할 것인지에 대한 개인의 생각을 말한다. 순응 동기는 개인이 이런 주변인이 기대하는 의견을 어느 정도 따를 것인가를 말한다.

그러나 행동을 방해하는 상황에 처했을 때 등 의지만으로 건강 관련 행동을 실천하는 것은 많은 어려움이 있으므로 행동 특성을 고려하여 보완한 것이 계획적 행동이론이다.

2) 계획적 행동이론

계획적 행동이론(theory of planned behavior)은 행동 수행에 대한 의도뿐 아니라 인지된 행동통제력에 따라 행동이 결정된다는 이론이다. 행동하려는 의향이 클수록, 행동할 수 있다는 인식이 높을수록 행동을 수행한다는 것이다.

어떤 행동 수행은 자원이나 장애 요인에 의해서도 좌우된다. 어떤 행동을 하는 데 필요한 자원을 가지고 있다는 믿음이 없을 때는 비록 그 행동에 대해 긍정적인 태도를 가지고 있는 사람도, 다른 사람들이 그 행동을 인정한다 해도 그 행동을 하려는 의도를 갖기 어렵다. 따라서 계획적 행동이론은 합리적 행동이론의 두 가지 요소인 행동에 대한 태도와 주관적 규범 외에 인지된 행동통제력(perceived behavioral control)이 새로 제시되었다. 인지된 행동통제력이란 특정 행동을 수행하는 데 대해 행동을 저해하는 요인이나 상황에서 얼마나 행동을 통제할 수 있는지를 말하며, 행동에 직접적인 영향을 미친다. 인지된 행동통제력은 통제신념과 인지된 영향력에 의해 결정된다. 통제신념은 다양한 상황에서 특정 행동을 수행하는 것을 촉진하거나 방해하는 요인의 존재 여부에 관한 신념이고, 인지된 영향력은 행동을 촉진하거나 방해하는 요인의 영향력으로 행동 수행과 관련한 각 요인의 중요성을 말한다. 개인이 행동을 촉진하는 요인의 존재에 대한 강한 신념을 가질 때 그 행동에 대한 높은 인지된 통제력을 가지게 된다.

2. 적용

계획적 행동이론은 채소와 과일, 유제품의 섭취, 균형식의 실천, 체중조절, 운동, 금연, 모유수유, 패스트푸드 섭취 등에서 행동 예측 및 다양한 행동 설명에 적용되고 있다.

제3절 사회인지론

1. 개념

사회인지론(social cognitive theory)은 인간의 행동은 개인의 인지적 요인과 행동적 요인, 환경적 요인이 서로 상호작용을 하여 결정된다는 이론이다. 따라서 행동 변화는 변화에 관여하는 모든 요인들이 동시에 변화될 때 일어나기 가장 쉽다는 것이다.

사회인지론의 특성은 지식이나 태도보다는 행동의 변화에 초점을 맞추고 환경의 영향력에 가치를 둔다는 것이다. 행동 변화에 영향을 미치는 개인의 인지적 요인, 행동적 요인, 환경적 요인은 다음과 같다.

1) 인지적 요인

(1) 결과기대와 결과가치

결과기대는 특정 행동을 수행했을 때 어떤 결과가 나타나리라고 예상하는 것으로 결과에 대한 신념을 말한다. 즉, 행동 수행 시의 결과인 장점이나 단점에 대한 인식을 말하며 개인에 따라 장점과 단점에 대해 느끼는 정도가 다르다.

결과의 가치는 개인이나 집단이 특정 행동에 따른 결과에 대해 그들이 얼마만큼 중요한 가치를 부여하는지를 말한다. 따라서 교육 대상자가 어떤 결과에 긍정적 가치를 부여하는가를 파악하여 그 결과를 강조하는 것이 효과적이며, 영양교육 시 결과에 두는 가치를 건강지향적인 방향으로 유도하는 것이 바람직하다.

결과기대와 결과의 가치는 교육 대상자들이 영양교육 프로그램에 참여하거나 따르도록 동기를 유발하는 데 도움을 준다.

(2) 자아효능감

자아효능감은 주어진 행동을 할 수 있다는 자신감으로, 어떤 행동을 수행하는 데 대한 자신의 신념을 말한다. 이는 행동 변화에 우선적으로 필요한 조건이라고 할 수 있는데 건강한 생활습관을 가지려는 동기가 부여되어도 그 과정에 대해 할 수 있다는 자신감이 없으면 식행동을 바꾸려고 시도하기 어렵고 그 효과도 적을 것이다. 따라서 목표를 자신이 실현할 수 있는 정도로 정하여 자아효능감을 갖게 하여야 하며, 이렇게 형성된 자아효능감이 지속될 때 행동 변화를 초래할 수 있다.

2) 행동적 요인

(1) 행동수행력

행동수행력은 실제로 행동할 수 있는 능력으로 행동 수행에 필요한 영양 및 건강지식이나 기술을 말한다. 행동 수정에 필요한 지식과 기술이 없이 건강한 생활습관을 따르려는 동기부여만으로는 식행동을 변화시키기 어렵다. 따라서 행동 수행과 관련된 선택 능력, 지식, 기술, 방법 등을 행동수행력이라 한다.

(2) 자기통제력

자기조절이라고도 하며, 자기 스스로 행동 변화를 유지하고 관리하는 능력을 자기통제력이라고 한다. 인간은 자신의 기준과 평가에 의해 새로 습득한 행동을 스스로 유지할 수 있도록 하여 자신의 문제를 해결할 수 있게 된다. 따라서 자기통제력을 높이기 위해서는 행동의 규범과 목표를 정확히 설정하고 자신의 행동을 스스로 관찰하고 모니터링하여 문제 분석을 통한 행동 변화를 시도하여야 한다.

3) 환경적 요인

(1) 환경

식행동에 영향을 미치는 환경은 사회적 환경과 물리적인 환경을 말하며 인간은 주위 환경에 의해 행동의 영향을 받는다. 개인의 행동에 영향을 미치는 사회적 환경 요소는 가족, 친구, 학교나 직장동료, 영양사 등을 말하며, 물리적 환경 요소는 공간, 시설, 온도 등이 이에 해당된다. 따라서 영양교육을 실시할 때에는 이러한 식환경을 파악하여 행동 변화에 바람직한 영향을 미칠 수 있도록 유도하여야 한다.

(2) 관찰학습

사람은 다른 사람의 행동과 행동 결과를 관찰하여 보고 배우면서 행동 변화를 시도하거나 새로운 행동을 습득할 수 있다. 새로운 행동을 확립하기 위해 좋은 역할모델을 이용하는 것은 행동을 습득하는 시간을 짧게 해줄 수 있다. 대리 경험이라고도 하며,

많은 형태의 행동이 관찰학습을 통해 학습된다.

(3) 강화

강화는 행동 수행 후에 나타나는 그 행동의 지속이나 중단에 대한 행동 반응으로 직접강화(자신이 경험한 강화 : 칭찬, 선물 등), 대리강화(타인의 행동 수행에 따른 결과와 보상 관찰), 자기강화(스스로 조절할 수 있는 강화)가 있다. 바람직한 행동 수행 시 칭찬이나 격려, 선물과 같은 긍정적 보상이 따르면 그 행동이 점점 강화되고, 부정적 평가나 보상이 따르면 그 행동이 지속될 가능성이 낮아진다. 따라서 보상은 행동을 강화시켜 유지하는 데 중요한 요인이다.

2. 적용

영양교육 계획 시 개인의 식행동 변화에 영향을 주는 여러 가지 요인을 파악하여 여러 가지 행동 수정 방법을 제시할 수 있어 실제적으로 많이 활용되고 있다. 특히 어린이나 청소년들을 대상으로 하는 영양교육에 많이 활용된다.

제4절 **행동변화단계 모델**

1. 개념

행동변화단계 모델(stage of change model, transtheoretical model)은 행동의 변화가 한순간에 일어나는 것이 아니라 일련의 단계를 거쳐 일어난다는 이론이다. 이 모델은 1990년대 중반 이후 영양교육 분야에서 많이 사용하는 모델로, 개인마다 행동 변화에 대한 의향과 행동 변화의 단계가 다르므로 단계별 대상자의 준비 정도에 따라 행동 수정 방법이나 전략을 다르게 사용해야 교육효과를 얻을 수 있다는 이론이다.

이 모델에서는 행동 변화의 단계는 다섯 단계로 고려 전 단계(precontemplation), 고려 단계(contemplation), 준비 단계(preparation), 행동 단계(action), 유지 단계(maintenance)로 구분한다.

따라서 영양교육이 필요한 대상자의 상태를 파악하여 행동 변화의 5단계 중 어떤 단계에 속한 상태인지 알아서, 각각의 단계에 적합한 영양교육을 실시하는 것이 행동 변화를 유도하여 교육효과를 높일 수 있다.

1) 고려 전 단계

고려 전 단계는 자신의 식행동에 문제가 있다고 인식하지도 못하고 행동 변화에 대한 의향이 없는 단계로 행동 변화를 고려하지 않는 단계이다. 자신의 식행동에 문제가 있다는 것을 자각하지 못하거나 문제를 부인하는 상태 또는 문제를 인식은 하나 변화하려는 의지가 없는 상태이거나 권장 행동을 시도한 후에 실패한 경험이 있는 경우이다.

2) 고려 단계

고려 단계는 행동 수정에 대한 의지가 확고하지 않은 상태로 가까운 장래에 행동을 바꾸려는 의향이 있는 단계를 말한다. 자신의 행동에 문제가 있음은 인식하나 수정을 하겠다는 의지는 확고하지 않은 상태이다. 이 단계는 행동 변화에 대한 정보를 찾는 단계로, 변화할 필요를 느끼고 6개월 이내에 변화를 시도할 의도를 가지고 있는 단계이다. 행동 변화 시 건강상 이득이 있으나, 행동 변화에 따르는 장애 요인으로 쉽게 시도하지 못하고 행동 변화를 고려해 보는 단계이다. 따라서 고려 단계에서는 교육 대상자에게 행동 변화 후의 건강상 이점을 설명하고 식행동 변화 가능성에 대해 통찰할 기회를 제공하여야 한다.

3) 준비 단계

준비 단계는 행동에 대해 준비하는 단계, 행동 변화를 계획하는 단계를 말한다. 가까운 장래에 행동을 바꿀 의향이 있는 단계로 행동을 변화하여 생기는 이득이 변화하지 않았을 때 생기는 문제점보다 크다고 인식해서 보통 1개월 이내에 행동을 바꾸어 변화를 실천하려고 하는 단계이다. 영양교육 프로그램에 등록을 하거나, 상담자와 상담 약속을 하는 등 행동을 시도해 보기도 하는 등 변화를 하기 위해 준비하는 단계이다.

4) 행동 단계

행동 단계는 실천 단계, 즉 행동을 바꾸기 위해 적극적으로 노력하는 단계로 행동 변화를 시도했으나 아직 6개월이 되지 않은 상태로, 다시 무너질 수도 있는 단계이다. 따라서 바람직한 행동 변화를 실천하는 것을 새로운 행동이 지속되는 것으로 간주해서는 안 된다. 행동 변화에 대한 의지가 부족한 경우도 많기 때문이다. 따라서 교육 대상자가 바람직한 행동 변화를 지속적으로 이룰 수 있도록 칭찬하고 격려하여야 한다.

5) 유지 단계

유지 단계란 장기간 행동 변화를 유지하는 단계(6개월 이상)로 원래 상태로 되돌아가지 않으려고 노력하는 단계이다. 바람직한 행동을 지속적으로 강화하는 방법을 찾는 단계로 계속 변화된 행동을 유지하는 단계이다.

이 단계에서는 교육 대상자가 행동 변화를 계속 유지할 수 있도록 장애 요인을 파악하여 대처할 수 있게 도와야 하며, 바람직한 행동에 대한 지속적인 격려를 하여야 한다.

2. 적용

행동변화단계 모델은 흡연, 음주, 저지방식, 저나트륨식, 패스트푸드 섭취 감소, 채소 섭취 증가 등 식행동 연구에 활용되며, 개인이 어떤 단계에 있는지를 파악하여 개인별로 맞춤식 교육을 할 수 있을 뿐 아니라 교육효과도 높일 수 있어 많이 활용되고 있다.

제5절 개혁확산 모델

새로운 아이디어나 기술이 사회 구성원인 집단에게 일정한 경로를 통해 전달되는 과정을 개혁확산 모델(diffusion of innovations)이라고 한다. 개혁확산이 이루어지려면 우선 대상자들에게 적합한 새로운 아이디어나 기술이 개발되어야 하며, 여러 경로를 통해 정보를 전달할 수 있어야 한다. 이러한 새로운 아이디어나 기술이 성공적으로 빠르게 확산될 수 있으려면 그 내용이 너무 어렵거나 복잡하지 않아야 하고, 대상자들이 개혁 내용을 채택했을 때 얻을 수 있는 이득이 크다고 느낄 수 있어야 하며, 그 내용을 받아들였을 때의 결과를 쉽게 알 수 있어야 한다. 따라서 영양이나 건강에 대한 새로운 아이디어나 기술이 이러한 개혁의 확산 과정을 통해 전달되면 많은 대상들의 식행동 변화를 일으킬 수 있다.

이러한 개혁의 확산은 다음과 같은 사회적 과정을 통해 사회 구성원에게 확산된다.

1. 채택 과정

채택 과정은 먼저 기존에 없었던 새로운 아이디어나 기술을 개인이 접하고 난 후, 그 내용을 받아들일 것인지, 받아들이지 말 것인지 결정하여야 한다. 그 내용을 받아들인 후 실제로 행동에 옮기고, 그 행동을 강화시킬 수 있는 요인을 찾았을 때 확인 과정을 거쳐 개인이 채택하는 과정을 말한다.

2. 확산 과정

확산은 먼저 채택 과정을 거쳐 일부 개인이 채택하여 받아들인 새로운 지식이나 기술, 즉 새로운 개혁정보가 사회 구성원에게 전달되어 확산되어 가는 과정을 말한다. 확산의 정도와 속도를 결정짓는 데 영향을 미치는 요인에는 개혁정보의 적합성, 편리성, 시도가능성, 이해성, 전달성, 상대적 이점, 가역성, 수정가능성, 위험성 등과 받아들일 대상자의 가치관과 결과의 관찰가능성 등이 있다.

제3장

영양교육의 실시 과정

제1절 영양교육의 실태 파악

제2절 영양교육의 계획

제3절 영양교육의 실행

제4절 영양교육의 평가

영양교육의 대상자와 교육내용은 광범위하기 때문에 영양개선, 즉 영양과 식생활에 대한 올바른 지식이 생활화되도록 하기 위해서는 대상자의 영양상태와 상황을 파악하여 식생활을 개선하도록 하여야 한다. 따라서 영양교육의 실시 과정은 영양교육 대상의 실태 파악 → 영양교육의 계획 → 실행 → 평가의 네 과정으로 이루어진다. 각 단계는 다음 단계의 기초자료를 제공하며 평가 결과는 다음의 영양교육을 계획할 때 활용하며, 영양교육은 반복하여 실행하여야 효과가 커진다.

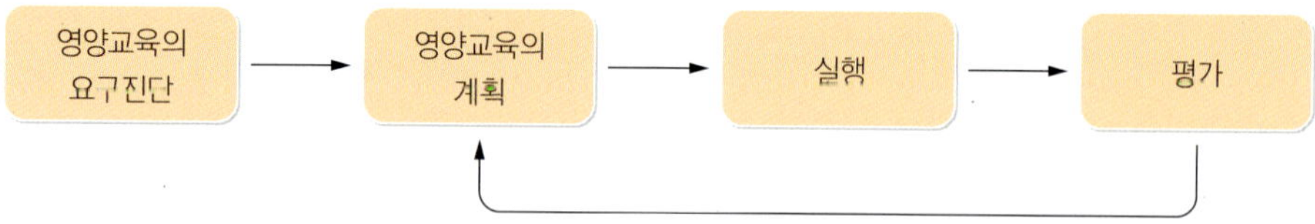

그림 3-1 영양교육의 과정

제1절 영양교육의 실태 파악

1. 기초조사 및 영양문제의 발견

우선 대상집단의 건강·영양문제가 무엇인지를 발견해야 한다. 영양교육의 최종 목표는 식생활 개선을 통한 건강증진이므로, 대상집단의 영양문제뿐 아니라 영양문제와 관련된 건강문제도 파악한다. 건강문제를 파악하기 위한 객관적 방법은 질병 관련 통계·역학자료, 질병 발생률, 유병률, 질병률, 사망률 지표 등이 있으며, 주관적 방법은 설문조사, 인터뷰조사, 식사섭취조사 등이 있다. 영양문제를 파악하기 위한 방법으로는 혈액, 소변의 영양소, 영양소 지표를 조사하는 생화학적 분석, 신장, 체중, 허리둘레, 체지방률을 조사하는 신체계측, 임상조사 등을 통해 정확히 알아내도록 한다(표 3-1).

대상집단의 건강·영양문제를 파악할 수 있는 문제를 규명할 뿐만 아니라 이와 관련된 지식, 태도, 식행동 등도 조사하여 대상집단에게 필요한 교육내용과 방법 등을 결정하는 과정이 필요하다. 또한, 이미 알고 있는 현존하는 영양문제와 앞으로 나타날 수 있는 잠재적인 영양문제가 있으므로 이들을 모두 파악해야 한다. 이와 같이 앞으로의

표 3-1 대상자의 영양문제, 건강문제를 알아보는 방법

분류	내용
영양문제	• 생화학적 분석 : 혈액, 소변의 영양소, 영양소지표조사 • 신체계측 : 신장, 체중, 허리둘레, 체지방률 • 임상조사
건강문제	• 객관적 방법 : 질병 관련 통계, 역학자료 이용, 질병의 발생률, 유병률, 질병별 사망률 등 지표 이용 • 주관적 방법 : 설문조사, 인터뷰조사 • 식사섭취조사 : 24시간 회상법, 식품섭취빈도조사법, 식사일기, 식행동 평가, 식사기록법

영양문제 예측을 위해서 관련 정보를 모으거나 새로운 표본조사에 의해 질적인 자료수집과 결과 분석을 함으로써 대상집단의 영양문제를 정확히 파악할 수 있다.

최근 우리나라 국민의 건강·영양문제는 암, 심혈관 질환, 고혈압, 당뇨병 등 만성 질환이며 이러한 질환의 주요 원인은 영양, 운동, 흡연, 음주 등 생활습관과 밀접한 관련이 있으므로 영양교육을 통해 이러한 문제를 수정해 나가는 것이 필요하다. 또한, 영양교육의 효과를 높이기 위해서는 대상집단이 원하는 교육내용을, 대상집단에게 적합한 교육방법으로 시행해야 한다.

2. 영양문제의 원인과 관련 요인 파악

대상집단의 영양문제, 건강문제를 파악한 후 그 문제를 해결하기 위해서는 원인과 관련 요인의 분석이 매우 필요하다. 영양문제가 발생된 원인은 한 가지 요인이 독립적으로 영향을 미치는 것이 아니라 여러 요인들이 관련되어 영양상태에 영향을 미친다. 예를 들어 대상집단의 영양문제가 고혈압이라면 그 원인을 '짠 음식 과잉 섭취'라는 한 가지로 파악하기보다는 성, 연령, 유전, 식행동, 경제사정, 주거환경, 식품영양정책 등 관련 요인들을 찾아내야 한다.

영양상태와 관련된 요인은 개인의 특성, 생활양식, 사회환경적 요인, 지역사회의 환경적 요인 등으로 구분할 수 있으며, 이 중 식행동 등 생활양식은 영양교육으로 변화될 수 있다. 개인의 영양상태에 영향을 주는 요인은 그림 3-2와 같다.

식행동에 영향을 주는 요인으로는 동기부여, 행동가능, 행동강화 요인 등으로 구분

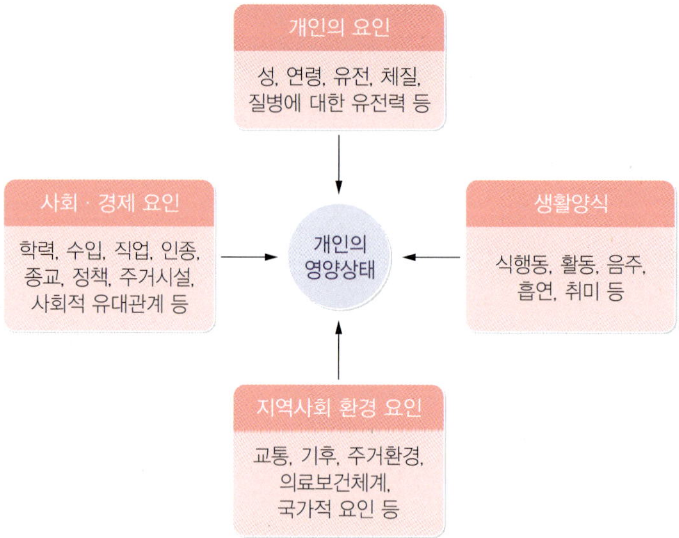

그림 3-2 개인의 영양상태와 관련된 요인

할 수 있다(그림 3-3). 동기부여는 교육에 의해 영양지식, 신념, 식사를 바꾸려는 태도, 자아효능감에 따라 달라지며, 교육자는 영양지식, 신념, 자아효능감 등을 높일 수 있는 교육을 실시해야 한다. 동기부여 요인만으로 식행동을 바꾸기 어려우므로, 바람직한 식행동을 실천하기 위해서는 행동가능 요인이 필요하다. 행동가능 요인이란 행동 변화에 영향을 줄 수 있는 식품구매, 선택기술, 조리기술 등에 해당한다. 따라서 바람직한 식행동을 실천할 수 있는 영양정보, 식사계획이나 조리 등과 같은 기술을 제공해야 한다. 행동강화 요인은 주위 사람들의 지지와 칭찬이 있다면 긍정적인 식행동의 변화를 지속적으로 유지시켜 줄 수 있다. 가족이나 친구 등 주변의 사람들로부터 받을 수 있는 사회적 지지나 칭찬은 식행동에 직접·간접적으로 영향을 끼치게 된다. 따라서 영양교육은 동기부여, 행동가능, 행동강화 요인 등을 고려하여 실시하도록 한다.

3. 대상자의 요구도 분석

교육 대상자가 바람직한 식행동으로 변화할 수 있게 영양교육이 수행되기 위해서 대상자가 원하는 교육, 대상자에게 필요한 교육을 알아보고 영양문제 해결과 관련되도록 한다. 대상자들에게 필요한 영양교육의 주제나 내용, 방법 등은 포커스그룹 인터뷰 등

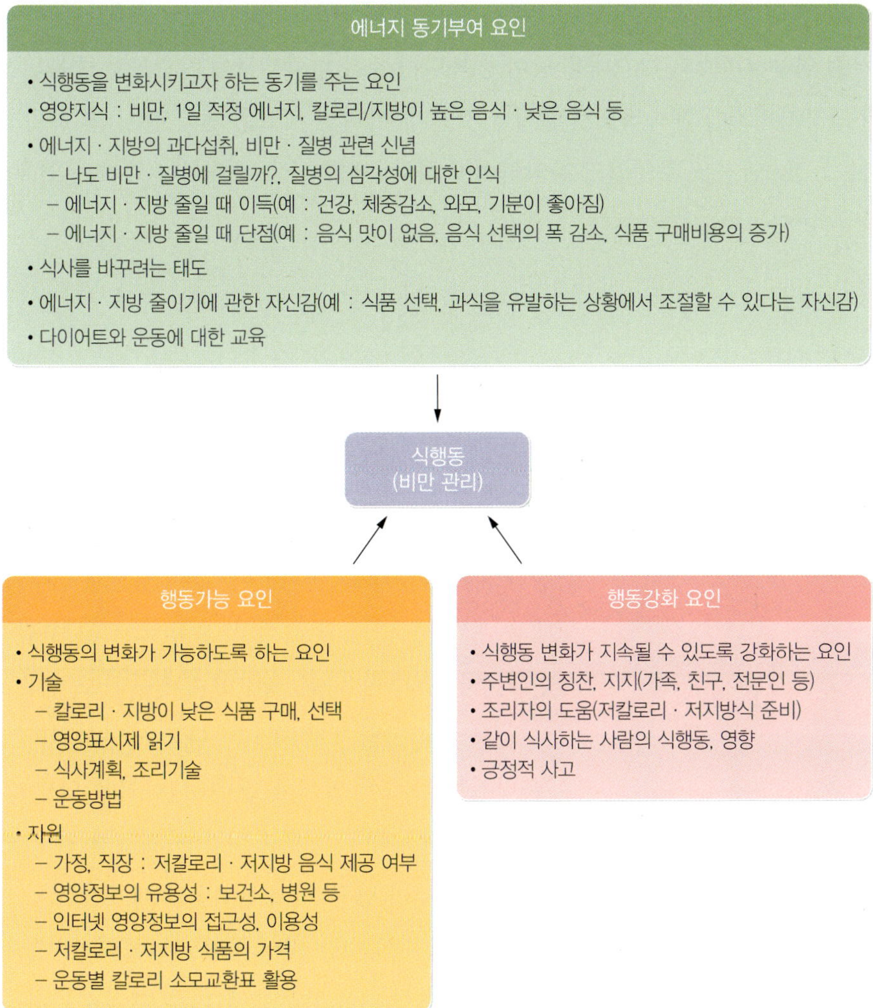

그림 3-3 식행동에 영향을 주는 요인의 예

집단 인터뷰나 설문조사 등으로 시행하게 된다. 대상자는 때때로 교육의 필요성을 인식하지 못할 때가 있는데, 그러한 경우는 교육 대상자에게 교육의 필요성을 일깨워 주거나 영양문제 대한 관심과 요구를 가지도록 유도한다. 교육은 교육 대상자들의 관심사를 반영하여 학습에 흥미를 느껴 교육에 참여하도록 시행하고, 대상자들이 원하는 내용과 방법으로 진행하면 영양교육에 보다 적극적으로 참여하고 교육효과를 높일 수 있다.

영양교육 대상자의 요구도를 분석하기 위해서 기존의 다른 조직이나 기관에서 제공하고 있는 영양서비스가 있는지 알아보아야 한다. 대상자들의 영양문제를 다루고 있는 기존 영양서비스와 학습내용 등이 중복되는 것은 바람직하지 않으므로 중복되는 기존의 영양서비스를 계속적으로 실시할 것인가, 아니면 새로운 영양서비스를 개발할 것인가, 그 장·단점은 무엇인지 파악하여야 한다. 또한 다른 조직이나 기관과 연계하여 협력할 수 있는지도 알아본다.

제2절 영양교육의 계획

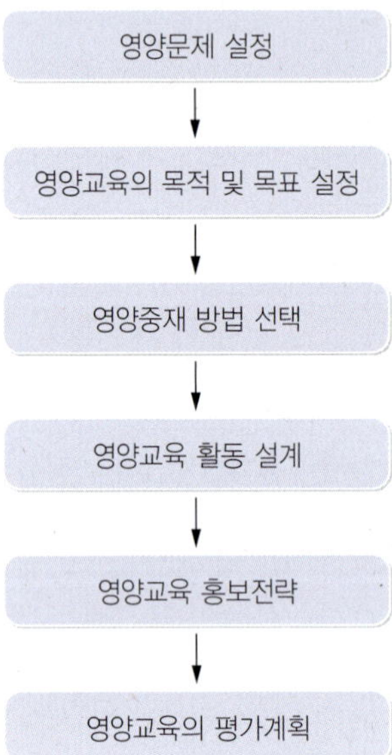

그림 3-4 영양교육 활동의 계획수립 단계

교육 대상자의 영양문제 분석 및 진단을 통해 대상집단의 영양문제를 해결하기 위한 영양교육의 주제, 내용, 방법에 대해 구체적인 계획(plan)을 수립해야 한다. 영양교육은 다른 영양중재 활동과도 연관되므로 영양교육 담당자의 활동은 다른 영양사업의 활동과 밀접한 관련이 있어야 한다. 영양교육 담당자, 연계된 영양개선 활동 담당자, 지역사회정책 담당자, 정부 관련 부처의 담당자, 대상집단의 대표가 서로 협력하여 계획을 수립하는 것이 좋다. 특히, 대상자들이 참여한 계획수립은 영양문제에 대한 대상자들의 인식을 더욱 절실히 하고 문제를 해결하고자 하는 욕구와 동기를 강하게 하여 능동적이고 성공적인 영양교육의 가능성을 높인다.

1. 영양문제의 선정

대상집단들은 다양한 영양건강문제를 가지고 있으나, 대상자들이 가지고 있는 모든 영양문제를 단 하나의 영양중재로 모두 해결할 수는 없다. 따라서 계획을 수립하는 첫 단계에서 무슨 문제부터 먼저 해결할지 우선순위를 정하여 가장 시급한 문제를 선정한다. 이 단계에서 가능하면 긴급하거나 그냥 두었을 경우 심각한 문제, 발생빈도가 높은 영양문제, 교육 후 효과가 있는 문제, 경제적으로 관련 기관에서 인적, 물적 자원을 받을 수 있는 문제, 대상자들이 관심을 갖고 있는 문제 등을 우선순위로 두어 선정한다. 영양문제의 우선순위를 정하는 방법은 공정하고 객관적이어야 하며 다음의 내용을 고려하여 선정하는 것이 좋다. 이러한 선정 기준을 적용하여 여러 가지 영양문제의 각각에 대해 차별 점수화하여 영양문제 우선순위를 정할 수 있다.

영양문제의 우선순위 선정 기준

① 영양문제의 크기 : 대상집단의 많은 대상자에게 나타나는 공통적인 영양문제를 선정한다.

② 영양문제의 심각성 : 문제의 긴급성, 심각성, 경제적인 손실 등을 고려하여 건강에 대한 영향이 가장 큰 문제를 우선적으로 선정한다.

③ 영양교육의 효과성 : 영양교육 활동에 의해 예방이나 개선의 가능성이 많은 문제, 즉 효과가 가장 큰 문제를 우선적으로 선정한다.

④ 정책적인 지원 : 정부나 영양 관련 공공기관, 지역단체, 조직들의 정책적인 지원이나 법규, 그의 타당성, 경제성, 수용성, 자원의 이용도 등을 고려한다.

2. 영양교육의 목적 및 목표 설정

대상집단의 영양교육 목적은 영양문제를 개선하여 건강증진을 하기 위한 포괄적이며 장기간에 걸쳐 도달할 수 있는 계획이다. 반면, 목표는 영양교육의 목적을 이루기 위해서 구체적이고 단기간에 이룰 수 있는 계획을 말한다. 따라서 영양문제의 목적은 그 문제의 해결 내지 개선이라는 포괄적인 계획을 말하며, 각 목적은 여러 단계적인 작은 목표를 가지며 이들 목표의 달성을 통하여 목적을 이룰 수 있다. 교육목표는 교육의 학습 활동이 올바른 방향을 제시하는 자원이 되며, 식행동에 영향을 미치는 요인을 수정하기 위한 것으로 설정한다.

일반적으로 영양문제의 원인이나 관련 요인의 변화, 식행동 및 건강상태의 변화를 예측하는데, 여기에는 여러 단계의 목표를 설정한다. 그중 단기적인 목표는 영양문제의 원인이나 관련 요인의 변화를 예측하는 것으로 영양교육 실행 후 가까운 시일 내에 달성할 수 있는 계획을 말한다.

교육 대상자들은 식행동 변화에 대해 거부하는 마음이 있으므로 자연스럽게 변화되도록 동기를 유발해야 하고 이러한 행동 변화가 유지, 지속되도록 해야 한다. 따라서 대상자들은 단기간 이룰 수 있는 목표의 단계를 통하여 하나의 커다란 목적을 달성하게 되어 영양문제를 해결하게 된다.

목적과 목표를 세울 때는 다음 사항을 유의하여 정한다.

① '누가, 무엇을, 얼마나, 언제까지' 이룰 것인지 분명하게 서술한다.
② 영양교육의 효과를 평가할 수 있게 측정할 수 있는 형태로 서술한다.
③ 대상자들이 영양교육 후 도달할 수 있는 실현가능한 수준으로 서술한다.
④ 영양교육의 세부적인 여러 목표를 달성했을 때 영양교육의 전체 목적에 도달할 수 있게 체계적으로 세운다.

영양교육의 목적, 목표의 예

A. 영양교육의 목적

프로그램 종료 후 1년까지 교육에 참여한 고혈압 환자의 비율을 현재의 80%로 낮춘다.

B. 목표

- 영양지식 습득 : 영양교육 후 대상자의 90%는 나트륨이 많이 함유된 음식을 4가지 이상 말할 수 있다.
- 기술 습득 : 영양교육 후 대상자의 80%는 가공식품을 선택할 때 영양표시를 제대로 읽을 수 있도록 노력한다.
- 바람직한 식행동 변화 : 영양교육 후 대상자의 75%는 나트륨을 줄이는 식사를 한다.

3. 영양중재 방법의 선택

영양교육의 목적과 목표가 설정되면 이를 달성하기 위한 영양중재방법(nutrition intervention)을 선택해야 한다. 영양중재란 영양문제를 유발하는 원인이나 요인을 시정하여 영양문제를 해결하고자 하는 것이다. 이는 영양교육뿐 아니라 보충식품 제공, 대중매체를 이용한 홍보, 캠페인, 음식점·학교급식소에서 건강한 음식 제공, 식품 선택의 폭을 넓히는 환경 변화 등을 유도하는 방법을 포함한다. 영양중재방법은 교육주제(균형식, 비만, 고혈압 등), 영양교육의 대상집단(임신, 수유부, 어린이, 청소년, 성인, 노인 등), 교육장소(학교, 보건소 등)에 따라 적합한 방법을 선택한다. 일반적으로 강의를 통한 영양교육을 주로 실시하나 영양중재방법이 효과적으로 이루어지기 위해서 영양교육 프로그램의 홍보, 대상자의 능동적 참여를 유도하는 영양교육 실시, 학교나 가정, 직장에서의 식환경 바꾸기 등 다양한 방법을 적용한다. 예를 들어, 철분이 부족한 학생들에게 영양문제를 해결하기 위해 강의를 통한 영양교육을 하는 방법이 있고, 지식교육 없이 학교급식소에서 철분 보충식품을 제공하는 방법도 있다. 또는 철분의 중요성에 대한 홍보, 학생들의 능동적 참여를 유도할 수 있는 영양교육을 실시하는 방법이 있다.

대상집단 내에서도 같은 영양문제를 지니고 있는 대상자 개개인은 여러 가지 특성을 가지므로 영양중재방법이 모든 대상자들에게 같은 효과를 내리라 기대하기는 어렵다. 따라서 대상자들을 비슷한 특성의 소규모 그룹으로 세분화하여 특성에 맞는 방법으로 진행하는 것이 좋다. 세분화는 지리적, 인구통계적, 심리적, 행동적 요인을 고려하며 인구통계적 세분화는 필수적이다.

4. 영양교육의 활동 설계

영양교육의 목적과 목표를 수립한 후에는 영양교육의 활동을 계획해야 한다. 영양교육의 주제에 맞게 내용과 방법, 교육자료 선택 및 매체 개발 등의 교육과정의 전반에 대해 구체적으로 계획한다. 또한 교육 인력이나 장소, 시간, 예산 등을 계획한다. 이러한 내용을 포함하는 영양교육과정안을 작성하여 활용하는 것이 바람직하며 교육과정안을 작성할 경우 다음 과정을 고려한다(표 3-2, 3-3).

1) 영양교육 내용

영양교육 내용은 교육자가 대상자의 특성을 파악하여 교육목표를 효과적으로 달성할 수 있도록 구성되어야 하며 가르칠 내용과 활동으로 이루어지게 된다. 교육내용은 대상자의 연령, 교육수준, 경제수준 등을 고려하며 영양지식, 태도, 식행동이 바람직한 방향으로 변화될 수 있는 것으로 구성한다. 영양교육의 내용이 선정되면 이를 체계적

표 3-2 고학년 3단원 골고루 먹기 교수-학습지도 1안

단원명	골고루 먹어요	대상	5, 6학년	장소	5~6학년 교실	지도교사	○○○
참조교과	5 실과, 체육 6 체육					차시	1
본시주제	음식을 골고루 먹어야 하는 이유와 편식의 유해성에 대하여 알기					시간	40분
학습목표	1. 음식을 골고루 먹어야 하는 이유를 안다. 2. 건강자전거를 이용해서 골고루 먹는 방법을 안다. 3. 건강자전거(식품구성자전거)를 이용해서 골고루 먹기를 실천한다.					학습방법	전체활동, 개별활동
준비물	• 교사 : 교재, 교사용지침서, PPT • 학생 : 교재						

지도단계	지도내용	교수 학습활동	시간(분)	자료
문제파악	동기유발	**학습동기유발** • "건강자전거" 그림을 보여주고, 그림이 의미하는 것이 무엇인지에 대해 질문하기 – 건강자전거를 보고 연상되는 것에 대해 발표한다. – 식품구성탑 그림도 준비하여 비교할 수 있다.	6′	건강자전거 PPT
	공부할 문제 확인	**공부할 문제 제시** • 골고루 먹어야 하는 이유(편식의 문제점)를 이야기해 보기 • 건강자전거를 이용해서 골고루 먹는 방법 알기 • 건강자전거를 이용해서 현재 자신이 골고루 먹고 있는지 평가하기		
	학습활동 안내	**학습활동 알아보기** 〈활동1〉 음식을 골고루 먹어야 하는 이유를 말하기 〈활동2〉 건강자전거의 말풍선 만들기 〈활동3〉 나의 건강자전거를 반성하고, 바람직한 건강자전거 실천하기		
문제추구 및 해결	학습활동 전개	**〈활동1〉 음식을 골고루 먹어야 하는 이유를 말하기** • 골고루 먹어야 하는 이유 알기 – 음식을 골고루 먹어야 하는 이유에 대해 발표한다.	5′	
		〈활동2〉 건강자전거를 이해하고 말풍선 만들기 • 골고루 먹지 않는 경우에 어떤 건강문제가 생기는지 알아보기 – 식품들의 섭취가 균형이 이루어지지 않으면 자전거 바퀴의 모양이 망가짐 – 교재 속 말풍선을 작성한다. – 음식을 골고루 먹지 않으면 어떤 건강상의 문제가 생기는지 답한다. – 건강자전거 바퀴의 모양이 찌그러지지 않기 위한 균형 잡힌 식품섭취를 설명한다. – 학생들이 적은 말풍선 답안과 관련하여 교재를 참조하여 부연 설명한다.	9′	

<table>
<tr><th>지도단계</th><th>지도내용</th><th>교수–학습활동</th><th>시간(분)</th><th>자료</th></tr>
<tr><td>적용
및 발전</td><td></td><td>〈활동3〉 나의 건강자전거를 평가하기
• 어제 먹은 식품의 종류를 자전거 바퀴 안에 적어보기
– 적은 음식이 어떻게 분류되었는지 올바른가를 점검하고 분류방법을 참조하여 부연 설명한다.
– 자신이 섭취한 음식을 평가해볼 때, 자전거 바퀴 모양이 어떻게 만들어질 것인가를 예상해보고, 바르지 않을 경우 반성한다.
– 잘못된 점을 반성한 후, 올바른 모양의 바퀴가 되기 위해 보완할 점 및 골고루 먹기 위한 각오를 작성한다.
– 각오를 적은 것을 몇 명이 발표한 후, 모두 큰 소리로 함께 자신의 각오를 읽어본다.</td><td>14′</td><td></td></tr>
<tr><td>정리</td><td>학습활동
정리</td><td>학습내용 정리하기
• 활동지를 통해 학교급식 메뉴가 건강식단임을 확인
– 학교급식 메뉴는 자전거의 바퀴를 잘 굴러가게 할 수 있는 최적의 식단임을 사전에 확인한다.
– 학교급식 메뉴를 건강자전거에 채운다(자전거의 바퀴 모양이 잘 굴러가는 형태로 나옴).
– 학교급식이 바람직한 건강자전거의 바퀴를 만들 수 있는 건강식단이므로 자신의 건강자전거를 제대로 만들기 위해서 학교급식이 중요함을 강조한다.
– 바람직한 건강자전거를 형성하기 위해서는 건강식단인 학교급식에 고마움을 느끼도록 한다.</td><td>6′</td><td></td></tr>
</table>

TIP : 활동하기, 학습내용 정리하기

1. 〈활동3〉에서 학생 자신이 먹은 음식 적기 외에 식단의 예시를 제시할 수 있다.
   슬기의 식단 또는 철수의 식단을 따로 제시한다. → 자기반성의 기회를 가질 수 없다는 단점이 있지만, 건강자전거를 채울 때 조금 더 정확한 정보를 작성할 수 있는 장점이 있다.
2. 〈학습내용 정리하기〉에서 학교급식이 건강식단이며, 이는 곧 바람직한 건강자전거를 형성할 수 있으므로 학교급식과 건강자전거를 연계하여 정리학습 차원에서 활동지를 활용할 수 있다. → 시간적 여유가 있거나, 학교급식과 건강자전거의 연계를 원할 경우 활용하면 좋다.

본시 평가 계획

<table>
<tr><th>평가목표</th><th>평가관점</th><th>도구</th></tr>
<tr><td rowspan="3">음식을 골고루 먹어야 하는 이유에 대해서 알고, 건강자전거를 이해하여 건강 식습관을 실천한다.</td><td>건강자전거의 의미를 알고 있는가</td><td rowspan="3">활동지
교재의 평가지
질의응답</td></tr>
<tr><td>음식을 골고루 먹어야 하는 이유를 말할 수 있는가</td></tr>
<tr><td>현재 나의 건강자전거를 반성하고, 바람직한 건강자전거를 실천할 수 있는가</td></tr>
</table>

자료 : 식품의약품안전처

표 3-3 고학년 3단원 골고루 먹기 교수-학습지도 2안

단원명	골고루 먹어요	대상	5,6학년	장소	5~6학년 교실	지도교사	○○○
참조교과	5 실과, 체육 6 체육					차시	1
본시주제	1. 음식을 골고루 먹어야 하는 이유와 편식의 유해성을 알기 2. 영양소가 골고루 함유된 음식을 먹는 방법 알기					시간	40분
학습목표	1. 음식을 골고루 먹어야 하는 이유를 안다. 2. 건강자전거의 뜻을 알고 편식을 했을 때 건강자전거의 변화에 대해서 알 수 있다. 3. 건강자전거(식품구성자전거)를 이용해서 골고루 먹기를 실천한다.					학습방법	개별활동
준비물	• 교사: 교재, 교사용지침서, PPT, 자동차 그림, 나의 각오 활동지(손바닥 모양의 빈 종이, 서명란이 있어야 함) • 학생: 교재, 사인펜(색연필), 식품 그림 사진						

지도단계	지도내용	교 수-학 습 활 동	시간(분)	자료
문제파악	동기유발	**학습동기유발** • "자동차"그림을 보여주고, 자동차 그림을 완성시키기 – 4개의 바퀴, 헤드라이트(2개), 기름을 자동차의 본체에 붙여 완성한다. · 4개의 바퀴 : 곡류바퀴/고기, 생선바퀴/채소바퀴/ 과일류바퀴 · 2개의 헤드라이트 : 우유, 유제품 헤드라이트/유지류 헤드라이트 · 물 : 자동차의 기름 – 건강자전거를 보고 연상되는 것에 대해 발표한다.	10′	미완성의 자동차 그림
	공부할 문제 확인	**공부할 문제 제시** • 식품구성자전거를 이용해서 영양소의 기능을 알고 영양적으로 균형된 음식 선택하기		건강자전거 PPT
	학습활동 안내	**학습활동 알아보기** 〈활동1〉 음식을 골고루 먹어야 하는 이유를 말하기 〈활동2〉 건강자전거의 뜻을 알고 식품영양소의 균형이 깨질 경우에 건강문제점 알아보기 〈활동3〉 내가 섭취한 음식으로 건강자전거를 구성하여 바람직한 식생활 실천하기		
문제추구 및 해결	학습활동 전개	**〈활동1〉 음식을 골고루 먹어야 하는 이유를 말하기** • 골고루 먹어야 하는 이유 알기 – 음식을 골고루 먹었을 경우와 편식했을 경우에 대해 발표한다.	3′	

<table>
<tr><th>지도단계</th><th>지도내용</th><th>교수–학습활동</th><th>시간(분)</th><th>자료</th></tr>
<tr><td>문제추구
및 해결</td><td>학습활동
전개</td><td>〈활동2〉 건강자전거의 뜻을 알고 영양소의 균형이 깨질 경우에 건강문제점 알아보기
• 건강자전거의 뜻 알기
– 건강자전거의 6가지 식품군 및 식품 종류, 기능, 영양소와 물의 역할에 대해 알아본다.
• 식품섭취의 균형이 이루어지지 않으면 건강에 어떤 문제가 생기는지 알아본다.
– 과일과 채소를 너무 적게 먹으면 어떻게 될지 이야기한다.
– 우유, 유제품을 먹지 않으면 어떻게 될지 이야기한다.
– 당과 지방을 너무 많이 먹으면 어떻게 될지 이야기한다.
– 고기를 너무 많이 먹으면 어떻게 될지 이야기한다.
• 건강자전거 바퀴 모양이 찌그러지지 않기 위한 균형 잡힌 식품섭취의 중요성을 알게 한다.</td><td>10′</td><td></td></tr>
<tr><td>적용
및 발전</td><td></td><td>〈활동3〉 내가 섭취한 음식의 종류를 알고 건강자전거를 완성하여 노력할 점 찾아내기
• 어제 먹은 음식의 종류 적어보기
· 아침 식사, 점심 식사, 간식, 저녁 식사
– 스스로의 건강자전거가 잘 굴러갈 수 있을지의 여부를 확인하기 위해 어제 먹은 식품의 종류를 건강자전거 바퀴 안에 적어본다.
– 보완할 점 및 골고루 먹기 위한 각오를 작성한다.
– 자전거 바퀴 모양이 바르지 않을 경우 반성한다.
• 손바닥 모양으로 빈 종이를 준비해서 나누어주고 적게 한다.</td><td></td><td>나의 각오
활동지</td></tr>
<tr><td>정리</td><td>정리하기</td><td>학습내용 정리하기
• 학교급식 메뉴가 건강식단임을 확인하기
– 학교급식 메뉴를 건강자전거에 채워본다.
– 학교급식이 바람직한 건강자전거의 바퀴를 만들 수 있는 건강식단이므로 자신의 건강자전거를 제대로 만들기 위해서 학교급식이 중요함을 강조한다.
– 바람직한 건강자전거를 형성하기 위해서는 건강식단인 학교급식에 고마움을 느낄 수 있도록 한다.
• 식품구성자전거에 대한 서약서 만들기
– 상장 형식으로 만드는 서약서임</td><td>5′</td><td></td></tr>
</table>

본시 평가 계획

<table>
<tr><th>평가목표</th><th>평가관점</th><th>도구</th></tr>
<tr><td rowspan="3">골고루 먹는 것에 대한 중요성에 대해 새롭게 인지하고 자신 스스로가 어떻게 행동해야 할지 적용해서 방법을 표현할 수 있다.</td><td>건강자전거의 의미를 알고 있는가</td><td rowspan="3">활동지
교재의 평가지</td></tr>
<tr><td>음식을 골고루 먹어야 하는 이유를 말할 수 있는가</td></tr>
<tr><td>현재 나의 건강자전거를 반성하고, 바람직한 건강자전거를 실천할 수 있는가</td></tr>
</table>

자료 : 식품의약품안전처

으로 조직할 필요가 있다. 즉, 교육내용의 순서는 문헌에 근거하여 내용의 타당성, 정확성, 최신성을 갖도록 하고, 간단한 것에서 복잡한 것으로, 일반적인 내용에서 전문적인 내용으로 전개되도록 구성하여 체계 있는 하나의 계열로 조직화하면 학습에 도움이 된다. 또한 교육내용은 식행동 변화를 위한 방법 습득, 주변인의 도움 구하기 등 요구집단의 결과를 적극 반영하여 구성한다.

2) 영양교육 방법

영양교육의 방법은 강의, 토의, 시연, 실험형 지도방법, 게임 등 다양하며 교육은 대상자가 능동적으로 참여할 때 효과적이다. 질의응답, 토의, 게임, 식습관 평가, 역할극 등 대상자의 수준에 맞게, 흥미를 유발하는 방법으로 참여를 유도하는 것이 효과적이다.

3) 교육매체의 선택 및 개발

영양교육 내용을 효과적으로 전달하기 위해서 영양교육 자료를 이용한다. 대상이나 주제에 맞게 개발된 기존의 교육자료가 있으면 이를 이용하고, 그렇지 않을 경우 자원과 인력이 제공되는 범위 내에서 교육자료를 개발한다.

4) 예비 실시 및 사전 평가

영양교육을 실행하기 전에 미리 예비로 실시해 보고 교육방법이나 교육자료 등에 대해 사전 평가해 본다. 즉, 교육방법이나 교육자료가 대상자의 수준에 맞는지, 시간 배정은 적당한지 등을 미리 평가하고 예측했던 부분 등을 수정·보완한다.

5) 그 밖의 고려사항

교육에 참석하는 대상자의 예상 인원 수는 교육방법이나 교육장소, 교육자료의 종류를 결정하는 중요한 변수로 작용하므로 고려해야 한다. 또한 대상자의 연령 분포와 교육내용의 대상 연령층도 함께 고려해야 한다.

① 교육시기와 시간은 교육 대상자가 영양교육에 참여하기 편한 시간을 정한다.

② 공휴일이나 휴가기간 또는 동일한 대상자에 대하여 다른 프로그램이 진행되는 날

은 피하도록 한다.

③ 교육의 효과는 교육 대상자들의 집중 정도를 생각하여 정하며 일반적으로 성인은 90분, 중고생은 40분, 초등학생 이하의 어린이는 30분 정도가 적당하다.

④ 교육 대상자의 피로 정도에 따라 교육의 효과가 달라지는데, 일반적으로 오후보다는 오전이 피로가 덜 하므로 교육효과를 높일 수 있다.

⑤ 교육시간은 교육내용의 도입에 10%, 전개에 80%, 요약 및 마무리에 10%가 되도록 배정하는 것이 효과적이다.

⑥ 교육에 필요한 인적 자원으로서 영양사·의사 등 전문가의 수, 보조 인원의 관리 체계, 물적 자원으로서 임금 및 강사료 등의 인건비, 사무실 임대료 및 교육장소, 시청각자료, 보조 기자재의 준비 등 활동 과정별로 자금 지원이 필요한 요소를 검토해서 예산을 구체적으로 계획한다.

5. 영양교육의 홍보전략

영양교육 프로그램에 대한 홍보를 하여 참여도를 높일 수 있는 홍보전략을 세운다. 홍보가 제대로 되지 않으면 교육이 성공적으로 이루어질 수 없으므로, 적절한 홍보전략이 필요하다. 영양교육의 홍보방법으로는 영양교육 대상자의 특성과 시기, 장소, 교육방법 등에 따라 차이는 있지만, 초청장 발송, 영양조사나 건강검진, 영양관련 이벤트, 식단전시회, 지역방송, 대중매체 등을 통해 홍보한다. 홍보 시에는 교육 프로그램의 내용과 목표, 실시장소, 시간, 참석방법, 참석 시 유익한 점 등을 알려서 대상자들의 참여도를 높인다. 대상자들은 영양 프로그램에 재미로, 혹은 친구나 가족과 함께 하려고, 그것도 아니면 새로운 것을 배우기 위하여 또는 지원을 받거나 영양문제를 해결하려는 목적 등 다양한 이유로 참석한다. 그러므로 이를 고려하여 동기부여를 하는 것이 좋다.

6. 영양교육의 평가계획

영양교육 프로그램뿐 아니라 교육 후 어떻게 평가할 것인지 미리 계획하는 것으로, 평가를 위하여 영양교육 실행 중 또는 후에 수집해야 할 정보와 분석방법에 대해 계획을 세운다. 평가계획은 크게 세 가지 유형으로 분류하는데, 교육에 사용된 자원에 대한 평가, 교육과정에 대한 평가, 영양교육 효과에 대한 평가이다. 이 중 사용된 자원에 대한 평가와 교육과정에 대한 평가는 교육이 실행되는 동안에 수시로 이루어지고 영양교육 효과에 대한 평가는 교육이 종료된 후에 이루어진다. 또한 영양교육이 대상자의 수준에 맞게 구성되었는지, 계획한 대로 시행되었는지, 교육효과는 어떠한지, 비용은 얼마나 들었는지 등을 평가할 수 있는 계획을 미리 구체적으로 세운다.

제3절 영양교육의 실행

영양교육 활동의 모든 과정을 계획한 후에는 영양교육의 실제 활동인 실행(do)으로 진행한다. 실행의 목표는 계획을 행동으로 실천하는 것으로 계획에 충실하게 따르는 것이다. 실제로 영양교육이 실행되는 동안에 세심하게 점검하여 영양교육에 사용된 자원이 계획과 일치하는지, 영양교육 과정이 계획대로 잘 진행되는지 평가한다.

그러나 영양교육 계획이 잘 수립되었더라도 대상자나 장소에 따라 계획대로 진행되기는 어려우며 예상치 못한 상황이 발생하거나 교육기간 동안에 대상집단의 요구가 변하는 경우도 있다. 이런 경우 발생한 문제점에 대해 영양교육자와의 협의하에 대상자가 원하는 바를 반영하여 계획을 일부 수정·보완하여 실시한다. 또한 경우에 따라서는 근본적으로 점검이 필요한 경우도 발생한다. 영양교육자는 교육내용, 교육수준, 시간배분, 교육방법 등이 교육 대상자에게 적당한지 평가정보를 수집·평가하여 반영한다. 효과적인 영양교육을 위한 고려사항은 표 3-4와 같다.

표 3-4 영양교육을 효과적으로 하기 위한 고려사항

- 대상자의 참여를 유도하는 방법 : 협조문 · 초청장 발송, 신문, 라디오, TV 방송국, 게시판, 인터넷 등에 홍보
- 다양한 교육 프로그램 준비 : 강의 외에 비디오 시청, 토의, 실습, 교육자료집, 전시회, 게임 등 대상자의 수준에 맞고 흥미를 느낄 수 있는 방법을 다양하게 준비
- 집단교육 외에 개인 상담 실시 : 개인의 영양문제, 식행동 개선방법 제시
- 매회 교육참여 정도 등 과정평가에 관한 자료를 수집, 이를 토대로 프로그램 수정
- 교육이 끝난 후 연사와 협조자들에게 감사 표현하기

제4절 영양교육의 평가

1. 평가의 목적

평가(evaluation)는 영양교육 실행 후 기대한 목표를 달성하였는지 점검하는 과정을 말한다. 평가는 교육 단계의 계획에서부터 실행까지 모든 과정에서 할 수 있다. 각 단계에서 수시로 평가하여 영양교육 프로그램의 교육이 계획대로 진행되고 있는가, 문제점은 무엇인가, 어떤 부분을 수정, 보완해야 하는가, 대상자의 행동에 변화가 있는가, 교육과정 자체가 얼마나 효율적이었나 등을 평가해야 한다(표 3-5).

표 3-5 평가의 기능

첫째 대상자의 지식, 태도, 행동 변화 정도를 파악 둘째 대상자의 학습을 촉진시키는 기능 셋째 대상자의 교육방법과 교육매체, 교육과정, 교육방법을 개선시키는 역할

교육 대상자의 배경은 항상 변하므로 교육 대상자의 변화하는 실태나 교육방법의 적절성을 파악하기 위해서 효과판정을 하여야 하며, 그 결과를 과학적으로 통계처리하는 것이 바람직하다. 이러한 분석자료는 새로운 문제점을 제시해 주고, 다음 단계 교육의 기초자료가 된다. 생활 속에 뿌리박힌 영양문제는 단시간에 변화될 수 없다. 여러 단계의 개선계획을 세워 반복 지도하여야 효과를 낼 수 있으며, 자발적으로 참여하도록 유도하여야 한다. 교육 대상자가 합리적인 식생활을 영위하도록 습관화시켜야 비로소 영양교육이 효과가 나타나는 것이다.

교육평가 목적은 교육목표의 달성 여부에 대한 자료를 제공하고 실시했던 교육의 문제점, 장점 등은 추후 영양교육을 계획할 때 반영할 수 있다. 또한 평가자료를 이용하여 영양교육의 효과를 보여주면 보건소, 학교 등 지역사회에서 영양교육의 지속 여부 및 정당성에 관한 자료를 제공한다(표 3-6).

표 3-6 영양교육 효과평가 측정 항목

평가항목	평가내용	예
영양지식	교육내용, 영양지식 등 평가	고혈압 환자에게 짠 음식의 종류를 질문한다.
식태도	영양과 관련된 인식, 태도, 가치관 등 평가	고혈압 환자가 나트륨 줄이기를 위한 식사조절을 하려는 의도가 있는지 평가한다.
식행동	식품군별 섭취실태, 건강 관련 식행동 등 평가	당뇨병 환자가 식품교환표를 활용하여 실제 식사조절을 하고 있는지 평가한다.
건강상태	• 신체계측치의 변화 • 생화학적 수치의 변화 • 건강상태	당뇨병 환자가 식사조절을 통하여 혈당이 변화하였는지 알아본다.

2. 평가의 종류와 내용

영양교육을 평가하는 방법에는 과정평가(process evaluation)와 효과평가(effectiveness or impact evaluation)하는 방법이 있다.

1) 과정평가

과정평가는 보다 질이 좋은 영양교육 프로그램을 만들기 위한 것으로, 영양교육의 계획과 실행 단계에서 실시한다. 영양교육이 실행되는 과정에 대한 평가로 영양교육이 실행되는 동안에 계획대로 순조롭게 잘 진행되고 있는가에 대한 정보를 수집한다.

흔히 과정평가는 영양교육을 평가할 때 간과되어 왔으나, 보다 양질의 영양교육 프로그램을 계획, 구성하기 위해 과정평가는 꼭 실시하여야 한다. 과정평가의 구체적인 내용은 다음과 같다.

(1) 영양교육의 전반적인 과정평가

과정평가는 영양교육이 계획한 대로 되고 있는지, 교육목적과 목표가 대상자의 문제에 타당한지, 교육과정이 적합한지, 대상자의 요구도에 따라 교육되고 있는지, 대상자의 참여도와 흥미도가 어떠한지 등을 알아보는 것이다.

영양교육 전문가로 구성된 패널들은 영양교육을 시행하기 전에 계획한 영양교육의 전반적인 구성 요소, 즉 프로그램의 내용, 방법, 교육자료, 과정 등을 점검하고 평가한다. 구체적으로 대상자의 요구진단 여부, 교육목적 및 목표의 타당성, 교육과정의 적합성, 교육자료의 적절성, 영양교육 담당자의 역할분담, 평가계획 등의 항목을 주고 각각 적절한지 평가하게 된다.

(2) 교육자료 및 평가도구의 예비조사

① 영양교육 자료 : 적절성, 이해도, 흥미도, 기술적 질, 대상자의 참여 유도 여부 등
② 영양교육의 평가도구 : 영양교육 효과평가를 위한 설문지, 측정도구에 대한 예비조사를 실시하고 수정·보완

(3) 영양교육 참여도에 관한 평가

① 참여자 분석 : 매회 영양교육별 참여자 비율(%)
② 강의, 개별상담, 전화상담, 스크리닝 참여 등 교육방법별 참여도
③ 교육자와 대상자의 의사소통, 토의의 원활성 등을 평가자가 직접 관찰하면서 평가
④ 교육에 참여하지 않았거나 중도에 포기한 이유

2) 효과평가

효과평가는 영양교육의 효과가 있었는지, 목적과 교육목표를 어느 정도 달성했는지 알아보는 것이다. 즉 교육 후에 영양문제의 원인과 관련 요인이 개선되었는지, 식행동과 영양상태, 질병 발생률이나 유병률에 변화가 있었는지 교육효과가 있었는지를 평가한다.

영양교육의 효과평가를 할 때 주로 알아보는 항목은 다음과 같다.

① 영양문제와 관련된 건강·영양 관련 지식 개선 정도
② 대상자의 식행동 변화가 가능하고 지속·유지 여부
③ 식습관 개선 여부
④ 대상자의 영양문제의 해결 여부
⑤ 영양상태 개선 여부
⑥ 신체계측치 : 체중, 체지방의 변화
⑦ 생화학적 수치 : 혈당, 혈중 콜레스테롤 등
⑧ 건강상태 : 비만율, 질병의 유병률

제4장

영양교육의 방법

제1절 영양교육의 대상

제2절 교육방법의 유형

제3절 영양교육의 형태와 방법

제4절 수업설계

제5절 영양교육과 매스미디어

제1절 영양교육의 대상

1. 대상의 파악

1) 교육 대상의 분류

영양교육을 할 때는 '누가', '누구에게', '언제' 혹은 '언제까지', '어디에서', '무엇을' 실시하는가 하는 구체적인 과정을 계획해야 한다.

먼저 '누구에게' 교육할 것인가, 즉 교육 대상자를 파악하여야 하는데 교육 대상은 개인이나 단체, 넓게는 국민 전체이다. 이들은 각각의 다양한 특성을 가지므로 대상에 따라 알맞은 교육방법을 선정해야 한다. 따라서 대상을 분류하고 정리하는 일은 영양교육에 있어 무엇보다 중요하다.

영양교육의 대상은 다음과 같이 분류할 수 있다.

(1) 생애주기별 분류

유유아기(乳幼兒期), 임신기, 수유기, 학동기, 청장년기, 노년기

(2) 지역에 따른 분류

농촌, 산촌, 어촌, 벽지, 도시, 대도시 등

(3) 경제 상태에 따른 분류

빈곤층, 저소득층, 고소득층

(4) 질병의 상태에 따른 분류

비만, 고혈압, 당뇨병, 심혈관계 질환, 신장 질환 등

(5) 기타

특수한 환경의 대상(운동, 노동, 스트레스 등)

2) 대상에 대한 어프로치

교육 대상에게 어떤 영양교육이 요구되는가 하는 문제점을 찾아내기 위해서는 대상의 분류에 따라 자료수집이나 면담 등을 통하여 파악하여야 한다. 대상을 잘 알 수 있는 방법은 신뢰할 수 있는 자료를 많이 확보하는 것이지만, 상담자 자신도 대상에게 많은 것을 배우려는 태도가 필요하다. 이것은 이미 대상과 인간관계를 가진 것을 의미한다.

대상의 문제점을 발견하고 지도할 때 그것에 존재하는 여러 가지 원인들을 살펴본 후 지도자와 대상자의 상호작용에 의한 지도계획을 수립해야 한다.

3) 대상 파악을 위한 정보수집 방법

대상 파악을 위해 수집해야 하는 자료와 정보의 조사항목은 다음과 같고, 영양교육의 목적에 따라 필요한 것을 선택한다.

(1) 영양·식품 분야

영양소, 식품섭취량, 식품구입 상태, 식생활에 대한 관심, 영양·식품에 대한 지식의 정도 등

(2) 의학 분야

① 임상면

건강진단, 신체증후 발견의 상태, 치아 상태, 성인병 등

② 생화학면

혈액, 소즙 등 신체영양의 상태, 피로 상태 등

(3) 체육 분야

신체의 발육 정도, 체력, 운동 등

(4) 공중위생 분야

인구구성, 인구동태, 사망통계, 수명, 여명, 직업병, 공해병 등

(5) 식품수급 분야

식료의 생산과 수급, 식료의 소비, 식료의 수입과 수출 상태, 식료생산의 특색

(6) 경제 분야

가계의 수지, 식재료비와 엥겔 계수, 소비물가 등

(7) 사회 분야

① 자연 조건

위치, 지세, 면적, 교통, 온도, 일조량 등

② 역사적 변천

행정·재정의 변천, 인구의 유동 등

③ 인구구성

인구, 성별·연령별·직업별 인구구성

④ 교육 관계

주민의 교육관, 학교 정도, 사회교육 정도, 학력 등

⑤ 사회·가족 관계

교우관계, 가족 내의 위치, 가족 간의 인간관계 등

⑥ 각종 기관·단체·조직 관계

공적 기관과 그 조직, 부인 및 청소년 단체 등

제2절 교육방법의 유형

1. 커뮤니케이션 유형에 따른 교육 방법

영양교육은 교육자와 교육 대상자, 즉 학습자 사이에 서로 교류해서 공감대를 형성하는 일종의 커뮤니케이션 과정으로 상대에게 협조를 구하기 위해서는 자기 의사를 전

달하는 방법이 필요하다.

교육방법은 커뮤니케이션 유형에 따라 다섯 가지로 분류되는데, 교육 대상자에게 적절한 유형을 선택하도록 한다.

1) 개인형 교육방법

개인형 교육방법은 교육자와 교육 대상자가 1대 1로 접촉하여 긴밀히 상호작용하면서 정보를 교환하는 형태로서 가장 효과적이지만 많은 시간과 인원이 필요하며 비능률적이다.

학습자와 교육자 간의 끊임없는 상호작용을 통하여 안전학습을 추구하며 학습자의 특성과 능력수준에 맞는 활발한 개별수업이 가능하다. 1대 1 수업이므로 교육자의 시간과 노력이 1명 또는 극소수의 학습자에게만 활용된다.

2) 강의형 교육방법

강의형 교육방법은 교육자가 일방적으로 학습자에게 정보를 제공하는 형태의 교육방법으로 교육자가 다수의 대상자들에게 동시에 정보를 전달하므로 경제적인데 반해 대상자 개개인의 능력이나 지식, 경험 등이 고려될 여지가 거의 없어 제한된 시간 내에 학습목표 달성이 힘들고, 상호작용이 활발하게 일어나지 않으므로 비능동적이다.

3) 토의형 교육방법

토의형 교육방법은 교육 대상자들 간의 상호작용을 통하여 정보와 의견을 교환하고 결론을 이끌어내는 형태로서 교육자는 대상자들 간의 상호작용을 조정하고 유익한 정보를 제공해주는 역할을 한다. 토의는 대상자의 흥미나 가치를 개발하고 태도를 변화시키려는 학습목표에 효과적이다.

4) 실험형 교육방법

실험형 교육방법은 대상자가 주어진 원교육자료(raw material)를 토대로 하여 스스로 배우는 형태로서 교육자의 역할은 교육목적 및 목표에 맞는 원교육자료를 제공해

주는 것이다. 원교육자료란 교육자나 자료개발자에 의하여 조직되지 않은 자료들로서 교수에 사용될 수 있는 실험도구, 상황, 사건, 모형, 모델 등을 일컫는다. 박물관에 전시되어 있는 자료, 과학실험실의 도구, 시뮬레이션에서의 주어진 상황, 자연환경 등이 원교육자료에 포함된다. 실험형 교육의 예로는 시뮬레이션, 게임, 역할연기법, 인형극, 과학실험(동물사육실험), 견학 등이 있다. 이 방법은 대상자의 능동적 참여를 바탕으로 해야만 효과적으로 나타난다.

모의상황을 통하여 학습자에게 실제의 현장과 거의 같은 여건하에서 안전하고 빠르게 현실을 경험하게 해준다. 동기유발의 요소로서 학습자의 참여를 조장하고 즉각적인 피드백을 줌으로써 수업을 활기 있게 한다. 실험형 수업을 통한 학습의 효과는 개개 학습자의 능력수준에 따라 크게 달라지며 실험형 수업의 준비가 잘못된 경우 학습자가 교육목적을 인지하지 못하여 흥밋거리로 끝날 위험이 높다.

5) 독립형 교육방법

독립형 교육방법은 교육 대상자가 교육자의 직접적인 도움을 받지 않고 정보를 얻게 되는 형태로서 이때 대상자는 전문가에 의하여 상호작용이 가능하도록 개발된 컴퓨터 프로그램이나 비디오테이프 등의 교육자료를 활용하게 된다.

독립형 수업에 들어갈 수 있는 학습형태는 컴퓨터보조학습(CAI, Computer-Assisted Instruction ; CBT, Computer-Based Training)과 프로그램학습(PI, Programmed Instruction) 등이 있다. CBT는 특히 성인을 대상으로 한 기업교육용 CAI를 지칭하며 기업이 추구하는 뚜렷한 목적을 가지고 제작된 코스웨어를 활용한다. CAI가 컴퓨터라는 매체를 통하여 개별화 수업을 지향하는 독립형 수업형태라면 PI는 책이라는 인쇄매체를 통하여 개별화 수업을 이룩하고자 한다. 즉, PI는 학습자의 다양한 특성에 따르는 수업체제를 책으로 프로그램화시킨 것이다.

이들 교육방법은 모두 장단점을 가지고 있으므로 영양교육을 할 때에는 한 가지 교육방법에만 의존할 것이 아니라 다양한 교육방법을 적절히 혼합하여 서로 보완되도록 하는 것이 효과적이다.

영양교육에서 많이 이용하는 형태에 따라 교육방법을 분류해 보면 개인지도, 가정지도, 집단지도가 있다. 개인지도와 가정지도에서는 개인형 교육방법이 이용되고, 집단지도에서는 강의형이나 토의형 교육방법이 적절하다. 때로는 집단지도에서 실험형 교육방법을 이용하기도 한다. 대중 홍보활동은 교육자와 대상자가 직접 대면하지 않고 신문이나 라디오, 텔레비전 등의 대중매체를 이용하여 이루어지는 간접적 교육방법으로 독립형 교육방법에 속한다고 볼 수 있다.

제3절 영양교육의 형태와 방법

1. 개인지도

개인지도(individual education)는 직접 얼굴을 맞대고 지도하기 때문에 교육효과가 확실한 방법이다. 단, 단체지도와 같이 많은 사람들을 대상으로 할 수 없고 많은 시간과 노력, 인원이 소요되는 결점이 있다. 개인지도는 대상자 개인이 가지고 있는 특정한 영양문제를 잘 파악하여 이를 해결하도록 노력하는 지도가 되어야 한다. 지도라기보다는 상담인 경우가 많으며, case work라고 생각하는 것이 오히려 타당하다. 즉, 획일적인 형식을 벗어난 개인의 영양상담은 대상자의 영양문제를 같이 발견하고 이해시키고 실천에 옮길 수 있도록 이끌어주는 특징이 있다.

1) 개인지도의 방법

(1) 가정방문(home visiting)

교육자가 대상자의 가정을 방문하는 개별적인 영양상담이다. 대상자의 생활환경을 직접 볼 수 있어서 대상자의 특성과 요구에 맞는 상담이 가능하나 교육자의 시간, 경비, 노력이 많이 요구되는 단점이 있다.

(2) 임상방문(clinic visiting)

환자나 대상자가 보건소나 보건지소 또는 병원을 직접 방문하여 받는 영양상담이다.

(3) 상담소 방문(official calls)

영양전문기관이나 단체에 설치된 상담소를 이용하는 대상자의 영양상담이다. 임상방문이나 상담소 방문은 자신의 영양문제에 대해 적극적이고 의욕적인 사람만이 대상자가 되므로, 대상에 제한이 따르지만 교육자가 직접 방문하는 가정방문에 비해 시간, 경비, 노력이 덜 드는 장점이 있다.

(4) 전화상담(telephone calls)

가정방문이나 임상방문이 어려울 때 이용할 수 있어서 편리하고 능률적이지만 교육자와 직접 얼굴을 맞대고 교육이 이루어지지 않아서 간단한 정보교환만 가능하므로 효과는 다소 떨어진다.

(5) 서신지도(personal calls)

교육자의 인력 부족으로 인하여 가정방문이 어렵거나, 교통이 불편하고, 주거지역이 먼 거리일 때, 또는 그 지역의 방문 대상이 적을 때 이용한다. 교육내용을 사전에 준비할 수 있고 시간과 경비가 절약되는 장점이 있지만 전화상담과 같이 직접교육이 아니므로 효과는 적다.

(6) 인터넷 상담

서신지도는 전자매체가 발달하면서 병원, 보건소 또는 영양 관련 전문기구나 단체에 개설된 홈페이지를 이용하여 전자메일에 의한 인터넷 상담으로 형태가 변화되고 있다. 교육자와 대상자가 직접 만나서 이루어지는 것이 아니어서 효과는 적으며, 신뢰할 수 있는 영양전문조직이나 기구로부터 전문가의 의견을 따르는 것이 필요하다.

개인지도 방법 중 가장 널리 이용되는 것은 개인상담(personal counseling)으로 대상의 수가 적고 특별한 목적을 가질 때 실시하는 교육방법이다. 이 방법은 시간과 노력이 많이 들지만 교육효과는 확실하다. 개인상담에 있어서 교육자는 대상자의 문제에 대해 진지하게 대화로써 해결방안을 찾으려는 의지와 이해가 필요하다.

2) 영양교육과 상담

(1) 상담의 의의

상담(counseling)이란 언어 및 비언어적 커뮤니케이션을 통해 행동의 변화를 시도하는 인간관계이다. 때문에 상담자와 대상자의 신뢰관계가 상담에 있어 가장 중요하다. 상담은 대화의 진행으로 이루어져 있고, 대화 속에서 상대의 개인적인 고민이나 불평을 충분히 듣고 문제점을 발견하여 그것을 해결할 수 있도록 돕는 것이다.

상담에서 도움을 주는 사람을 상담자(counselor)라 하고, 도움을 받는 사람을 대상자(client)라 부른다. 영양교육에서는 상담자로서 상담을 하고 대상자에게 도움을 주는 자가 영양사이고, 상담을 구하는 사람이 대상자이다.

(2) 영양교육에서의 상담의 목적

상담자는 상담을 함으로써 일반적인 지도로는 해결할 수 없는 문제에 대해 도움을 준다. 예를 들어 임상영양 영역의 경우 아무리 뛰어난 의료나 설비를 갖춘 상태에서 영양교육이 실시된다 하더라도, 그것이 일방적인 지시로 끝나 버리면 대상자의 이해가 어려우므로 영양교육의 효과가 적어진다. 이것은 대상자를 도우려는 상담목적에 어긋난다. 따라서 영양사는 대상자의 호소나 고민 등을 충분히 들은 후에 상담을 해야 하며, 대상자가 납득하고 스스로 결정을 내릴 수 있게 함으로써 영양교육의 효과를 높일 수 있다. 영양사에 의한 상담은 주로 보건소나 병원 등에서 행해지며, 영양교육의 대상자로는 편식, 거식, 과식, 비만, 각종 질환을 가진 사람 등 다양하다.

(3) 상담자의 마음가짐

상담자가 가져야 할 가장 기본적인 마음가짐은 상대의 이야기를 들어주는 것이다. 담담한 태도와 따뜻하고 솔직한 기분으로 상대의 마음이 되어 상담을 진행해 가는 것이 가장 중요하다.

상담의 기본이 되는 요소는 '말'이다. 대상자와 상담자라고 해도 인간과 인간의 만남이기 때문에, 최초의 말이 신뢰관계에 있어 중요한 영향을 미친다. 특히 자연스러운 분위기를 제공하는 것과 신뢰감을 가지도록 유도하는 것이 중요하며, 상대의 말에 강한 주의나 부정의 뜻을 나타내지 않도록 한다. 이러한 것은 상담자의 마음가짐, 곧 태도에서 얻어진다.

(4) 상담의 방법

상담자인 영양사는 대상자가 가지고 있는 문제점이나 고민을 잘 듣고, 대상을 위해 할 수 있는 최선의 일이 무엇인가를 생각한다. 그리고 가능한 한 명확하게 문제점을 파악해서 상대를 이해하도록 하고 신뢰감과 안정감을 줄 수 있어야 한다. 강제적이거나 강요하는 듯한 태도로 대상자를 대하게 되면 오히려 반감을 가지게 되기 때문에 면접에 있어서 상대가 자유롭게 자신의 의사를 표현하도록 해주는 것이 가장 중요하다.

영양교육자가 갖추어야 할 자질

영양교육자는 주어진 상황에서 목표 달성을 위하여 개인이나 집단의 행동에 영향력을 가진 지도력을 갖추어야 한다. 이러한 지도력을 발휘하기 위해서는 네 가지의 특성을 필요로 하는데, 즉 창조적이고 분석적인 생각, 행동에 대한 현명한 판단과 결단, 확실한 소신을 가지고 행동할 수 있는 신뢰와 용기, 그리고 통찰력 등이 있어야 한다. 통찰력은 앞으로의 변화에 대하여 대처할 수 있는 융통성과 유연성을 수반함이 특징이다.

① 영양개선 활동에 적성이 맞고, 흥미와 열의가 있어야 한다.
② 인내력을 가지고 추진하는 노력이 있어야 한다.
③ 남의 어려운 일을 내 일같이 생각하고 진심으로 남을 도울 수 있어야 한다.
④ 누구나 따를 수 있도록 유머감각이 있는 명랑하고 쾌활한 성격이어야 한다.
⑤ 모든 일에 신중하면서도 어려운 일이 닥쳤을 때 낙관할 수 있는 마음의 여유가 있어야 한다.
⑥ 타인의 실수를 용서하는 아량과 편견 없는 마음을 가지고 실수나 좌절을 극복할 수 있는 원숙한 성품이어야 한다.
⑦ 책임과 의무를 다하되 자신의 행동의 결과를 받아들이고 신속한 결단을 내리는 의지가 필요하다.
⑧ 감정의 변화가 너무 심해서는 안 되고 지성과 이성, 냉철한 판단력을 가지고 지도하는 모범이 되어야 한다.
⑨ 상대방이 믿고 따를 수 있도록 인자한 모습과 원만한 성품을 갖도록 노력해야 한다.
⑩ 모델로서의 영양사, 즉 대상자가 닮고 싶어하는 모델이 될 수 있도록 본인도 관리하여야 한다.

상담의 효과를 높이기 위해서는 상담의 시기와 횟수, 시행 간격, 장소 등이 고려되어야 한다. 어느 정도 시간의 여유는 필요하지만 너무 장시간 걸린다거나 면접의 횟수를 필요 이상 반복하면 대상자의 심적 부담이 증대되어 역효과가 나기 쉽다. 따라서 적절한 면접시간과 횟수, 마음을 열고 이야기할 수 있는 환경의 제공 등은 상담의 성과를 올릴 수 있는 요소이다.

영양상담에 관한 내용은 제8장(영양상담)에 자세히 기록한다.

2. 가정지도

가정이라는 하나의 집단을 대상으로 영양지도를 하는 것이므로 집단지도라고 할 수 있으나, 공통된 영양문제를 주제로 다수의 대상자들에게 일률적으로 이루어지는 집단지도가 아니라 가족 구성원 개개인의 특별한 요구에 맞는 영양문제를 다루며, 공통된 영양문제를 다룬다 하더라도 가족 구성원의 주도자인 주부를 대상으로 지도하는 것이 보통이므로 실제로는 개인지도라고 할 수 있다.

가정지도(family education)에는 다음과 같은 두 가지 방법이 있다. 하나는 개인지도의 연장으로 특별한 영양문제를 가지고 있는 가정을 대상으로 지도하는 호별지도이고, 다른 하나는 지역사회의 영양개선 사업의 일부로서 지역영양개선 활동에 연계된 지역지도이다.

1) 호별지도

호별지도는 영양상담을 요청한 주부를 대상으로 그 가정의 특별한 영양문제, 예를 들면 가족의 공통적인 영양상 결함문제나 가정의 전반적인 영양문제, 영양관리의 문제점 등에 대해 상담한다. 이 지도는 지역조직지도와는 달리 보건소 등에서 실시하는 경우, 앞의 개인지도와 같이 영양사로부터 보건요원에게 자료와 지도 요점을 주어서 의뢰하는 방법이 능률적이다. 지도를 할 때 문제에 따라서 직접 혹은 갑자기 방문하지 않고, 미리 괜찮다는 양해를 받아두어야 하며, 지도 대상자는 될 수 있으면 그 가구의 실권을 가진 사람과 부엌을 관리하는 사람으로 한다. 또한 가족 구성이나 가정의 생활 실태를 잘 알아야 하고 친절과 성의를 가지고 지도해야 한다.

2) 지역지도

지역을 하나의 대상으로 하여 지도하는 것으로 가정마다의 개별적인 특별한 문제를 다루는 것이 아니고 지역영양개선 활동의 공통된 내용을 다루게 된다. 이 지도는 잘 조직된 지역과 지역 내에 만들어져 있는 조직의 활동을 육성 지도하는 것과 지속적이고 계획적인 반복 지도가 되도록 지역적인 조직력을 육성하여 장기간 지도하는 것이 중요하다. 지역지도의 방법은 주민의 자발적인 행동을 유도하고 보조지도원을 육성해서 지도체계를 조직한다. 또한 돌발적이며 산발적인 행사가 아닌 계획적인 진행이어야 하며 지역 실태에 맞는 계획을 하고 영양개선이 생활개선의 일부임을 인식하여 생활과 병행시켜 진행한다.

최근 지역지도의 필요성이 강조되고 있는데 그 이유는 과학기술의 발달로 국민의 수명은 점차 증가하고 있으나, 사회경제적 수준이 향상되면서 식생활과 관련이 깊은 만성퇴행성 질환의 중요성이 점차 증대되고 있기 때문이다. 이에 따라 지역지도, 즉 지역사회의 영양개선을 위한 영양사의 역할이 요구되고 있다. 1995년「국민건강증진법」이 제정 공포되고,「지역보건법」이 제정되어 보건소의 영양사 배치 의무화와 영양사의 업무를 지정하고 있어 지역사회 영양사의 업무 영역에 대한 법적 근거도 마련되었다.

그러므로 지역사회에서 영양사는 지역의 영양상태에 미치는 요인을 파악하고 분석하여 이미 드러난 문제뿐 아니라 잠재적인 문제에도 적절한 대책을 세워서 지역집단의 영양상태를 향상시킬 수 있는 능력이 필요하다. 따라서 지역주민의 영양과 건강상태에 대한 지속적인 모니터링이 필요하고, 현재 제공되는 프로그램이나 서비스가 주민들의 요구나 여건에 맞는지 점검하며, 영양학의 과학적 이론을 지역사회에 적용하여 지역사회 구성원의 건강증진을 통해 삶의 질을 향상시킬 수 있어야 한다.

3. 집단지도

집단지도(group education)는 많은 사람을 대상으로 하는 교육방법으로 가장 널리 이용하고 있는 방법이다. 대상의 종류, 연령, 성별, 직업, 이해력, 문제파악의 정도 등을 고려해서 대상에 맞는 영양교육을 실시해야 한다.

일시에 많은 사람을 대상으로 교육내용을 전달할 수 있어 능률적이며, 체면이나 참여의식 등 개인을 대상으로 할 때 볼 수 없는 군중심리를 이용할 수 있는 이점이 있으나 단체이기 때문에 제약을 받고 능률이 떨어지는 결점이 있다. 집단지도만으로 목적을 달성하기 어려울 때는 그 밖에 여러 가지 활동으로 보완하는 것이 좋다. 대상의 종류, 연령, 성별, 직업, 이해력, 문제파악의 정도 등을 고려해서 대상에 맞는 영양교육을 실시해야 한다.

1) 집단지도의 유형

공통의 문제를 가지고 있는 집단지도 대상자는 그것에 많은 관심을 가지고 있으므로 그들의 의견을 충분히 반영하여 해결책을 찾을 때 효과가 클 것이다.

집단지도는 그 형식이나 규모, 장소, 대상 등에 따라 차이가 크며, 집단지도의 방법에는 일방적으로 가르치는 방법과 대상자와 서로 협의하여 가르치는 방법, 여러 사람이 함께 연구하는 방법 등이 있다.

(1) 시범

시범(demonstration)은 수업내용의 모범을 보여주거나 교육자가 모델이 되어 학습자에게 본보기를 제시해주는 방법으로 영양교육에서는 한 사람 또는 두세 사람의 강사들이 구체적으로 식단이나 조리 등을 실연해 보이는 데 그 목적이 있다. 인원수는 영양교육을 목적으로 하는 경우는 20명 정도가 적합하며, 이 방법은 구체적인 행위를 보이는 것으로 설비, 기구, 경비, 시간 등의 관계로 전원 실습이 불가능할 경우에 적당하다. 단순한 조리실습으로 끝나지 않도록 실연 전에 목적과 내용 및 절차 등을 간단히 설명해야 한다. 강사는 자신의 조리 실력을 보이는 것이 아니라는 점을 명심하고, 필요한 재료와 기구를 손쉽게 쓸 수 있도록 미리 갖추어 두어야 하며, 실시 전에 충분히 연습을 하도록 한다.

시범에는 방법시범교수법(method demonstration)과 결과시범교수법(result demonstration)의 두 가지 방법이 있다. 방법시범교수법은 참가자의 해석 여부를 확인하면서 천천히 정확하게 단계적으로 교육을 실시하는 것이며, 결과시범교수법은 교육지도자나 지역사회주민 등의 실제의 활동, 경험담 등을 보여주고 설명하며 토의하는 방법으로서 방법시범교수법보다는 결과시범교수법이 시간, 노력, 비용면에서 경제적이다.

시범교수법은 참가자들이 직접 보고 들으면서 교육이 진행되므로 흥미롭고 또한 주의 집중이 잘 되어 이해도가 높다. 단계별 학습내용의 요점이 쉽게 관찰·파악되며 시범을 보고 직접 실행해 봄으로써 즉시 익힐 수 있다.

(2) 실습 및 시식

실습(practice)은 보통 3~4명에서 10명 정도를 한 그룹으로 해서 직접 체험할 수 있다는 점이 특징이지만, 많은 사람을 대상으로 할 때는 기구 등의 준비 관계로 적합하지 않다. 식단은 대상의 실생활에 맞는 것을 선택하고, 여러 종류의 것을 동시에 하면 실패하기 쉬우므로 알맞게 선정한다. 불이나 기름 등을 사용할 때는 안전에 주의해야 하며, 사전준비 시 수량이나 기구 등에 부족이 없도록 한다. 실습에는 시식이 중요하므로 각 그룹에서 만든 것을 교환하여 맛을 보면서 의견을 나누는 것이 좋다.

시식회(sampling party)는 보통 실연이나 실습을 한 뒤에 실시하지만 시간이나 설비에 제약이 있을 경우 미리 준비한 것을 해설과 동시에 시식하기도 한다. 시식은 요리의 맛을 보는 것보다는 식품의 구성, 재료의 사용방법, 양의 정도 등 구체적인 형태와 맛을 배우는 데 목적이 있으며, 이때 나온 질문이나 비판 등은 영양교육에 큰 도움이 된다.

(3) 정기 강좌

동일한 대상에 대해 월 1회 또는 주 1회 강의를 실시하는 방법이다. 예를 들면 공장이나 사업장에서 여자 종업원을 대상으로 하는 정기 강습이나, 지역 부인들에게 영양교실을 운영하거나, 교직원과 영양사 등을 대상으로 강의하는 것이 있다. 내용면에서는 일반적인 지식 향상을 목적으로 하는 것과 특정한 문제에 대한 단원학습적인 것이 있다. 따라서 강좌의 횟수를 정해서 전 과정의 교과과정을 만들고, 내용은 강의에만 의존하지 말고 강의·실습·토의·견학·시식 등 다양한 방법을 이용하며, 교재 사용이나 배부 등의 계획을 미리 세워야 한다.

(4) 강의

강의(lecture)란 교육자에 의한 해설이 중심이 되는 교육방법의 한 방식이다. 그러므로 강의는 다수를 대상으로 비교적 단시간에 일정한 양의 지식을 일률적으로 전달할 수 있다. 교육자 한 명이 여러 명의 대상자에게 정보를 전달하는 형태이므로 경제적이

강의의 장점

① 단시간에 다양한 지식을 많은 대상자에게 동시에 가르칠 수 있어 경제적이다.

② 친숙한 교육방법으로 교육목표 달성에 효과가 있다.

③ 교육내용을 교육자가 보충, 첨가, 삭제하는 데 편리하다.

강의의 단점

① 충분한 수업계획이 없으면 상투적인 설명에 그치며, 대상자의 집중이 어렵고 쉽게 흥미를 잃는다.

② 대상자의 개성이나 능력을 고려하지 않고 일방적으로 주입시키는 교육이 진행되기 쉽다.

④ 대상자가 강의에 임하는 태도가 수동적이 되기 쉬우므로 교육효과는 떨어진다.

⑤ 대상자의 개인적 특성을 고려하지 않은 획일적인 교육이 진행되므로 문제 해결능력이나 창의력을 개발할 기회가 거의 없다.

고, 친숙한 교육방법으로 다른 방법 못지않게 교육목표 달성에 효과가 있다. 대상 인원은 70~200명이 적당하며, 실습이 수반되는 강의의 경우는 30명이 알맞다. 강의시간은 대개 2시간 정도로 하되 25~40분 정도 지난 후 질문이나 휴식시간을 갖는 것이 좋다.

청중들에게 분명한 사실, 아이디어, 개념, 지식 등에 관한 정보를 계통적으로 알려줌으로써 지식체계를 정리할 수 있게 해주는 장점이 있어 많이 이용된다. 반면에 강의법은 교육자와 대상자가 주로 언어를 통해 상호작용을 하기 때문에 일방적인 설명과 강의로 인하여 대상자는 소극적이고 수동적이 될 수 있어서 교육자와 대상자 사이에 상호작용이 활발히 일어나지 않는다. 그러다 보니 교육 대상자의 다양한 능력, 지식, 경험 등이 고려될 여지가 거의 없이 획일적이고 일률적인 교육이 되며, 다수를 대상으로 추상적인 개념을 언어로 전달하므로 주의집중이 어렵고 흥미를 잃기 쉬운 단점이 있다.

따라서 강사는 강의 목적을 이해시키고, 주제와 내용에 대해 간결하면서도 명료하게 설명하여 대상자가 교육내용에 대해 강한 인상을 받도록 하여야 한다. 질의응답을 통해 이해도와 효과를 높이는 것도 중요하며, 이때 강사는 전체 대상에게 균등하게 질문할 수 있는 기회를 주어 교육의 관심도를 높여야 할 것이다. 어떤 특정인이나 특정 장소만을 계속 응시하지 않도록 하며 가능한 한 시청각자료를 적절히 활용하여 교육내용 및 모든 자료의 신뢰도를 높여야 한다. 강의실에서 강사의 움직임에 따라 대상자의 시선이 움직이므로 대상자의 시선이 가장 잘 집중될 수 있는 정면 가운데 부분으로 움직여 가는 것이 강의의 효과를 높일 수 있을 것이다.

(5) 토의

토의(forum)는 공통의 문제에 대해 참가자 자신이 의견을 제시하고, 문제점을 분석하여 해결점을 찾는 방법으로, 과제와 인원에 따라 알맞은 토의방법을 선택해야 한다. 이 방법은 참가자들에게 적극적으로 자신을 표현할 수 있는 기회를 제공하며, 다른 참가자들의 발언을 통해 사고의 폭을 넓힐 수 있고, 계속된 상호작용을 통해 협조성과 이해도를 높일 수 있는 장점이 있다.

반면에 특정인이 발언을 독점하게 되면 발언이 없는 사람의 경우 토의가 지루해지기 쉽고, 나아가 민주성이 결여되어 효과를 기대할 수 없다.

토의학습 전개의 기본조건은 토의할 주제에 대하여 충분한 사전 기초조사를 해야 하며, 구성원 전체는 토의에 적극적으로 참여해야 한다. 토의할 문제를 명확하고 충분하

토의의 장점

① 토의과정을 통하여 사회적 기능 및 태도를 함양할 수 있다.
② 주제에 관심과 흥미를 고취시켜 자발적인 학습활동이 가능하다.
③ 자기의 생각과 의사를 분명히 할 수 있는 기회가 되고, 타인의 의견을 이해하고 비판적으로 받아들이는 태도를 길러준다.
④ 집단 구성원으로서의 역할과 소속감, 연대의식 등을 심어주고, 능동적인 참여와 자발적인 역할을 증대하여 민주적인 생활태도를 기를 수 있다.

토의의 단점

① 철저한 사전준비와 체계적인 관리를 해도 예측하지 못한 상황이 발생하여 빈약한 대화를 하거나 초점을 잃어버릴 수가 있다.
② 발표내용보다 발표자에게 중점을 두기 쉽고 감정에 흐르기 쉽다.
③ 토의는 소수에 의해 주도되고, 방관적인 태도를 갖는 사람이 많을 수 있다.
④ 소수 의견이 경시되거나 무시되기 쉽다.

게 이해한 뒤에 토의에 임해야 하며, 토의를 통하여 학습이 진행되는 절차가 명료해질 수 있어야 한다. 의견을 발표한 사람에 대해서 집단의 구성원은 건전한 반응을 보이도록 해야 하고, 형식에 구애됨이 없이 자유로운 분위기에서 이루어져야 한다. 그리고 자기가 생각하고 있는 것을 집단 구성원에게 잘 납득시켜야 하고, 타인이 이야기하는 것을 잘 듣고, 본인의 생각을 잘 정리하여 발표하도록 한다.

① 강의식 토의(lecture forum)

일방적 강의가 되지 않도록 강의 도중이나 강의가 끝난 후에 질의응답이나 토론 등을 하는 방법으로, 참가자가 충분히 이해하고 관심을 가질 수 있도록 슬라이드, 실물, 모형 등의 매체를 함께 이용하면 효과를 더욱 높일 수 있다. 영양강습 등의 단체지도에 가장 많이 사용되는 방법이며, 강사는 1~2명이고 일반 청중은 100명 이상도 가능하나 토의를 위해서는 50~60명 정도가 좋다. 이 방법은 한 번에 많은 대상자에게 똑같은 영향을 미칠 수 있으며, 비교적 짧은 시간에 일정량의 지식을 보급시킬 수 있고, 계통적으로 모든 것을 종합 정리할 수 있는 장점이 있다.

② 강단식 토의(symposium)

강단식 토의는 여러 전문가가 공통적인 주제에 대해 서로 다른 입장에서 자신의 의견

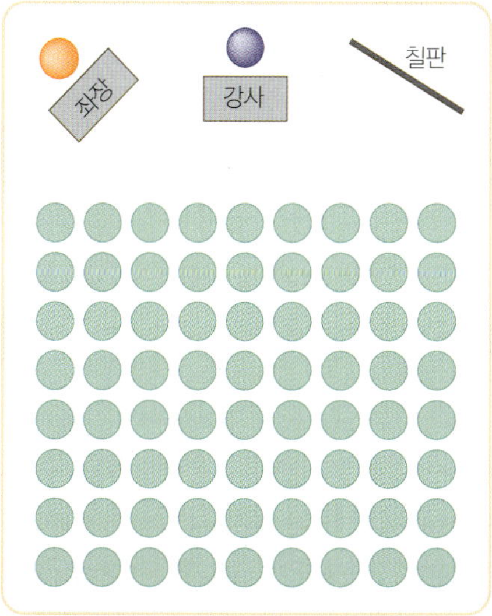

그림 4-1 강의식 토의

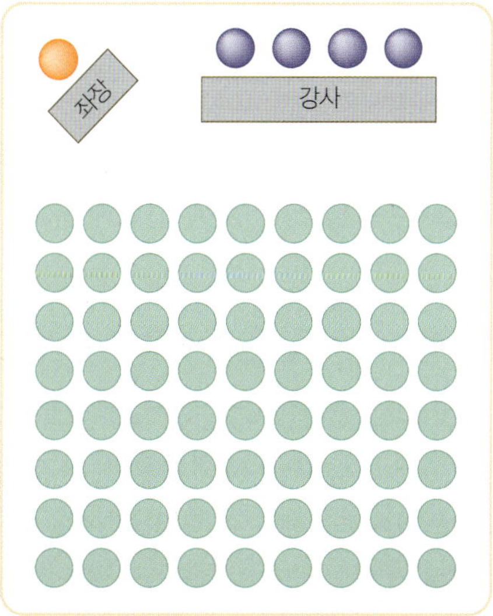

그림 4-2 강단식 토의

을 발표한 후 청중과 질의응답을 하는 방법이다. 심포지엄에 참가한 전문가와 사회자, 그리고 청중 모두는 특정 주제에 관한 전문적인 지식이나 정보, 경험 등을 지니고 있어야 한다. 따라서 한 주제를 다양한 측면에서 깊이 있게 다룰 수 있는 토의 방식이다. 강사는 각 분야에서 전문가나 경험이 많은 사람을 선정했으므로 강사들 간에 과제를 주고 토론을 하지 않는 것이 일반적이고, 전문가와 청중의 의견이 종합되어 결론이 내려진다.

사회자는 강사에게 15분 정도 발표시간을 주고, 강사의 발표 후 사회자의 사회로 청중과의 질의 토의를 한다. 또한 필요에 따라 일정한 시간으로 한 차례 끝난 다음 다시 추가 발언을 4~5분 정도 더하게 하는 방법도 있다. 한 사람에게 너무 많은 시간을 할애하지 않도록 유도하며, 많은 참가자에게 발언할 수 있는 기회를 주는 데 유의해야 한다.

③ 공론식 토의(debate forum)

공론식 토의는 일종의 공청회와 같은 토의 형식으로 한 가지 주제에 대해 서로 의견이 다른 2~3명의 강사가 자기 의견을 발표한 다음 청중의 질문을 받고 이에 대하여 다시 토의를 하는 방법이다. 참가자는 2~3명 정도로, 사회자와 강사의 좌석은 앞쪽 연단에 설치한다. 보통 2~3명을 모니터로 설정해 두며 마이크를 사용할 경우 100명 정도의 청중도 괜찮다. 진행방법은 사회자가 강사를 소개하고 주제와 개최 이유를 설명한 후, 순서에 따라 강사가 2회 발언하며, 이때 사회자는 필요에 따라 두 사람의 대립되는 논점을 명확히 해야 한다. 강사의 발언이 끝나면 사회자는 청중의 질문을 받아 추가 토의를 하고 결론을 요약해야 한다. 이 방법은 각 강사의 의견을 충분히 들을 수 있으나 결론을 내리기 어려운 단점이 있다.

④ 좌담회(round table discussion, 원탁식 토의)

좌담회는 모든 참가자가 원탁에 둘러앉아 토의를 한다고 해서 원탁식 토의라고도 한다. 모든 참가자들이 같은 위치에 있으므로 자신의 의견을 쉽게 발언할 수 있고 참가자들이 책임감을 가지고 문제를 해결하고 실천할 수 있는 장점이 있다. 인원수는 20~30명 정도가 적당하며, 좌장의 사회로 각자의 체험이나 지식을 발표한다. 좌장은 개회할 때 논제에 대한 방향 설정을 하며, 구성원이 자유로운 분위기에서 토의하고, 충분한 의견을 발표하며, 청취할 수 있는 자유로운 분위기를 조성한다. 화제나 의견이 잘 나올 수 있는 분위기를 만들도록 유도한다. 토의 도중에 작은 결론을 내면서 정리해 나가며 마지막에 이해도 평가, 실천의욕 평가, 방침의 평가를 한다.

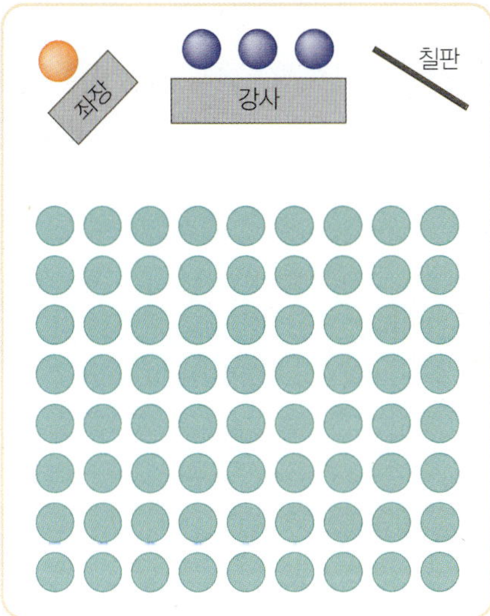

그림 4-3 공론식 토의

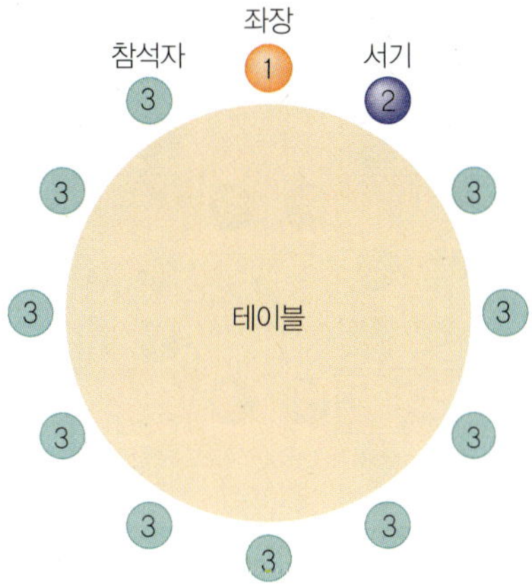

그림 4-4 원탁식 토의

⑤ 6·6식 토의(six-six method, buzz session, 분단토의)

참가 인원이 많을 경우 전체를 몇 개의 집단으로 나누어 토의하고, 다시 전체회의를 통해 종합하는 분단토의 방법이다. 참가자 전원의 의견을 들을 수 있어서 조금 소란스럽기도 하여 벌(bee)이 웅웅거린다는 의미로 buzz session이라고도 하고, 의견이 분분하다고 해서 분분식 토의라고도 한다. 이는 매우 민주적인 토의 형태로 교육에 참가하는 인원이 많고 다루는 문제가 크고 다양할 경우 많이 이용하는 방법이다. 한 분단은 6사람으로, 각 분단마다 한 사람이 1분씩 모두 6분간의 토의를 한다는 의미에서 6·6식이라는 이름이 붙었다. 이때 꼭 6명이 아니어도 되며 6~8명이 10분 정도 토의해도 상관없다. 분단 대표가 각 분단의 토의 내용을 발표하고 다시 전체 토의를 하므로, 참가자 전원이 발언할 수 있는 장점이 있으며 토의에 익숙하지 않은 사람이 많을 경우 좋은 방법이다. 종래의 획일적이고 주입식의 학습 분위기와는 달리 학습자 스스로 능동적인 학습을 촉진하게 해주는 것이다.

⑥ 배석식 토의(panel discussion)

배심토의라고도 하며 몇 사람의 전문가가 청중 앞에서 자유롭게 토의해 나가는 방법이다. 강사 간의 좌담식 토의를 내용으로 참가자와 강사 간의 질의 토론이나 추가발표를 하기 때문에 참가자들의 의욕을 높일 수 있는 장점이 있다. 집회의 종류에 따라서

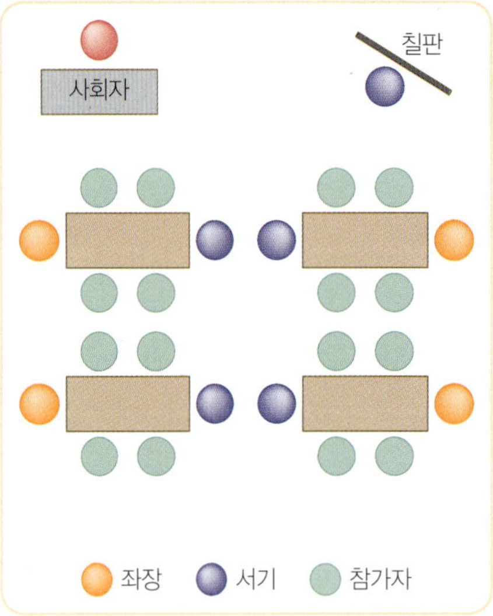

그림 4-5 6·6식 토의

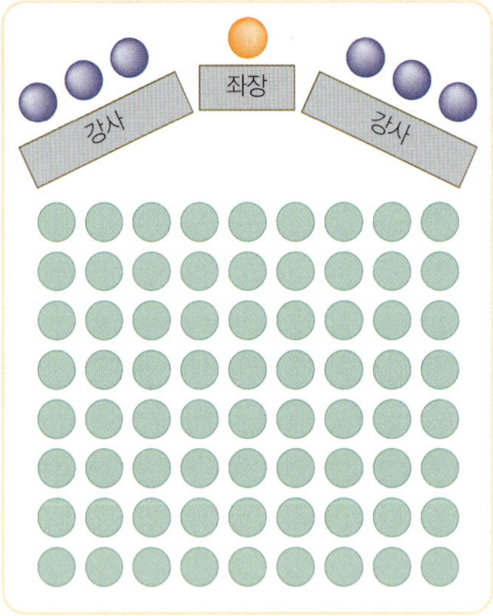

그림 4-6 배석식 토의

강사를 외부에서 초빙하지 않아도 되며, 참가자 중에서 대표자를 선정하여 진행할 수도 있다. 진행 순서는 먼저 사회자가 토의의 주제와 진행방법을 설명하고 강사를 소개한다. 그 후 강사들 간의 토의가 20~30분 정도 진행되면 청중의 질의와 토의 시간을 10분 정도 가지며, 1시간 30분에서 2시간 동안 이를 반복한다. 사회자는 강사 간의 대화가 논제에 맞게 진행되도록 하고, 발언이 어느 한쪽으로 치우치지 않게 한다. 또한 일반 청중을 토론에 참가시켜 토론이 활발하게 될 수 있도록 하는 사회자의 배려가 중요하다.

배석식 토의 형식은 타인의 의견을 듣고 비판하는 능력을 기르는 데 좋은 방법이다.

⑦ 영화 토론회(film forum)

영화 토론회는 영화 필름을 영사하여 그것을 중심으로 토의하는 방법이다.

진행 순서는 사회자가 논제와 필름 진행 방향에 대해 설명하고 강사를 소개한 후 영사를 한다. 영사 후 미리 준비한 항목으로 나누어 의견을 발표시키며 질의응답 시간을 가진 후 끝으로 결론을 내린다. 인원수가 많을 때는 6·6식과 병행해도 좋다. 영화의 내용에 따라 영사 도중에 문제점을 던져 토의를 하고 다시 후반에 영사해서 결론을 내리는 방법이 가장 많이 쓰인다. 영사 시간은 15~30분이 적당하며, 영화는 토의하기에 좋은 것을 선택하는 것이 중요하다. 강사는 미리 필름의 내용을 보아 이해하고 있어야 하며, 미리 대화의 재료나 문제가 될 만한 것을 찾아 둔다. 또한 토의가 영사 내용에서 벗어나지 않도록 하고, 금방 본 내용을 중심으로 대화하도록 한다.

⑧ 연구집회(work shop)

공통된 문제를 가지고 있는 사람들이 전문가의 협조를 받아 경험이나 연구한 것을 의논하는 방법으로, 특정한 강의를 듣고 질의 연구하는 '연구회'와는 다르다. 따라서 일반 대중 교육보다는 비교적 수준이 높으며 특정 직종에 종사하는 사람들을 교육하는 데 적합하다.

이것은 일정한 형식은 가지고 있으나 꼭 형식에 맞추어야 할 필요는 없다. 보통 오리엔테이션을 한 후, 전체회의(총회)에서 연구 논제를 밝히고, 그것을 소구분에 의해 각 그룹으로 나누어 반별로 토의한다. 연구효과를 높이려면 2~3일 정도의 일정이 필요하나 간단히 하루 정도로 끝내는 경우도 있다. 이 형식은 비교적 수준이 높고 특정 직종에 있는 사람을 대상으로 하는 집회에 이용된다.

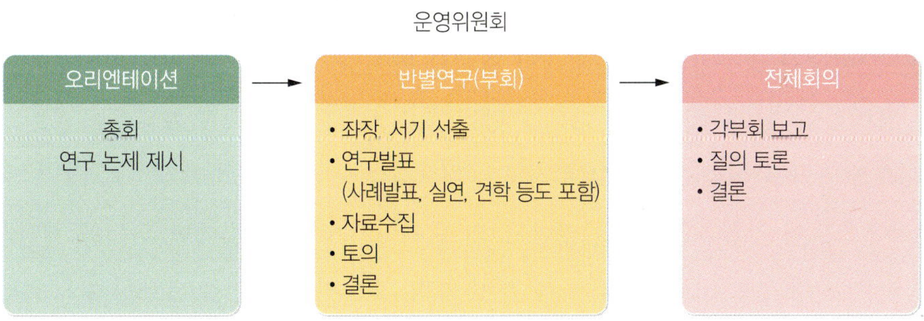

그림 4-7 연구집회

⑨ 사례연구(case study)

특정 상황에 대한 여러 가지 문제들을 간단하게 객관적으로 제시하고, 그 상황에서 해결되어야 할 문제와 고려해야 할 요인들을 분석함으로써 참가자들로 하여금 스스로 문제를 해결할 수 있도록 사고를 자극하는 방법이다.

사례 상황은 문제 제시의 한 방법으로, 또는 문제점을 평가하는 방법으로 이용된다. 사례를 선택할 때는 그 집단에 적당한 것으로 골라야 한다.

성공사례를 소개할 때는 지나치게 과장하거나 선전하는 일은 삼가야 한다. 요즘 널리 쓰이고 있는 영양교육 방법의 하나로서 성공사례의 소개를 빼놓을 수 없다. 가령 식생활 개선에 성공한 사례를 보여줌으로써 참가자들로 하여금 스스로 그와 같은 일에 참여하게 하는 것은 매우 중요하고도 효과적인 교육방법이다.

⑩ 브레인스토밍(brain storming, 두뇌충격법)

브레인스토밍이란 특정한 주제나 문제점에 대하여 의견이나 아이디어를 자유롭게 제시하도록 하는 교수법으로 아이디어나 문제 해결의 방법을 찾기 위한 일종의 회의이기도 하다. 원래는 정신질환자의 발작을 조사하는 방법이었으나 현재는 대화 중에 아이디어가 나올 수 있도록 하는 방법으로 바뀌었다. 이것은 제기된 문제에 대하여 참가자 전원이 자신의 생각이나 의견을 제시한 다음 그 가운데서 문제 해결을 위한 가장 좋은 아이디어나 방안을 찾아내는 방법이다.

브레인스토밍은 약 15분 정도가 적당하며, 참가자는 10명 전후로 발언 시 아이디어만 말한다. 압박감을 느끼지 않고 즐거운 분위기에서 진행하며, 발언에 대한 비판 및 거부, 제지는 하지 않으며 결정을 내리거나 결론은 없어도 된다. 따라서 단시간에 많은 아이디어가 나오며, 독창력이 향상되고 사기가 높아져 실행효과가 큰 특징이 있다. 브레인스토밍에서 대상자는 학습에 대한 흥미를 가지고, 학습과정에 적극적이고 능동적으로 참여할 수 있다. 대상자가 가지고 있는 잠재적인 모든 능력을 활용하여 창의적 사고와 해결 방안을 여과하지 않고 수집하는 것이다.

브레인스토밍을 할 때 유의할 점은 토의 주제에서 너무나 벗어난 의견을 제안하여 주제가 다른 방향으로 흐르지 않도록 해야 하며, 소수만이 의견을 발표하지 않도록 해야 한다는 것 등이다.

⑪ 역할연기법(role playing)

같은 문제에 대해서 연구하는 사람들 중 몇 사람이 역할을 담당해 단상에서 연기를 하고, 그것을 재료로 토의하는 방법이다. 이 방법은 연습우발극이라고도 하는데, 일상생활에서 문제와 관련하여 일어나는 상황을 즉흥적으로 극화해 보이고 그에 대하여 토의함으로써 참가자들이 문제를 이해하고 그 해결방안을 찾도록 하는 데 목적이 있다. 이것은 특별한 상황에서의 감정이나 어떤 행동을 한 후 일어난 상황을 실감할 수 있어 영화포럼보다 더 좋은 반응을 얻을 수 있고, 토의를 통해 결론에 이르거나 더 연구할 문제가 무엇인지 깨달을 수 있고, 그 자체가 자기반성의 기회를 제공하는 특징이 있다. 또한

역할연기의 대본 (예)

곰순이의 잼 바른 빵

해설 : 숲속에 아빠곰, 엄마곰, 곰순이, 동생 곰돌이가 살고 있었어요. 어느 날 엄마곰은 간식으로 삶은 달걀을 만들었어요.

곰돌이 : 난 삶은 달걀이 좋아.

엄마 : 그래 맛있지.

해설 : 곰순이는 달걀을 먹지 않고 작은 소리로 말했어요.

곰순이 : 달걀을 안 먹으면 얼마나 좋을까? 달걀은 달지도 않고 목이 말라서 싫어요.

엄마 : 뭐라고 말했니? 곰순아

곰순이 : 아무것도 아니에요.

해설 : 곰순이는 잼을 바르면서 말했어요.

엄마 : 곰순아 넌 왜 빵만 먹니?

곰순이 : 빵은 달걀처럼 목이 마르지도 않고 달고 맛있으니까요.

해설 : 곰순이는 딸기잼을 바른 빵을 맛있게 다 먹었습니다.

곰순이 : 엄마, 다 먹었어요. 밖에서 놀다 올게요.

(배경 바뀜) **놀이터**

해설 : 놀이터에서 곰순이는 즐겁게 줄넘기를 하였습니다.

(배경 바뀜) **집**

해설 : 그날 저녁 엄마는 구수한 냄새가 나는 된장찌개를 끓이셨어요.

곰돌이 : 와, 정말 맛있겠다.

곰순이 : 난 먹기 싫어요. 나는 딸기잼이 제일 좋아요.

해설 : 이번에도 곰순이는 빵에 잼을 발라 한입 베어 먹었어요.

엄마 : (걱정스러운 목소리로) 여보, 곰순이가 잼 바른 빵만 먹고 다른 음식을 안 먹으려고 하는데 어떡하지요?

아빠 : 얘, 곰순아! 네가 잼 바른 빵을 좋아하는 것은 알지만 다른 음식을 안 먹으면 어떡하니? 골고루 잘 먹어야 튼튼해지지.

엄마 : 곰순아, 점심에 도시락은 먹었니?

곰순이 : 아니요. 친구랑 바꿔 먹었어요.

엄마 : 뭐? 바꿔서 먹었다고?

해설 : 다음날 아침 엄마는 햄과 달걀프라이를 만들어 주셨어요.

아빠 : 아! 배고프다. 어서 먹자 얘들아.

곰순이 : 엄마, 난 햄과 달걀프라이가 싫어요. 딸기잼 빵 사주세요.

해설 : 그래서 곰순이는 잼 바른 빵을 먹고 학교에 갔어요.

(배경 바뀜) **학교**

친구 : 곰순아, 넌 뭘 싸가지고 왔니?

곰순이 : 난 딸기잼 빵과 우유! (자랑하듯) 오늘 아침에도 딸기잼 빵만 먹었다.

친구 : 으아 좋겠다. 넌 좋아하는 음식만 먹으니까. 먹기 싫은 건 안 먹어도 되고 난 우리 엄마가 골고루 먹어야 한다고 했어. 그래야 튼튼한 어린이가 된다고……

해설 : 곰순이가 방과 후 힘없이 집으로 가고 있었어요.

곰순이 : (약간 기운 없는 목소리로) 아침에도 딸기잼 빵, 점심에도 딸기잼 빵, 딸기잼 빵은 맛있어.

(배경 바뀜) **집**

해설 : 곰순이가 집으로 돌아왔어요.

엄마 : 곰순아, 여기 잼 바른 빵이 있다. 어서 와서 먹으렴.

곰순이 : 그런데 엄마, 엄만 내가 잼 바른 빵을 이렇게 많이 먹는데 이가 썩을까봐 걱정도 안 되세요?

엄마 : 걱정되지만 할 수 없지. 그래도 안 먹고 기운이 없는 것보다는 낫잖니? 그러니 네가 좋아하는 잼 바른 빵이라도 먹어야지.

해설 : 곰순이가 잼 바른 빵을 모두 먹지 않고 조금 남겼어요. 간식을 먹은 곰순이는 줄넘기를 하러 밖으로 나왔어요. 기운이 없어 아침보다 줄넘기가 힘이 들었어요.

곰순이 : 점심도 딸기잼 빵, 간식도 딸기잼 빵, 모두 잼 바른 빵뿐이네.

해설 : 그날 저녁 엄마는 맛있는 스파게티를 만드셨어요.

아빠, 동생 : 아! 맛있겠는걸.

해설 : 그런데 아무리 찾아봐도 곰순이의 스파게티는 없었어요. 곰순이는 울기 시작했어요.

곰순이 : 으앙, 으앙, 싫어, 싫어 딸기잼 빵은 이제 그만.

엄마 : 우리 곰순이도 스파게티를 좋아하는구나. 엄마는 몰랐지. 스파게티도 싫어할 줄 알았지.

곰순이 : 엄마는 나한테 먹어 보라고도 안 하고 내가 싫어하는지, 좋아하는지 어떻게 아세요?

해설 : 엄마는 곰순이에게 스파게티를 가져다주었어요. 그날 저녁 곰순이는 스파게티를 남기지 않고 다 먹었어요.

(배경 바뀜) **학교, 다음날**

친구 : 곰순아, 오늘도 잼 바른 빵이야?

곰순이 : 아니, 김밥과 주스. 난 이제부터 골고루 먹을 거야. 잼 바른 빵도 맛있지만 다른 맛있는 것도 많거든.

친구 : 그럼 맛있는 게 얼마나 많다고. 나도 여러 음식을 골고루 먹을 거야.

해설 : 곰순이와 친구는 도시락을 모두 맛있게 먹었습니다. 모든 음식을 골고루 먹은 후부터 곰순이는 줄넘기를 힘차게 할 수 있었습니다.

참가자들이 극중 상황을 자기화하므로 관심과 의욕이 형성되고 참여도를 높일 수 있다.

이 방법은 연기자의 태도나 표현방법에 대해 비판을 하는 경우도 있으므로, 비판하는 정도가 연기자의 기분을 손상시킬 수 있다. 따라서 연기자는 비판을 수용할 수 있어야 하며, 사회자나 참가자는 분위기 조성에 힘써야 한다. 토의가 끝난 후에도 토의 자체에 대해서 반성하기 위한 체크(feed back test)를 해야 한다.

⑫ 시뮬레이션(simulation)

이것은 실제의 문제 상황을 조작화한 모의상황을 제시하고, 그 속에서 가장 기본적이고 중요한 부분만을 선택하여 교육 상황을 설정하여 교육을 하는 방법이다. 이 방법은 대상자가 실생활에서 경험을 할 때 소요되는 경비나 시간, 노력 또는 위험 등을 거치지 않고 모의상황을 통해 경험을 얻을 수 있는 특징이 있다.

(6) 견학

견학(field trip, field visit)은 교육 대상자들이나 단체가 교육장소를 실제 현장으로 옮겨 직접 보고, 듣게 하여 교육하는 것이다. 단독으로 실시하는 것도 있지만 영양교실 등의 정기적인 행사 속에 넣을 수도 있고, 상설된 연구단체의 한 행사로서 계획하는 경우도 많다. 그리고 단순히 보고 듣는 데에만 그치지 않고, 견학에 이어 그것을 토대로 해서 서로 질의응답과 토의를 하여 견학의 효과를 높일 수 있다.

견학을 할 때는 견학 전에 미리 현지 담당자와 참가자들에게 알려주어 참가자들이 견학의 목적을 기억하고, 요점을 기록하도록 하며, 현지 담당자는 참가자들이 흥미 있어 하는 것들에 대해 자세히 설명해 주어야 한다. 또 한꺼번에 너무 많은 인원이 참가하게 되면 견학의 효과가 떨어지므로 알맞은 인원으로 나누어 실시하도록 한다.

(7) 인형극

인형극(puppet play)은 직접 보고 들을 수 있어 매우 효과적인 교육방법이다. 이 방법이 성공하기 위해서는 간단한 내용을 다루어야 하고, 인형극은 15분 이상 걸리지 않도록 한다. 그룹으로 모여 극을 할 때는 이야기나 인형과 같은 도구들을 참가자들이 직접 만들게 함으로써 적극적으로 참여하는 즐거움을 갖도록 해주며, 극이 끝난 후에는 토의를 거쳐 준비상태, 진행상태, 성과 등에 대해 분석하는 것이 중요하다. 인형에는 줄인형, 손인형, 손가락인형, 막대인형 등이 있다. 참가자들을 극에 직접 참여시켜 배우의 질문에 참가자들이 대답하도록 하는 방법은 이해를 높이는 효과가 있다. 이는 특히 어린이들을 대상으로 하는 영양교육에 많이 쓰인다.

(8) 그림극

그림극(picture play)은 인형극에 비해 그림제작이 간단하고 경제적이다. 인형극에서와 같이 그림 속의 모든 인물들을 교육자 혼자 맡아서 하므로 여러 사람에게 역할이 분배되어 이루어지는 연극보다는 간편하다. 텔레비전에 비해 그림극은 움직이지 않는 자료이므로 어린이들이 아쉬움을 느끼기는 하나 그 대신 어린이들의 상상력에 맡길 수 있으므로 추상적인 표현이 가능하다. 또한 해설자에 의해 그림극의 내용이 전개되고 진행되면서 육성으로 직접 들을 수 있어 부드럽고 흥미진진한 분위기를 만들 수 있다.

그림극은 유아교육기관이나 초등학교 저학년 어린이들을 대상으로 널리 사용되고 있으나 대상자 수가 20~25명 정도의 중간 규모 집단에 대해서 사용할 수 있고 대집단에는 부적당하다. 또한 사진이나 영화에 비해 현실감과 입체감이 부족하고 하나의 장면 제시로 오랜 시간을 집중시킬 수 없어서 대상자들의 주의가 다소 산만해지기 쉽다. 그림극은 너무 길면 어린이들이 싫증을 느끼므로 10~20분 정도가 좋다.

(9) 캠페인

캠페인(campaign) 교육방법은 비교적 단기간 내에 건강이나 영양과 관련된 특수한 목적을 설정하여 집중적으로 반복 또는 강조를 하고 이를 통하여 많은 사람들에게 교육내용을 알리는 데 활용되는 방법이다. 캠페인에 활용하는 기간은 며칠에서 1개월까지가 보편적이고 매체로는 포스터, 유인물, 팸플릿 등의 인쇄물과 라디오, TV 등의 대중 전파매체를 통하여 실시하게 된다. 캠페인 내용의 표어 등을 모집 공고하기도 하고 가두 인쇄물 배포 등의 전략을 통하여 많은 대상자들의 주의를 환기시키기도 한다.

(10) 콩쿠르

영양교육에서 콩쿠르(concours)는 단체지도의 하나로 요리 실습 등의 경기를 생각하면 된다. 예를 들면 일정하게 주어진 재료를 주재료로 해서 식단을 만들고 조리를 하여 그 내용과 완성 효과를 겨루거나, 일정한 식단에 대한 조리기술의 경기 또는 일정한 범위의 금액을 가지고 영양적으로 갖추어진 식단의 재료를 사는 경기 등이 있다. 참가

인원에 따라 개인경기와 몇 사람씩 그룹으로 나누는 그룹경기가 있다. 콩쿠르이기 때문에 평가 채점을 하는 것도 중요하지만 그 내용이나 결과에 대해 좋은 점이나 개량할 점 등을 서로 이야기하고 평가해서 연구적으로 이끌어 나가는 것이 목적이다.

(11) 지역사회 조사

지역사회 조사(community-self survey)는 지역사회 주민들이 지니고 있는 문제를 해결하기 위해 그 지역주민을 모두 참여시켜 조사 분석하는 방법이다. 주민들은 조사에 직접 참여함으로써 문제점을 보다 확실하게 알게 되고, 문제 해결 방법을 모색하게 되며 문제 해결을 위한 적극적인 태도를 취하므로 지역사회의 발전과 조직화, 개선운동 전개에 적절한 방법이다. 만약 조사과정의 착오나 잘못된 결과처리로 인해 실패하게 되면, 주민들은 지도자를 불신하게 되고, 앞으로의 계획에 대해 반대할 우려가 있으므로 전문가의 지도를 받아 조사를 실시해야 한다. 지역사회 조사를 할 때는 주민이 공통적으로 가지고 있는 문제, 개선이 가능한 문제 등을 선택하여 주민 전체의 문제로 인식시켜야 하며, 전문가의 지도를 받아서 과학적, 합리적, 실제적인 계획을 세워야 하고, 조사가 끝나면 반드시 반성과 검토를 한다.

(12) 동물사육실험

학교에서 주로 학생들을 대상으로 실시하는 영양교육의 한 방법으로서, 영양에 대한 지식뿐만 아니라 책임감과 협동심을 함께 길러줄 수 있는 방법이다. 이 방법은 성장과 건강증진에 있어서 식품의 중요성을 알게 해주며, 또한 각종 영양소의 중요성을 직접 보여주는 산교육이 된다. 동물사육실험(animal feeding experiment)은 간단한 것에서 점차 복잡한 것으로 진행시켜 흥미를 갖도록 연속적으로 하고, 먹이를 스스로 만들게 하고 사육하면서 성장과정을 관찰하여 식이섭취량과 성장과정을 일정한 간격으로 기록하게 하여, 실험의 진행방법과 그 결과를 오래 기억할 수 있게 한다. 실험이 끝나면 실험 결과에 대해 여러 가지 질문을 하여 그 결과를 자세히 알도록 재확인시켜야 한다.

제4절 수업설계

1. 수업설계의 필요성과 내용

영양교육을 할 때 수업을 보다 효율적으로 하려면 교육자가 자신의 수업에 대한 사전준비를 철저히 해야 한다. 이 사전준비 중에 가장 핵심이 되는 것이 수업의 설계이다. 수업은 가르쳐야 할 내용이 다양하고, 대상자들의 개인차도 크다. 또 교수-학습활동이나 수업매체 또한 다양하다. 따라서 이러한 여러 가지 수업의 관련 요소를 잘 고려하여 수업의 효과성을 제고시키려면, 그 수업에 대한 계획과 준비를 열심히 하지 않으면 안 될 것이다.

수업의 설계에 포함되어야 할 주요 내용은 대상자들에게 학습시켜야 할 것이 무엇인가와 그것을 성취시키도록 하기 위해서 어떤 일을 해야 하는가에 대한 계획이다. 첫째는 한 시간 또는 한 단원의 수업을 통해서 대상자들에게 성취시켜야 할 수업의 목표가 무엇인가를 결정하는 일이다. 둘째는 결정된 수업목표를 학생들이 성취하도록 하기 위해서 어떠한 조건을 제공할 것인지를 계획하는 일이다. 이외에도 수업의 과정을 평가하고 개선하기 위한 계획이 고려되어야 한다.

2. 수업의 단계와 주요 활동

한국교육개발원에서는 1972년부터 약 10년간 초·중학교의 교육발전사업으로 수업체제를 개발하여 장기간에 걸쳐 그 효과를 검증한 바 있다. 어느 교과목에서나 다인수 학급에서 이루어지는 교수-학습과정은 대개 이 모형에서 제시하는 요소와 절차에 따라서 이루어질 수 있다는 전제하에 그 일반적인 흐름을 제시하고 있다.

글레이저(R. Glaser)의 수업모형을 토대로 한국교육개발원에서 제시하는 수업모형은 그림 4-8과 같다.

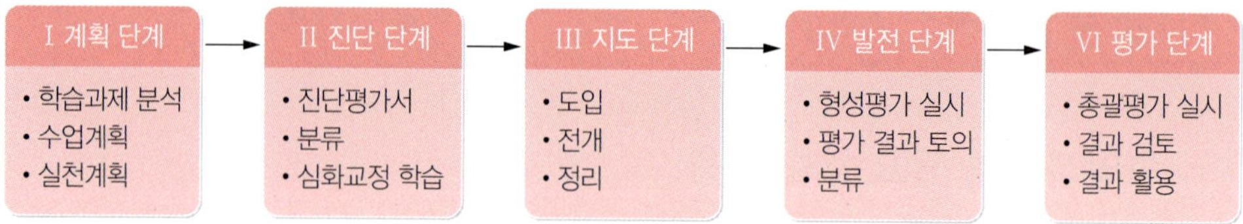

그림 4-8 수업과정의 일반모형

계획 단계는 교사가 어떤 학습과제를 분석하여 수업을 계획하는 단계이고, 진단 단계는 출발점 행동을 진단하는 단계로서 학생들이 그 학습과제에 들어가는 데 필요한 준비가 되어 있느냐를 진단하고 그에 따른 교정 조치를 취하는 단계이며, 지도 단계는 본 수업이 이루어지는 단계이고, 발전 단계는 지도 단계에서 학습된 내용에 대한 학생들이 학습 성취도를 형성평가해 보고 그 결과에 따라 심화 또는 보충학습의 기회를 제공하는 단계이다.

1) 계획 단계

교육자가 설정된 학습과제의 수업을 위해 수업을 계획하고 설계하여 교재연구를 행하는 단계이다. 계획 단계에서는 먼저 학습과제를 분석해서 교수목표를 확인함과 아울러 과제내용의 구조를 확인하는 것이다. 이러한 과제분석에 따라 학생활동과 교사활동을 계획하고 학습요소의 순서를 결정하여 이용할 수 있는 학습자료와 평가 등을 계획하고 또한 교수목표에는 나타나지 않았지만 예견되는 부수적인 여러 목표와 내용을 고려하는 등 수업을 계획한다. 그리고 이에 따라 구체적인 실천계획을 수립하는 것 등이 이 단계에 포함된다.

2) 진단 단계

대상자들이 그 학습과제의 학습에 들어가는 데에 필요한 준비가 되어 있는지를 진단하고, 그에 따라 적절한 교정 조치를 실시하는 단계이다.

3) 지도 단계

지도 단계는 실제 본 수업이 이루어지는 단계로서 수업시간의 대부분(70~80%)이 이 단계에 배정된다. 이러한 단계는 보통 도입 단계, 전개 단계, 정리 단계로 나누어진다. 도입 단계는 수업목표 인지, 동기유발, 선수학습·전시학습의 기억 등이 이루어진다. 전개 단계는 해당 학습과제의 내용을 학생들에게 제시하고 학생들은 이에 반응하며 이해하여 수업이 전개되는 단계이다. 정리 단계는 일단 학습된 내용을 정리하고, 연습을 통한 강화를 촉진하여, 새로이 학습한 내용을 대상자들이 지적체계의 일부로 종합하고 새로운 사태에 적용하고 일반화할 수 있도록 지도한다.

(1) 도입 단계

도입 단계는 본 수업이 시작되는 단계로 비교적 짧은 시간 안에 이루어진다. 수업 상황에 따라 약간의 차이는 있지만 대략 5~10분 정도가 적절하다. 이 시간에는 학습자의 주의를 집중시키고, 도달해야 할 학습목표를 제시하고 동기유발해야 하며, 본 수업과 관련된 과거의 학습내용들을 회상시켜 관련지어 주어야 한다.

(2) 전개 단계

전개 단계는 수업의 중심활동으로, 도입과 정리 단계의 활동을 연결한다. 실제 본시 수업의 대부분은 주로 이 단계에 해당된다. 전개에서는 학습과제의 내용을 학생들에게 제시하고 다양한 수업방법을 사용하여 수업의 목표 달성을 위한 교수-학습활동을 하게 된다.

(3) 정리 단계

정리 단계는 학습지도의 결론부분이다. 여기서는 학습한 내용을 요약 정리하고 강화시키며 일반화할 수 있도록 지도한다. 이 단계는 수업에서 매우 중요한 단계이므로 사전에 철저한 준비와 함께 반드시 실행되어야 한다. 교사들이 시간관리를 잘못하여 정리 단계를 제대로 활용하지 못하는 경우가 많이 있다. 학습자에게 수업시간에 배운 학습내용들을 정리할 수 있는 기회를 주지 못한다면 앞의 단계를 통해서 학습된 내용을 확인 평가할 수 있도록 시간을 배분해야 할 것이다.

4) 발전 단계

발전 단계에서는 대상자들의 수업목표 도달 정도를 알아보기 위하여 형성평가를 실시하고, 대상자들의 학습 완성 정도에 따라 심화학습, 보충학습을 실시하는 단계이다.

5) 평가 단계

평가 단계는 형성평가와 달리 단위학습과제의 수업 결과를 종합적으로 평가하는 것으로 일련의 수업활동을 끝맺는 단계이다. 이 단계에서는 수업과정을 통하여 학생들이 성취한 학습의 정도를 최종적으로 종합 평가하게 된다. 이 평가 단계의 목적은 주요한 지적·정의적·기능적 수업목표가 얼마나 잘 달성되었는지를 확인하며, 교육과정 속에 명시되어 있지 않더라도 수업의 결과로 나타난 비의도적인 행동 특성까지도 평가하는 것이 좋다.

3. 학습지도안의 작성

1) 학습지도안의 의미

학습지도안(學習指導案)이란 종래의 교안(教案) 또는 교수안(教授案)이라 불러오던 것으로 오늘날에는 학습보도안(學習補導案), 생활안(生活案)이라고 불리고 있다.

일반적으로 학습지도안은 정해진 단위의 학습을 예상하는 목표에 도달시키기 위한 교수활동과 학습활동을 일체로 통합시킨 학습과정 전개의 계획서이며 설계도이다. 따라서 학습지도안에는 학습의 예정한 달성도와 그 목적이 나타나야 하며, 학습목표 달성도를 높일 수 있도록 학습내용과 과정이 합리적으로 조직되어 있고 여기에 맞는 지도기술이 제시되어 있어야 한다.

2) 학습지도안의 구비요건

학습지도안은 필요한 내용이 알맞게 준비되는 것이 좋다. 과도하게 꾸미고 복잡하게 하면 수업에 임하여 이를 반영시키기가 어렵고, 반면에 너무 간단하게 되면 지도안이 없는 것과 별 차이가 없게 된다. 따라서 지도안은 수업에 혼란을 일으키지 않는 범위 내에서 정밀하게 작성되어야 한다. 그리고 계획적, 형식적인 계획 또는 계획을 위한 계획이 되어서는 안 된다. 또 필요에 따라서는 변경할 수 있도록 융통성이 있고 여유가 있는 내용이 되어야 한다.

지도안은 선행학습과의 관련성과 도달해야 할 필요가 설명되어 있어야 하며, 교재내용, 지도기술, 학습활동 그리고 평가방법들이 필요하다.

지도안이 구비해야 할 요건을 요약해 보면 다음과 같다.

① 학습에 대한 단서를 제공
② 비판적 질문 포함
③ 학생의 능력과 흥미수준을 고려
④ 사태에 가장 적합한 과정을 선택
⑤ 학습경험의 계열을 논리적으로 조정
⑥ 수업 각 단계의 시간을 예상

3) 학습지도안의 기능

(1) 교수활동 준비를 위한 지침

학습자들이 필요로 하는 지식과 기능을 가장 효과적으로 습득하기 위한 사전준비를 말한다. 학습의 내용, 순서, 방법 등을 검토한 후 가장 적절한 것을 선택한다.

(2) 학습장(學習場) 및 학습자료 준비

학습의 효과는 교사의 학습활동으로만 결정되는 것은 아니다. 적절한 학습장 정비와 환경 및 시설이 갖추어져 있어야 된다. 학습내용과 방법에 맞도록 학습장이 준비되어야 한다. 또한 학습자료 및 학습 보조기구 등의 준비도 사전에 할 수 있다.

(3) 자신감

교사가 학습장에서 학습을 하기 위하여 학습자 앞에 섰을 경우 학습지도안이 준비되면 학습에 자신 있게 임할 수 있는 자신감이 생기게 되는 것이다.

(4) 내용의 통일성

학습 프로그램의 목적을 최대한으로 높이고 이 목적을 달성하며, 또 내용이 중복되거나 빠지는 사례가 없이 일관성 있는 학습이 실시되도록 하는 것을 말한다.

(5) 대체교사에게 조언

학습 프로그램의 실시과정에서 만약의 경우를 대비하는 비상대책이 있어야 한다. 해당교사가 불의의 사고로 인하여 대리교사의 조력이 필요한 경우이다. 이런 경우에 전체 학습 프로그램이 균형을 잃지 않고 적절한 학습을 실시하도록 준비하기 위해서 필요한 것이다.

(6) 학습지도안의 효과

교사 자신이 학습을 전개하는 데 문제점을 분명히 밝힐 수 있고 그것과 관련하여 대책을 강구할 수 있다. 경험을 쌓게 되면 학습자의 이해가 힘든 곳 등에 대한 연구를 할 수 있어 내용을 분명히 밝힐 수 있다.

4) 학습지도안의 작성 요령

학교교육의 모든 계획을 배경으로 한 해당 시간에 구체적인 학습자를 대상으로 구체적인 교과나 교재의 성질에 따라, 또 구체적인 학습 환경에 맞도록 작성하면 된다. 따라서 지도안의 작성은 똑같은 학습자료를 가지고 지도한다고 해도 교사의 지도방법에 따라 다양성을 나타내듯이 여러 가지로 다채로운 작성방법을 생각할 수 있을 것이다. 그만큼 지도안의 작성에는 교사가 창의성과 독창성을 발휘할 수 있는 여백과 아량이 있다. 결국 지도원리에 위배되는 것이 아니라면 어떠한 방법이라도 교육적인 지도계획안으로 활용할 수 있는 것이다.

5) 지도안 작성상의 유의점

① 지도목표가 선명하게 드러나도록 작성한다.

② 지도순서가 정연하게 제시되어 있어야 한다.

③ 학생의 학습활동에 적절한 시간 배정이 되어야 한다.

④ 준비물과 그 활용방법을 명시한다.

6) 학습지도안의 효과

① 학습자에게 동기를 부여한다.

② 학습내용의 소항목에 대해서도 적절히 강조를 행할 수 있다.

③ 충분히 검토함으로써 학습상의 필요한 점을 효과적으로 배열할 수 있다.

④ 학습자료 및 보조기구를 효과적으로 활용할 수 있다.

⑤ 적절한 시기에 질문이 될 수 있게 한다.

7) 학습지도안의 양식

(1) 단원명(單元名)

단원명이란 지도해야 할 학습내용의 제목을 말한다. 이 제목은 넓은 범위로 쓰는 것을 대단원명(大單元名), 범위를 좁게 잡은 제목을 소단원명(小單元名)이라 하는데, 이의 기재방법은 세 가지가 있다.

① 제목식

명사로 된 제목 그대로 표시하는 방법으로 예를 들면 '텔레비전', '이순신 장군'과 같이 쓰는 방법을 말한다.

② 방법식

무엇을 해보자는 식으로 표현되는데 예를 들면 '녹음기는 어떻게 움직이는지 알아보자', '텔레비전의 원리를 알아보자'와 같이 학습문제를 분석해 보고자 할 때 표현하는 방법이다.

③ 문제식

의문, 또는 질문식으로 표현되는 것으로 예를 들면 '달의 모양은 왜 변하나', '라디오는 어떻게 들리나'와 같이 표현하는 방법을 말한다.

(2) 단원설정의 근거

이것은 교사 자신이 학부형의 입장과 일반 사회인의 입장, 그리고 교사 자신의 입장이 각각 되어서 이 단원을 학습함으로써 어떤 도움이나 이익, 그리고 어떤 변화를 가져올 수 있는가를 생각해서 기술하는 항목이다. 즉, 왜 이 단원을 학습하는가의 이유를 밝히는 것이다. 따라서 실제 기술방법은 아래 세 가지 입장을 각각 풀어쓰는 방법과 세 가지 입장을 고려하되 표현은 한데 묶어서 하는 방법, 이렇게 두 가지가 있다.

① 국가 및 사회의 입장에서
② 학교의 입장에서
③ 학습자의 입장에서

(3) 지도목표

여기서 말하는 지도목표란 지도해야 할 전체 내용의 목표를 말한다. 지도목표는 이해(理解), 기능(技能), 태도(態度, 응용력)로 나누는데, 이해는 지식에 해당하는 내용, 기능은 능력 또는 키워야 할 기술적인 면을 말하며, 태도는 이것을 학습함으로써 어떤 생활 및 학습태도를 갖게 하였다는 것을 밝히는 것이다.

(4) 전체 지도계획

대단원을 몇 차시로 나누어 지도할 것인가를 밝히고 나누어진 학습내용은 각각 어떤 교과목과 관련이 있고 또한 준비해야 할 자료 등은 무엇인가를 밝혀 쓰는 것이 전체 지도계획인데, 이것은 지도안 작성과 임의대로 일정한 양식에 집어넣어 쓰는 경우와 풀어쓰는 경우 두 가지로 나누어지는 것이 통례이다.

(5) 본시의 주안점(지도목표)

본시의 주안점은 이번 시간에 지도할 학습내용 중 가장 핵심이 되는 내용이 무엇인지 밝히는 것을 말한다. 여기에서도 서술적으로 기술하는 방법과 이해, 기능, 태도로 나누어 기술하는 방법이 있다.

전체 지도목표가 잘 설정되고 그중에서 본시에 해당하는 지도목표를 끄집어내어 기술하면 비교적 쉽게 쓸 수 있다. 이때 학습목표는 학습 후에 기대되는 대상자의 학습결과로 진술되어야 하는데 학습목표 진술에 대한 구체적인 내용은 다음과 같다.

학습목표 진술

수업전략을 위한 첫 조건은 수업활동을 하는 동안에 원하는 어떤 행동양식의 변화, 즉 수업목표(학습목표)의 설정이다. 그러므로 학습목표는 학습 후 학습자가 도달해야 할 지향점으로 학생이 성취해야 할 행동양식을 서술한 것이다. 따라서 학습목표가 명확하게 제시되어야 최적의 수업방식과 전략, 학습자료 및 수업매체 등의 수업 환경을 마련하고, 수업목표 달성 정도를 평가할 수 있는 기준이 된다.

1) 학습목표의 진술방법

① 학습목표는 교사의 행동이 아닌 학생의 행동으로 진술되어야 한다.

② 학습목표는 학습단위시간이나 학습단원이 끝났을 때 나타날 수 있는 도착점 행동의 관점에서 학생의 변화된 행동과 관련지어 진술해야 한다.

③ 학습목표는 학습내용과 기대되는 학생의 행동이 동시에 진술되어야 한다.

④ 학습 행위를 나타내는 장면과 조건에 따라 동사의 형태로 바꾸어 진술해야 한다. 즉 애매모호한 암시적인 행위 동사를 사용하기보다는 구체적이고 분명한 명시적 행위 동사들을 활용해 진술한다.

표 4-1 암시적 동사와 명시적 동사의 예

암시적 동사	안다, 이해한다, 깨닫는다, 인식한다, 의미를 파악한다, 즐긴다, 믿는다, 감상한다 등
명시적 동사	쓴다, 암송한다, 지적한다, 구별한다, 열거한다, 계산한다, 해결한다, 비교한다, 수집한다, 답을 찾아낸다, 그림을 그린다, 적용한다 등

⑤ 각 행동목표에는 한 개의 목표만 진술되어야 하며, 하나의 목표 속에 두 가지 이상의 학습결과를 포함시키지 않는다.

⑥ 학습목표를 지나치게 세분화하여 한 시간의 학습목표가 너무 많아지면 단위시간 내에 어느 한 가지도 성취하지 못하는 경우가 있으므로 한 시간의 학습목표는 1~2개 정도가 적당하다.

⑦ 모든 학생이 쉽게 이해할 수 있는 용어를 선택하여 진술한다.

⑧ 진술한 문장의 길이는 15자 내외가 알맞다.

표 4-2 행동목표 진술에 쓰이는 동사의 예

		동 사	구체적 목표의 실례
1. 지적 영역 (이해)	① 지식	정의한다, 묘사한다, 확인한다, 명칭을 붙인다, 목록을 만들다, 이름을 대다, 진술한다 등	고혈압의 증세를 진술한다.
	② 이해	계산한다, 비교한다, 토의한다, 식별한다, 그린다, 스스로 설명한다, 예를 들다, 예측한다, 해석한다, 풀다, 요약한다 등	고혈압 환자가 짠 음식을 먹어서는 안 되는 이유를 설명한다.
	③ 응용 ④ 분석 ⑤ 종합 ⑥ 평가	추론한다, 결정한다, 예측한다, 연관시킨다, 보여준다, 사용한다, 감정한다, 분석한다, 분류한다, 창작한다, 계획한다, 판정한다 등	고혈압을 판정한다.
2. 정의의 영역 (태도)		선택한다, 조직한다, 참가한다, 반응한다, 완성한다, 감상한다, 수용한다, 인식한다, 실행한다, 태도를 가진다, 참여한다, 흥미를 보인다 등	싱거운 음식을 먹으려는 태도를 가진다.
3. 심리운동적 영역 (기능)		조립하다, 짓다, 측정하다, 깨끗이 하다, 연결하다, 조립하다, 창작하다, 설계하다, 분해하다, 구멍을 파다, 묶다, 고정시키다, 따르다, 갈다, 망치질하다, 만든다, 찾아낸다, 혼합시킨다, 변화시킨다 등	음식을 싱겁게 만든다.

이상 기술한 것 이외에 본시안에 해당하는 학습목표, 학습내용, 전개활동(도입 단계, 전개 단계, 정리 단계), 판서계획, 학습자료 이용계획, 평가계획 및 차기 예고에 관한 계획 등 구체적으로 여러 항목이 있으나 이것은 글로 표현하는 것보다 학습계획의 목적에 부합되는 실제 작성된 지도안을 읽어보는 것이 이해가 더 쉬울 것으로 생각한다.

다음은 초등학교 5, 6학년 어린이를 위한 교본인 「영양」(대한영양사회, 1994)의 내용을 학습지도안으로 작성한 것이다. 체계적이고 효율적인 영양교육 시행에 도움이 될 것이다.

학습지도안의 예(I)

올바른 식생활

1. 학습목표

① 건강과 식생활의 관계를 알 수 있게 한다.

② 자기 고장의 식품을 이용하는 태도를 갖게 한다.

③ 식품의 선택과 이용을 바르게 할 수 있게 한다.

④ 식중독의 원인과 예방법을 알 수 있게 한다.

⑤ 음식물 섭취에 대한 올바른 방법을 알 수 있게 한다.

2. 학습전개 계획

차시	학습의 주안점	지도내용
1	건강과 식생활	• 건강과 식생활의 관계 알기 • 자기 고장에서 나는 식품과 자연식품 이용하기 • 가공식품 이용하기 • 조미료 사용방법
2	올바른 음식물 섭취	• 식품의 오염과 변질의 원인 알기 • 식중독의 예방법 알기 • 알맞게 먹는 식사방법 알기

대단원	올바른 식생활	차시	1/2
소단원	건강과 식생활	소요시간	40분
학습목표	① 건강과 식생활의 관계를 알 수 있다. ② 자기 고장 식품을 이용하는 태도를 갖는다. ③ 가공식품 이용을 바르게 할 수 있다. ④ 조미료를 알맞게 사용하는 습관을 갖는다.		
준비물	괘도, 슬라이드, VTR		

단계	시간	학습 내용	교수 내용 및 지도 내용	유의점
도입	5분	학습 문제 제시	• 동물들은 왜, 무엇을, 어떻게 먹으며 살아갑니까? • 사람들의 식품의 선택과 섭취방법에 대해 알아본다. • 식생활의 형태에 따라 나타나는 결과에 대해 알아본다. • 국민영양조사 결과 식생활에 따라 체격이 달라진다는 것을 알 수 있다. • 식생활이 생활습관병인 고혈압, 동맥경화증, 뇌졸중, 당뇨병, 암 등의 질병의 원인이 되기도 한다.	• 체력검사 통계표(학급)를 가지고 통계표와 비교할 수 있도록 한다.

<table>
<tr><th>단계</th><th>시간</th><th>학습
내용</th><th>교수 내용 및 지도 내용</th><th>유의점</th></tr>
<tr><td>전개</td><td>30
분</td><td>자기
고장
에서
나는
식품
이용
하기</td><td>• 자기 고장에서 나는 식품의 좋은 점을 알아본다.
– 유통기간이 짧아 신선하고, 영양손실이 적다.
– 수입 농산물보다 국내에서 생산되는 농산물 소비로 농업의 육성과 농민을 보호한다.
– 제철에 나는 식품은 값도 싸고 영양가도 많다.
• 가공식품의 바른 선택 방법에 대해 알아본다.
– 내용물을 확인한다.
– 제조일자를 확인하여 유효기간이 넘지 않은 것을 구입한다.
• 자연식품 섭취가 건강에 좋은 점을 알아본다.
– 가공 시 인체에 해로운 첨가물이 없다.
– 신선하고 영양가의 파괴가 적다.
– 식품의 전체를 골고루 이용할 수 있으므로 경제적이다.

※교육내용 전개 시 필요한 참고자료를 준비하여 활용한다.</td><td>• 농수산물 수입개방에 따른 자국 생산물 이용이 국가 경제에 이롭다는 것을 인식시킨다.
• 유효기간이 경과된 가공식품은 변질의 위험성이 있음을 알게 한다.
• 우리나라의 식생활은 주로 곡류의 과잉섭취와 염장저장식품의 이용으로 짜게 먹는 습관이 배어 있으며 인공조미료도 과잉 섭취하고 있다.
• 소금함량이 많으면 심장 질환, 뇌졸중의 원인이 되며 자극성이 강한 음식물 섭취는 위장계통의 질환을 일으킨다.</td></tr>
<tr><td>정리</td><td>5분</td><td>학습
평가</td><td>• 본시 학습 내용을 요약 정리한다.
• 질의응답하고 차시 예고한다.</td><td></td></tr>
</table>

단체급식시설 어린이에게 올바른 간식 선택을 내용으로 영양교육하기 위해 작성한 학습지도안의 예를 하나 더 소개하면 다음과 같다.

학습지도안의 예(II)

식품신호등으로 간식나라 건너가요

학습 목표		1. 건강에 유익한 간식과 건강을 해치는 간식의 종류를 이해한다. 2. 올바른 간식을 선택할 수 있다.	
학습 자료		• 활동복 • 참고동영상: [싱겁게 먹게 된 피노키오], 플래시노래: [싱겁게 먹기송]	소요 시간
학습 단계	도입	• 간식으로 어떤 식품을 먹는지 질문 • 팝콘과 사과 중 간식으로 어떤 것이 건강에 더 좋은지 질문	5분
	전개	• 나트륨 영양신호등을 보여주면서 초록색등, 노란색등, 빨간색등 식품을 설명하기 –초록색등 : 자주 먹어도 괜찮아요 –노란색등 : 가끔 먹어야 해요 –빨간색등 : 많이 먹으면 안돼요 • 과자, 음료수 등의 가공식품을 살 때는 부모님과 함께 영양성분표를 확인하도록 설명하기 • 활동복 –간식을 보고 식품신호등 스티커 붙이기 –초록색등 간식은 무엇인지 질문하기 –빨간색등 간식은 무엇인지 질문하기	22분
	정리	• 초록색등 간식은 충분히 먹어야 함을 강조하기 • 빨간색등 간식은 조금만 먹도록 약속하기	3분
	평가	• 초록색등 간식은 자주 먹어도 됨을 강조하기 • 빨간색등 간식은 자주 먹지 않도록 약속하기	
관련 사이트		www.foodnara.go.kr 〈식품과 영양 → 단체급식표준식단 → 식생활지도지침 → 6. 싱겁게 먹어요〉	

구분	자료	구분	자료
동영상		활동복	
노래			

자료 : 서울시·서울시영양사회, 2010년 어린이 단체급식시설 식품안전영양교육, p.31

제5절 영양교육과 매스미디어

1. 매스미디어의 정의(매스미디어와 매스커뮤니케이션)

매스미디어(mass media)란 대량의 의사소통 또는 의사전달 수단으로 시간과 공간을 초월하여 정보를 전달하며 수용자는 대개 특정집단이 아닌 일반 대중이 된다. 즉, 매스미디어란 단시간 안에 한 사회의 구성원 대다수에게 도달하는 대규모의 커뮤니케이션 수단을 의미한다. 단시간 안에 널리 퍼져 있는 많은 수용자들과 커뮤니케이션하는 조직적인 방법을 일컫는다.

매스미디어는 신문, 잡지, 영화, 라디오, 텔레비전, 음악과 같은 여러 가지 매체를 가리키며 보다 개인화되고 쌍방향적인 인터넷 같은 매체도 포함한다. 이러한 매스미디어의 의사소통 경로는 기술적으로 매우 발달되었고 사회적으로 제도화되어 있으며, 이것은 신문이나 텔레비전과 같이 전달자와 수용자를 이어주는 매체인 동시에 정보를 제작하고 공급하는 사회조직의 의미도 지니고 있다. 따라서 어떤 경우에는 신문사, 출판사나 방송사와 같은 매스미디어 조직을 매스미디어로 칭하기도 한다.

그리고 매스커뮤니케이션이란 신문, 방송, 영화 그리고 서적 등과 같은 매스미디어를 매체로 하여 정보가 대중에게 전달되는 사회적 과정을 말한다. 대중사회의 등장과 함께 우리 사회에 정착된 후 놀라운 속도로 그 영역을 확장해 온 매스커뮤니케이션은 이제 현대사회에서 빠뜨릴 수 없는 중요한 커뮤니케이션의 유형이 되었다.

2. 매스커뮤니케이션 과정

정보가 전달되는 상황이나 전달매체의 특성에 따라 매스커뮤니케이션 과정은 약간씩 다르게 나타나지만 일반적으로 매스커뮤니케이션 과정은 다음과 같은 5개의 요소로 구성되어 있다.

첫째, 정보를 작성하고 전달하려는 전달자(communicator)

둘째, 정보를 전달받는 수용자(audience)

셋째, 정보의 구체적인 내용(message)

넷째, 정보가 담겨 있는 매체(channel)로서 각종 매스미디어가 이에 속한다.

그리고 마지막 요소는 수용자에게 전달된 정보가 초래하는 효과(effect)의 영역이다.

3. 매스미디어의 기능

매스미디어의 기능에는 서로 상반되는 두 가지 유형이 있는데 하나는 순기능으로 일반적으로 사회에 바람직한 긍정적인 기능을 말하고, 다른 하나는 사회에 바람직하지 않은 부정적인 기능으로 역기능이라 한다.

① 대중매체는 정치, 경제, 사회, 문화 등 모든 부문의 정보를 제공한다

대중매체는 사회에서 일어나는 일이나 사회현실에 관해, 그리고 그 사회의 주요 인물들의 언행에 관해 사회 성원들에게 뉴스의 형태로 정보를 제공한다. 그래서 대중매체는 사회 성원들이 자신들의 환경을 감시하고 위험에 대처하여 생존하도록 돕는 순기능을 갖는다. 한편 대중매체가 전하는 정보는 때로 허위이거나 조작된 것이어서 사람들을 기만하기도 하는데, 무의미하고 무익한 것이어서 사람들의 시간을 빼앗고 세상사에 무감각하게 만들기도 하므로 이는 역기능이라고 할 수 있다.

② 대중매체는 사회적 조정 역할을 한다

대중매체는 사건과 정보를 설명하고 해석하고 평가하며, 그것은 합의를 창출하고 여론을 형성하고 갈등을 해소하게 한다. 대중매체는 또 정부나 기업이나 그 밖의 사회조직들을 감시하고 견제한다. 반면 대중매체는 진정한 여론 형성보다는 강자를 위한 여론 조작에 기여하기도 하고, 정의롭지 못한 기존 질서에 대한 사람들의 순응성과 적응력을 높여서 그것을 유지하고 강화하는 역기능을 갖기도 한다.

③ 대중매체는 사회적 유산을 전수한다

사람들에게 사회의 전통과 규범을 가르치는 사회화의 역할을 수행한다. 그리고 사람들의 공통적인 경험의 토대를 넓힌다. 그러한 공통성의 형성으로 대중매체는 국민들 간의 통합을 달성하도록 한다. 그러나 대중매체는 사람과 사람 간의 교류를 줄이고, 사람들의 가치와 사고방식을 획일화시키고, 표준화 등을 통해서 문화의 다양성을 감소시키기도 한다.

④ 대중매체는 오락을 제공한다

사람들에게 기분을 전환하거나 휴식을 취할 수 있게 하는 오락수단을 제공한다. 그리고 예술, 특히 대중예술의 창조와 발전에 기여하고 고급문화를 접할 수 있는 기회를 제공하여 문화적 수준을 고양시킨다. 그러나 대중매체는 또한 저급한 대중문화를 전파하고 유통시킴으로써 예술의 수준을 퇴락시키고 사람들의 취향을 낮추기도 한다.

⑤ 대중매체는 사람들을 동원한다

대중매체는 어떤 국가적 이익에 기여하거나 특정한 사회적 가치나 행동 유형을 택하도록 사람들에게 촉구한다. 경제개발계획, 가족계획, 국산품애용, 불우이웃돕기 등 많은 일에 대중매체가 사람들을 동원하는 역할을 한다. 그러나 동원 역할이 항시 순수하고 긍정적인 목적을 위해서만 수행되는 것은 아니다. 대중매체는 부당한 전쟁이나 권력 투쟁, 사적인 이익 등 부정적인 목적을 위해서도 사람들을 동원한다.

4. 커뮤니케이션의 유형

커뮤니케이션의 유형은 매우 다양하므로 여러 가지 차원에서 설명할 수 있다. 우선 사람들이 얼굴을 맞댄 상태에서 참여하는 인간 커뮤니케이션과 매스미디어를 정보전달의 도구로 삼는 매스 커뮤니케이션으로 나누어진다. 인간 커뮤니케이션은 사람들이 처한 사회적 상황의 차이에 따라 인간 내부에서의 커뮤니케이션, 인간 상호 간의 커뮤니케이션, 집단 커뮤니케이션, 조직 커뮤니케이션 등으로 구분될 수 있다. 또한 커뮤니케이션은 흔히 언어의 사용 여부에 따라 비언어적 커뮤니케이션과 언어적 커뮤니케이션으로, 정보전달의 통로가 공식적이냐 비공식적이냐에 따라 공식적 커뮤니케이션과 비공식적 커뮤니케이션으로 양분되기도 한다.

그리고 매스미디어는 인쇄미디어와 전자미디어로 나누어 볼 수 있다. 인쇄미디어는 신문, 잡지, 책, 팸플릿, 광고판과 같이 시각적 이미지를 통해 메시지를 수용자에게 전달하는 데 쓰인다. 전자미디어는 라디오처럼 청각에만 의존하거나 텔레비전, 영화, 멀티미디어 등과 같이 시각과 청각을 모두 이용하는 매체이다.

각 매스미디어의 특징 등 세부적인 내용은 제5장 영양교육 매체에서 찾아볼 수 있다.

5. 영양교육과 매스미디어

매스미디어는 다른 교육매체와 달리 활용만 잘하면 대중에게 영양교육을 할 수 있는 매우 효과적인 매체로서 이점이 많다.

① 매스미디어는 시간과 공간의 장벽을 극복하여 구체적인 정보를 전달할 수 있다.

② 지속적인 정보의 제공으로 행동 변화를 쉽게 유도할 수 있다.

③ 매스미디어는 다량의 정보를 다양한 성향의 불특정 다수에게 신속하게 전달할 수 있다.

④ 주의집중과 동기유발에 효과적이다.

⑤ 인쇄매체인 신문이나 잡지의 경우 경제성이 높으면서 광범위한 파급효과를 가져올 수 있다.

⑥ 방송매체의 출현은 아무리 멀리 떨어져 있는 지역이라도 정보의 발신과 수용이 동시에 이루어지도록 하여 정보전달의 시간 지체 문제를 해결해 준다.

6. 매스미디어 영양교육의 사례

건강에 대한 관심이 커지면서 매스컴에서도 건강과 영양에 관한 프로그램이 늘어나고 있다. 국민에게 건강과 영양에 관한 정보를 흥미롭게 구성하여 연속적으로 방영하기도 한다. KBS-TV의 '생로병사의 비밀', '비타민', 그리고 jtbc의 '닥터 콘서트' 등이 그 예이다.

그림 4-9 건강 및 영양정보 텔레비전 프로그램의 예

7. 영양정보의 모니터링

신문, 텔레비전, 라디오, 인터넷 등 매스미디어를 비롯한 각종 매체를 통해 제공되는 영양정보가 과장되거나 잘못되면 그 파급효과가 크므로 그 내용을 평가할 필요가 있다. 그러므로 영양정보 모니터링은 잘못된 영양정보의 확산을 방지하고 그 개선방안을 제시하여 국민에게 바른 정보가 전달되도록 하기 위함이다.

일반적으로 보도 또는 방송 프로그램에 대한 모니터링을 하는 방법은 영양정보를 관찰하고 평가하여 부정적인 정보에 대해서는 개선방안을 제시하는데 평가 결과에 문제가 있는 경우 해당 매스컴에 전달하여 개선토록 조치를 취하여야 한다.

영양정보를 모니터할 때 정보를 평가하는 원칙은 다음과 같다.

- 공익성 : 공공의 이익과 국민문화에 기여하는지 평가한다.
- 공정성 : 공공생활과 관련된 문제는 공정한 가치판단에서 보도하였는지 평가한다.
- 객관성 : 제공하고자 하는 내용을 공정하고 객관적으로 다루고 있는지 평가한다.
- 전문성 : 풍부한 지식과 정보를 제공하고 있는지 평가한다.
- 해설성 : 수용자가 이해하기 쉽게 구성, 제작되었는지 평가한다.
- 시의성 : 필요한 정보를 제때에 전달하였는지 평가한다.
- 윤리성 : 윤리적으로 어긋나는 점은 없는지 평가한다.
- 신뢰성 : 정보의 출처가 정확하고 믿을 만한지 평가한다.

다음은 대한영양사협회 식품영양정보 언론 모니터링팀에서 TV 방송 프로그램을 모니터링한 것으로 내용을 요약하여 소개한다.

식품영양정보 언론 모니터링의 예

프로그램 : 무엇이든 물어보세요

- 방영일 : 2005년 5월 19일
- 제목 : 장수를 위협하는 상체비만을 잡아라!
- 내용 : 중년 성인들의 복부비만과 성인병과의 관련성을 제기하면서 복부비만의 문제점에 대하여 설명하고 해소방안을 제시하였다.

1. 프로그램 내용의 긍정적인 면

- 시청자들에게 정상인과 피하지방이 많은 사람, 정상인과 내장지방이 많은 사람을 비교한 컴퓨터 단층촬영 사진을 보여줌으로써 이해를 돕고 경각심을 불러일으키는 역할을 하였다.
- 복부비만에서 내장지방이 피하지방보다 많은 경우가 더 위험하다고 일반적으로 알고 있지만, 내장지방의 면적이 같을 경우에는 피하지방이 많은 경우가 위험이 더 증가한다고 밝혀져서 결국은 내장지방이 많든 피하지방이 많든 건강에는 좋지 않은 영향을 미친다고 하여 복부비만의 위험성을 다시 한 번 강조하였다.
- 복부비만을 판정하는 방법으로 간단하게 허리둘레와 허리-엉덩이 둘레비, 캘리퍼를 이용한 복부 피하지방 측정법, 목둘레 측정을 통한 간접측정법 등 일반인들이 쉽게 이용할 수 있는 다양한 지표를 제시하였다.

2. 프로그램 내용의 부정적인 면

- 진행자가 본인이 피하지방이 축적되었는지, 내장지방이 축적되었는지를 어떻게 알 수 있냐고 했을 때 교수는 제일 좋은 방법이 허리둘레를 재는 것이라고 하였다. 내장지방의 분포를 알기 위해서는 컴퓨터 단층촬영이나 혈액검사가 도움이 될 것이다. 또한 캘리퍼에 의한 피하지방 측정에는 오차가 많다는 점을 전혀 언급하지 않았다.
- 교수는 복부비만을 해소하기 위한 방법으로 먹는 것도 중요하지만 일단 운동을 하는 게 더 중요하다고 언급하였다. 식이요법과 운동 중 어느 것 하나에만 비중을 두기보다는 둘 다 중요함을 언급해야 한다고 생각한다.
- 물을 하루에 6~8잔을 마시라고 말하면서 이것만으로도 비만을 줄일 수 있다는 근거 없는 정보를 제공하였다.

3. 개선점

- 어려운 용어를 시청자들이 이해하기 쉽게 설명해 주는 것이 필요하다.
- 식품과 영양에 대한 정보는 영양전문가에게 의뢰하는 정책이 필요하다. 식생활, 의학 정보 방송 스크립터나 제작자 등도 관련 분야의 기본교육을 받는 기회가 제공되어야 한다.

자료 : 대한영양사협회, 월간 국민영양, 제28권 제6호(통권270호), pp.43~45, 2005

제5장

영양교육 매체

제1절 영양교육 매체

제2절 매체의 종류와 제작

제1절 영양교육 매체

1. 매체의 의의 및 활용

매체(media)는 라틴어 'medium'에서 유래한 것으로 사이(between)의 뜻을 가져서 두 개의 개체 사이를 이어주는 역할을 한다는 것을 의미한다. 매체란 교육자와 교육 대상자 사이에서 시각 및 청각을 비롯한 인체의 감각기관을 동원하여 교육의 효과를 극대화시키기 위한 모든 교육적인 방법 및 수단을 총칭한다.

이에 따라 광의로는 교육목표를 달성하기 위하여 학습목표를 효율적으로 이끌어 줄 수 있는 교실 내에서 사용되는 모든 기기, 자료, 수단 및 방법뿐 아니라 학교시설, 교실 환경, 인적 자원 등을 포함하는 교육환경을 총체적으로 포함하는 포괄적이고도 종합적인 개념을 의미하며, 협의로는 언어에 치중하는 전통적인 교육방법 대신에 시청각 매체, 즉 시청각적 또는 언어적 정보를 전달하는 데 사용되는 시청각 기재(audiovisual equipment)와 시청각 교재(audiovisual materials)를 의미한다.

영양교육에 쓰이는 매체는 교육목적에 도달하기 위한 보조적인 수단으로 단순히 보고 듣는 것에만 목적을 둔 것이 아니고, 충분한 이해와 반복적인 체험을 통해 교육효과를 얻기 위한 도구적 보조물로 볼 수 있다.

같은 매체를 같은 방법으로 사용하여도 사람들은 각각 다른 경험과 환경을 가지므로 같은 효과를 얻지 못한다. 때문에 어느 것이 가장 좋은 매체라고 단언할 수 없으므로, 매체를 사용할 때는 다음과 같은 것들을 고려해야 한다. 즉 대상을 정확히 파악하고, 교육의 시간, 장소와 지도내용을 생각하고, 이에 알맞은 매체 종류를 선정하고 그 사용법을 알아야 한다.

또한 매체는 교육 보조재이므로 일방적으로 보이거나 들려주는 데 그치지 말고 그것을 소재로 하여 대화가 이루어지도록 하며, 자기 자신에게 알맞은 효과적인 방법을 고안하여 사용하는 것이 바람직하다. 기존의 것에만 의존하지 말고 자기 자신이 고안해서 효과 있는 사용방법을 연구해야 한다.

2. 데일의 경험의 원추 이론

근세에 들어오면서 그림 또는 사진 자료뿐만 아니라 텔레비전, 슬라이드, 오디오 매체 등의 시청각적 매체가 발달하기 시작하였다. 시청각 매체는 학습자의 여러 감각기관을 이용하여 학습내용을 전달하는 것을 용이하게 해주었다. 구체적으로 시청각 매체에 대한 개념이 확고히 정립되지 않았을 때 교수매체라는 개념의 기반이 된 시청각 자료를 사용하기 위해서 Edgar Dale은 1969년 그의 저서 『교수에서의 시청각적인 방법(Audiovisual Methods in Teaching)』에서 '경험의 원추(cone of experience)' 모형을 제시하였다.

경험의 원추

학습자가 가지는 경험을 추상적 경험, 영상적 경험, 행동적 경험의 세 가지로 나누고 있는데, 직접적 경험을 통한 행동적 단계에서 시청각적 자료를 통한 경험이나 관찰을 통한 영상적 단계, 그리고 언어와 시각기호를 통해 이해를 도모하는 상징적-추상적 단계로 진전되면서 개념형성이 이루어진다는 것을 제시하고 있다.

Dale은 매체의 가치를 학습자에게 구체적인 경험과 추상적인 개념을 형성시켜 주는 것으로 보았으며, 구체적인 체험에서 추상적인 개념이 형성되고, 그 경험과 추상의 중간에 시각이 있다고 생각하는 것이 Dale의 이론이다. 그림 5-1에서 보듯이 학습경험을 11단계로 분류하고, 교수매체를 구체성과 추상성으로 분류하여 교수-학습에 있어서 학습경험을 언어적 추상적 형태뿐만 아니라 직접적 경험과 영상을 통한 경험으로 구분하였다.

직접적 경험은 행동적 경험이라고도 하고, 영상적 경험은 시청각적 경험 또는 그림의 학습자가 가지는 경험을 추상적 경험, 영상적 경험, 행동적 경험의 세 가지로 나누고 있는데, 직접적 경험을 통한 행동적 단계에서 시청각적 자료를 통한 경험이나 관찰을 통한 영상적 단계, 그리고 언어와 시각기호를 통해 이해를 도모하는 상징적-추상적 단계로 진전되면서 개념형성이 이루어진다는 것을 제시하고 있다.

직접경험은 행동적 경험 중에서도 가장 구체적이고 실제적인 경험으로서 모든 종류의 경험의 기초가 되며 직접경험만큼 완전한 경험은 없다.

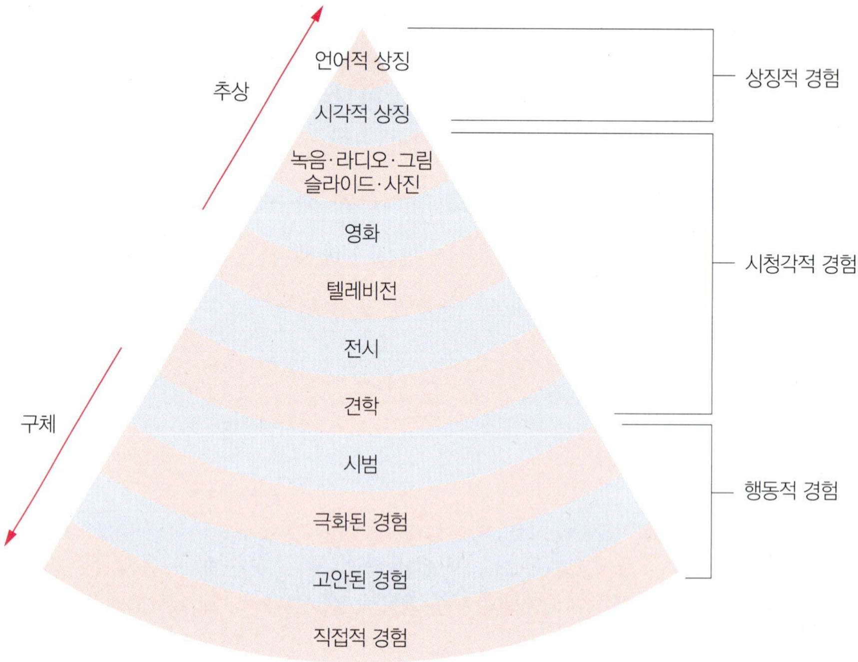

그림 5-1 데일(E. Dale)의 경험의 원추

시청각적 경험은 '경험의 원추'에서 보는 바와 같이 시범, 견학, 전시, 텔레비전, 영화, 그리고 녹음, 사진, 라디오, 슬라이드 등의 교수매체가 활용되는 경험을 말하며 시청각적 경험의 교수매체라 하여 행동적 경험이나 상징적 경험과 전혀 무관하지는 않다.

시청각적 경험을 주로 유도하는 교수매체로 행동적 경험이나 상징적 경험을 부차적으로 유도할 수도 있다. 예를 들면 견학하는 동안에 그 견학장소에서 어떤 실제 작업에 참여하여 봄으로써 행동적 경험을 할 수도 있고, 전시를 통한 학습 중에서도 전시내용이 좀 추상적인 경우에는 상징적인 경험을 하게 된다. 또 행동적 경험을 주로 유도하는 교수매체도 어느 정도의 시청각적 경험이나 상징적인 경험을 곁들일 수 있고 상징적 경험을 주로 유도하는 교수매체도 행동적 경험이나 시청각적 경험을 곁들일 수 있다.

언어적 상징 매체는 '경험의 원추'의 정점을 이룬다. 즉, 가장 추상적인 교수매체이다. 언어에는 말과 글이 있는데 말은 청각적이고, 글은 시각적이다. 언어는 원래 말이고 말을 시각적으로 나타낸 것이 글이다. 따라서 글이 말보다 더 상징적이고 추상적이다.

이러한 교수매체의 선택은 학습자의 전체적인 면을 고려하여 학습과제에서 구체적인 경험과 추상적인 개념 중 어느 것에 중점을 둘 것인가에 따라 달라진다. 학습자의 발달 단계와 상관없이 추상적인 개념을 배제하고 무조건 실제 경험을 하도록 하는 것은 잘못된 것이다. 따라서 교수매체의 선정은 교육목표, 학습자의 수준, 학습내용 등을 종합적으로 고려한 후 이루어져야 한다. 학습자들의 발달 단계에 따라서 실제 경험을 통하여, 도구를 이용하여, 또는 기호나 언어를 통하여 학습이 이루어질 수 있다는 것이다. 즉, 학습이 이루어지기 위해서는 학습자의 발달 단계에 따른 적합한 시청각적 매체가 활용되어야 한다. 어린 학습자는 행동에 의해서 또는 직접적인 경험에 의해서 학습이 이루어지지만 성인 학습자의 경우는 대리 경험이나 관찰, 더 나아가 언어적인 형태로 학습이 이루어진다는 것이다.

3. 교수매체의 기여도

교수매체는 교육목적을 달성하면서도 교육현장에서 다양한 효과를 발휘하고 있다. 교수-학습 과정에서 교수매체의 기여도는 다음과 같다(Kemp와 Smellie, 1989).

(1) 교수활동이 보다 표준화될 수 있다

모든 교육 대상자는 같은 매체를 보고 듣게 되므로 동일한 메시지를 전달받게 된다. 교육자가 수업을 주도할 경우에는 누가 가르치느냐에 따라 전달되는 내용이 달라질 수 있으나 교수매체를 사용하게 되면 전달방법에 의해 초래되는 차이는 없어지게 된다.

(2) 학습을 보다 재미있게 해준다

교수매체는 명료한 메시지, 변화 있는 내용 전개, 특수효과의 사용 등을 통해 교육 대상자를 즐겁게 하여 깊이 생각하게 만들고 동기유발을 시켜 준다.

(3) 교수이론의 적용을 통하여 학습을 보다 상호작용적으로 만들어 준다

교수매체에 담긴 내용이 짜임새 있게 구성되어 있으면 학습자를 잘 가르칠 수 있다. 교수매체를 계획할 때는 학습자의 참여, 피드백, 강화 등을 고려하여 계속적인 상호작용을 유발시켜야 한다.

(4) 교수에 소요되는 시간을 줄여준다

대부분의 매체는 메시지를 전달하는 데 소요되는 시간을 줄여줄 수 있으므로 수업이 진행되는 동안 교육자와 대상자가 시간을 효율적으로 쓸 수 있게 해준다.

(5) 학습의 질을 높여준다

교육자의 추상적인 설명이나 책자를 통한 해설보다는 시각과 청각을 이용한 교수매체를 통해서 훨씬 구체적인 정보 제시가 가능하다.

(6) 필요한 장소에서 교수활동이 이루어진다

인터넷을 사용한다면 개개 학습자들은 자기가 원하는 시간과 장소에서 다양한 자료를 선택하여 학습할 수 있다.

(7) 학습자들은 배우는 것과 학습과정 자체에 대해 긍정적인 태도를 갖게 된다

교육 대상자들은 학습 수단으로 매체를 사용하는 것에 대해 호감을 가지는데, 그 이유는 매체가 동기유발적이고 학습을 성공적으로 이끌어갈 수 있기 때문이다.

(8) 교수자의 역할이 긍정적인 방향으로 바뀔 수 있다

교육자들로 하여금 기술이나 내용을 반복 설명해야 한다는 부담을 덜어주고, 많은 지식이나 정보를 강의 형태로 제공하지 않아도 된다. 그러므로 교육자는 과목의 중요한 부분에 학습자의 관심을 집중시킬 수 있다.

4. 매체 활용의 절차

교수학습현장에 사용되는 다양한 매체들은 교육목적을 달성하기 위하여 꼭 필요한 상황과 적절한 때 이용되어야 한다. 교수목적 또는 학습자 등에 따라서 매체의 제작, 선택과 활용에 영향을 준다. 교수-학습의 과정에서 특정한 학습내용과 그 대상 학습자가 결정되면 기대되는 최대의 변화를 유도할 수 있는 최적의 방법을 고안해 내어야 한다. 원하는 교수목적에 도달하기 위하여 교수매체를 언제, 어떻게 활용하고, 어떻게 제작을 계획하는 것이 효과적이면서도 효율적인가를 검토하여야 한다.

교수매체의 효과적인 활용에 관하여 Heinich와 그의 동료들(1996)은 교수·학습과정에서 교수매체의 체계적인 활용을 위하여 6단계의 모형을 개발하였는데, 이들 각 단계의 첫 머리글자를 모아 'ASSURE 모형'이라고 부른다.

1) 1단계 : 교육 대상자의 특성 분석

교육 대상자의 수준·흥미 및 배경을 파악하여야 한다. 대상자의 연령, 학력, 지위, 적성, 문화, 사회, 경제적 요인 등과 같은 일반적인 특성이 수업 수준을 결정하는 데 영향을 준다. 교육을 시작할 시점에서 교육 대상자의 능력은 교수매체의 선정이나 사용 방법의 결정과 밀접하게 관련되어 있다. 영양교육에서 가장 중요한 것은 교육자가 전달한 정보를 대상자들이 실생활에서 실천할 수 있어야 한다는 것이다.

대상자의 학습능력 조사는 전화, 우편, 인터넷을 통해 실시할 수 있으며 대상자들의 초점집단을 조사하고 조사시 면담에 의하여 조사할 수도 있다. 사전검사지, 구두테스트, 관찰 등의 방법을 이용할 수 있다.

2) 2단계 : 목표 설정

교육자가 학습목표를 분명하게 알고 있어야 적합한 교수매체를 선택하여 목표 달성이 가능한 학습환경을 제공할 수 있다.

3) 3단계 : 매체의 선정, 수정 및 제작

이미 만들어진 기존의 자료 중에 적합한 것을 골라서 사용하거나, 기존의 자료가 적합하지 않을 때는 내용을 수정하거나 재편집하여 사용할 수도 있다. 기존의 자료가 없을 경우에는 새롭게 제작하여 사용해야 한다. 이때 허용되는 예산, 기간, 시설 및 장비를 고려해야 한다.

매체를 선정할 때에는 다음 기준을 고려하는 것이 좋다.

(1) 적합성(appropriateness)

매체는 목표가 분명히 서술되어야 하고, 그 내용은 대상자들이 쉽게 이해할 수 있도록 명료하고 논리적이어야 한다. 따라서 매체에 사용된 용어의 수준과 내용의 난이도,

제시방법 등이 대상자의 특성, 즉, 연령, 이해정도, 경험 등에 맞아야 한다.

(2) 구성과 균형(organization and balance)

수업내용을 효과적으로 제시할 수 있도록 매체의 내용이 전체적인 구성에 균형을 이루고 있는지 검토한다.

(3) 신뢰성(authenticity)

매체는 사고와 개념을 올바르게 전달할 수 있어야 한다. 각종 매체에서 제공되는 영양정보에 확실한 근거가 없거나 일부 내용을 과대 해석하여 오도하는 경우가 있으므로 올바른 정보에 근거한 것인지 확인한다.

(4) 가격(cost)

매체의 구입비용과 제작비용을 비교해 보아 책정된 예산범위 내에서 매체가 선택되고 활용되도록 한다. 예산을 초과할 때는 대체할 수 있는 매체의 종류를 알아보거나 주위에서 쉽게 구할 수 있는 재료로 직접 제작할 수도 있다.

(5) 효율성(efficiency)

매체를 사용함으로써 교육 대상자들의 사고력과 창의력을 함양하는 기회를 제공해야 하므로 매체 활용에 필요한 시간, 노력, 효과 등이 적절한지 검토한다. 매체 사용에 투입된 인력이나 시간에 비해 산출된 교육효과가 떨어질 경우 그 매체의 사용은 재고해 보아야 한다.

(6) 편리성(convenience)

매체의 사용 효과는 매체가 사용되는 환경에 영향을 받는다. 매체를 제시하는 교육장소에서 이용 가능한 보조기재의 종류와 시설 등을 파악하여 대상자에게 활용이 가능한 매체인지 확인한다.

(7) 기술적인 질(technical quality)

교재나 교구의 정비상태는 양호한 것이어야 한다. 그러므로 매체의 안전성, 견고성 음질, 상태 등이 양호한지 검토하고 사전 정비해야 한다.

(8) 흥미(interest)

매체는 대상자의 흥미와 호기심을 끌 수 있도록 구성되어야 한다. 외관이나 내용이 대상자의 흥미와 호기심을 충족시켜 교육에 대한 관심을 보이고 동기유발이 가능한 매체인지 검토한다.

4) 4단계 : 매체의 활용

매체를 수업에 활용하기 전에 프레젠테이션(presentation) 연습을 해야 한다. 선택된 자료는 면밀히 검토하여 익숙하게 사용할 수 있도록 해야 자료를 효율적으로 사용할 수 있으며 내용전달을 잘할 수 있게 된다. 조명, 암막, 온도, 전원공급, 환기, 의자 등의 환경요인을 배려하고, 학습자에게 제시될 내용, 용어, 목표 등을 미리 설명하여 동기유발을 꾀한다.

5) 5단계 : 교육 대상자의 반응

교육 대상자의 반응에 대해서 즉각적인 강화가 제공될 때 학습이 증진된다. 반응에 대한 피드백이 빠를수록 좋은 결과를 가져오는 것으로 알려져 있다. 교사는 교수매체 활용 후에 과제를 주어 학습행동을 유발시켜주어야 한다.

6) 6단계 : 평가

매체를 활용한 후에는 학습목표의 달성과 교수방법은 물론 활용된 교수매체의 효과와 비용 및 소요시간에 대한 평가가 이루어져야 한다.

영양교육 매체 활용에 대한 평가는 매체를 개발하고 활용하는 데 배정된 예산과 실제 소요경비의 차이와 그 요인 등을 평가하는 투입자원평가, 영양교육 매체를 활용하는 단계에서 그 활용방법, 소요시간과 그에 대한 대상자의 반응을 평가하는 과정평가와 매체의 목표 달성 여부를 평가하는 효과평가로 이루어진다. 효과평가는 매체를 활용하기 전, 직후, 그리고 일정기간이 지난 후 실천에 대한 평가까지 이루어져야 한다.

제2절 매체의 종류와 제작

영양교육의 매체는 여러 가지 기준으로 분류할 수 있다. 매체를 활용할 때 필요한 보조재의 종류, 활용에 동원되는 감각기관, 또는 매체의 현실성 등에 따라 다양하게 분류될 수 있다. 영양교육에 이용할 수 있는 매체를 열거해 보면 다음과 같다.

① 인쇄매체

팸플릿, 리플릿(유인물), 광고지, 포스터, 벽신문, 신문·잡지, 지역신문, 만화, 표어, 스티커, 달력, 대형카드 등

② 전시·게시매체

전시, 괘도, 게시판, 통계도표, 융판그림, 사진, 자석판, 흑판, 다용도판 등

③ 입체매체

실물, 표본, 모형, 인형, 디오라마 등

④ 영사매체

슬라이드(환등기), 투시물환등기, 실물환등기, 영화 등

⑤ 전자매체

컴퓨터, 녹음자료, 라디오, 텔레비전, 비디오, 팩스 등

⑥ 멀티미디어

인터넷, CD-ROM, 파워포인트, DVD(digital versatile disc 또는 digital video disc) 등

1. 인쇄매체

1) 팸플릿

개인지도, 가정지도, 집단지도 등에서 다양하게 활용할 수 있는 소책자이다. 팸플릿을 모아서 한 권의 책으로 합치면 교육의 매체로서 효과가 크다. 그러나 배부만 하는 것으로는 효과가 없기 때문에 제작방법이나 사용방법을 연구하여 교육매체로서 목적에 부합하도록 만들어야 한다.

그림 5-2 팸플릿의 예

자료 : 서울특별시 성동구보건소; 보건복지부

인쇄매체는 아름답게 만들어 오랫동안 보관하면서 자주 볼 수 있는 마음이 생기도록 편집과 인쇄를 잘해야 한다.

팸플릿을 제작할 때는 다음과 같은 사항에 유의하여야 한다.

① 교육의 대상, 강의 또는 강습용, 상담 등 무슨 교육에 활용될지 목표를 정하고 사용용도, 배포방법에 따라 제작되어야 한다.

② 크기가 13×20 cm를 많이 사용하나 다양한 크기로 만들 수 있으며, 20쪽 이상을 초과하지 않도록 한다. 제작시 페이지, 글자의 모양과 크기, 색깔 등을 연구하여

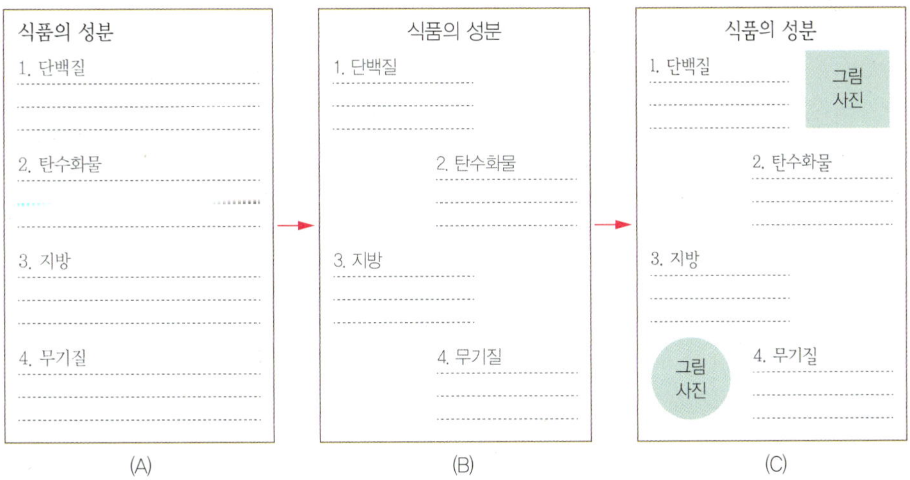

그림 5-3 편집에 변화를 준 lay out

보기 좋게 만들도록 한다.

③ 표지 제목과 소제목들은 한눈에 들어올 수 있도록 정해야 관심을 가지고 접근할 수 있다.

④ 또한 해설 이외에도 사진, 도표, 기사 등을 다양하게 넣어 처음부터 끝까지 읽을 수 있도록 구성해야 한다.

2) 리플릿

한 장의 유인물로서 두 번 또는 세 번 접어서 만들 수 있다. 일반 강습회용, 영양교육용, 영양상담의 메모 대용, 특정 가정에 대한 지도용 등 영양교육용 인쇄매체 중 가장 많이 이용되는 것 가운데 하나이다. 시선이 집중되도록 간단하고 명확하게 작성하고, 크기는 20×30 cm 정도가 알맞고, 어디서나 누구든지 쉽게 이용할 수 있는 장점이 있다.

이것도 팸플릿과 같이 대상에 맞추어 만드는 것이 효과적이다. 만드는 방법과 사용방법은 팸플릿의 경우와 거의 같으나 특히 주의할 것은 공간이 작다고 해서 빈틈없이 글자를 채우는 일이 없도록 해야 한다. 내용을 특히 집약해서 글자를 적게 쓰고 요령 있게 도표도 넣어서 보기 쉽고 아름답게 만든다. 영양상담 등 개별적으로 사용하는 것은 특별한 메모를 기입하도록 빈칸을 만드는 것이 좋다.

그림 5-4 리플릿의 예

자료 : 서울특별시 성동구보건소; 경상북도 봉화군보건소

3) 광고지

회람이나 신문 사이에 끼워 배포되는 1장의 간단한 인쇄물로 많은 지식을 보급하려는 것이 아니고, 광고, 홍보물로 사용된다. 예를 들면, 전시회, 요리 경연대회, 행사 등을 알리는 데 사용되며, 불특정의 여러 사람을 대상으로 한다는 점이 팸플릿이나 유인물과는 다르다. 그러므로 알리고자 하는 사항을 간단하고 명확하게 전달할 수 있도록 해야 한다. 매체의 수량과 배포방법이 효과에 영향을 주므로 지역조직이나 단체의 조직을 통해서 하는 것이 효과가 크다.

4) 포스터

길가, 식당, 대합실, 학교 및 건물의 복도, 지하철 통로 등에 붙여 놓는 매체로서 그림과 더불어 관련된 슬로건을 1~2행 정도 간단히 써서 내용을 짧은 순간에 전달하고자 한 것이다. 전람회와 강습회의 안내, 캠페인적인 목적을 가진 슬로건 등에 이용될 수 있으나 보건교육 매체로서의 포스터의 효과는 별로 기대할 것이 못 된다고 한다. 그러므로 만드는 방법에 대한 연구, 내용, 붙이는 장소 여하에 대해서 연구, 노력이 필요하다. 붙이는 장소의 바탕색을 고려하여 눈에 띄게 만들어야 하며, 많은 곳에 장기간 사용하지 않으면 효과가 나타나지 않는다.

그림 5-5 포스터의 예

자료 : 보건복지부; 서울특별시

포스터는 몇 마디의 말밖에 쓸 수 없으므로 교육 교재로 사용할 때는 부가적인 설명을 해야 하며, 여러 가지 시각교육 기구와 함께 사용하거나, 캠페인 기간 중에 이용하면 더욱 효과적이다.

제작시 유의사항은 다음과 같다.

- 크기는 39×50 cm~50×75 cm 정도가 좋으며, 강한 인상을 줄 수 있도록 색깔과 이미지 표현에 유의해야 한다.
- 강한 인상을 줄 수 있는 말을 사용하고, 의미가 명백해야 하며, 전달하고자 하는 내용을 정확히 나타내야 한다.
- 횡서와 종서를 되도록 혼용하지 말고 읽는 방향을 통일하고 대상에게 알리고자 하는 바를 호기심을 자극하는 말이나 그림 등을 곁들여서 표현이 잘 되도록 노력한다. 단순히 "모유영양"이라고 하는 것보다는 "엄마젖은 사랑이에요"와 같이 구체적으로 표현하는 것이 좋다.

5) 벽신문

간단한 신문처럼 편집한 것으로, 포스터와 달리 읽는 데 다소 시간이 걸리며 어느 정도 해설적인 것을 알릴 수 있고, 학교·도서관·정류장·병원의 대합실·이발소·미용실·식당 등 붙이는 장소가 한정되어 있다. 신문과 같이 여러 화제를 많이 넣지 말고 논제를 가능한 한 축소시키고, 내용은 일반 대중에게 익숙한 것을 선택하도록 한다. 인쇄를 하지 않고 손으로 쓰는 방법도 많이 이용되며 그림이나 사진, 만화 등을 삽입하여 흥미를 일으킬 수도 있다.

6) 신문·잡지

간행되는 신문이나 잡지의 일부분에 실린 영양에 관한 기사는 이용하는 대상의 수가 많기 때문에 상당한 효과가 있다. 영양교육을 목적으로 각 관청이나 단체, 직장, 학교 등에서 독자적으로 발행하는 것이 이에 속한다. 내용은 대다수 국민들의 요구에 맞고 설득력이 있어야 하며, 사건이나 그림을 함께 실으면 더욱 사실적이며 효과적이다. 대상이 구독자로 한정되고 문제를 자세하게 취급할 수 있는 장점이 있으나 편집에 특별한 기술이 필요하므로 전문가나 경험이 많은 사람의 지도를 받도록 하는 것이 좋다.

행의 크기, 사용하는 활자의 크기 등은 대상의 연령, 직업을 고려하고, 사진·그림·컷(cut)을 넣어 알기 쉽고 친절하게 한다. 칼럼(column) 같은 것을 실어도 무관하고, 조판 방법이나 활자의 크기 등에 변화를 주어 기분전환을 시킨다. 표제가 중요하며, 문구를 신중히 다루고 글자의 크기나 주위의 공백 등도 적당히 살려서 보기 좋게 제작한다.

7) 지역신문(마을통신)

넓게 보면 이것도 신문의 일종이라고 말할 수 있으나 대상이 지역 주민들로 제한되고, 사용법도 지역조직 활동에 연결된다. 지역통신을 제작할 때는 크기는 B4판으로 둘로 접는 것이 적당하며, 부수가 적으므로 2~3가지의 색을 넣고 인쇄를 한다. 되도록 주변에서 쉽게 접할 수 있는 내용을 알리고, 지역 주민의 요구사항을 알아보고 그 내용을 기재한다. 또한 지역조직 활동을 장기적으로 지속할 수 있도록 권장하는 역할을 해야 하며, 정기적으로 발행하도록 한다.

8) 만화

만화(strip cartoon)란 인물의 성격을 과장 또는 생략하여 인생이나 사회를 재미있고 익살스럽게 풍자하고 비판하는 그림의 한 형식이다. 내용의 특성에 따라 시사만화, 극화, 만화영화와 같은 애니메이션 등이 있다.

영양교육에서는 만화를 목표에 맞게 대상의 특성과 요구에 적합한 내용을 전개해 나가야 한다. 만화는 독자에게 웃음과 감동, 지식을 주므로 모두가 좋아하는 매체로서, 특히 어린이들이 좋아한다.

9) 표어

표어의 내용은 대상자들이 협력하거나 실천할 의지를 갖도록 유도하는 호소력이 있어야 한다. 따라서 간단명료해야 하며, 가장 중요한 문구는 다른 글씨보다 크게 쓰거나 위치를 달리

싱겁게! 건강하게!!
Salt-down! Health-up!!

그림 5-6 표어의 예
자료 : 대구광역시 건강추진사업과, 싱겁게 먹기센터

한다. 표어는 단 한 가지로 쉽게 실천할 수 있는 것이어야 하며, 어구도 쉽게 외울 수 있고 매끄러워야 한다. 이렇게 하면 대상자가 읽는 즉시 이해하고 머릿속에 강한 인상을 주어 기억에 오래 남는다.

10) 스티커

간단한 슬로건이나 그림을 인쇄한 것으로 복도나 식당 앞의 보드에 붙여 놓거나 직접 가지고 다니면서 붙이게 한다. 스티커를 좋아하는 어린이들에게 영양교육 자료를 스티커로 제작하여 제공하면 식품군, 어린이 식사지침 등을 익히는 데 효과적인 자료가 될 것이다.

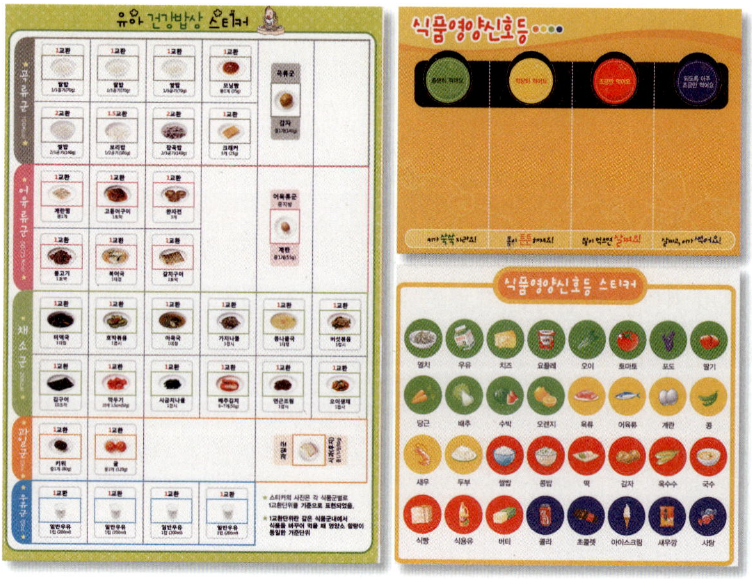

그림 5-7 스티커의 예

자료 : 서울특별시 식생활정보센터; (주)올림에듀케이션

11) 대형카드

그림이나 사진을 그려 넣은 카드로, 순서대로 보여주면서 단계적으로 가르치는 데 이용한다. 30명 정도의 소집단을 대상으로 하며, 영양교육을 할 때 사용하기 좋은 교재로서 30×50 cm 정도로 약간 두꺼우면 좋다. 준비하는 그림이나 도구에는 전달하고자 하는 내용을 단순하면서도 분명하게 담아야 한다.

그림 5-8 대형카드의 예

12) 기타 인쇄매체

① 캘린더

계절의 영양지식이나 매월의 식품을 이용한 식단 등을 넣은 캘린더

② 카드

영양지식을 기입한 카드 또는 음식과 열량을 앞·뒷면에 기입하여 일상생활에서 음식의 열량을 익히거나 본인이 섭취하는 열량에 대해 알게 한다.

③ 부채

부채 등 일상적으로 많이 이용하는 생활용품에 영양지식이나 정보를 인쇄한 것

④ 엽서

영양상담 등의 사후 지도에 활용되며, 미리 여러 가지를 인쇄해 두고 필요한 때에 보낸다.

⑤ 파일

가지고 다니면서 익힐 수 있는 식품구성탑 등의 영양교육 관련 내용을 앞·뒤로 인쇄한 것

영양교육 핸드북
자료 : 서울특별시 식생활정보센터; 보건복지부

영양교육 룰렛
자료 : 서울특별시 중구보건소; 경상남도 함안군보건소; (주)지인에듀스

다이어리
자료 : 올림에듀케이션

그림 5-9 기타 인쇄매체의 예

2. 전시 · 게시매체

1) 게시판

게시판은 전달하고자 하는 내용을 간결하고 명확하며 흥미 있게 제시하여 보는 사람의 관심을 끌게 하고, 전달내용에 대한 정보나 지식을 풍부하게 하는 매체이다. 게시판에 게시하는 게시물은 시각을 통한 효과적인 교육방법의 하나로서 학습자로 하여금 자연적으로 시선과 흥미를 이끌게 고안되어야 한다. 게시판의 내용은 수시로 학습자의 의견을 듣거나 상황에 맞게 바꾸어 주어야 하며, 한 장소에 너무 많은 게시판이 걸리지 않도록 해야 한다.

게시판 제작 시 유의할 점

- 베니어합판에 펠트천이나 기타 직물류를 씌워 만들거나 얇은 코르크판이나 우드락판으로도 만들 수 있고, 크기는 전체 벽면의 1/3 정도로 보통 150×120 cm가 적당하다.
- 주제는 매혹적이고 흥미를 끌 수 있도록 설정하고, 주제에 따른 사진과 그림, 그리고 기타 시각자료를 수집한다. 게시판 내용은 주제의 제목에 적합해야 하며 간결하고 좋은 문장으로 작성하며 배치와 배색이 시각적인 효과가 있도록 제작한다.
- 글씨는 보기좋고 아름답게 쓰고 중요한 글씨는 크게 한다.
- 눈에 잘 띄는 곳으로 사람들이 자주 드나드는 곳에 게시하여 효과를 높인다. 게시한 후에는 대상자의 반응을 살펴보고 그 내용을 반영하도록 해야 한다.

2) 괘도 · 그림판

괘도란 여러 장의 종이에 관련되는 내용을 제시하고 윗부분을 묶어 전달하고자 하는 내용을 한꺼번에 전달하는 형식이다. 칠판과 같이 교실에서 학습 보조자료로 가장 오래되고 흔히 사용되어 온 괘도자료는 학습을 용이하게 하기 위하여 연속적인 제시로 이야기나 학습을 발전시키는 데 활용하는 것으로 쉽게 이동할 수 있어서 거의 모든 교육장소에서 다양한 용도로 활용할 수 있다. 괘도는 복잡한 내용을 쉽게 이해시키기 위해 차트(chart)나 그래프(graph) 등을 일정한 크기의 종이 위에 그리거나 인쇄하여 강습회나 토의 도중에 설명의 보조재나 토의 자료로 쓰인다.

그림판은 일정한 틀(대개 1.2×0.9 m 이내)에 종이를 붙여서 그림을 그린 것으로, 주로 전시회장 같은 곳에 게시하는 데 이용된다. 비용이 적게 들고 쉽게 제작할 수 있으며 특별한 제작도구가 필요하지 않아 그동안 교육현장에서 널리 쓰여왔다.

최근 영사매체가 개발되고 널리 보급됨에 따라 괘도의 사용은 점차 줄어들고 있는 추세이나 그림판은 전시회 등에서 널리 사용되고 있다.

상게용 형식, 철하여 사용하는 책자형식, 분해 · 전시 가능한 것, 실물 · 표본과 병행하는 것 등 다양한 형식으로 사용할 수 있으며, 제작할 때 주의할 점은 다음과 같다.

① 많은 색깔을 사용하거나 또는 너무 진한 색을 쓰지 말아야 한다.

② 사인펜과 같이 확실하게 나타내 보이는 도구를 사용하되 뒷장에까지 번지지 않게 주의한다.

그림 5-10 도판의 예

③ 가능하면 정자를 사용하도록 하며, 단순한 그림, 도표, 상징을 사용하도록 한다.

④ 해설을 위한 글을 적게 하되 정확한 의미를 나타내도록 한다.

⑤ 학습자를 향해 제시하고, 괘도를 향하는 학습자의 시선을 막지 말아야 한다.

⑥ 제시하려는 내용이 올바른 순서로 배열되어야 한다.

⑦ 사용하지 않을 때를 대비하여 중간중간에 빈 종이를 넣어 두는 것이 좋다.

⑧ 적절한 내용을 제시해야 할 때에 그 내용을 보여야 한다.

⑨ 정리를 위한 내용을 따로 만들어 괘도의 맨 뒤에 제시할 필요가 있다.

⑩ 움직이는 괘도의 제작을 연구할 필요가 있다.

3) 전시

전시는 알리고자 하는 내용을 일정한 곳에 전시함으로써 대상자들에게 동기를 유발시키는 교육방법이다. 일반 대중을 대상으로 하는 전람회와 같은 전시, 길거리나 공원에서 간단한 패널만으로 하는 전시, 벽보 형식의 전시 등이 있다. 많은 내용을 담는 것보다 하나하나의 전시가 인상이 남도록 단순하면서도 강렬하며 깔끔해 보이도록 하고, 평면적인 것보다는 입체적인 것이 좋다.

전시는 대상자들의 흥미를 유발시켜 주의를 집중시킬 수 있다. 또한 전달하고자 하는 내용을 단계적으로 순서에 따라 보여줄 수 있어 교육목표에 쉽게 도달할 수 있다.

그림 5-11 움직이는 괘도 작성의 예

4) 융판

융판이란 활용목적에 따라 적당한 크기의 합판이나 두꺼운 종이에 표면에 털이 나 있는 융이나 부직포 등의 천을 붙여 그 위에 각종 학습자료를 붙여 사용하는 것이다. 준비한 그림을 자유로이 융판에 붙여 가며 교육방법에 맞춰 이용할 수 있다. 자료를 다양하게 제시할 수 있으며, 30명 이하의 소집단을 교육시킬 때 사용하는 교육자료이다.

참가자들이 직접 참가하여 붙임으로써 흥미가 유발된다. 도화지에 그린 그림을 잘라 얇은 스티로폼 조각을 뒷면에 붙이고 잘 붙을 수 있도록 찍찍이를 본드로 붙여 놓는다. 그림은 단순하게 그리고 채색도 단순하게 한다. 포스터의 그림이나 사진도 이용할 수 있다. 그림을 미리 만들어 사용하거나 이야기 진행에 따라 그림의 위치를 쉽게 이동시키면서 자유롭게 그림을 보일 수도 있다. 또한 부피가 크지 않아 가지고 다니기 간편하

그림 5-12 융판의 예

고, 비용이 적게 드는 장점이 있다. 융판은 다양하게 이용할 수 있기 때문에 교육용 소품을 많이 만들어 두었다가 교육내용에 따라 사용하면 좋다.

5) 자석판

자석판은 대부분 융판과 같은 용도로 쓰이지만 소재가 자석이 붙는 철판을 이용하며, 그 위에 자석이 붙여진 게시물을 붙일 수 있게 고안되었다. 요즈음 자석이 붙여진 게시물을 상업적으로 많이 판매하고 있으므로 사용에는 큰 불편이 없으나 때로는 직접 만들어 쓸 수도 있다. 또한 철판으로 만든 칠판을 사용하지 않더라도 캐비닛, 책상, 걸상 등 교실 안의 어떠한 곳에 있는 철판에도 붙일 수 있는 장점을 지니고 있다. 자석판의 중요 장점은 융판보다 쉽고 빠르게 게시할 수 있는 점이다. 또 쉽게 떨어지지 않기 때문에 교실 내에서 효과적인 게시도구로 이용되고 있다.

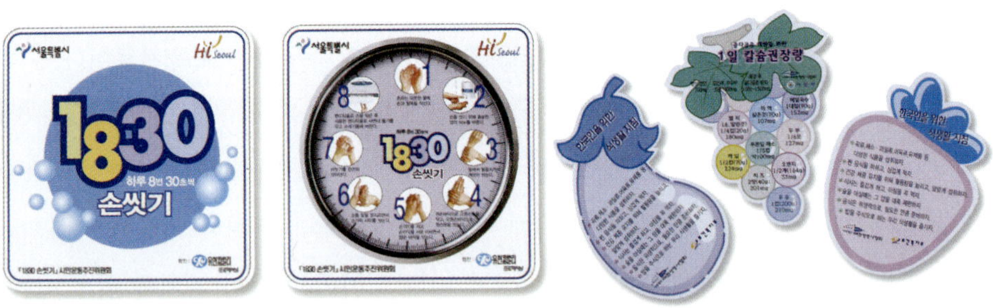

그림 5-13 자석판에 사용하는 탈부착 자료의 예

6) 흑판(칠판)

흑판은 여러 가지 시각적 자료를 간단하게 제시해주며 쓰고 지울 수 있는 매체로서 가장 보편적이고 친근한 교구의 하나로 시각과 청각에 동시에 호소하기 때문에 이해가 빠르고 인상이 깊다. 중요한 어구를 문자로 나타낼 뿐만 아니라 원이나 사각형으로 싸서 도시하면 더 이해하기 쉽다. 따라서 흑판은 특별한 도해 등이 없어도 많이 이용된다. 색분필을 사용하여 시각적 효과를 높일 수 있고, 글씨와 그림은 가급적 모두가 알아볼 수 있는 적당한 크기로 해야 한다. 자료는 효과적으로 배열하기 위해 미리 계획을 세우고 긴 문장이나 복잡한 그림은 사전에 만들어 둔다.

흑판은 항상 깨끗하게 사용해야 하며, 분주히 썼다 지우지 말고, 질서 있게 사용한다. 이야기 진행에 따라 순서 있게 요점을 써나갈 때는 흑판의 반을 사용하고, 다른 쪽 반은 자유롭게 해설용으로 사용하면 좋다.

7) 다용도판

다용도판은 흰색판(white board)으로 불리는 변형된 칠판으로 적절한 필름, 슬라이드, 투시환등기 및 실물환등기의 영사막과 같이 다양한 용도로 쓸 수 있는 도구인데, 단지 일반 칠판과는 달리 분필로 쓸 수 없고 유성펜을 사용해야 한다. 여기에 흔히 쓰이는 특수펜은 일반 분필보다 생생한 색깔을 나타내며, 분필을 이용할 때 생기는 가루가 날리지 않는 이점이 있다.

특수펜은 사용한 후 쉽게 그 내용을 지울 수 있으나 쓴 내용을 너무 오래도록 남겨 놓으면 특수한 지우개를 사용하지 않고는 지우기가 쉽지 않다. 지우개는 일반적으로 부드러운 천이면 어느 것이라도 무방하며 물로도 지울 수 있다.

칠판과 다용도판을 사용할 때의 주의사항을 살펴보면 다음과 같다.

① 수업 시작 전에 필요한 그림이나 판서를 미리 해두는 것이 좋다.
② 사전에 칠판에 무엇을 쓸 것인가, 어느 곳에 쓸 것인가를 계획해 놓는 것이 필요하다.
③ 칠판에 써 놓은 내용은 사용할 때까지 종이나 신문지 또는 지도 등으로 가려두는 것이 좋다.
④ 학습자와의 눈맞춤이 중요하므로 이야기할 때는 반드시 학습자의 정면에 서서 이야기해야 하며, 칠판을 향하지 말아야 한다.
⑤ 칠판에 너무 의존하지 말고, 제시기술을 다양하게 써야 한다. 수업 중 필요할 때에는 과제물, 투시물환등기, 괘도와 같은 다양한 도구를 활용하는 것이 좋다.
⑥ 교실의 모든 방향에서 칠판을 볼 수 있게 사전에 점검해 둘 필요가 있다. 만일 글자가 반사되거나 햇빛에 의해서 방해를 받으면 칠판의 각도를 달리하거나 차단막을 설치해야 한다.
⑦ 만일 칠판에 글씨를 쓸 때 줄을 맞추어 쓰기 위해 사전에 칠판 자체에 표시를 해두는 것이 좋다.

⑧ 글씨를 쓸 때 분필의 각도를 잘 조절하여 이상한 소리가 나지 않도록 주의한다.
⑨ 내용을 강조하기 위하여 색깔분필을 사용하는 것이 좋으나 너무 요란한 색은 피하고 두세 가지 정도의 색을 사용하는 것이 좋다.
⑩ 써 놓은 내용 앞에 계속해서 서있지 말고 학습자의 시야를 가리지 않게 주의해야 한다.
⑪ 자나 스텐실과 같은 도구를 이용하여 시간도 절약하고 판서의 질도 높이도록 한다.
⑫ 여러 번 자주 사용하는 모양은 미리 쉽게 그릴 수 있도록 본을 떠놓는 것이 좋다.
⑬ 학습자가 눈치 채지 못하게 밑그림을 미리 그려두고 실제 수업시간에 다시 그려 학습자가 감탄할 수 있게 만드는 것도 중요한 기술이 된다.

8) 게시매체에 활용되는 도구

(1) 그림자료

영양교육에서 그림은 시청각 매체의 가장 중요한 요소가 되고 있어서 영양교육을 할 때 많이 이용되고 있다. 그림자료는 평면적 시각자료로서 오려낸 그림이나 사진, 포스터와 직접 그린 그림 등 다양하다.

이것은 교육장소에서 사진이나 그림을 통해 실물이나 실제상황을 볼 수 있어 현장감이 있고, 다양한 색상과 구성으로 흥미를 유발할 수 있다.

그림자료는 분명한 메시지를 담고 있어야 하며, 중심이 되는 내용 외에 다른 부차적인 내용이 그림에 포함되어서는 안 되며 시각적으로도 매력적이어야 한다. 그림의 주요부분의 윤곽이 뚜렷하고 선명하게 돋보여야 좋은 효과를 얻을 수 있다.

(2) 사진

일반적으로 필요한 교육내용을 직접 촬영하여 활용하는 방법과 기존의 사진을 그대로 이용하거나 책이나 잡지 등의 사진을 확대 또는 복사하여 자료로 쓰는 방법이 있다. 전시·인쇄물 등에 이용되기도 하고 group work용으로 사진을 베니어판 같은 데에 붙여 필요에 따라 보이면서 이야기를 할 수 있다. 사진은 사실의 기록이며 현상을 실제에 가장 가깝게 전달해 주므로 진실성과 박진감이 있고, 대상의 연령층이나 주제에 제한을 받지 않고 다양하게 사용할 수 있는 장점이 있으나 움직임이나 입체감은 없다. 또한 사진의 내용이나 강조해야 하는 부분은 구체적으로 지적하여 설명해 주어야 한다.

(3) 통계도표

통계도표는 그림판이나 괘도와 달리 단순한 선이나 기호를 사용해서 전체적인 것을 요약해서 간단하게 표시해 주는 것으로, 전체와 상호간의 관계 등을 빠르게 파악할 수 있게 하여 하나의 교재로서 큰 역할을 한다. 따라서 수량의 비교를 직감적으로 알 수 있게 만드는 것과 바르게 읽는 것이 중요하다.

이것을 만들 때는 해설을 읽지 않아도 알 수 있도록 간단 명료해야 하고, 수치는 근사치로 표시하고, 글자의 크기나 모양, 배색 등은 깨끗하고 모양이 통일되도록 한다. 가장 많이 이용되는 통계도표에는 막대도표, 원도표, 섬도표, 절선도표, 도수분포도, 입체도표 등이 있다.

① 막대도표

통계량이 연속적이지 않을 때 사용되며, 막대의 굵기, 간격이 일정해야 하며, 또한 막대가 꺾이거나 포개지지 않아야 한다. 막대의 길이에 따라 수량의 증감을 비교하는 그래프로 전국의 인구 중 각 도별 인구분포 또는 각 도별 벼생산량 등을 나타낼 때 사용한다.

② 절선도표

선그래프(line graph)라고도 하며, 상당히 많은 자료를 제시하고자 할 때 주로 이용되는 도표로서, 계측치가 연속적이어서 시간의 흐름에 따른 경과나 추이를 나타내고자 할 때 사용한다. 기준선은 반드시 0이어야 하고, 횡축과 종축이 각각 간격과 수치가 같아야 하며, 파선 등을 사용하여 도중에 수치의 일부분을 생략한 것은 좋지 않다. 영양소 섭취량의 연차 변화, 연도별 식품 소비량의 변화 추이 등을 나타내는 데 적합한 그래프이다.

③ 원도표

원을 분할하여 전체에 대한 각 부분의 비율을 백분비로 나타낸 것으로, 시계방향으로 우회하여 표시하고, 비율이 큰 순서대로 하며 서로 다른 색상이나 기호를 이용하여 표시한다. 식품의 성분 조성이나 열량섭취 비율 등은 원도표로 표시한다.

④ 띠도표

벨트 모양의 도표로 백분비를 나타낸 면적도표이다. 수를 비교하기 쉽고 특히 동종의 것을 늘어놓으면 그 변화나 차이점을 보기 편리하다. 비율이 큰 순서대로 그리며, 같은 종류의 것을 늘어놓고 볼 때는 비율의 크기 순서보다도 처음에 시작한 순서로 배열하는 것이 비교하기 쉽다.

⑤ 점도표

점의 빈도(개수)로 수량을 비교하며, 이때 점의 크기는 같아야 한다. 하나의 점이 대표하는 수치를 명시하며, 점의 대표치는 구획 내에서 그린 최대의 양을 기준으로 한다.

⑥ 도수분포도

도수분포를 그림으로 나타낸 것으로 주상도라고도 한다. 도수주열형(histogram)으로 하는 경우는 막대도표와 달리 기둥과 기둥 사이는 떼지 않는다. 기둥의 끝을 선으로 이은 도수다각형도 있고, 선의 폭이 무한히 작게 되는 이상적인 형이 도수곡선이다.

⑦ 입체도표

상관관계를 각각의 수에 따른 길이인 주형의 입체도형을 세우고 그것을 비스듬히 옆에서 본 상태로 그린 것이다.

⑧ 대수도표

상용대수의 비율로 눈금을 만든 좌표 위에 절선 그래프로 나타낸 것으로, 보통 가로 눈금만 대수로 하므로 이것을 반대수도표(semi log graph)라고 한다. 이 그림에서는 절대수가 아무리 커져도, 예를 들면 같은 비율로 오르내리면 평행된 선으로 나타낼 수 있으므로 비율의 증감, 두 비율의 차이나 변화를 비교하기 위해 사용하는 것이다.

⑨ 아이소타이프(isotype)를 이용한 도표(그림그래프)

물체의 형을 단순화시키고 몇 개 늘어놓아 그 수로 비교하는 것으로 표현되는 그림의 형을 연구해야 하며, 동일형에 크기가 같아야 한다. 서수의 표시가 적절하게 되기 어려우나 그림으로 해당 자료의 내용을 바로 알 수 있는 장점이 있다.

⑩ 다각형도

한 점을 중심점으로 해서 방사상의 선을 그은 뒤에 체력이나 영양소 섭취량 등 그 요건을 나타내는 수치를 쓰며 이러한 점을 이어 다각형으로 만든 도표이다. 권장량 대비 영양소 섭취량 등을 나타내기에 적합하다.

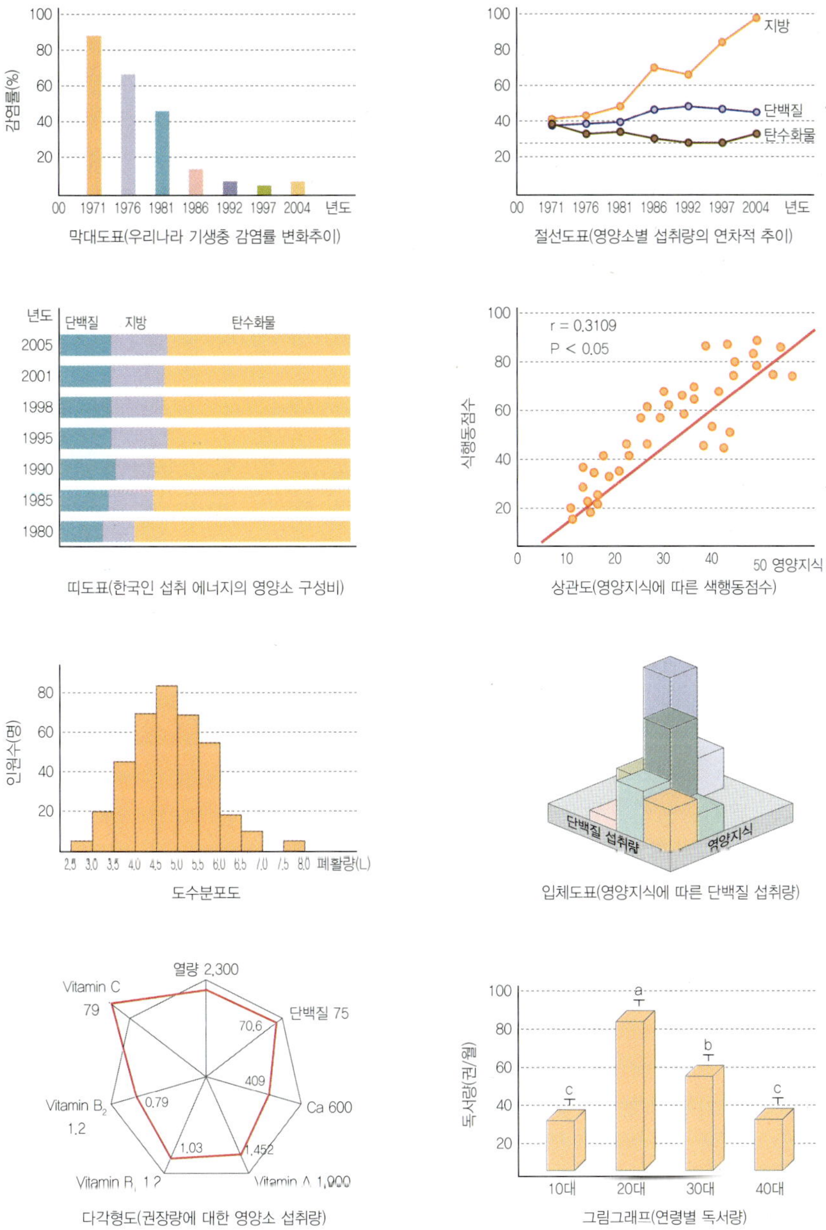

그림 5-14 도표의 예

⑪ 상관도

상관관계를 보통 점의 빈도로 나타낸 것으로 점의 크기를 같게 한다. 식행동과 영양섭취상태, 영양지식과 영양섭취상태 등 상관관계를 나타낼 수 있다.

3. 입체매체

1) 실물

실물(realia, objects)은 식품재료, 음식물 등 기존의 물체 그 자체를 말하며, 모든 감각기관을 이용하고 일상생활에서 접근하기 쉬운 매체로 가장 직접적이고 입체적인 교육이 가능하며, 가장 효과적인 시각 교육자료이다. 그러나 휴대하기 불편하고 계절적으로 구하기 어려울 때가 있고 오래 보관할 수 없어서 실용성 면에서 부족한 단점이 있다.

2) 표본

표본(specimen)은 같은 그룹에 속하는 물체들의 특징을 전형적으로 나타내주는 것으로서 표본을 제시하면 단순히 설명하는 것보다 더 큰 효과를 나타낼 수 있다. 표본은 실제 상태에서는 실물로 보기 어려운 것을 수집하여 교육상 편의를 위해 장기간 보관할 수 있도록 만든 것으로 다른 매체에 비해 보관하기 어려운 단점이 있으며, 파라핀으로 만든 표본은 먼지 같은 오염물이 끼지 않도록 보관해야 한다.

3) 모형

실물을 모방한 입체물로서 실물의 일부분이나 전체를 실물 그대로의 크기로 확대 또는 축소하여 만든 것을 모형(model)이라 한다. 실물이 너무 작거나 클 때, 계절적으로 구하기 어려울 때 또 다루기 어려울 때는 대신해 줄 수 있는 대용품을 사용하는데, 이것을 모형이라고 한다. 이것은 시간과 공간의 제약을 초월할 수 있고, 다루기 쉬우며, 생략과 편집이 가능하고, 내부구조를 관찰할 수 있고, 오랫동안 보관할 수 있는 장점이 있으나 식품 및 음식의 모형 같은 경우 실물과 같은 촉감, 냄새 또는 맛을 느낄 수 없는 단점이 있다.

모형의 재료는 나무, 금속, 진흙, 파라핀, 석고, 플라스틱, 종이 등이 있는데, 실물의 자연색을 그대로 재현하기에 용이한 재료는 파라핀과 플라스틱이다. 영양교육에는 실물식품 그대로를 플라스틱으로 만든 리플리카 푸드(replica-food)가 많이 이용되며, 움직이는 모형은 어린이나 노인들에게 인기가 있어서 교육효과가 크다. 효과적인 모형은 분해 또는 조립도 가능하여 시각적이고 입체적인 학습자료이다.

그림 5-15 식품모형의 예

모형의 종류

1) 활모형(活模型) : 그 일부분이 실물과 같이 조작될 수 있도록 만들어진 것이다.
2) 축모형(縮模型) : 실물의 전부 또는 일부를 축소하여 만들어진 것이다. 건물의 형태, 기계의 모형 등이 이것에 포함된다.
3) 확대모형 : 실물의 전부 또는 일부를 몇 배로 확대하여 만들어진 것이다. 꽃이나 곤충의 형태, 원자핵 구조 등의 모형이 이것에 포함된다.
4) 단면모형 : 실물의 내부구조를 알 수 있도록 또는 횡단한 면을 드러나게 한 것이다. 인체, 기계, 지형 등의 모형이 이것에 포함된다.
5) 부분모형 및 조립모형 : 실물의 부분을 단순화한 것 및 이것들의 부분모형을 조립함으로써 전체나 부분 상호간의 관계를 쉽게 이해할 수 있도록 만든 것이다. 인체구조나 기계의 모형 등이 이것에 포함된다.
6) 관계모형 : 주로 실물 상호의 관계를 명확히 한 것이다. 천체의 여러 가지 모형이나 원자핵 구조의 모형 등이 이것에 포함된다.
7) 패널(panel)모형 : 평판 위에 실물 또는 모형을 배열해서 전체의 기능을 알 수 있도록 만들어진 것이다. 라디오나 여러 가지 전기배선 장치의 모형이 이것에 포함된다.
8) 파노라마, 디오라마 : 실제의 환경에 가깝도록 만들어진 무대의 각처에 실물 또는 모형을 배치하여 전체 및 부분의 관계를 명백히 한 것은 파노라마(panorama), 주위환경이나 배경은 그림으로 하고 축소모형을 배치한 것은 디오라마(diorama)라고 한다.

4) 인형

인형은 어린이에게 동화적인 세계를 다양하게 경험시키고 상상력을 풍부히 자극하여 부드럽고 친밀한 정서를 주는 교육적으로 가치가 큰 매체로서 인형극을 통해 내용을 자연스럽게 전달할 수 있다. 인형의 종류에는 전시형 인형과 조작형 인형이 있는데, 조작형 인형으로는 조작방법에 따라 손가락인형, 손인형, 막대인형, 줄인형, 그림자인형, 탈인형 등이 있다. 인형놀이에는 어린이 1명 또는 2~3명이 손가락인형이나 손인형을 사용하여 하는 역할연기 등이 있고, 인형극이나 기타 교육자료로 활용하면 효과가 클 것이다.

그림 5-16 손가락인형과 줄인형

5) 디오라마

일종의 전시자료로 실제 장면과 사물을 축소 또는 확대하여 입체감 있게 제시해서 사실적인 환경을 보여주는 것을 말하는데, 일반적으로 축소시킨 형태가 많이 이용된다.

디오라마의 종류에는 섀도 박스(shadow box)형과 톱 뷰(top view)형, 원(cyclo-lama)형이 있다. 이것은 배경으로 이용되는 그림이나 사진과 같은 평면매체와 모형, 표본의 입체매체를 함께 제시함으로써 입체감, 원근감, 색채감 및 강한 현실감을 줄 수 있다. 제작이 쉽고, 제작비가 저렴하다. 그러나 보관 시 일정한 공간이 필요하다.

섀도 박스형

톱 뷰형

그림 5-17 디오라마

4. 영사매체

1) 슬라이드(환등기)

확대된 영상을 제공하는 것으로 교육내용을 확대 영사하므로 주의력을 집중시키고 현실에 접근된 경험을 제공할 수 있다. 상황에 따라 임의로 영사속도를 조절할 수 있으며, 또한 슬라이드(slide)의 순서를 바꾸어 재편집하거나 새로운 장면을 추가 또는 제거할 수 있는 장점이 있다. 하지만 정지된 장면을 보여준다는 점과 휴대하기가 어렵고, 어두운 곳이 필요하다. 또한 낱장으로 구성되어 있어 순서가 뒤바뀌거나 일부가 분실될 위험이 있으며, 전원이 가까워야 하는 제약이 있다.

환등을 이용할 때는 대상과 목적에 맞는 내용을 선택하고 미리 충분히 알아두어야 하며, 한 장면에 오랜 시간을 들이지 않도록 한다. 환등은 식품이나 음식의 이름, 음식 만드는 과정, 식품의 유통과정, 식품군별 분류 등에 다양하게 활용할 수 있다.

2) 투시물환등기

투시물환등기(OHP, over head projector)는 투명한 아세테이트에 제작된 자료 TP(transparency, 투시화)를 화면에 투영하거나 빛에 투시하여 내용을 확대하는 기기이다. 그림표나 문자, 그림 등을 이용할 수 있고, 이야기의 보조 수단으로 활용하면 효과적이다. 슬라이드와 달리 암막이 없는 밝은 장소에서도 사용이 가능하며, 교육자가 대상자를 보면서 교육할 수 있어 대상자들의 반응을 관찰하면서 진행속도를 조절할 수 있고 유지비가 적게 드는 장점이 있다.

슬라이드 제작과정

1) 기획 : 교육의 목표, 방법, 내용 등을 고려하여 슬라이드가 적합한 매체가 될 수 있는지 검토한 다음, 슬라이드의 형태(흑백/컬러, 시간 길이, 녹음 동반 여부 등)를 결정하고 제작경비와 소요되는 기간을 결정한다.
2) 내용 구성 : 기본적인 기획이 끝나면 슬라이드의 전체 내용을 구성하고 장면 수를 결정한다.
3) 콘티(continuity) 작성 : 콘티란 일명 스토리보드(storyboard)라고도 하는데, 각 장의 슬라이드에 나타날 장면을 각 장의 독서카드(12×19 cm)에 간단히 정리한 것이다.
4) 스크립트(script) 작성 : 스크립트는 실제 제작의 구체적인 방향을 지시해 주는 것으로 장면번호, 장면의 스케치, 해설과 배경음악, 음향효과 등의 내용으로 구성된다.
5) 그래픽 디자인(graphic design) : 화면의 글자나 그림의 크기, 내용의 분량, 색상 구도 형태의 변화, 이해도 등을 고려하여 그래픽 자료를 디자인한다.
6) 촬영 : 직접 카메라로 촬영한다.
7) 마운팅(mounting) : 필름에 하드보드나 플라스틱 프레임을 씌운다.
8) 편집 : 제작된 슬라이드를 순서대로 늘어놓고 한 장씩 점검한 후 선택 또는 삭제, 첨가한다.
9) 녹음 : 슬라이드를 보여주면서 직접 해설할 수도 있지만 해설과 배경음악 등을 미리 테이프에 녹음하여 함께 제시하는 방법을 많이 쓴다. 암막장치가 있는 어두운 곳에서 교육이 이루어지므로 스크립트를 읽기가 어렵기 때문이다.
10) 슬라이드의 정리 및 보관 : 차기 교육에 사용할 수 있도록 내용별로 정리하여 습기가 많지 않은 장소에 보관한다.

TP의 사용기법

1) 단매 TP : 1장의 투명지에 보통 단일 내용을 가지며 일반화된 기본적인 TP이다.
2) 기입소거법 : TP에 지워질 수 있는 사인펜을 사용해서 바로 쓰거나 지워 나가면서 활용하는 방법으로 즉흥적인 활용보다는 사전계획이 필요하다.
3) 부분제시법(masking) : TP의 전체를 다 보여주지 않고 일부분만을 단계적으로 보여주는 방법으로 호기심을 자극하여 동기를 유발하는 효과가 있다.
4) 합성분해법(overlay) : 하나의 같은 그림을 바탕으로 각각 다른 여러 개의 자료를 보여주어야 할 경우에 여러 장의 TP를 겹쳐가면서 사용하는 방법으로 여러 요소들 간의 상대적인 관련성이나 관계를 강조하고자 할 때 사용한다.
5) 실물투영법 : 투명한 자료나 불투명한 자료 등을 이용하여 크기, 각도 등을 비교하거나 관련성을 보여줄 때 사용한다.

TP 자료의 제작이 간편하고 종류가 많아서 다양성 있는 학습 진행이 가능하며, 자료 활용과 관리가 편리하고 투시물환등기의 조작이 간편하다. 유아부터 성인까지 대상이 제한되지 않으며, 판서나 괘도 대신 사용하거나 겹치기, 가리기 등의 방법을 병행하면 연출효과를 높일 수도 있으며, 제작 및 준비에 소요되는 컴퓨터를 이용하여 그래프, 사진 등을 포함한 자료를 만들 수 있어 다양한 자료를 만들 수 있다. 시간과 노력면에서 매우 효과적이다.

3) 실물환등기

실물을 그대로 확대하여 투시할 수 있는 기계로서, OHP가 TP 자료만을 투사할 수 있는 데 비해, 실물환등기(opaque projector)는 실물이나 사진, 그림 등의 불투명체를 보여줄 수 있어 그 활용 범위가 광범위하다.

실물환등기가 갖는 교육적 가치로는 자료의 수집이나 제작이 손쉽고, 비용이 적게 들며, 피사체가 확대영사되고, 제시물의 범위가 넓으며, 원색대로 제시가 가능하고, 스크랩식 편집에 의한 계통적 학습지도가 가능하며, 기계 조작이 간단하다는 것이다. 가로, 세로가 25 cm 이하이며 두께가 6 cm 이하인 불투명체를 거의 모두 투사할 수 있어 다양한 교육 내용을 다룰 수 있으며, 책이나 잡지 등에 있는 자료를 훼손 없이 자료대에 올려놓고 영사할 수 있고, 교육자료를 직접 제작하지 않아서 시간과 노력, 비용면에서 경제적이다. 단체지도 시 자료가 소형일 때 활용하면 좋다.

4) 영화

영화(film)는 움직이는 매체로 다른 것에 비해 호소력을 가지고 있으며 주의집중에 가장 효과적이다. VTR 시청이 한정된 공간에서 제한된 인원을 대상으로 하는 것과는 달리 영화는 넓은 스크린에 가득 찬 영상과 입체적인 음향으로 다수의 관객이 시청할 수 있다. 그러나 스크린 내용이 너무 빠르게 지나가므로 교육내용을 구체적으로 이해시키고 습득시키기에는 어려움이 따른다.

영양교육을 할 때 group work의 패널로서 이용하면 효과가 크고, 영양교육 영화는 극영화보다 해설적이므로 시간이 많이 걸리지 않는 것을 선택해야 한다. 영상 포럼의 경우에는 단순한 줄거리만을 사용할 수도 있다.

5. 전자매체

1) 녹음자료

오디오나 녹음기 등의 전자기기에 음반디스크나 콤팩트디스크, 카세트테이프 등을 사용하여 소리를 녹음하고 재생시키는 청각 매체로서 근래에는 스마트폰을 사용하여 쉽게 녹음, 재생이 가능하다. 이것은 일회적인 소리를 기록하여 반영구적으로 보존하며, 언제 어디서나 부분적으로도 반복하여 재생시킬 수 있으며, 손쉽게 제작할 수 있으며 보관 및 휴대하기 쉬운 장점이 있다. 간단한 홍보적 역할을 할 뿐만 아니라, 위생교육적인 내용이나 현장의 메모 녹음, 전문가에 의한 단시간의 해설 등을 필요한 부분을 편집해서 토의 자료로 사용하면 좋다.

2) 라디오

글을 읽을 줄 모르는 사람, 또는 교육수준이 비교적 낮거나 라디오를 듣는 시간이 많은 사람에게는 신문보다 효과적인 매체로서 학교나 기업체 등에서 소규모로 이용하는 경우가 많다. 대상자가 부엌, 건물 밖, 차 안 등 어느 장소에서나 다른 일을 하면서 들을 수 있는 장점이 있다. 영화와 마찬가지로 일방적인 지식전달에 그칠 수 있으므로 개인지도 없이 라디오만을 통한 영양교육은 효과가 적은 단점이 있다.

대화, 역할연기법, 극 등으로 방송을 작성하면 대상자가 자신도 방송에 참여하고 있다는 생각이 들어 일방적인 방송 프로그램보다 효과가 크다. 짧고 즉흥적인 토의는 영양지식을 전달하는 데 좋고, 학생이나 특정단체를 대상으로 할 때 다른 매체와 함께 이용하면 효율적이다.

3) 텔레비전

텔레비전은 영상과 음향을 함께 전달하고, 직접 말을 건네는 방식 때문에 시청자로 하여금 공존하는 느낌과 친근감을 준다. 영양교육에 관한 프로그램은 일정한 시간에 방송하고, 면밀히 계획하여 영양 전반에 걸쳐 광범위하게 시리즈로 다루면 시청률이 높아져 큰 효과를 얻을 수 있다.

텔레비전 프로그램 내용을 극으로 꾸미게 되면 단순한 대화나 토의보다 효과적이며,

한번에 1~2가지의 아이디어를 다루도록 간단히 계획하고, 다른 시청각 기구도 함께 사용하면 더욱 좋다. 또한 대중이 관심을 두고 있는 영양 문제나 식생활 개선에 대해 다루고, 전하는 내용을 정확히 해야 한다.

4) 비디오

비디오(VTR, video tape recorder)는 VCR(video cassette recorder)이라고도 하며 자기테이프에 영상과 음향을 전자적으로 기록하고, 필요에 따라 이를 재생시키는 녹화기이다. 녹음기가 음향만을 기록하는 반면에 비디오는 소리와 영상을 기록하여 현실성이 높다. 영화의 경우 촬영 후 현상을 해야 하지만 이것은 녹화와 동시에 즉시 재생할 수 있으며, 편집이 가능하고 여러 대의 모니터 텔레비전에 접속하여 한 장소에서 많은 교실 등에 같은 내용을 전달할 수 있는 장점이 있어 교수-학습자료로 많이 보급되어 왔다.

5) 컴퓨터

교육매체로 이용할 경우 컴퓨터 그래픽과 효과음 등으로 현실성 있는 교육의 기회를 제공하므로 대상자에게 호기심을 유발시키고 주의집중 효과가 크다. 한정된 시간에 여러 개의 작업을 신속하게 처리할 수 있는 속도성과 방대한 정보의 기억력을 이용하여 교육 대상자에게 개별적으로 제공함으로써 교육자와 대상자 사이의 상호작용을 도모할 수 있다. 또한 최근에는 PC 통신을 이용해 식품영양 관련 학회, 의료기관 및 영양학자, 의사 등의 전문가에게 영양 관련 정보를 제공받을 수 있으며 영양상담 등 다양하게 이용할 수 있다.

6. 멀티미디어

1980년대부터 사용되기 시작한 멀티미디어는 문자정보, 그림, 사진, 소리정보, 애니메이션, 비디오 영상 등을 디지털 방식으로 통합시킨 컴퓨터 중심의 복합다중매체이다. 이는 단순히 여러 매체를 뜻하기보다는 각 매체의 장점을 하나로 통합시킨 것이라 볼 수 있다. 그러므로 쌍방향의 커뮤니케이션과 상호작용을 수반하는 특징을 지닌다.

동영상, 문자정보, 오디오를 제공하는 영화가 아날로그에서 디지털로 바뀌어 가고 있지만 상호작용이나 커뮤니케이션이 불가능하고, 사용자가 수동상태로 감상만 하며 참여나 통제가 힘들기 때문에 멀티미디어와는 다르게 취급되고 있다.

1) 인터넷

인터넷(INTERconnected computer NETwork)은 전 세계의 컴퓨터들을 모아 연결해 놓은 멀티미디어이다. 인터넷에서는 세계 각국의 수많은 컴퓨터들이 거미줄같이 서로 연결되어 있다. 기종과 제작회사와는 상관없이 보유하고 있는 정보들을 전 세계 어느 곳이라도 상호 통신하여 제공해주므로 지구촌 통신의 네트워크(global network)라 불린다.

인터넷의 가능한 서비스는 전자우편(e-mail), 파일 송수신(FTP), 정보검색, 원격 컴퓨터 접속(Telnet), 토론 및 대화모임, 채팅 및 게임, BBS(bulletin board system), www(world wide web) 등이 대표적이다.

인터넷의 특성은 매체 자체가 갖고 있는 네트워크적 특성과 앞서 언급한 멀티미디어적 특성으로 구분하여 논의할 수 있다. 현재의 정보통신기술을 기반으로 한 컴퓨터 통신은 네트워크의 연결로 이루어져 있다. 네트워크로 연결된 학습은 종래의 교육형태에서 초래되었던 많은 제약점을 극복할 수 있는 계기를 마련하였으며 새로운 형태로서의 학습을 가능하게 하였다.

네트워크를 이용한 학습은 교수-학습이 한정된 공간인 교실에서만 이루어지는 것이 아니라 컴퓨터와 모뎀이 연결되어 있는 어느 곳에서나 학습이 가능하다. 개별적인 커뮤니케이션은 물론 네트워크로의 연결은 많은 구성원들이 함께 토의에 참가할 수 있으며, 텔레비전 또는 비디오 등의 종전의 교수매체의 단점인 일방적인 전달수단에서 벗어나 교사나 학생 간, 개별 학생과 학생 간, 또는 학생들 간의 상호호환적인 커뮤니케이션을 가능하게 한다. 또한 네트워크를 이용하여 정보를 보다 빨리 편리하게 전달할 수 있으며, 많은 양의 정보를 연결할 수 있기 때문에 신속하게 정보를 찾을 수 있는 기회를 제공한다.

2) 블로그

블로그(blog)는 웹(web)과 로그(log)의 합성어로서 개인이 인터넷상에서 작성하는 저널이나 일기, 기록이다. 따라서 작성자는 블로그를 시간별, 내용별로 정리할 수 있다. 개인적인 기록이 미디어 형태로 발전하게 되어 이제는 특정 주제에 관한 지식관리의 형태로 그 범위가 확대되었다.

블로그의 형태는 접근방법과 게시내용에 따라 나눌 수 있으며 내용에 따라서도 text 기반 정보 제시형을 비롯해 동영상 위주의 블로그 등 다양하다. 인터넷 환경에서는 쉽게 블로그에 게시된 정보에 접근할 수 있다.

블로그는 교육자가 사고력을 증진시키는 정보를 제공함으로써 비판적, 논리적 사고력을 증진시킬 수 있다. 또한 문제해결적인 사고력을 증진시키며 자기주도적 학습이 가능하고 성찰력을 높이는 교육적인 특징을 가지고 있다.

블로그는 생활지도나 상담을 하기 위해서 활용되거나 수업보조를 위해 교육과 관련있는 정보를 수집하여 제시할 수 있으며, 토론 및 프로젝트 학습에 활용하여 적극적이며 지속적인 토론을 통한 학습활동을 가능하게 한다.

3) CD-ROM

광디스크의 일종인 CD-ROM(Compact Disc Read-Only Memory)은 금속성 디스크에 투명한 플라스틱 소재를 입혀 대용량의 데이터와 정보를 저장할 수 있다. CD-ROM에서 사용하는 소프트웨어를 CD-ROM 타이틀이라고 한다.

취급이 편하고, 디지털 방식을 사용하여 고질의 음향과 영상을 제공하며, 반복 사용에도 훼손의 염려가 없이 반영구적으로 사용할 수 있어 CD-ROM 타이틀의 종류가 증가하고 있다. 특히 다양한 색상과 움직임을 묘사하는 컴퓨터 그래픽과 효과음 등으로 현실성 있는 교육의 기회를 제공하므로 대상자는 호기심이 생기고 교육에 대한 흥미가 지속되며 주의집중에 효과적이다.

그림 5-18은 어린이 영양지도에 관한 CD이다.

그림 5-18 영양지도용 CD

자료 : 서울특별시 중구; 서울특별시 · (사)한국김치협회

4) 파워포인트를 이용한 멀티미디어의 제작

파워포인트는 강의 내용이나 전달할 내용을 효과적으로 할 수 있도록 도와주는 소프트웨어이다. 프레젠테이션의 내용은 여러 장의 슬라이드로 구성이 되는데, 각 슬라이드는 텍스트, 동영상, 그래프, 사진, 소리 등을 포함시켜 현장감이나 집중력을 증가시킬 수 있다. 강의 중 내용과 시간에 맞추어 반복하거나 특정 슬라이드를 다시 볼 수 있도록 교육자가 속도를 조절할 수 있다. 사용시에는 컴퓨터를 대형 TV 모니터나 빔프로젝터 등과 직접 연결하면 효과적으로 슬라이드쇼를 실행할 수도 있다.

슬라이드 제작

1. 텍스트 입력, 그림 삽입, 색 채우기
   ① 프로그램에서 파워포인트(Microsoft Power Point)를 선택한다.
   ② 슬라이드 레이아웃이 나타나면 제목, 텍스트 및 클립아트로 구성된 슬라이드를 선택, 확인한다.
   ③ 제목을 입력하는 부분을 클릭하여 제목을 입력한다.
   ④ 텍스트를 입력한다.
   ⑤ 클립아트 부분을 추가하기 위해 더블클릭하여 그림 선택 대화상자의 텍스트 검색에 원하는 종류의 검색어를 입력한다.
   ⑥ 다양한 방법으로 슬라이드에 멀티미디어를 추가할 수 있다.
2. 화면보기 단추 중 슬라이드 탭을 이용하여 슬라이드 전체 내용을 파악하고 위치변경, 복사, 삭제 등의 편집을 할 수 있다.
3. 수정을 원하면 원하는 화면을 더블클릭하여 바탕색, 글씨체 등을 바꿀 수 있다.

7. 기타

1) 노래 부르기

영양개선의 내용을 노래로 작사하여 부르면서 실천할 수 있도록 하는 것도 흥미를 제공할 수 있는 방법이다. 한편 새로운 노래로 작곡할 수도 있지만 어린이나 일반인들에게 익숙한 노래에 가사만 바꾸어 부르게 되면 쉽게 익힐 수가 있어 리듬보다 가사를 생각하게 되므로 영양교육의 매체로서 효과적이다.

다음은 어린이를 대상으로 체중조절에 대한 교육을 하기 위해 만들어 본 가사와 풀무원에서 바른생활먹거리 캠페인에 사용한 노래의 악보이다.

노래 가사 바꿔 부르기

체중조절을 위한 노래

• 하나, 전체적인 영양을 충분히 고려한 식사

즐거운 식사시간 (노래 : 엄마 아빠 좋아)

즐거운 식사시간이 되면 손-을 깨끗이 씻고요
즐거운 마음도 중요해요 모두가 골고루 먹어요
달걀, 단백질 좋아 멸치 칼슘 좋아
오이 비타민 좋아 감자 당질 좋아

• 둘, 적당한 운동하기

텔레비전에 날씬한 내 모습(노래 : 텔레비전)

텔레비전에 뚱뚱한 내 모습 정말 싫어요- 정말 싫어요
다같이 일어나 운동을- 해요 따라 해봐요- 재밌잖아요
뜀뛰기, 줄넘기, 수영, 자전거
텔레비전에 날씬한 내 모습 정말 예뻐요- 정말 좋아요

• 셋, 비만 아동이 피해야 할 음식

적당히 냠냠 (노래 : 햇빛은 쨍쨍)

적당히 먹어요 나누어요 조금씩

아이스크림, 사탕, 콜라, 쵸-콜렛, 비-스킷

이런 음식 곤란해요 주의해요 냠냠

• 넷, 비만 아동에게 권장하는 식품

알아보아요 (노래 : 파란 마음 하얀 마음)

우리가 먹어서 좋은 음식은

무엇이 있는지 알아보아요

생선, 우유, 닭고기, 시금치, 사과

토마토, 양상추, 미역, 멸-치

골고루 먹-으면 튼튼해져요

바른먹거리 송

자료 : 풀무원(www.pulmuone.co.kr) 바른먹거리 캠페인

2) 퍼즐게임

영양교육 내용을 나타내는 그림을 두꺼운 종이판에 그려서 여러 가지 모양으로 오려내고 그 그림조각을 맞추어 원래의 그림을 찾아내는 게임으로 게임의 과정에서 식품군 등 교육내용을 익혀가는 방법이다. 그림 5-19는 종이판을 이용한 퍼즐게임용 매체 '영양나라 신호등'이다.

그림 5-19 퍼즐게임의 예

3) 펩사이드

역할 연기 등에 활용할 수 있는 매체로 음식의 모양을 만들어 머리에 쓰거나, 손바닥에 붙이거나, 손에 들고 사용함으로써 그 역할을 나타내주는 자료를 펩사이드(pepside)라고 한다. 대상자들에게 익숙한 동화나 만화의 주인공 등으로 만들면 더욱 흥미를 줄 수 있다.

그림 5-20 여러 가지 펩사이드의 예

제6장

영양판정

제1절 영양판정의 개요 및 의의

제2절 영양판정의 방법

제1절 영양판정의 개요 및 의의

개인이나 집단의 영양상담에 앞서 피상담자의 영양상태를 평가하고 바람직한 영양상담 및 교육방법을 계획하는 것은 매우 중요하다. 피상담자의 영양상태를 평가하는 과정과 방법을 영양판정(nutrition assessment)이라고 하는데, 병원에서는 이 영양판정의 결과가 영양상담에 필요한 기초자료가 된다. 산업체급식소에서도 피급식자들의 성별, 연령, 활동 정도, 영양 및 건강상태를 고려하여 영양관리 계획을 수립하고, 나아가 질병 예방과 식생활 개선을 위한 개인 및 집단의 영양상담 및 교육 시 기초자료가 된다.

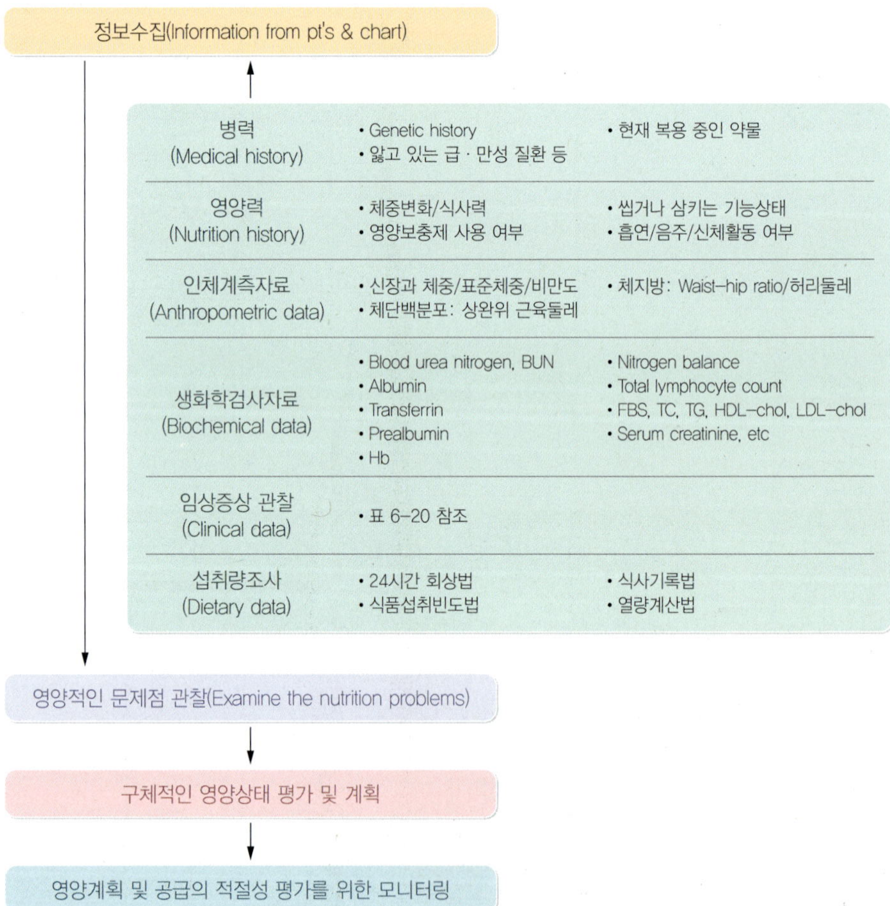

그림 6-1 영양평가 과정의 개요

그러므로 이 장에서는 개인 혹은 집단을 대상으로 영양섭취실태를 조사하고, 영양소 섭취에 의해 영향을 받는 관련 요소들을 종합적으로 분석하여 건강 및 영양상태에 대하여 진단을 내리고 문제점을 분석하여 해결해 나가는 영양평가의 과정을 알아보고자 한다.

1. 영양판정의 목적

영양판정의 목적은 영양과 관련된 여러 가지 건강지표 조사를 통해 영양문제를 진단하고 적절한 영양개선 프로그램을 제공하여 개인이나 집단의 건강 및 영양상태를 개선하는 것이다. 따라서 국민의 영양개선, 질병 예방, 조기 발견 및 치료에 있어 영양판정은 매우 중요하며, 나아가 국민건강증진을 위해서도 정기적으로 실시하는 것이 바람직하다.

2. 영양판정의 필요성

영양판정은 현재의 영양상태를 파악하여 영양문제를 식별하고 영양적 위험에 처한 사람을 분류해내고, 영양문제를 해결하기 위한 정보를 얻는 데 필요하며, 영양중재의 시행 효과를 평가하거나, 사후관리와 영양서비스 또는 건강관리 체계의 효율성을 증대시켜 비용을 절감하는 데 필요하다.

제2절 영양판정의 방법

영양판정 방법은 개인을 대상으로 평가하는 직접평가와 집단 전체를 대상으로 평가하는 간접평가로 분류한다(표 6-1). 여기에서는 개인을 대상으로 하는 직접평가에 관하여 알아보기로 한다. 직접평가 방법에는 신체계측조사(anthropometric method), 생화학적 조사(biochemical method), 임상조사(clinical method), 식이섭취조사(dietary method), 즉 'ABCD' 네 가지 방법이 있다.

표 6-1 직접적인 평가와 간접적인 평가 방법의 비교

영양판정 방법	내 용
직접적인 평가방법	1. 신체계측조사(anthropometric method) 2. 생화학적 검사(biochemical method) 3. 임상조사(clinical method) 4. 식이섭취조사(dietary method)
간접적인 평가방법	판정 자료의 분석과 문제 해결을 위한 원인 파악에 도움이 되는 여러 가지 관련 요인을 조사하는 방법이다. **1. 보건통계분석조사** • 인구동태자료 : 연령별 · 성별 인구구성, 출생률, 사망률 • 건강의학통계 : 질병 발생률, 질병 사망률, 영유아 사망률 등 **2. 식품공급상황조사** • 식품별 수급실태, 식품가격, 식품 강화, 급식지원 프로그램 **3. 식생태조사** • 사회적 요인 : 생활상태, 경제상태, 거주지역의 환경적 특성, 의료 환경, 직업적 특성, 교육수준, 거주지역 내의 식품가격 수준 및 구매여건, 정부와 사회단체의 식품구매지원 및 급식 프로그램 등 • 가족적 요인 : 전체가족구성원의 나이 및 성별, 거주상태, 본인과 가족구성원의 병력, 결혼상태, 종교, 관습, 부엌의 상태, 식품저장시설, 가족과 개인의 식생활 지식과 태도 • 지리적 요인 : 식품의 생산 및 유통과 관련된 자연환경 • 생활의 특징적 요인 : 결혼, 배우자 사망, 실직, 이사 등 생활의 변화

1. 신체계측조사

체위와 신체 조성을 측정하여 체격지수를 산출하고 이들을 표준치와 비교하여 영양상태를 평가하는 방법이다. 영양상태는 신체의 성장 발달과 근육, 지방량 등 신체 조성에 영향을 미치는 중요한 인자로서 신체계측법(anthropometric method)은 장기간에 걸친 영양상태를 반영하며, 조사방법이 비교적 간편하고 성장기 아동뿐만 아니라 성인의 영양판정에도 용이하게 이용된다.

1) 머리둘레(두위)

출생 후 2년까지 영아기의 성장지연, 만성적인 단백질-열량 결핍 여부 및 정도를 판정할 수 있는 지표로 표준치와 비교하여 어린이의 성장 발달 및 영양상태를 판정하는 데 이용된다.

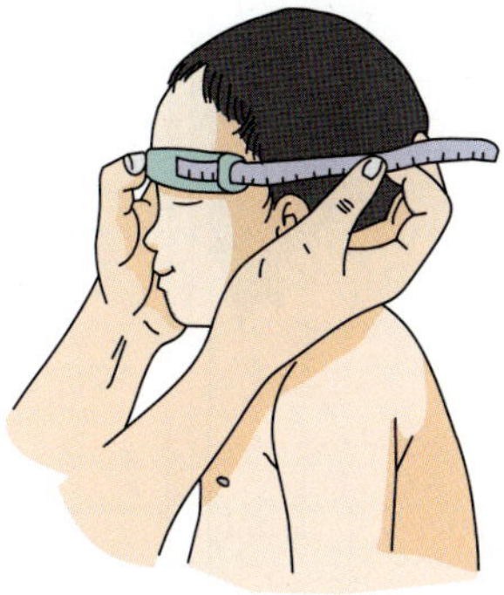

그림 6-2 머리둘레 측정 요령

2) 신장

2세 미만의 어린이는 누운키(length), 2세 이상의 어린이와 성인은 선키를 측정한다. 성인의 경우 혼수상태, 움직일 수 없는 경우 누운키(recumbent bed height)를 측정한다. 서서 잴 수 없거나 척추에 이상이 있을 경우 무릎높이(knee height)를 측정하여 신장을 산출한다. 연령별 신장 측정치는 그 집단 내에서 개인의 영양상태를 반영하는 간접적인 지표로 사용된다.

무릎높이 재기

- 성인남자 : 64.19-(0.04×연령)+(2.02×무릎높이)
- 성인여자 : 84.88-(0.24×연령)+(1.83×무릎높이)

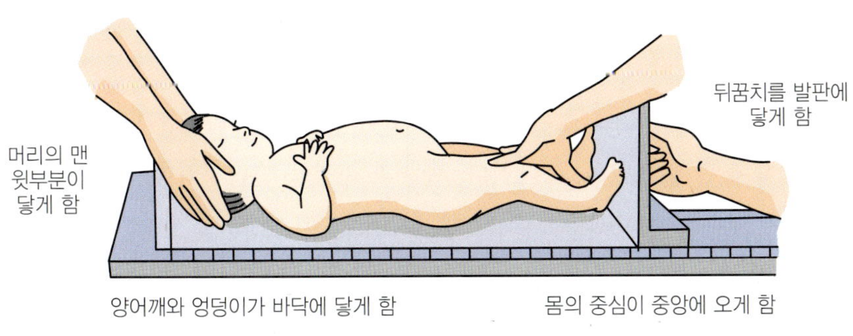

그림 6-3 누운키 측정법

그림 6-4 신장 측정법

3) 체중

가장 흔히 이용되는 지표로 지방량과 제지방(지방량을 제외한 수분, 근육의 단백질, 당질, 뼈 등)량을 합한 총량이다. 가능하면 공복 시에 일정한 시간에 최소한의 의복을 입고 체중을 측정한다. 측정하기 전에 부종, 복수, 탈수 여부를 관찰하여야 한다. 체중 측정치는 대상자가 속하는 연령과 신장을 연관시켜 영양판정 지표로 이용할 수는 있으나, 체중만으로 영양상태를 판정하는 데에는 무리가 있다. 그러나 아이들의 성장 평가에 체중은 중요한 판정 요인 중 하나이다. 체중과 신장을 연관시켜 영양판정 지표로 이용할 수 있다. 체중은 이상체중백분율, 체질량지수, 기초대사율, 크레아티닌-신장지수 등의 산출에 필요하다.

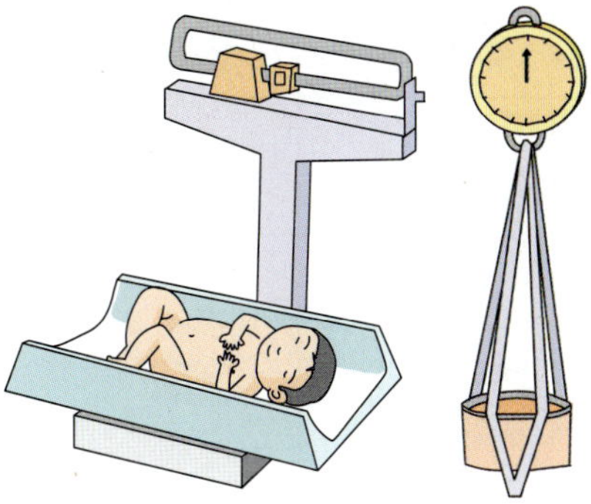

그림 6-5 소아의 체중 측정

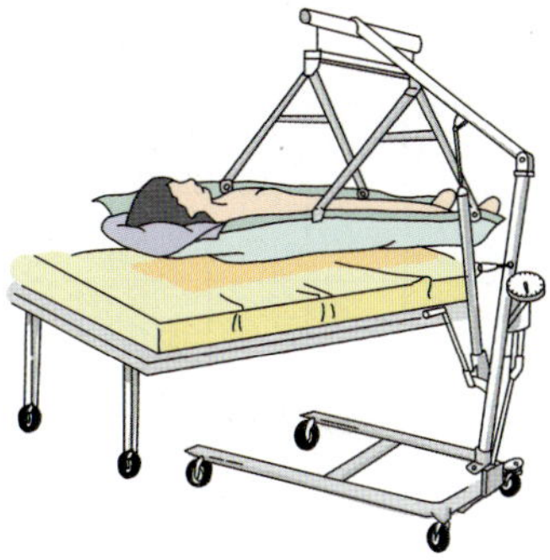

일반 체중계에서 체중을 잴 수 없는 경우에는 침상체중계를 이용. 측정 장치에 편안하게 눕혀 환자가 침상에서 완전히 뜰 때까지 들어올린 후 측정한다.

그림 6-6 침대 저울

소아의 체중 측정은 소아용 balance-beam 저울이나 전자저울 또는 spring balance를 이용하여 측정한다(그림 6-5, 6-6). 소아용 저울이 없을 때는 어머니가 안고 잰 후 어머니의 체중을 빼면 된다.

4) 신장과 체중

(1) 표준성장표를 통한 판정

영아와 어린이의 성별·연령별 체중, 신장, 두위, 흉위 등의 기준 자료를 이용하여 측정치와 비교한다. 나이 대비 신장측정치나 나이 대비 체중측정치는 연령별로 어린이의 신체크기를 잘 나타내 준다. 성장곡선은 백분위값으로 표현하여 측정치가 97번째 백분위값보다 높거나 3번째 백분위값보다 낮을 때 비정상적 성장을 보인다고 해석한다.

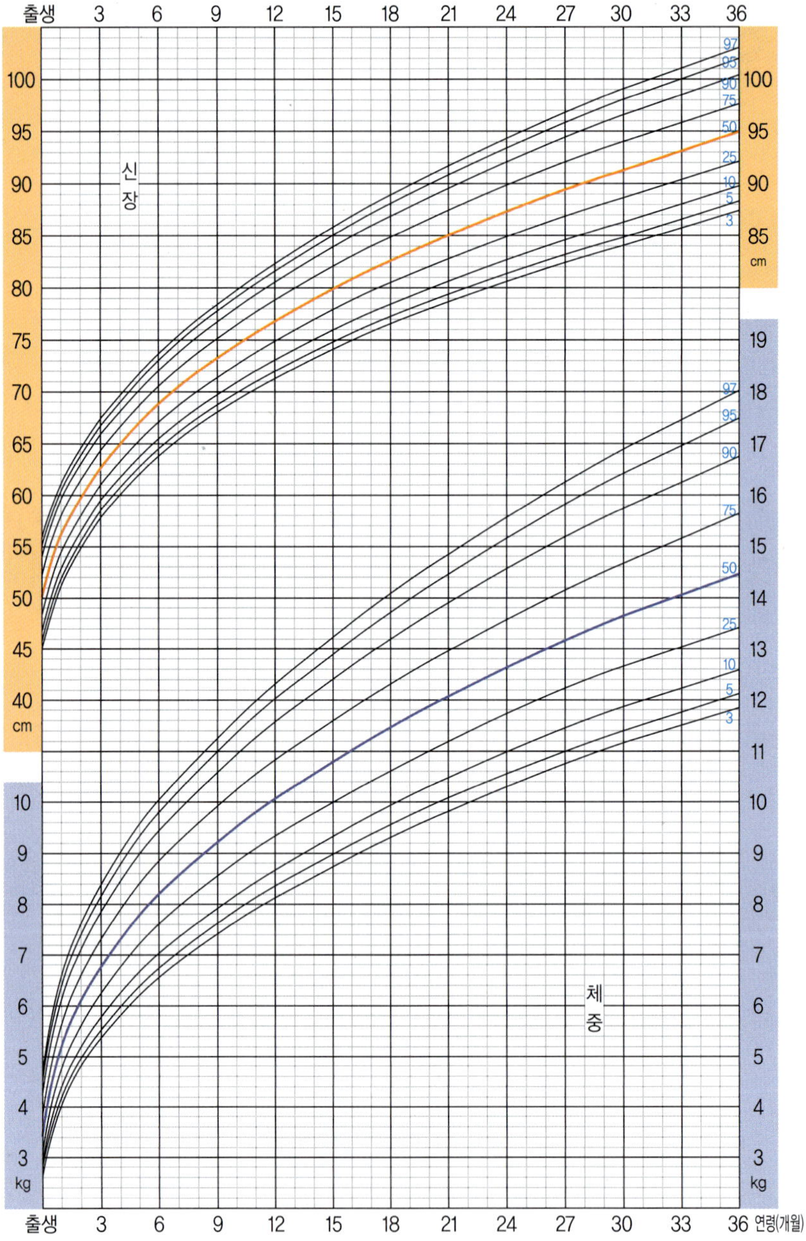

그림 6-7 소아 표준 성장도표(남아)

자료 : 보건복지부 질병관리본부, 2007(계속)

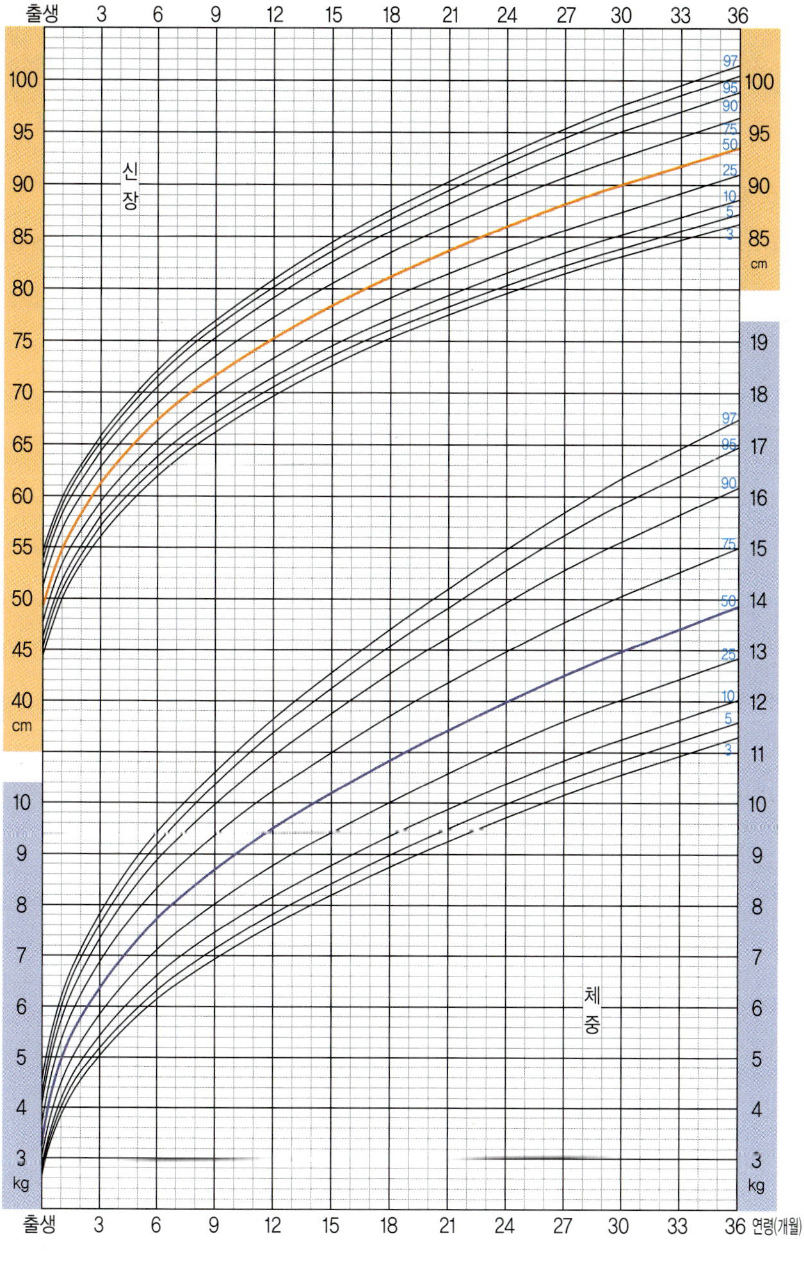

그림 6-7 소아 표준 성장도표(여아)

자료 : 보건복지부 질병관리본부, 2007

(2) 신장체중지수

성인의 영양판정에는 BMI 및 폰더럴 지수를 이용하고, 유아 및 학령기 어린이의 비만 판정에는 어린이 BMI지수나 뢰러지수를 이용한다.

① 체질량지수(BMI, Body Mass Index : Quetelet's index)

체질량지수는 신장과 체중을 이용한 판정지수로서 신장의 영향을 적게 받으며, 체지방과 상관관계가 높아 가장 널리 사용되고 있다. BMI는 신장에 따른 판정 오류가 가장 적고 체질량을 잘 반영하고 간편하여 성인의 비만 판정의 지표로 유용하다.

$$BMI = \frac{체중(kg)}{[신장(m)]^2}$$

표 6-2 체질량지수(BMI)에 의한 성인의 비만 판정

구분	WHO기준(미국)	대한비만학회(한국)
저체중	< 18.5	< 18.5
정상	18.5~24.9	18.5~22.9
과체중	25~29.9	23~24.9
경도 비만	30~34.9	25~29.9
중등도 비만	35~39.9	30~34.9
고도 비만	≥40	≥35

② 체질량지수에 의한 소아·청소년의 비만 판정

한국 소아발육표준치 기준에 의한 체질량지수의 백분위를 구분하여 비만도를 판정한다.

$$BMI = \frac{체중(kg)}{[신장(m)]^2}$$

평가	
저체중	14th 미만
정상	15~84th
과체중	85~94th
비만	95th 이상

③ 카우프(Kaup)지수

5세 미만의 어린이(특히 2세 미만)의 비만 판정에 많이 사용된다.

$$\text{Kaup 지수} = \frac{\text{체중(g)}}{[\text{신장(cm)}]^2} \times 10$$

1세 미만	판정	1~2세
15 이하	영양불량	14 이하
15~18	정상	14~17
18~20	비만 경향	17~18.5
20 이상	비만	18.5 이상

④ 뢰러(Röhrer)지수

Jelliffe에 의하여 제안된 신체충실지수로 3세 이상의 어린이와 학령기 아동의 영양판정에 주로 이용된다. 신장을 기준으로 판정하기도 하는데 110~129 cm에서는 180 이상, 130~149 cm에서는 170 이상, 150 cm 이상에서는 160 이상을 비만으로 판정하기도 한다.

$$\text{뢰러지수} = \frac{\text{체중(kg)}}{[\text{신장(cm)}]^3} \times 10^7$$

측정치	평가
92 미만	매우 마름
92~109	마름
110~139	정상
140~156	비만
157 이상	고도 비만

(3) 비만도

표준체중 또는 이상체중(IBW, DBW, Ideal or Desirable Body Weight)은 건강을 위해 가장 바람직한 체중을 의미한다. 한국에서는 브로카(Broca) 법이나 체질량지수(BMI) 이용법을 많이 사용한다.

① 표준체중의 종류

종류	산출방법
Broca 변형법 (신장별로 나누어 계산하는 경우)	• 150 cm 미만 : IBW(kg)=(신장cm−100) • 150∼160 cm : IBW(kg)=(신장cm−150)×0.5+50 • 161 cm 이상 : IBW(kg)=(신장cm−100)×0.9
BMI 체질량지수 이용법	• 남자 : IBW(kg)=[신장(m)]^2×22 • 여자 : IBW(kg)=[신장(m)]^2×21

② 비만도를 이용한 소아·청소년의 비만 판정

현재체중과 표준체중의 차를 표준체중으로 나누어 백분율로 나타낸다.

$$\text{비만} = \frac{\text{현재체중} - \text{표준체중}}{\text{표준체중}} \times 100$$

표 6-3 비만도를 이용한 평가 기준

비만도(%)	평가
20% 이상	비만
20∼29%	경도 비만
30∼49%	중등도 비만
50% 이상	고도 비만

③ 상대체중(PIBW)

현재체중을 표준체중과 비교하여 평가하는 방법으로 저체중, 정상체중, 비만 정도 등을 판단할 수 있다.

$$\text{PIBW} = \frac{\text{현재체중}}{\text{표준체중}} \times 100$$

표 6-4 표준체중 백분율 평가 기준

PIBW	평가
<70	심한 저체중
70~79	중정도 저체중
80~89	저체중
90~110	정상
111~119	정상 또는 과체중
120~130	과체중 또는 비만
>130~200	비만
>200	병적인 비만

5) 골격 크기

손목둘레나 팔꿈치두께를 이용하여 신체 골격의 크기를 결정할 수 있으며 더 정확하고 바람직한 표준체중 범위를 반영할 수 있다.

표 6-5 골격 크기 측정하는 방법

<table>
<tr><th>손목둘레를 이용한 골격 크기</th><th>팔꿈치두께를 이용한 골격 크기</th></tr>
<tr><td>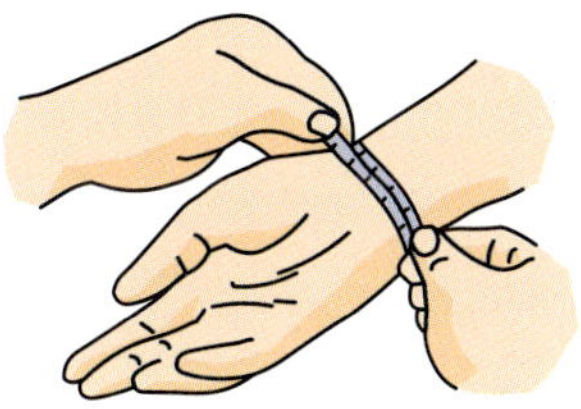
손목의 가장 가는 부위를
술자로 측정

손목둘레 측정</td><td>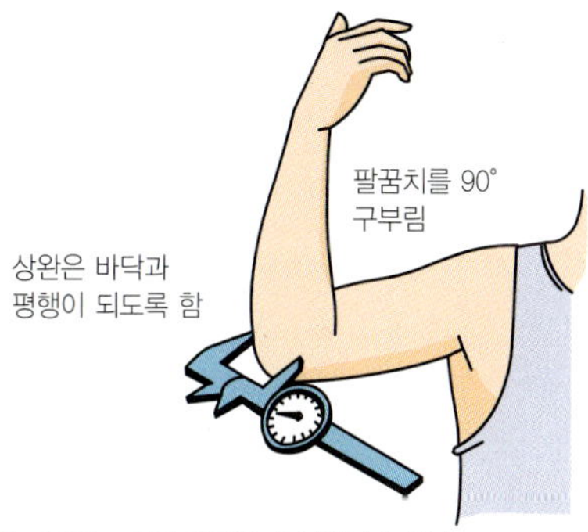

팔꿈치두께는 골격 크기를 판정하기 위하여 측정됨
팔꿈치의 가장 두꺼운 부위를 sliding 캘리퍼스로 측정함

팔꿈치두께 측정</td></tr>
<tr><td>넓이가 0.7 cm 이하인 줄자를 이용하여 손목의 가장 가는 부분의 둘레를 측정한다. 오른손을 펴서 손바닥이 위를 향하게 하고 손에 힘을 뺀 다음 손목의 튀어나온 뼈의 앞쪽을 mm 단위로 측정한다.
신장과 손목둘레 비율을 이용한 골격 크기는 신장(cm) ÷ 손목둘레(cm)</td><td>팔꿈치두께의 측정은 오른쪽 팔을 들어 팔꿈치를 90° 구부리고 손가락을 펴고 손바닥을 얼굴로 향하고 캘리퍼로 뼈 넓이를 mm 단위로 측정한다.</td></tr>
</table>

(1) 손목둘레를 이용한 골격

신장과 손목둘레 비율을 구한 후 골격 크기를 구하고 골격 크기가 대(large)일 경우 표준체중을 구한 수치에 10%의 체중을 가산하고, 골격 크기가 소(small)일 경우 10%를 줄여 표준체중을 구한다.

- 골격 크기가 큰 경우 : 표준체중 = [(신장cm - 100)×0.9] +10%
- 골격 크기가 중간인 경우 : 표준체중 = (신장cm - 100)×0.9
- 골격 크기가 작은 경우 : 표준체중 = [(신장cm - 100)×0.9] - 10%

표 6-6 신장과 손목둘레 비율을 이용한 골격의 크기

체격 크기	신장과 손목둘레 비율	
	남자	여자
대(large)	<9.6	<9.9
중(medium)	9.6~10.4	9.9~10.9
소(small)	>10.4	>10.9

자료 : Lee RD, Nieman DC, Nutritional Aassessment, 4th ed, 2006

(2) 팔꿈치두께를 이용한 골격 크기

팔꿈치두께는 지방량에 크게 영향을 받지 않고 근육 크기나 제지방의 양과 관련이 깊어 손목둘레보다 더 정확하게 골격 크기를 반영한다.

표 6-7 팔꿈치 넓이에 의한 골격의 크기

신장(cm)		대(cm)	중(cm)	소(cm)
남자	155~158	>73	64~73	<64
	159~168	>73	67~73	<67
	169~178	>76	70~76	<70
	179~188	>79	70~79	<70
	≥189	>83	73~83	<73

신장(cm)		대(cm)	중(cm)	소(cm)
여자	145~148	>64	57~64	<57
	149~158	>64	57~64	<57
	159~168	>67	60~67	<60
	169~178	>67	60~67	<60
	≥179	>70	64~70	<64

자료 : The Metropolitan Life Insurance Company, 1983

6) 신체구성성분 측정 및 판정법

신체계측을 통한 신체구성성분조사는 인체가 지방조직과 제지방조직(LBM, Lean Body Mass)으로 구성되어 있다는 근거하에 실시하는 것이다. 제지방조직은 주로 근육을 포함하여 연조직, 골격 등 지방을 제외한 모든 부분을 포함한 것이다. 체지방량은 열량 섭취의 과소를 평가하는 지표이며, 제지방조직량은 체단백질의 보유상태를 나타내는 지표로 사용된다.

(1) 체지방량

체지방은 필수지방과 근육 간 또는 근육 내 지방, 장기 주위의 지방, 피하지방 등 저장지방으로 나눌 수 있다. 필수지방은 표준성인남자 체중의 약 3%, 표준성인여자 체중의 약 9%를 차지하며 골수, 중추신경계, 유선조직 등 생리작용을 위해 꼭 필요한 지방이다. 저장지방은 남자 체중의 12%, 여자 체중의 15% 정도를 차지하며, 표준성인은 총 체지방량의 1/3이 피하지방이다. 인체는 과잉의 에너지를 주로 지방의 형태로 저장하므로 심한 영양불량상태에서는 체지방이 많이 감소하게 된다. 다량의 체지방 감소는 심한 에너지 결핍을 나타내는 지표이다. 체지방량을 산정하는 데 사용되는 신체계측치로는 피부두겹집기 및 상완둘레와 삼두근 피부두겹집기, 허리-엉덩이 둘레비 등 신체 여러 부위의 둘레를 측정한 후 측정치를 이용한 계산식으로 산정하거나 측정기기를 이용하여 신체 각 구성성분의 양을 산정하는 방법이 있다. 측정기기를 이용한 체지방량 조사는 정확하지만 방법이 번거롭고, 장비가 비싸기 때문에 한 번에 많은 사람을 조사해야 하는 역학조사 시에는 쉽고 간편한 신체계측법을 많이 이용한다. 그러나 신체계측법은 체지방의 적은 변화를 정확히 측정하기가 힘든 단점이 있다.

① 피부두겹집기(skinfold thickness)

피부두겹집기는 장비가 작고, 경제적이고, 측정법이 간단하며, 정확히 측정하면 밀도법(수중 체중 측정법)에 의한 측정치와도 상관관계가 높기 때문에 임상조사에서 가장 많이 쓰이는 체지방률 산정법 중 하나이다.

피부두겹집기는 주로 가슴, 삼두근, 이두근, 견갑골 하부, 장골 상부, 옆중심선 부분, 복부, 허벅지, 장딴지 등 9곳을 측정하는데 같은 사람에 있어서 각기 다른 신체부위의 피하지방 두께가 다르고 심지어 같은 부위의 피하지방 두께도 다를 수 있어 최소한 3곳 이상 측정하는 것을 권장한다.

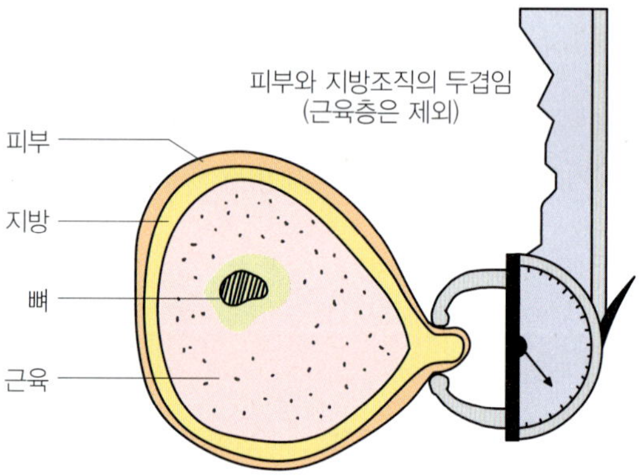

그림 6-8 캘리퍼를 이용한 피부두겹집기

- 삼두근 피부두겹집기(triceps skinfold thickness) : 측정하기가 용이하여 가장 널리 이용되는 부위이며, 오른쪽 팔 뒤쪽에서 삼두근을 가로질러 측정한다. 똑바로 서서 팔을 90° 각도로 구부린 다음 어깨의 꼭짓점과 팔꿈치의 중간부위를 팔 뒤쪽에 표시한 다음, 팔을 자연스럽게 늘어뜨린 상태에서 측정점의 위쪽 1~1.3 cm 떨어진 곳을 왼손으로 잡고 직각으로 측정한다.
- 이두근 피부두겹집기(biceps skinfold thickness) : 삼두근 두겹집기와 마찬가지로 위쪽 팔의 중간부위를 표시한 다음 팔을 옆으로 자연스럽게 내려뜨리고 손바닥을 앞으로 향하게 하여 조사 대상자의 앞쪽에서 삼두근 측정부위의 앞면을 측정한다.
- 견갑골 하부 피부두겹집기(subscapular skinfold thickness) : 조사 대상자는 팔을 옆쪽으로 자연스럽게 내리고 서 있도록 하고, 조사 대상자의 등쪽 견갑골의 안쪽

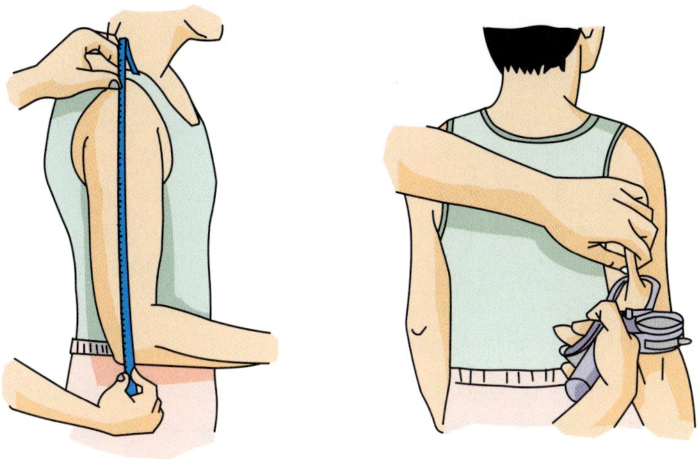

심두근 피부두겹집기 측정 시 팔꿈지 놀기와 어깨 견봉돌기의
중간부위를 표시한 후 측정함

그림 6-9 삼두근 피부두겹집기

각진 곳의 가장 아래쪽에서 1 cm 아래 떨어진 곳을 측정점으로 한다. 측정점을 따라 45° 각도로 비스듬하게 1~1.3 cm 위쪽에서 피부를 잡고 측정한다.

- 복부 피부두겹집기(abodomen skinfold thickness) : 조사 대상자는 양발에 체중이 고루 분산되도록 똑바로 서게 하고 복부를 이완시키며 조용히 숨 쉬게 한 다음 배

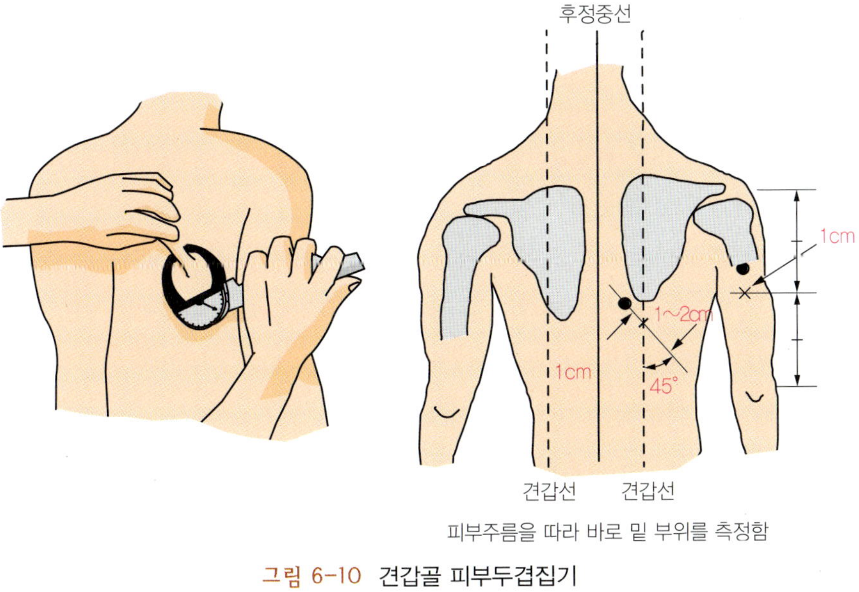

피부주름을 따라 바로 밑 부위를 측정함

그림 6-10 견갑골 피부두겹집기

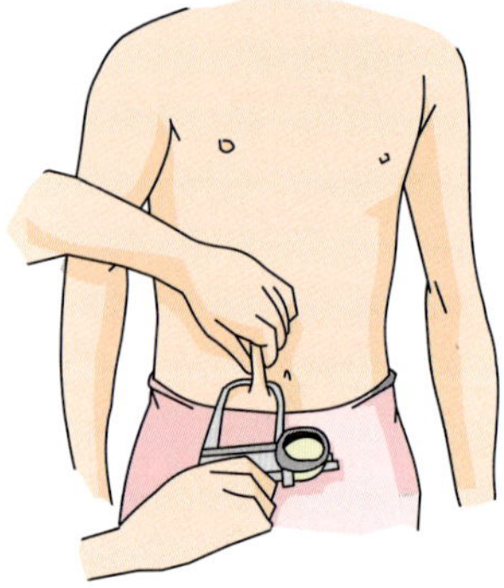

그림 6-11 복부 피부두겹집기

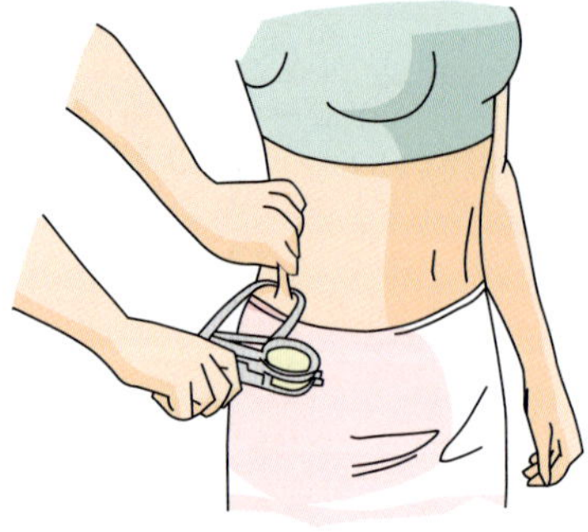

그림 6-12 장골 상부 피부두겹집기

꼽 중심 1 cm 아래 선에서 수평으로 3 cm 떨어진 곳의 피부 두께를 측정한다.

- 장골 상부 피부두겹집기(suprailiac skinfold thickness) : 옆중심선에서 장골 마루의 바로 위쪽 피부두겹집기를 측정한다. 조사 대상자는 두 발을 모으고 똑바로 서서 팔을 옆으로 늘어뜨린 다음, 측정하고자 하는 부위 쪽의 팔을 뒤쪽으로 돌리게 한다. 대각선으로 접히는 옆중심선의 뒤쪽 1cm 부위를 잡고 옆중심선 위치에서 장골 마루의 피부두겹집기를 측정한다.
- 허벅지 피부두겹집기(thigh skinfold thickness) : 사타구니(서혜부)의 접히는 부위와 무릎뼈(슬개골)의 앞쪽 중심점에서 측정한다. 오른쪽을 측정할 때는 체중이 약간 왼쪽 발에 실리게 하고, 발바닥은 바닥에 닿은 채로 오른쪽 무릎을 약간 구부려 다리를 이완시킨 다음 앞쪽 중심점을 측정한다. 서혜부는 엉덩이를 약간 구부려서 찾으면 된다.
- 옆중심선 부분 피부두겹집기(midawilary skinfold thickness) : 옆중심선 중 겨드랑이의 중심 수직선 부분에서 흉골의 검상돌기와 수평으로 만나는 곳을 측정한다. 조사 대상자를 똑바로 세우고 팔을 약간 뒤로 젖히게 한 다음 측정하는데 측정점보다 등쪽으로 1~1.3 cm 떨어져 피부를 잡은 다음 측정점의 피부 두께를 측정한다.
- 가슴 피부두겹집기(chest or pectoral skinfold thickness) : 앞쪽 겨드랑이의 접히는 부위 제일 위쪽에서 젖꼭지에 이르는 긴 축을 따라 측정한다. 겨드랑이 위쪽에서 피부층을 잡고 잡은 손끝에서 1~1.3 cm 떨어진 곳을 캘리퍼로 집어 측정한다.
- 장딴지 피부두겹집기(medial calf skinfold thickness) : 조사 대상자를 의자에 앉힌 다음 발바닥은 바닥에 닿게 하고 무릎은 90°가 되도록 다리를 구부린다. 장딴지

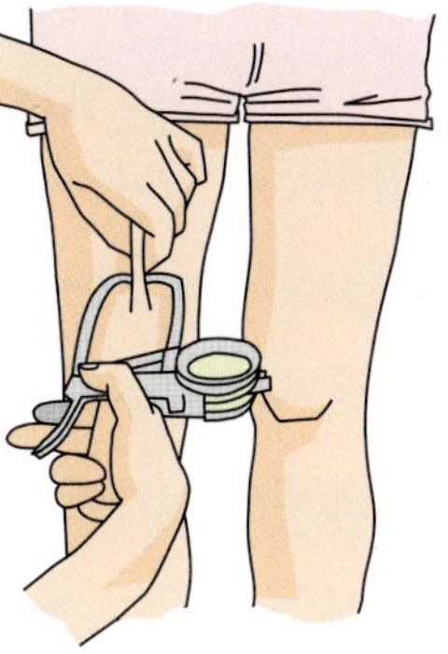

그림 6-13 허벅지 피부두겹집기

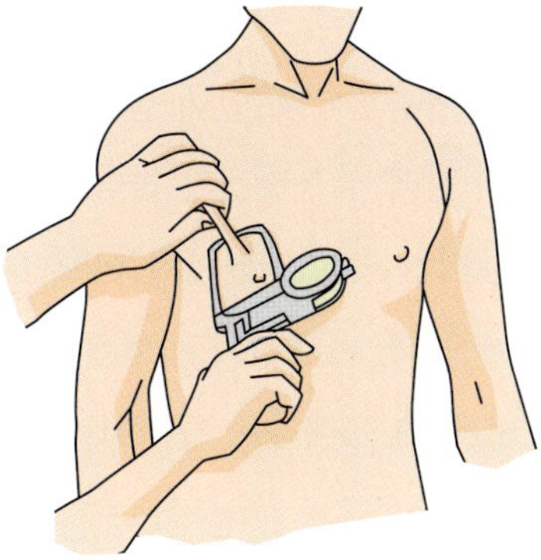

그림 6-14 가슴 피부두겹집기

의 안쪽 중심부위에 표시하고, 표시점보다 1 cm 위쪽의 피부를 잡고 직각으로 두께를 측정한다.

피부두겹집기에 의한 체지방량 상정에는 한 곳을 측정하여 기준치와 비교해 보거나, 두 곳을 측정하여 %체지방 기준표와 비교해 보는 법 또는 세 곳 이상의 측정치를 이용한 수식으로 체밀도와 체지방량을 구하는 방법이 있다. 신체구성성분을 산정하기 위하여 한 곳만을 측정할 때 가장 많이 측정하는 부위는 삼두근이다.

두 부위의 피부두겹집기에 의한 체지방량의 비교에는 삼두근과 견갑골 하부의 피부두겹집기의 합을 이용하여 6~17세의 신체구성성분을 산정하는 방법이 많이 쓰이나 측정이 더 용이한 삼두근과 장딴지의 피부두겹집기의 합을 이용한 기준도 개발되었다. 삼두근과 견갑골 하부를 측정하는 방법은 다른 체지방 측정법과 높은 상관관계를 나타내며, 신체의 다른 부위보다 정확하고 쉽게 측정할 수 있으며 이 측정치를 비교할 수 있는 기준이 있다는 장점이 있다.

세 부위를 측정할 경우에는 남자는 가슴, 허벅지, 복부의 합(mm)을, 여자는 삼두근, 장골 상부, 허벅지의 합(mm)을 측정하여 체지방률을 계산한다.

② 허리-엉덩이 둘레비(WHR, waist-hip ratio)

허리-엉덩이 둘레비는 체지방의 분포 특히 피하지방과 복강 내 지방의 분포를 잘 반영하며, AGR(abdominal-gluteal ratio)이라고도 한다. 최근 들어 성인비만이 증가하고 복부비만과 대사성 질환의 관련성이 높아짐에 따라 허리둘레의 중요성이 증가되고 있다. 허리-엉덩이 둘레비는 남자의 경우 0.95 이상, 여자의 경우 0.85 이상이면 복부

비만으로 판정한다. 특히 허리-엉덩이 둘레비는 건강상의 위험, 즉 질환의 이환율을 예견하는 유용한 지표인데 심장순환계 질환, 뇌졸중, 당뇨병, 호르몬 관련 여성암 등의 발병 위험률과 상관관계가 높다.

허리둘레는 측정 전날 굶어야 하며 측정 시에는 얇은 옷을 입고 똑바로 선 상태에서 복부를 가볍게 이완시키고 호흡은 정상으로 하면서 측정 시에는 숨을 가볍게 내뱉는다. 갈비뼈 맨 아래쪽과 엉덩이뼈 위쪽 각각과 옆중앙선이 만나는 곳에 펜으로 표시한 후 배꼽을 중심으로 mm 단위로 측정한다.

엉덩이둘레는 허리둘레 측정과 동일하며, 엉덩이의 가장 튀어나온 부분을 중심으로 피부의 연조직이 눌리지 않도록 하여 수평이 되게 측정한다.

③ 허리둘레

비만을 평가할 때 허리둘레 측정을 포함시키는 것은 매우 중요하다고 본다. 체중증가로 인해 체지방량이 증가해도 허리둘레와 엉덩이둘레가 모두 커지면 허리-엉덩이 둘레비가 변하지 않을 수도 있고, 체중은 감소하지 않고 허리둘레만 감소되어도 당뇨, 고혈압, 심장순환계 질환 등 비만과 동반되는 질환의 위험도가 유의하게 저하되기 때문에 복부 비만의 평가에는 허리-엉덩이 둘레비보다도 허리둘레가 더 유용할 수도 있다. 허리둘레가 남자는 90 cm, 여자는 80 cm 이상이면 대사성 질환의 위험도가 증가한다.

표 6-8 아시아태평양지역 성인 BMI와 허리둘레에 따른 동반 질환 위험도

분류	BMI(kg/m^2)	동반 질환의 위험도	
		허리둘레 <90 cm(남) 허리둘레 <80 cm(여)	허리둘레 >90 cm(남) 허리둘레 >80 cm(여)
저체중	<18.5	낮다	보통
정상범위	18.5~22.9	보통	증가
과체중	>23		
위험체중	23~24.9	증가	중등도
1단계 비만	25~29.9	중등도	고도
2단계 비만	>30	고도	매우 고도

자료 : WHO, 1998

④ 상완둘레(MAC, mid-upper arm circumference)

신체는 근육조직과 피하지방 및 골격으로 구성되어 있는데, 그중 골격은 비교적 일정하게 유지되나 근육과 피하지방은 열량이나 단백질 섭취량의 변화에 영향을 받으므로, 상완둘레의 변화는 근육과 피하지방량의 변화를 의미한다. 상완둘레 측정은 유리섬유나 스틸로 만든 유연하면서도 늘어나지 않는 줄자를 사용한다. 측정방법은 조사대상자를 똑바로 서게 하고, 머리는 프랭크포트 수평면(Frankfort plane)을 유지하면서 다리를 약간 벌리고, 손바닥을 몸쪽으로 펴서 팔을 편안히 내려뜨리게 한다. 소매가 있는 옷이면 소매를 걷어 올리고 왼쪽 팔의 상완 중간(견봉 끝과 팔꿈치 뼈끝 중간)에 중심점을 찍고, 줄자로 그 중심점 둘레를 너무 조이지 않고 부드럽게 둘러서 mm 단위까지 측정한다. 저개발국가에서는 대체로 피하지방의 양이 매우 적어 상완둘레의 변화가 근육량과 비례하므로 단백질-에너지 영양불량이나 영양실조, 기아상태 등의 진단에 유용하다. 영양보충에 의한 체중의 변화와 밀접한 관계를 갖고 증가하므로 영양보충의 효과 측정 시에도 유용하다.

측정치는 나이와 성별에 따른 중앙치, 기준치의 백분위수와 비교하며 상완근육둘레와 면적 등을 계산할 때 사용한다. 기준치로 한국 소아의 상완둘레 기준치와 산업통상자원부 기술표준원에서 실시한 한국인 인체치수조사를 사용할 수 있다.

$$\% \text{ Median} = \frac{100 \times \text{observed arm circ.}}{\text{median arm circ. for age and sex}}$$

표 6-9 상완둘레의 표준치(한국, 2010)

(단위 : mm)

나이	남자							여자						
	평균	표준편차	백분위수					평균	표준편차	백분위수				
			5th	10th	50th	90th	95th			5th	10th	50th	90th	95th
20~24세	297	24.9	260	266	294	330	345	248	22.2	218	224	245	278	290
25~29세	306	27.5	263	273	304	340	355	253	22.0	222	227	252	280	290
30~34세	309	27.4	265	273	308	346	354	264	25.8	226	233	261	296	308
35~39세	311	26.6	273	280	309	347	358	269	23.5	232	240	266	301	311
40~49세	306	26.3	264	272	306	340	352	278	24.3	241	249	276	318	321
50~59세	302	23.6	265	273	302	333	342	288	25.0	251	260	285	322	331
60~69세	293	23.1	248	265	294	320	327	289	26.0	251	260	286	320	334

(2) 제지방량 측정을 위한 체위계측

상완근육둘레나 상완근육면적은 상완둘레와 삼두근 피부두겹집기 측정에 의해 계산한다. 상완근육둘레나 상완근육면적은 총근육량과 밀접한 관계가 있으며 단백질 영양상태를 판정하는 데 이용된다. 그러나 상완근육둘레 및 상완근육면적과 제지방량과의 비는 일정하지가 않으므로 체단백질의 적은 양의 변화까지 정확하게 측정할 수는 없다. 하지만 상완근육둘레 및 상완근육면적 측정은 만성 영양불량이나 영양과잉의 판정, 장기적 영양공급에 따른 신체구성성분의 변화, 영양중재 프로그램의 효과판정 등에 유용하다.

① 상완근육둘레(MAMC, mid-upper arm muscle circumference)

상완(위팔뼈)은 가운데 작은 부위의 골격을 제외하면 피하지방과 근육으로 구성되어 있다. 상완근육둘레는 상완둘레(MAC)와 삼두근 피부두겹집기(TSF)에 의해 계산할 수 있는데 상완둘레에서 피하지방의 두께로 계산한 둘레를 빼면 상완근육둘레가 된다. 상완근육둘레는 체단백질량의 변화 경향을 반영하나 작은 변화에는 민감하지 않다.

$$\text{MAMC} = \text{MAC} - \pi \times \text{TSF}$$

계산치는 나이와 성별에 따른 중앙치와 비교하거나 기준치의 백분위수와 비교하기도 한다. 우리나라 기준치는 1986년 자료로 성인 기준치로 사용하기에는 부적합하므로 보완이 필요하다.

$$\%\ \text{Median} = \frac{100 \times \text{observed MAMC}}{\text{median MAMC for age and sex}}$$

② 상완근육면적(AMA, arm muscle area)

상완근육면적은 상완둘레(MAC)와 삼두근 피부두겹집기(TSF)에 의해 구하는데 상완둘레보다 근육량의 변화 정도를 더 정확하게 나타내 준다. 상완근육면적은 상완의 단면이 원이고, 삼두근 피부두겹집기가 평균 지방층 두께의 두 배이며, 단백질-에너지 영양불량 시 뼈의 위축이 근육 소모량과 비례하며, 신경혈관조직이나 상완골의 단면적이 상대적으로 적어 무시할 수 있다는 것을 전제로 계산한 것이다. 이 방법은 비만인 사람이나 백분위 85 이상인 사람의 근육량은 과대평가될 수 있으며 측정치의 단위는 동일해야 한다.

$$AMA = \frac{[MAC - (\pi \times TSF)]^2}{4\pi}$$

계산치는 나이와 성별에 따른 중앙치와 비교하거나 기준치의 백분위수와 비교한다. HANES I , HANES II 조사에 의한 미국(1~74세) 기준치가 있으며, 이 백분위수와 Z-scores를 이용하여 성장과 근육의 상태를 5범주로 나누는 분류법이 있다.

$$\% \text{ Median} = \frac{100 \times \text{observed AMA}}{\text{median AMA for age and sex}}$$

이 계산에 의한 상완근육면적은 실제보다 20~25% 과다하게 산정되며, 근육 위축의 경우에는 너무 적게 판정되기도 한다. 그래서 뼈를 보정한 상완근육면적(cAMA, corrected arm muscle area) 계산법이 만들어져 상완근육면적의 평균 오차를 7~8%로 감소시켰으나, 이 방법도 단시간의 영양상태의 변화를 정확하게 찾아낼 수는 없으므로 주의해야 한다. 측정치의 단위는 모두 cm이며, 계산치는 나이와 성별에 따른 중앙치와 비교하거나 3가지 체형에 있어서 성별, 연령별 백분위수와 비교하여 판정한다.

$$\text{남자 : } cAMA(cm^2) = \frac{[MAC - (\pi \times TSF)]^2}{4\pi} - 10.0$$

$$\text{여자 : } cAMA(cm^2) = \frac{[MAC - (\pi \times TSF)]^2}{4\pi} - 6.5$$

③ 장딴지둘레

탁자 위에 앉거나 선 채로 발을 25 cm 정도 벌려서 체중을 양발에 고루 분산시킨 다음 스틸 줄자로 장딴지의 가장 큰 둘레를 mm 단위까지 측정한다. 상완둘레처럼 장딴지둘레와 장딴지 피부두겹집기 측정치로부터 장딴지근육면적을 계산할 수 있다.

④ 허벅지둘레

서혜부의 접히는 선과 무릎뼈 사이의 중간부분을 mm 단위까지 측정하고, 허벅지근육면적이나 지방면적, 허리-허벅지 둘레비를 계산할 때 이용한다.

(3) 기기를 이용한 신체구성성분 측정법

신체구성성분은 영양상태의 변화에 따라 달라지므로 바람직하지 못한 영양상태를 나타내는 조기지표가 될 수 있다. 그러나 영양상태가 좋은지 최적 이하의 상태인지 명확한 구별이 어려우므로 한 가지 이상의 조사를 통해 조심스럽게 판정하는 것이 좋다.

① 수중 체중 측정법(underwater weighing, hydrostatic weighing)

아르키메데스의 원리에 근거하여 체밀도와 %체지방량을 구하는 방법으로 가장 널리 쓰는 방법이다. 신체는 지방조직과 제지방조직으로 구성되어 있고, 제지방조직은 일정량의 수분을 함유하고 있고, 근육에 대한 뼈의 무기질 비율이 일정하며, 체지방 밀도는 0.90 g/cm^3이고 제지방조직의 밀도는 1.10 g/cm^3라는 가정하에 측정하는 방법이다. 그러므로 이 방법은 체지방이 적고 근육이 많은 사람은 체지방이 많은 사람보다 물속에서의 체중이 더 많이 나가게 되어 뼈와 근육의 밀도가 높은 운동선수에게는 체지방량이 낮게 산정될 수 있고, 골밀도가 낮은 노인은 체지방량이 높게 산정될 수 있는 단점이 있다. 또 한 번에 많은 사람을 측정하기도 어렵고, 조사 대상자를 잘 훈련해야 하며, 측정을 위한 특수한 장비가 필요하므로 경비도 많이 든다.

② 전기저항 측정법(BIA, bioelectrical impedance)

인체에 전류를 통과시키면 물에 전해질이 녹아있는 조직(대부분의 제지방조직)은 전류를 전도하나, 지방이나 세포막 같은 비전도성 조직에 의해서는 저항이 나타나는 것을 이용한 것이다. BIA 측정기는 사람에게 해가 없고 느끼지도 못하는 약한 교류(50 kHz, 800 IA)를 조사 대상자의 손과 발에 장치한 4개의 전극을 통해 내보낸 후 되돌아오는 저항을 측정한 다음, 신장, 체중, 성별에 따라 회귀방정식을 이용하여 체수분량, 제지방량 및 %체지방을 계산한다. 요즘 BIA 측정기기는 이 공식이 내장되어 있으므로 자동 계산해 주며 제지방량과 %체지방을 계산하는 공식은 총체수분량(TBW, total body water)의 회귀방정식을 이용하므로 좋은 공식을 사용하는 것이 중요하다. 측정방

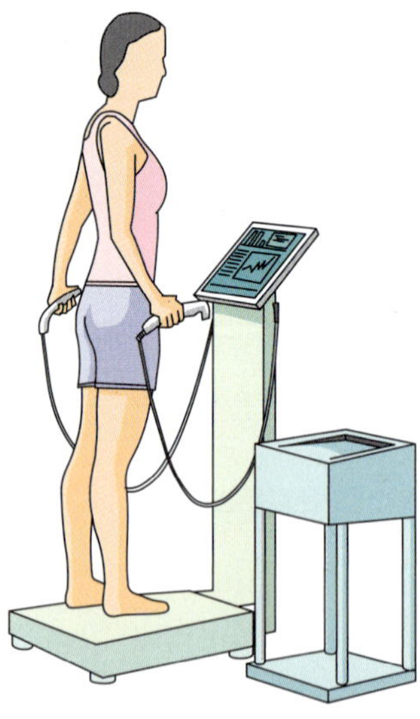

그림 6-15 전기저항 측정법을 이용한 측정기계

법이 비교적 편리하며, 기기가 운반 가능하고, 다른 기기에 비해 범위가 넓은 집단을 조사할 경우에 적당하다.

일반적으로 표준성인의 정상 %체지방량은 남자가 8~15%, 여자가 13~23%이다.

표 6-10 성인의 %체지방 기준표

구분	남자	여자
마름	<8%	<13%
정상	8~15%	13~23%
약간 체중과다	16~20%	24~27%
체중과다	21~24%	28~32%
비만	≥25%	≥33%

자료 : Lee RD, Nieman DC, Nutritional Assessment, 4th ed, 2006

③ 초음파 진단법

초음파 진단은 지방조직과 근육조직의 경계면으로부터 초음파가 반사되는 원리를 이용하여 체지방의 두께를 측정할 수 있다. 의학계에서 널리 쓰이는데 무섭지 않고, 방사능이 없어 안전하며, 운반이 용이한 장점이 있으나 비용이 많이 들고, 측정기술과 해석에 있어 숙련이 요구되는 단점도 있다.

④ 컴퓨터 단층촬영법(CT, computed tomograph)

x-ray beam이 밀도가 다른 체조직을 통과하면서 나타나는 차이의 결과를 고도로 자세한 횡단 영상으로 만들어 내는 영상기법으로 의학에서 진단의 목적으로 많이 사용하고 있다. 복부를 컴퓨터 단층촬영하면 지방을 내장형과 피하형으로 구분할 수 있어 좋으며, 심혈관 질환에 영향이 큰 내장 지방량을 알 수 있다.

⑤ 핵자기공명영상법(MRI, magnetic resonance imaging)

자기장을 이용한 고주파를 쏘여 인체 내 각 조직과 구조물들의 공명 현상의 차이를 계산하여 컴퓨터로 영상화한 것으로 컴퓨터 단층촬영에 비해 영상이 좋으나 촬영시간이 오래 걸리고 비용이 많이 드는 단점이 있다.

⑥ 적외선 간섭법

적외선 간섭법(infrared interactance : 근적외선 간섭법, near-infrared interactance)은 어떤 물질에 적외선을 쪼였을 때 그 물질의 특성에 따라 적외선이 흡수, 굴절, 분산되는 것을 이용한 방법이다. 다른 신체구성성분 측정법에 비해 마른 사람(<8% 체지방)에게 있어 체지방량이 너무 많이 산정되는 단점이 있으며 비만자(>30% 체지방)는 체지방이 너무 적게 산정되는 경향이 있어 요즘에는 잘 쓰지 않는다.

⑦ 총체수분량 측정법

수분은 제지방조직에만 있고 체지방에는 없으므로, 제지방조직의 평균 수분 함량은 약 73.2%라는 가정하에 측정하는 방법이다. 어떤 동위원소를 경구적으로 또는 비경구적으로 투여하여 동위원소가 몸의 수분 평형을 유지할 수 있는 일정 시간이 경과한 후 조사 대상자의 혈액, 요 또는 침 등을 분석하여 동위원소의 농도를 측정하는 것이다. 측정된 동위원소의 양이 체내 총수분량에 의해 희석된 정도로부터 총체수분량을 간접적으로 구한다.

⑧ 총칼륨량 측정법

인체에 있는 칼륨의 90% 이상이 제지방조직(세포내액의 양이온)에 존재하며, 칼륨의 0.012%는 자연적인 칼륨 동위원소(^{40}K)로 구성되어 있으므로 총칼륨량을 측정하면 신체구성성분을 알 수 있다. 적은 양의 γ선을 측정할 수 있는 예민한 측정기기가 필요하며 비용이 많이 들고, 훈련된 기술을 요한다.

2. 생화학적 조사

생화학적 조사(biochemical method)는 혈액이나 소변 또는 조직을 채취하여 영양소나 영양소의 대사산물, 영양소에 의존적인 효소활성 및 면역기능 등을 분석하고 기준치와 비교하여 영양상태를 판정하는 것을 말한다. 머리카락, 대변, 골수, 타액 등을 이용할 수도 있으며 다른 방법에 비해 가장 객관적이고 정량적인 영양판정 방법이다. 임상증상이 나타나지 않는 영양결핍 초기에도 생화학적 변화는 나타날 수 있어 생화학적 검사는 영양소의 체내수준을 가장 잘 반영하는 유용한 자료이다.

1) 당질의 영양생화학적 검사와 판정

(1) 혈당검사와 판정

① 공복 및 식후 혈당

식후 12~18시간 동안 굶은 후 아침 혈당치가 126~140 mg/mL 이상이거나 임의측정 시 200 mg/mL 이상일 때 당뇨병으로 진단한다.

② 경구 당부하 검사

공복상태에서 50 g, 75 g, 100 g 포도당을 약 200 mL의 물에 녹여 먹은 후 30분 내지 60분마다 혈당검사를 하는 방법이다.

③ 당화 헤모글로빈(HbA_1C) 검사

당화 헤모글로빈 수치는 포도당이 헤모글로빈에 결합된 정도를 나타내는 것으로서 헤모글로빈에 대한 당화 헤모글로빈(HbA_1C)의 비율(%)로 표시한다. 당화 헤모글로빈(HbA_1C) 생성은 적혈구 안에서 이루어지며 그 수치는 지난 1~4개월간의 혈당조절 상태를 나타낸다. 따라서 당화 헤모글로빈(HbA_1C) 수치는 당뇨관리를 지속적으로 잘하고 있는지를 점검할 수 있는 유용한 자료가 된다.

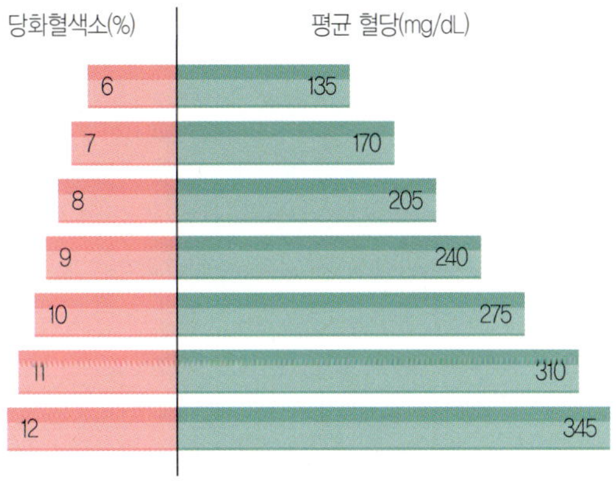

그림 6-16 당화혈색소 수치로 알아보는 평균 혈당

표 6-11 혈당과 당화 헤모글로빈(HbA$_1$C)으로 본 혈당조절의 평가 기준

HbA$_1$C(%)	5	6	7	8	9	10	11	12	13	14	15	16	17	18	19
평균 혈당 (mg/dL)	100	135	170	205	240	275	310	345	380	415	450	485	520	555	600
진단	정상 수치	조절 양호	조절 양호	경계 수치	경계 수치	경고 수치	경고 수치	위험 수치	위험 수치	위험 수치	위험 수치	위험 수치	위험 수치	위험 수치	위험 수치

당뇨병 진단

당뇨병 진단 시 혈당치는 공복 혈당치 126 mg/dL 이상, 식후 2시간 혈당치 200 mg/dL 이상을 기준으로 한다.

당뇨병 진단 기준

1) 다음(多飮), 다뇨(多尿)

   체중감소 등의 당뇨병의 전형적인 증상이 있으면서 무작위로 측정한 혈당이 200 mg/dL 이상일 때

   ※무작위 혈당 : 마지막으로 섭취한 식사시간과 관계없이 낮시간에 측정한 혈당치

2) 공복 혈당이 126 mg/dL 이상일 때

   ※공복 혈당 : 밤사이 8~14시간 동안 음식물을 섭취하지 않고 아침에 측정한 혈당

3) 75 g 경구 포도당부하 검사에서 식후 2시간 혈당이 200 mg/dL 이상일 때

(국제당뇨병학회 기준, 단위 : mg/dL)

<table>
<tr><th rowspan="2">공복 혈당</th><th colspan="3">식후 2시간 혈당</th></tr>
<tr><th>140 미만</th><th>140~199</th><th>200 이상</th></tr>
<tr><td>100 미만</td><td>정상</td><td rowspan="2">전당뇨병</td><td rowspan="3">당뇨병</td></tr>
<tr><td>100~125</td><td></td></tr>
<tr><td>126 이상</td><td colspan="2"></td></tr>
</table>

※위의 진단 기준에서 사용하는 혈당수치는 병원에서 특수한 검사법을 이용하여, 정맥혈장에서 혈당을 측정한 것이다.

2) 단백질의 영양생화학적 검사와 판정

단백질은 탄수화물이나 지방과는 달리 저장되지 않아 지나친 단백질 결핍은 신체 기능에 치명적인 영향을 미칠 수 있기 때문에 단백질 영양상태 판정은 중요한 의미를 갖는다. 단백질의 영양상태는 크게 두 가지 형태로 골격근육에서 발견되는 근육단백질(protein)과 신체기관이나 적혈구, 혈장단백질 등을 포함하는 내장단백질(visceral protein)로 나뉘어 조사된다.

(1) 근육단백질의 측정에 의한 영양판정

① 소변 중 크레아티닌 배설량(urinary creatinine excretion)

신체 내 크레아티닌 대부분은 근육 내에 존재하며 크레아티닌으로 대사되어 요로 배설된다. 이때 크레아티닌 배설량은 근육량에 비례하며, 매일 크레아틴 인산의 약 2%가 크레아티닌산으로 전환된다. 이와 같이 근육단백질을 조사하기 위해서는 24시간 동안의 소변 배설량을 관찰하여 요로 배설된 크레아티닌의 양을 동일한 체중과 키의 성인 예상 배설량과 비교하여 총근육량을 간접적으로 측정하는 방법이다.

② 크레아티닌-신장지수 측정(CHI, creatinine-height index)

$$\text{CHI(\%)} = \frac{\text{조사 대상자의 24시간 동안 소변으로 배설된 크레아티닌 양(mg)}}{\text{조사 대상자와 동일한 성과 키의 표준성인의 배설량(mg)}} \times 100$$

CHI값 판정 기준

- 정상치 : 90~100%
- 가벼운 단백질 결핍 : 60~80%
- 중정도의 단백질 결핍 : 40~60%
- 심한 결핍 : 40% 이하

② 3-메틸히스티딘(3-methylhistidine) 배설량

3-메틸히스티닌은 히스티딘이 메틸화되어 소변으로 배설된 것으로 근육단백질에 존재하여 근육단백질이 대사될 때 대사되지 않은 상태로 소변으로 배설되므로 체내 근육단백질 측정에 이용된다. 이 방법의 제한점은 나이, 성, 호르몬, 운동 여부, 다른 질병 등에 따라 배설량이 영향을 받는다는 점이다.

(2) 내장단백질의 측정에 의한 영양판정

① 총단백질(total serum protein)

혈청 총단백질 농도 측정은 단백질 영양부족이나 대사이상, 간질환 등에 의한 단백질 합성이 감소되어 혈청 단백질 농도가 감소하므로 단기간 영양상태 판정에 이용되는 간편한 방법이다.

② 알부민(serum albumin)

혈청 알부민은 간에서 생성되며 체내 단백질 고갈상태를 보여주는 지표로 많이 활용되는데, 반감기가 14~20일로 길고 간의 알부민 합성이 감소하면 분해도 감소하여, 단백질 부족판정 지표로는 적절치 않다. 또한 단백질 부족 외에도 다른 요인에 의해 영향을 받는다. 그 외에도 소화흡수장애, 약물복용, 암 등의 질환에 의한 대사이상에 의해 혈청 알부민이 낮아지기도 한다.

③ 혈청 트랜스페린(serum transferrin)

혈청 트랜스페린은 운반단백질로 알부민에 비해 반감기가 짧고(8~10일) 체내 저장량이 적어 초기 단백질 영양상태 판정의 좋은 지표로 이용된다. 이 방법은 혈청 트랜스페린 농도를 직접 측정하는 것보다 트랜스페린의 총철결합력(total iron binding capacity)으로부터 간접적으로 산출하는 방법을 주로 쓴다.

표 6-12 혈청 단백질의 종류 및 반감기

혈청 단백질의 종류	반감기
albumin	14~20일
transferrin	8~10일
thyroxine binding pre-albumin(TBPA)	2~3일
retinol binding protein(RBP)	12시간

자료 : Lee RD, Nieman DC, Nutritional Assessment, 1996

3) 면역능력 검사

면역기능 저하는 단백질-열량, 철, 아연 결핍과 관련이 있는 것으로 보고되고 있다. 면역검사에 이용되는 판정방법으로는 총임파구 수(TLC, total lympocyte count) 측정

검사와 피부에 항원을 주사하여 T-cell과 반응한 피부 붉어짐 반응으로 보는 지연형 피부 반응 검사(DCH, delayed cutaneous hypersensitivity) 방법이 주로 이용된다.

$$TLC = WBC \times \% \ lymphocytes/100$$

평가 기준	총임파구 수
정상 범위	>1500 cells/mm^3
약간 불량	1200~1500 cells/mm^3
보통 불량	800~1200 cells/mm^3
심한 불량	<800 cells/mm^3

4) 지질의 영양 생화학적 검사

(1) 혈중 중성지질(TG, triglyceride)

혈중 중성지질은 식사에 의하거나 체내의 간에서 합성된다. 열량 과잉인 경우, 알코올, 탄수화물, 고지방, 저단백질의 섭취는 혈액 내 중성지질을 상승시키는 원인이 된다.

(2) 혈중 콜레스테롤(serum cholesterol)

혈액 중의 콜레스테롤은 식사에 의하거나 간에서 합성된다. 혈중 콜레스테롤이 높은 경우에는 혈관계 질환인 관상동맥성 질환과 죽상 동맥경화증과 밀접한 관계가 있으며 뇌졸중이나 심근경색의 발생과도 관계가 있다고 본다. 콜레스테롤은 지단백질인 VLDL(very low density lipoprotein), LDL(low density lipoprotein), HDL(high density lipoprotein) 등의 구성성분이다.

고지혈증이란 체내 지질대사에 이상이 생겨 혈중의 지질이 한 가지라도 비정상적으로 높아진 상태를 말한다. 고지혈증은 고지방 및 고칼로리 식사, 음주, 유전, 간기능 장애, 당뇨병, 피임약 복용, 갑상선기능 저하, 신증후군 등이 원인이며, 이러한 상태가 오래 지속되면 동맥경화, 심혈관계 질환 등의 성인병이 유발될 수 있으므로 지속적인 식사조절과 규칙적인 운동을 통한 철저한 관리가 요구된다.

표 6-13 고지혈증의 진단 기준

고콜레스테롤혈증	≥240 mg/dL
경계치	200~239 mg/dL
정상	200 mg/dL
매우 높은 LDL 콜레스테롤혈증	≥190 mg/dL
고 LDL 콜레스테롤혈증	160~189 mg/dL
경계치	130~159 mg/dL
정상	100~129 mg/dL
적정	< 100 mg/dL
저 HDL 콜레스테롤혈증	< 40 mg/dL
고 HDL 콜레스테롤혈증	≥60 mg/dL
고중성지방혈증	≥200 mg/dL
경계치	150~199 mg/dL
정상	< 150 mg/dL

5) 무기질의 영양상태 판정

(1) 철

철 결핍의 임상증세로 피로감(fatigue), 빈혈(anemia), 구각염(angular's tomatitis), 설염(glossitis), 연하곤란(dysphagia), 위산분비 저하증(hypochlorhydria), 숟가락 모양의 손톱(spoon nail) 등이며 철 결핍이 3단계로 진행된다. 첫 번째 단계는 철 고갈 단계(iron depletion)로 저장철이 고갈된 상태이며 운반철과 헤모글로빈은 정상, 혈청 페리틴의 농도는 감소한다. 두 번째 단계는 적혈구 내의 철 고갈 단계(iron-deficient erythropeisis)이다. 즉, 저장철이 고갈되어 적혈구 생성이 줄어드는 단계를 의미한다. 세 번째 단계는 철 결핍성 빈혈 단계(iron-deficiency anemia)로서 저장철과 혈청철의 수준이 감소되어 빈혈이 발생되는 단계이며 헤모글로빈 농도, 헤마토크릿과 적혈구 등이 모두 감소한다(그림 6-17).

	1단계	2단계	3단계
체내 철 저장상태	철 저장량 고갈 단계	철 결핍 단계 (빈혈증상 없음)	철 결핍성 빈혈 단계
생화학적 판정 지표	혈청 페리틴	트랜스페린 포화도, 적혈구 프로토포피린	헤모글로빈, 평균 적혈구 부피(MCV)

그림 6-17 단계별 철 결핍상태

표 6-14 철 상태 평가에 자주 사용되는 실험 측정치

철 결핍의 단계	지표	진단 범위
저장고 고갈	착색 가능한 골수 철	없음
	총철결합력	>400 μg/dL
	혈청 페리틴 농도	<12 μg/L
기능적 철 결핍 초기	트랜스페인 포화도	<16%
	자유 적혈구 프로토포피린	>70 μg/dL 적혈구
	혈청 트랜스페린 수용체	>8.5 mg/L
철 결핍 빈혈	헤모글로빈 농도	<130 g/L(남자) <120 g/L(여자)
	평균 세포 용적	<80 fL

대사증후군

대사증후군은 인슐린저항증후군 또는 X 증후군(syndrome X)이라고도 하며 인슐린이 제대로 만들어지지 않거나, 제 기능을 하지 못할 경우에 당뇨병·고혈압·뇌졸중·심장병 등 인슐린 저항성으로 인해 나타나는 복합적인 병증을 일컫는다.

판정기준

(1) 국제보건기구(WHO) 판정 기준(1998년)

① 비만 : BMI > 30 또는 허리-엉덩이 둘레비(WHR) 남자 > 0.9, 여자 > 0.85

② 이상지혈증 : 중성지방 > 150 mg/dL 또는 HDL콜레스테롤 남자 < 35 mg/dL, 여자 < 40 mg/dL

③ 고혈압 : 혈압 > 140/90 mmHg 또는 약물치료 중인 경우

④ 미세알부민뇨증 : 소변 알부민 배설량 > 20 μg/min(30 mg/dL)

당뇨병 또는 공복 시 혈당장애 또는 내당능장애 또는 인슐린 저항성이 있고, 위 내용 중 2가지 이상 동반할 경우 대사증후군이라 한다.

(2) 미국의 콜레스테롤 교육 프로그램(NCEP-ATPⅢ)(2001년)

① 복부비만 : 허리둘레 남자 > 102(한국 > 90[1),2)]) cm, 여자 > 88(한국 > 80[1)], > 85[2)]) cm

구분	남	여
WHO 기준	>102	>88
WHO의 아시아 · 태평양 지역 기준(2000년)[1)]	>90	>80
대한비만학회[2)]	>90	>85

1) 2000년 제정된 WHO의 아시아 · 태평양 지역 기준

2) 대한비만학회 기준

② 고중성지방혈증 : 중성지방 > 150 mg/dL

③ HDL 콜레스테롤 : 남자 < 40 mg/dL, 여자 < 50 mg/dL

④ 고혈압 : ≥130/85 mmHg

⑤ 고혈당 : 공복 혈당 > 110 mg/dL

위의 5가지 중 3가지 이상일 경우를 대사증후군이라 한다.

(3) 국제당뇨재단(IDF)(2004년)

① 높은 중성지방 : > 150 mg/dL 또는 약물복용 중

② 낮은 HDL 콜레스테롤 또는 약물복용 : 남자 < 40 mg/dL, 여자 < 50 mg/dL

③ 높은 혈압 : ≥130/85 mmHg 또는 약물복용 중

복부비만(필수 항목, 민족별 독자적 기준 적용)이면서 위 내용 중 2가지 이상 동반할 경우 대사증후군이라 한다.

(4) 우리나라 2005년 국민건강영양조사 중 검진 분야의 대사증후군 판정 기준

① 허리둘레 : 남자 90 cm 이상, 여자 80 cm 이상

② 중성지방 : 150 mg/dL 이상

③ HDL 콜레스테롤 : 남자 40 mg/dL 미만, 여자 50 mg/dL 미만

④ 혈압 : 수축기혈압 130 mmHg 이상 또는 이완기혈압 85 mmHg 이상 또는 혈압약 복용

⑤ 혈당 : 공복 시 혈당 100 mg/dl 이상 또는 인슐린 주사나 당뇨병약 복용

위의 5가지 중 3가지 이상일 경우를 대사증후군이라 한다.

① 혈청 페리틴

혈청 페리틴 농도는 초기 철 결핍 상태를 알 수 있는 지표로 체내 철이 부족하면 조직과 혈청 페리틴 농도가 감소한다. 혈청 페리틴 농도는 감염이나 염증 반응 등의 질병에 의해 증가하는 경향을 보인다.

② 트랜스페린 포화도(transferrin saturation)

트랜스페린은 혈액 내에서 철을 운반하는 단백질로서 트랜스페린 단백질의 철 포화 정도는 체내 철 저장상태를 판정하는 또 다른 지표이다. 트랜스페린 포화도는 혈청 철을 총철결합력으로 나눈 백분율로 35% 정도를 정상수준으로 판정하고, 15% 이하일 때 철 부족으로 본다.

③ 헤모글로빈(HB, hemoglobin)

철은 헤모글로빈의 헴 성분으로, 헤모글로빈은 4개의 헴(heme) 분자와 글로빈(globin) 단백질로 이루어져 헴 내부 분자에 철이 결합되어 산소 운반 능력을 갖게 한다. 헤모글로빈은 철의 영양상태 측정에 가장 보편적으로 이용되는 지표로 철 결핍의 마지막 단계인 3단계에 빈혈상태 판정의 지표가 된다. 1g의 헤모글로빈에는 3.35 mg의 철이 보유되어 있으므로 혈액의 철량 정량 후 3.35로 나누어 헤모글로빈 양을 계산한다. 헤모글로빈 수치에 의한 빈혈 판정은 표 6-15와 같다.

표 6-15 철 결핍성 빈혈증의 판단(WHO 기준)

연령층		헤모글로빈 농도(g/dL)	헤마토크릿(%)
10~11세		<11.5	<34
12~14세		<12.0	<36
15세 이상	비임신 여성	<12.0	<36
	임신 여성	<11.0	<33
	남성	<13.0	<39

자료 : WHO/UNICEF/UNU, Iron deficiency anemia assessment, prevention and control: A guide for programme managers, 2001

④ 적혈구 지수

적혈구 지수는(red cell indices)는 헤모글로빈, 헤마토크릿, 적혈구 수로부터 식을 이용하여 계산이 가능하며, 최근에는 혈구계수자동분석기를 이용하여 쉽게 분석된다. 철 결핍성 빈혈에서는 MCV, MCH, MCHC 수치 모두가 감소한다.

표 6-16 적혈구 지수 및 계산식

적혈구 지수	계산식	감소시키는 요인
평균 적혈구 부피 MCV(mean cell volume; mean corpuscular volume)	MCV = Hct/RBC count per liter 성인 정상 범위 : 80~100 fL	평균 적혈구 크기 비타민 B_{12}나 엽산 결핍 시, 만성 간 질환, 알코올중독 시 증상
평균 적혈구 혈색소 농도 MCHC(mean cell hemoglobin concentration)	MCHC = Hb(g/L)/Hct 성인 정상 범위 : 320~360(g/L)	적혈구의 평균 혈색소 농도, 철 결핍 최종 단계에서 감소, 거대적아구성빈혈에서는 정상치
MCH (mean cell hemoglobin)	MCH = Hb(g/L)/RBC 수(10^{12}/L) 성인 정상 범위 : 26~34 pg	적혈구 개개의 헤모글로빈 함량을 의미

(2) 칼슘

칼슘은 한국인의 노인층에서 특히 부족한 영양소로 조사되고 있으며, 골격과 치아의 구성성분으로서의 근육수축, 신경의 흥분억제기능, 혈액응고 인자로도 작용한다. 혈액 내 칼슘 농도는 부갑상선호르몬, 칼시토닌 등의 호르몬이나 비타민 D에 의해 조절되어 항상성을 유지하므로 칼슘 상태 판정은 쉽지 않다. 그러나 최근에는 골밀도를 측정하여 뼈의 칼슘 결핍 정도를 조사하고 있다.

(3) 마그네슘

마그네슘은 ATP 구조를 안정화시키고 DNA, RNA 형성에도 관여한다. 또한 마그네슘은 동맥이완에 관여하며, 여러 효소의 보조인자로도 작용한다. 보편적으로 이용되는 마그네슘 영양상태 판정 지표로 혈청마그네슘 수준을 보는 것으로 1.6~2.6 mg/dl 이면 정상으로 간주한다. 이외에도 적혈구 마그네슘 농도 측정과 근육 내 마그네슘 농도 등도 판정 지표로 이용되지만 마그네슘은 체내 항상성이 잘 유지되므로 영양상태 판정이 용이하지 않다.

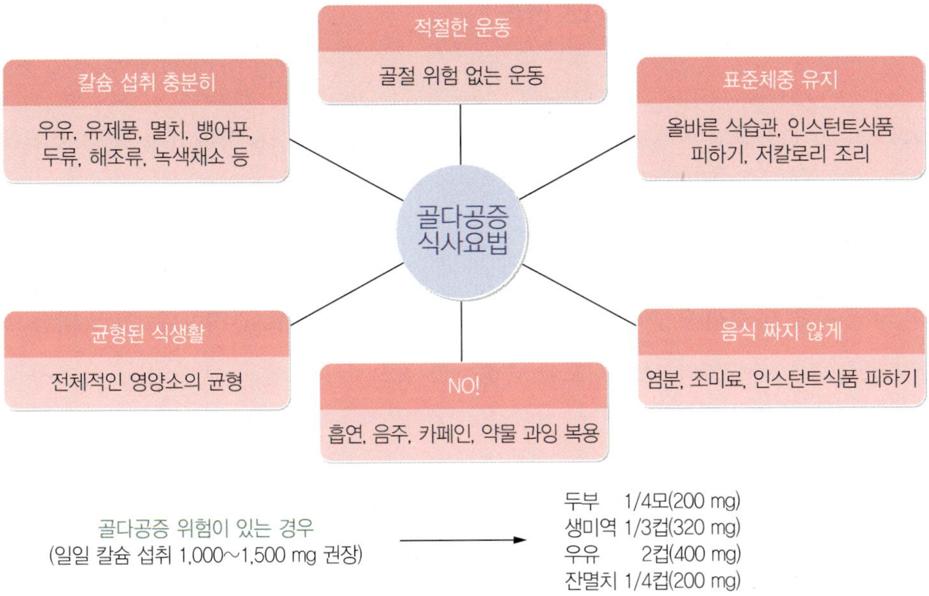

그림 6-18 골다공증 식사요법

자료 : www.dietitian.or.kr

(4) 아연

생체 내 금속효소의 구성성분. 생체 내 200여 종 이상 되는 효소의 구성성분으로 면역기능 T세포의 발달 등에 관여한다. 아연의 영양상태를 나타내는 지표로는 적혈구의 아연 농도나 혈청 내 아연 농도, 메탈로싸이오네인 단백질 농도와 소변 중의 아연 농도 등이 이용되고 있다.

(5) 요오드

요오드는 체내 15~30 mg 정도 갑상선에 주로 저장되어 갑상선호르몬인 트라이아이오도티로닌(T_3)과 티록신(T_4) 합성에 이용된다. 최근 전 세계 많은 사람들에서 결핍증이 나타나고 있으며, 한국의 경우에도 30~50대 여성들에서 갑상선선종(goiter), 저갑상선증(hypothyroidism) 등으로 빈번하게 보고되고 있다.

요오드의 영양상태 판정 방법으로는 소변 중 배설량, 혈중 티록신, 갑상선자극호르몬(TSH) 측정과 동위원소 ^{131}I를 이용한 측정 방법이 있다.

6) 지용성 비타민의 영양상태 판정

(1) 비타민 A

비타민 A 영양상태에 이용되는 생화학적 방법으로 혈청 내 비타민 A 수준이나 투약-반응 검사, 상피세포의 검사, 암 적응력 검사 등이 이용되고 있다.

① 암 적응력(dark adaptation) 검사

비타민 A 초기 결핍증 증상인 야맹증은 암 적응력 측정으로 판정한다. 이 방법은 직접적으로 로돕신과 이의 재생 정도를 측정하는 것으로 불빛을 비춘 후 어둠 속에서 물체를 식별하는 방법이다. 10분 정도의 짧은 시간에 적은 비용으로 측정할 수 있는 간단한 방법으로 이용도가 높다.

② 투약-반응 검사(RDR, relative dose-response test)

이 방법은 간의 비타민 저장량 수준을 측정하거나 비타민 A 결핍 정도를 판정하는 데 이용된다. 간의 비타민 A 수준이 높을 때는 비타민 A를 투여해도 혈청 내 농도 변화가 거의 없으나, 저장 수준이 낮을 때는 비타민 A 투여 시 혈청 레티놀 농도가 5시간 후에는 최고치에 도달하는 원리를 적용한 방법이다.

③ 혈청 비타민 A 농도 검사

정상상태에서 95%의 혈청 비타민 A는 레티놀결합단백질 형태로 결합되어 있고 나머지 5%는 레티놀 에스터로 단백질에 결합되지 않은 형태로 존재한다. 성인의 경우 혈청 비타민 정상수준이 30 μg/dL 이상이고, 10 μg/dL 이하가 결핍, 10~20 μg/dL이면 다소 부족, 100 μg/dL 이상의 수준은 과잉증으로 판정한다. 이 방법 자체만 가지고 판정하는 것보다 식이섭취조사나 임상검사 등과 관련지어 조사할 때 보다 좋은 결과를 얻을 수 있다.

(2) 비타민 D

골연화증, 구루병 등과 같은 비타민 D 결핍 증상이 나타나기 전에 혈중 염기성 인산분해효소(alkaline phosphatease)의 활성효소의 농도가 증가하므로, 혈중 염기성 인산분해효소의 활성도가 20 unit 이상이면 결핍으로 본다. 한편 혈청 25-(OH)D_3의 농도는 식품으로 섭취하거나 체내 합성된 비타민 D의 양을 잘 반영하고 있어 좋은 판정

지표로 평가된다. 일반적으로 혈청 25-(OH)D_3 농도가 3.0~10 ng/mL이면 경계수준, 3.0 ng/mL 이하이면 결핍, 200 ng/mL이면 이상이면 과잉으로 본다. 그러나 계절이나, 햇볕 노출 기간, 나이 등에 영향을 받는 단점도 있다.

(3) 비타민 E

주요 결핍 증상은 근육과 신경의 공조 부조화로 발생하는 운동실조(ataxia)와 골격근증(skeletal myopathy), 색소침착 망막증(pigmented retinopathy) 등이 있다. 이러한 증상과 함께 혈청 내 비타민 E 농도가 매우 낮은 경우(2.3 μmol/L 혹은 1.0 μg/mL 미만) 비타민 E 결핍으로 판정할 수 있다. E의 영양상태 판정 지표로 적혈구의 용혈검사, 조직 내 비타민 E 측정, 혈청 총비타민 E 수준과 토코페롤 농도 측정 등이 주로 이용된다. 적혈구 용혈검사(hemolysis)의 경우 용혈비율이 혈청 토코페롤 농도와 역의 상관관계를 가지고 있는 원리를 이용한 방법으로 용혈검사에서 적혈구를 세척하여 3시간 동안 2~2.4%의 과산화수소에 배양하여 적혈구 파괴 정도를 측정하는 방법이다. 이때 용혈이 5% 이하로 나타나면 정상으로 판정한다.

(4) 비타민 K

비타민 K는 혈액응고에 관련되는 인자로 신생아를 제외한 정상인의 경우 장내 박테리아에 의해 합성되므로 결핍증은 흔하지 않다. 비타민 K의 결핍증은 비타민 K 반응성 저프로트롬빈혈증(hypoprothrombinemia)으로 정의되고, 프로트롬빈 시간(prothromin time)이 증가되고 심한 경우 출혈이 보이는 것으로 알려져 있다. 비타민 K의 영양상태 판정으로 혈액응고 시간을 측정하는 검사가 있다.

7) 수용성 비타민의 영양상태 판정

(1) 비타민 B_1

비타민 B_1(thiamin)은 체내에서 주로 에너지 대사에 관여하는 여러 효소들의 보조효소로서 작용한다. 결핍증은 비타민 B_1의 함량이 적은 백미 위주의 식사를 계속할 때 나타날 수 있으며, 가벼운 결핍 증세로는 식욕감퇴·허약·권태·우울증 등이 있다. 비타민 B_1 영양상태 판정 방법으로는 트랜스케톨레이스(transketolase)의 활성도를 측정하는 방법이 있다. 이 방법은 초기 싸이아민(thiamin)의 결핍상태를 판정하는 비교적 정확한 방법으로 적혈구를 이용하여 조효소인 TPP(thiamin pyrophosphate)를 첨가하지 않은 상태와 적혈구에 TPP를 첨가한 상태를 비교하여 트랜스케톨레이스의 활동도를 측정하여 활성계수를 계산하는 방법이다. 이때 활성계수가 클수록 싸이아민의 결핍 정도가 심한 것으로 판정한다.

(2) 비타민 B_2

비타민 B_2(riboflavin)는 체내에서 전자전달계의 산화·환원 반응에 보조효소로서 작용하여 열량영양소가 대사되어 에너지와 물로 분해되는 산화과정에 필수적이다. 한국인에게 가장 흔한 비타민 B_2 결핍 증상으로 입가 주변이 헐고 염증이 생기거나 입가가 찢어지는 현상으로 구각염 등이 있다. 가장 일반적으로 이용되는 비타민 B_2의 기능적인 영양상태 판정 방법은 적혈구의 글루타싸이온 환원효소(glutathione reductase)의 활성도 측정법이 있다. 조효소인 FAD가 적혈구에 첨가되기 전과 후를 측정하여 판정하는 방법이다.

(3) 나이아신

나이아신(niacin)은 당질·지질 및 단백질의 산화과정을 촉매하는 효소의 보조효소로 작용하며 나이아신과 트립토판이 동시에 부족한 식사를 수개월간 계속하면 펠라그라 증상과 식욕부진, 허약감, 어지럼증 등의 결핍 증상이 나타난다.

나이아신 영양상태 판정 지표로는 소변으로 배설되는 나이아신 대사산물 측정법과 혈중 나이아신 농도 측정 방법 등이 있다.

① 소변으로 배설되는 나이아신 대사산물 측정법

소변 중의 대사산물인 N-메틸니코틴산아마이드와 2-피리돈의 비율을 측정하는 방법으로 50 mg의 니코틴산아마이드 투여 후 4~5시간이 지난 후 소변으로 배설되는 대사산물의 양을 측정한다.

② 혈중 나이아신 농도측정방법

혈액에서 검출된 나이아신을 *Lactobacillus plantarum*으로 성장시켜 미생물 성장을 관찰하여 나이아신 영양상태를 판정하는 방법이다. 혈액 내 나이아신 농도는 영양상태 판정에 좋은 지표로 활용되지는 않는다.

(4) 비타민 B_6

비타민 B_6는 단백질 및 아미노산 대사를 촉매하는 여러 효소 반응에 PLP(pyridoxal phosphate) 보조효소 형태로 작용하여 단백질 섭취량이 많아지면 비타민 B_6 섭취량이 비례적으로 높아진다. 영양상태 판정 방법으로는 트립토판 부하검사, 피리독신 의존효소의 활성도를 측정하는 간접적인 방법과 총비타민 B_6, 적혈구 PLP(pyridoxal phosphate), 소변 중의 4-pyridoxic acid 등을 측정하는 직접적인 방법이 있다.

① 트립토판 부하검사(tryptophan load test)

트립토판의 대사에 피리독신 의존효소에 의해 촉매되는 단계가 있는데 피리독신 부족 시에 크산투렌산(xanthurenic acid)의 배설량이 증가하는 원리를 이용한 방법이다. 실제로 트립토판을 2~5 g 섭취 후 크산투렌산의 배설량을 측정하여 6시간 동안 수집된 소변에 크산투렌산이 24 mg 이상이면 정상, 24시간 수집된 소변에 75 mg 이상 검출되면 피리독신 결핍으로 판정한다.

② 소변 중의 4-pyridoxic acid(PA) 측정

4-PA는 피리독신의 대사산물로서 소변으로 배설되는 양은 식품으로 섭취한 피리독신의 양을 반영한다. 피리독신 결핍 시에는 소변으로 배설되는 양이 거의 없고, 4-PA의 농도가 3.0 μmol/day 이상이면 정상으로 판정한다.

③ 혈장 PLP(pyridoxal 5-phosphate) 농도 측정

가장 많이 이용되는 직접적인 방법으로 PLP(pyridoxal phosphate)는 혈장 내 70% 이상을 차지하는 주된 순환 형태로 총비타민 B_6 판정에 유용하다.

(5) 엽산

엽산은 세포 내에서 핵산(DNA) 물질의 합성과정에 보조효소로 관여하여 인체 및 동물의 세포분열 또는 성장 인자로 작용하며, 비타민 B_{12}와 함께 적혈구 형성과정에도 관여한다. 엽산이 결핍되면 골수에서 적혈구 조성이 어려워 적혈구의 수가 감소하고 적혈구의 성숙이 지연되는 거대적아구성빈혈이 동반된다. 임신 중 특히 임신 초기에 엽산이 결핍되면 태아의 신경관 손상을 초래할 확률이 높다. 엽산의 생물학적인 영양상태 방법으로는 적혈구 엽산 농도, 혈청 엽산 농도 등이 있고 기능적인 검사 방법으로 데옥시유리딘 억제 검사법(deoxyuridine suppression test)이 있다.

① 혈청 엽산

엽산이 풍부한 식품을 섭취하거나 엽산보충제를 복용하면 혈청의 엽산 농도가 증가하여 혈청 내의 엽산 수준은 식이에 의한 엽산 양을 반영한다. 반면 2~3주 동안 엽산 식이섭취가 낮으면 혈청 엽산 농도는 3 mg/mL 이하로 감소하는 경향을 보인다. 낮은 엽산 식이섭취가 한 달 이상 지속되면 적혈구 엽산 농도도 함께 감소한다. 이러한 상태가 3개월 이상 지속되면 임상증상으로 빈혈이 나타난다.

② 적혈구 엽산

임상적 진단 지표로 이용되고 있는 적혈구 내 엽산 농도는 적혈구 합성 시의 영양상태를 반영하나 최근의 영양상태 판정 지표로는 부적합하다. 적혈구 엽산 농도가 160 mg/mL 이하이면 조직 내 엽산 고갈상태로 간주한다.

③ 데옥시유리딘 억제 검사법

데옥시유리딘 억제 검사법은 방사성동위원소를 가진 티미딘(thymidine)이 DNA 합성에 직접적으로 얼마나 이용되었는지를 확인하여 엽산 결핍 정도를 판정하는 방법이다. 이때 엽산 의존효소인 티미딘은 엽산이 부족하면 활성도가 떨어진다.

(6) 비타민 B_{12}

비타민 B_{12}는 혈구세포의 성장과 분열에 관여하며, 결핍되면 악성빈혈과 신경세포 퇴화 현상이 나타난다. 체내 비타민 B_{12} 농도 감소는 혈청 내 비타민 B_{12} 농도 저하를 유발하므로 가장 정확한 B_{12} 영양판정의 지표로 이용된다. 악성빈혈의 진단 지표로 이용되는 실링테스트(Schilling test)는 코발트의 방사성동위원소(Co_{57} 또는 Co_{58})가 포함된 비타민 B_{12}를 투여한 후 1시간 후에 1 mg 정도 다량의 비타민 B_{12}를 근육주사나 피하주사로 투여하여 관찰하는 방법이다. 정상인은 2시간 이내 방사성 물질이 소변으로 배설되지만 악성빈혈의 경우 소변으로 배설되는 양은 5% 이하로 소량이다. 이 방법은 24시간 소변을 채취해야 하는 단점이 있다.

표 6-17 엽산과 비타민 B_{12}의 결핍 판정 기준

<table>
<tr><th>영양소</th><th colspan="2">정상</th><th colspan="2">결핍</th></tr>
<tr><td>혈청 엽산
적혈구 엽산</td><td colspan="2">>6 ng/mL
>200 ng/mL</td><td colspan="2"><3 ng/mL
<150 ng/mL</td></tr>
<tr><td>혈청 B_{12}</td><td colspan="2">>100 pg/mL</td><td colspan="2"><100 pg/mL</td></tr>
<tr><td>FIGLU 배설량
(2~5 g 히스티딘 투여 후
6시간 소변량에서 함량)</td><td colspan="2">5~20 mg</td><td colspan="2">정상치의 5~10배</td></tr>
<tr><th>데옥시유리딘 억제 검사</th><th>엽산 결핍</th><th colspan="2">B_{12} 결핍</th><th>엽산과 B_{12} 모두 결핍</th></tr>
<tr><td>엽산 첨가</td><td>정상화됨</td><td colspan="2">비정상</td><td>비정상</td></tr>
<tr><td>비타민 B_{12} 첨가</td><td>비정상</td><td colspan="2">정상화됨</td><td>비정상</td></tr>
<tr><td>엽산 + 비타민 B_{12}</td><td>정상화됨</td><td colspan="2">정상화됨</td><td>정상화됨</td></tr>
</table>

(7) 비타민 C

아스코르브산이라고도 부르는 비타민 C는 B복합체와는 달리 분자구조에 질소를 함유하지 않은 특징을 가지고 있으며, 항산화 기능, 콜라겐 합성, 철 흡수 촉진 등과 같은 생리활성기능을 가지고 있다. 비타민 C가 결핍되면 뼈, 치아의 상아질 및 에나멜층과 혈관벽의 형성이 부실해져 골절이 쉽게 생기고, 상처 회복이 늦어진다. 비타민 C 영양상태 판정법은 혈청이나 백혈구의 농도를 측정하는 것이다.

① 혈청 비타민 C 농도 측정

최근 연구에 의하면 혈청의 비타민 C 농도는 식이의 비타민 C 섭취량이나 백혈구의 비타민 C 농도와 관계가 높은 것으로 보고되고 있다. 혈청 비타민 C 농도가 11 μmol/L 이하면 결핍, 11~23 μmol/L이면 경계결핍증으로 간주한다. 한편 조직이나 혈청 내 비타민 C 농도는 성별이나 흡연 여부에 따라 차이를 보이고 있는데 흡연자들보다 비흡연자들에서, 여성보다 남성에서 비타민 C 농도가 높은 것으로 나타났다.

② 백혈구 비타민 C 농도 측정

백혈구의 비타민 C 농도는 혈청이나 적혈구보다 체내 저장량이 잘 반영되는 지표로 활용되고 있으나 분석 시 많은 양의 혈액을 필요로 하므로 영아들에겐 적합하지 않으며, 단기간의 식이섭취 변화는 잘 반영되지 않는 단점이 있다.

③ 비타민 C 포화도 검사(ascorbic acid saturation test)

비타민 C 포화도 검사는 24시간의 소변을 채취해야 하는 단점이 있지만 비타민 C 고갈 정도를 판정할 수 있는 좋은 지표이다. 특히 과량 섭취 시의 비타민 C 판정에 효과적이다. 이는 비타민 섭취량이 적당량으로 간주되는 100 mg/day 이하일 경우 옥살산 형태로 배설되고, 1 g 이상 과량일 경우 비타민 C 형태로 배설되는 원리에 근거한 것이다. 한편 소변으로 배설되는 비타민 C는 아스피린 같은 약물복용 시 영향을 받아 증가하는 경향을 보인다.

표 6-18 비타민 C 영양상태 평가 지표

비타민 C 농도	나이	충분치	경계치	결핍치
혈청(mg/dL) ( ): μmol/dL	0~19세 남녀	>0.6	0.2~0.6	<0.2
	20세 이상	>0.4(2.8)	0.2~0.6(1.1~2.3)	<0.2(1.1)
백혈구(mg/dL)	모든 연령층	>15	7~15	<7

자료 : Simko MD, Cowell CC, Gilbride JA., Nutrition Assessment, 1995

8) 혈액으로 보는 임상적 혈액검사

(1) Lactate Dehydrogenase(LDH)

LDH는 골격근육, 심장, 간, 십이지장, 비장, 뇌 등의 조직에서 발견되는 효소로서 이들 기관에 이상이 생기면 혈중 농도는 증가한다. 바람직한 혈청 LDH의 농도는 0.75~1.50 μkat/L이다.

(2) Alanine Aminotransferase(ALT)

ALT는 혈청 글루탐산피루브산 아미노전이효소(SGPT, serum glutamic pyruvic transaminase)로 신장근이나 신장, 골격근에 주로 존재한다. 간에 손상이 오면 혈청 내의 ALT 농도는 상승하며 심장마비나 골격근육계 질환 또는 급성 십이지장염에서도 혈청 농도가 다소 증가한다. 성인의 바람직한 농도는 0.01~0.35 μkat/L이다.

(3) Alkaline Phosphatase(ALP)

ALP는 간, 골격 질환의 지표로 이용된다. 부갑상선호르몬의 과다 분비나 간질환에서 혈청 ALP의 농도는 증가하며 골격으로 칼슘의 침착이 증가한다. 성인의 참고치는 0.22~0.65 μkat/L이다.

(4) Aspartate Aminotransferase(AST)

AST는 혈청 글루탐산옥살로초산 아미노전이효소(SGOT, serum glutamic oxaloacetic transaminase)로 심장근, 간, 근육, 신장 그리고 십이지장이 손상을 입으면 8~12시간 내에 기관으로부터 AST가 혈액으로 흘러 나와 24~36시간에 혈액 내의 농도가 가장 높게 나타난다. 심장마비나 간질환, 십이지장염, 근육의 손상 시에 혈청 농도가 증가한다. 성인 참고치는 0.12~0.45 μkat/L이다.

(5) 빌리루빈

빌리루빈(bilirubin)은 헤모글로빈의 헴 부분이 효소작용으로 변색된 색소로 비장, 간, 그리고 골수에서 생성되어 혈액으로 분비된다. 혈청 빌리루빈 농도가 2 mg/dL 이상이면 황달로 판정한다. 바람직한 성인의 혈청 빌리루빈의 농도는 1.7~20.5 μmol/L이다.

(6) 혈액 요소 질소(BUN, Blood Urea Nitrogen)

질소를 요로 배설하는 물질로 신장 질환에서 혈청 농도가 증가하며, 탈수상태나 위장 질환의 수혈, 요관의 이상 등에서도 상승한다. 바람직한 혈청 농도는 8~25 mg/dL 이다.

표 6-19 혈액검사의 참고치

항목	단위	지표	항목	단위	지표
Calcium	mg/dL	88~10.5	Albumin	g/dL	3.3~5.2
Phosphorus	mg/dL	2.5~4.5	Total bilirubin	mg/dL	0.2~1.2
Glucose(FBS)	mg/dL	70~115	Direct bilirubin	mg/dL	0~0.5
Blood urea nitrogen	mg/dL	10~26	Alkaline phosphatase	IU/dL	소아 60~300, 청소년 30~165
Uric acid	mg/dL	3~7	AST(SGOT)	IU/dL	<40
Total cholesterol	mg/dL	<200	ALT(SGPT)	IU/dL	<40
Total protein	g/dL	6.0~8.0	γ-Glutamyl transpeptidase	IU/dL	남 11~63, 여 8~36

(계속)

항목	단위	지표	항목	단위	지표
Cholinesterase	IU/dL	1,140~1,590	Transterrin	mg/dL	200~300
TTT	Units	0~5	IgG	mg/dL	408~1,788
Acid phosphatase	KAU/dL	1.0~4.0	IgA	mg/dL	65~544
Amylase	IU/dL	60~180	IgM	mg/dL	49~355
Lipase	U/ml	0~1.0	IgD	mg/dL	1.6~10.0
Creatinine Kinase	IU/dL	20~270	IgE	IU/mL	0~200
Lactic dehydrogenase	IU/dL	100~190	Blood gas		
Creatinine	mg/dL	0.7~1.4	pH		7.35~7.45
Creatine	mg/dL	남 0.2~0.5, 여 0.4~0.9	PO_2	mmHg	80~90
Sodium	mEg/dL	135~145	PCO_2	mmHg	35~45
Potassium	mEg/dL	3.5~5.5	Bicarbonate	mmol/L	23~29
Chloride	mEg/dL	98~110	Ferritin	ng/mL	10~300
Co_2, total	mmol/dL	24~31	Vitamin B_{12}	pg/mL	200~1,000
Iron	μg/dL	남 50~170, 여 50~130	Folate	ng/mL	3~15
Total iron binding capacity	μg/dL	280~400	AFP	ng/mL	<20
Cholesterol	mg/dL	<200	CEA	ng/mL	<2.5
Triglyceride	mg/dL	<150	CA-125	U/mL	2~48
HDL-cholesterol	mg/dL	남 35~50, 여 45~65	CA-130	U/mL	<35
Total lipid	mg/dL	400~700	TA-4	ng/mL	<2.0
Phospholipid	mg/dL	150~250	PSA	ng/mL	<3.0
Apdipoprotein A_1	mg/dL	109~137	PAP	ng/mL	<3.2
Apdipoprotein B	mg/dL	51~91	WBC	$cells/mm^3$	4,000~10,000
HbA_1C	%	2.3~7.1	RBC	$cells/mm^3$	남 4.2~6.4×10^3, 여 4.0~5.4×10^6
Free fatty acid	mmol/dL	아동<1.10, 성인 0.03~0.09	Hematocrit	%	남 39.0~52.0, 여 36.0~48.0
Bile acid	mg/dL	0.3~3.0	Platelet	$cells/mm^3$	130~400×10^3
Magnesium	mg/dL	1.8~3.0 (1.5~2.5mmEg/L)	ESR	mm/hr	남<9, 여<20
Zinc	μg/dL	7~150	Prothrombin time	%	80~100
Copper	μg/dL	70~155	Thrombin time	sec	11~21
Ceruloplasmin	mg/dL	23.3~40.2			

자료 : 조여원 외, 영양판정, 광문각, 2006

3. 임상조사

임상조사(clinical method)는 영양불량으로 나타나는 임상징후를 전문인이 시각적으로 진단하는 영양판정 방법이다. 임상증상은 영양결핍의 초기 단계에서는 잘 나타나지 않으며 영양결핍이 만성적으로 진행된 단계에서 나타나고 질병 등의 영향을 받을 수 있으므로 건강상태를 포함한 병력, 식이섭취, 영양상태를 반영하는 신체 증후 등을 조사한 후 종합적으로 판정하는 것이 더 정확하다.

표 6-20 영양상태를 나타내는 임상진단

신체부위	영양이 좋은 상태	영양이 불량한 상태
머리카락	윤기가 흐르고 단단하며 쉽게 뽑히지 않음	윤기가 없고 건조해 보임. 쉽게 빠지고 색깔이 변함
얼굴	피부색이 균일하고 건강해 보이며, 붓지 않음	안색이 변해 있으며 피부가 벗겨지기 쉬움
눈	밝고 맑음, 눈가가 붓지 않고 핏발이 없음	눈 점막이 창백하고, 눈가에 핏발이 섰으며, 건조하고 염증이 있음. 비토반점(Bitot's spot)이 있고 점막이 건조되어 있음
입술	터지거나 붓지 않았으며 부드럽고 촉촉함	입안의 점막이 붓고 푸석푸석 하며 피가 잘남
혀	분홍색이며 붓거나 너무 반반하지 않음	부어 있고 주황색이 나는 붉은색이며 혀의 돌기가 충혈되어 있음
치아	충치가 없고 통증이 없으며, 아래턱이 반듯함	충치, 빠진 이가 있으며, 표면이 닳았고 치아가 고르지 않음. 반점이 있음
잇몸	출혈이 없고 부어 있지 않음	피가 잘나며, 염증이 있고 잇몸이 가라앉아 있음
피부	반점이나 부종이 없고 피부색이 좋음	거칠고 말랐으며 각질화되었음. 창백하고 염증이 있음. 멍과 염증이 있음
손톱	단단하고 분홍색임	손톱이 울퉁불퉁하고 잘 휘며 부러짐
근육, 골격	근육이 잘 발달되어 있으며, 고통 없이 걷고 뜀	근육이 연약하고 무기력함
심혈관계	정상적인 심장박동, 리듬, 부정맥이 없고 혈압이 정상임	비정상적인 맥박, 비대한 심장, 고혈압
소화기계	식욕과 소화기능이 좋고 규칙적인 배변이 있음	식욕감퇴, 소화불량, 변비, 간이나 지라의 비대
신경계	정신적으로 안정된 상태, 정상적인 반사를 보임	주의가 산만, 손발의 지각 이상으로 감각의 위치를 분별 못함, 비반사작용을 보임

자료 : 보건복지부, 영양교육지침서, 1990

1) 병력조사(medical history)

과거와 현재의 영양상태와 관련된 진단명과 진단과정, 수술 경력, 약물복용, 음주, 흡연 등이 기록된 것을 통해 정보를 수집한다.

2) 식사력조사(dietary history)

식습관 및 일상적 식사 형태, 기호도, 알레르기, 식품구매력, 음식조리능력, 영양제 섭취 유무 등의 조사에 의한 정보를 수집한다.

임상진단의 한계

- 영양문제 발생 시 조기 발견의 어려움이 있다.
- 특정 영양소의 결핍 또는 과잉으로 발생된 것으로 보기 어렵다.
- 신체적 징후는 결핍 시기뿐만 아니라 치료 중이거나, 회복기에도 나타나는 양방향성의 문제점이 있다.
- 복합적인 요인에 의해 발생할 수 있는 임상적 징후의 이중성이 있어 판정하는 데에 어려움이 있다.
- 조사자의 자질과 경험에 따른 주관적인 평가의 문제점이 있다. 따라서 식이섭취조사, 신체계측조사, 생화학적 검사의 결과와 함께 분석하는 것이 바람직하다.

4. 식이섭취조사

식이섭취조사(dietary method)는 개인이나 특정집단의 식품섭취 상황을 정확히 파악하여 개인이나 집단의 영양문제, 그로 인한 질병, 건강문제를 판단하고 건강문제를 야기한 요인이 무엇인지 분석하여 그 문제 상황을 해결하기 위한 것이다.

1) 개인의 식이섭취조사 방법

식이섭취조사 방법은 단기 섭취 상태를 파악하는 것으로 회상법, 기록법, 실측법 등이 있으며 장기간 일상적 식이섭취 상태를 파악하는 것으로 식품섭취빈도조사법, 식사력조사법, 식행동, 식습관조사 등이 있다.

(1) 24시간 회상법

조사내용은 섭취한 음식이나 식품의 종류, 양, 섭취시간, 섭취장소, 조리방법 등이다.

조사자는 식품의 종류, 음식의 종류에 대해 잘 알고 있어야 하고 조리방법, 1인 분량, 목측량에 대한 훈련이 되어 있어야 한다. 조사에 걸리는 시간은 보통 15분에서 30분 정도로 하고 하루 일과를 차례로 물어보면서 기억을 재생시키고 섭취한 음식이 나오면 좀 더 상세히 질문하도록 한다. 조사 시 목측량 표현을 좀 더 정확하게 하기 위해 식품 모형, 사진, 그릇, 스푼, 계량컵 등 보조도구를 이용하는 것이 바람직하다.

표 6-21 회상법의 장단점

장점	단점
• 손쉽게 수행 가능 • 시간, 비용이 적게 듦 • 조사 대상자의 부담이 적음 • 개인 식이조사에서 가장 쉽게 이용됨(병원 환자 상담 시)	• 개인 섭취량의 편차가 큼(개인 내, 개인 간, 일일 간 등) • 일상식의 대표성 문제(신뢰도) • 기억의 문제 • 식품재료에 대한 지식 문제 • 목측량의 정확도 문제 • 혼합음식의 개별 식재료의 중량

표 6-22 24시간 회상법의 예

날짜, 시간	음식 종류	섭취량	섭취장소	누구와 함께	섭취 시 행동
아침(7시)	우유	1잔	주방	혼자	TV 보면서
점심(오후1시)	커피 과자(비스킷)	1잔 2개	학교 강의실	친구	대화
저녁(오후7시)	스파게티 피자 콜라 오이피클	½접시 1쪽 1컵 2쪽	패밀리 레스토랑	친구	대화
간식(오후12시)	사과	중 1개	거실	혼자	TV 보면서

(2) 식사기록법

식사일기라고도 하며 식품을 섭취하는 그때그때 음식의 종류와 양을 기록하는 방법이다. 조사기간은 1일, 3일, 7일로 할 수 있으며 보통 3일 정도가 가장 적당하다. 10세 이하의 어린이는 어머니에게 기록하도록 하며 조사 대상자가 글씨를 모르는 경우에는 식사를 준비하는 가족이 대신 기록할 수도 있다. 적당한 조사기간은 연속 3~7일이다. 기록법은 다른 식이섭취조사보다 조사에 참여하는 사람의 협조가 매우 중요하다.

주말이나 공휴일의 식사 패턴은 평일과 차이를 보이는 경우가 많으므로 평일과 주말을 함께 포함시켜 조사하는 것이 바람직하다.

기록법에 기록하는 것은 24시간 회상법의 내용과 유사하게 작성하도록 한다.

표 6-23 식사기록법의 장단점

장점	단점
• 기억의 문제점 해소 • 그날그날 일기 형식으로 작성 • 비만 클리닉과 같은 곳에서 추후 영양문제 개선을 위해 많이 사용 • 기록 오류에 대한 사전교육 시 정확도 개선 • 비용이 많이 들지 않음	• 기록 부담 • 기록 부담으로 식품섭취 자체가 변하게 됨 • 목측량을 알기 어려움(사전교육 필요) • 적게 기록하는 경향 • 조사자의 협조가 특히 필요

표 6-24 기록법 예

날짜	시간	섭취 음식	식품명	목측량	양(g)	식사 시간(분)	누구와 함께	식사 시 활동[1]	식사 시 기분[2]

[1] TV 보면서, 책보면서, 친구랑 대화를 나누면서, 걸어가면서 등

[2] 지루하다, 피곤하다, 좌절, 우울해서, 화가 나서, 맛있어 보여서 등

(3) 실측법

실측량 기록법은 조사 대상자 본인이나 보호자가 기록하게 되는데 섭취하는 모든 식품과 음식을 저울로 측량하여 기록한다. 개인에게 제공되는 음식량을 일일이 재서 측정하고 먹고 남긴 양을 빼서 섭취한 양으로 계산한다.

표 6-25 실측법의 장단점

장점	단점
• 가장 정밀한 방법	• 부담이 큼 • 비용도 많이 듦 • 일상적 식사가 아닐 확률 증가(정확도 감소) • 시간 소모 큼 • 복합음식섭취 시 측량 거의 불가능 • 조사자의 협조를 얻기 어려움

(4) 식품섭취빈도조사법

특정식품의 섭취 횟수를 조사하는 것이며 영양소 섭취량보다는 식사의 질을 평가하는 방법으로 24시간 회상법의 단점을 보완해줄 수 있다. 식품섭취빈도조사법은 좀 더 장기간에 걸친 평상시의 식사 형태를 조사하는 방법으로 그 식품의 섭취 빈도를 1일, 1주, 1달, 1년의 섭취 횟수로 기록하여 식이섭취와 질병과의 관계를 살펴보기에도 적당한 방법이다.

식품섭취빈도조사법은 조사대상 집단에서 일상적으로 섭취하는 식품, 사용빈도가 높은 식품, 혹은 조사하고자 하는 영양소(예 : 나트륨, 콜레스테롤)를 함유하는 식품의 목록을 만들고, 또한 특정식품, 주류, 양념류 등에 들어 있는 인공감미료, 오염물질 등의 섭취 정도를 파악하는 데도 유용하다.

표 6-26 식품섭취빈도법의 장단점

장점	단점
• 비용, 시간이 적게 듦 • 조사방법이 비교적 간단 • 조사자가 없어도 가능 • 장기간의 식품섭취 패턴을 파악할수 있음 • 식사와 관련된 질병 요인 분석 가능 • 특정식품군의 섭취 경향 파악 가능	• 무응답 비율이 높을 수 있음 • 식품을 모두 포함시킬수 없어서 누락 가능성 증가 • 조사항목이 많아지면 무응답비율 증가 • 식품섭취량이 정확하지 않음 • 영양소섭취량 분석이 어려움 • 조사 대상자마다 다른 설문지를 작성해야 함 • 양을 측정할 수 있는 방법을 모색해야 함

표 6-27 식품섭취빈도조사법의 예

반정량 식품섭취빈도조사법

음식명	하루에 한 번	1주일에 2~3번	1주일에 한 번	2주일에 한 번	한 달에 한 번	1년에 한 번	안 먹는다
햄버거 1개							
우유 1팩							
피자 1조각 (300 g)							

정량적 식품섭취빈도조사법 1

음식명	하루				1주일			한 달			1년		1회 분량			
	4	3	2	1	3	2	1	3	2	1	2	1	기준량	더 적다	같다	더 많다
우유													1팩			
김치													1접시 (60g)			
흰밥													1공기 (210g)			

정량적 식품섭취빈도조사법 2

종류	지난해 평균 섭취 횟수								평소 섭취량
	거의 섭취하지 않는다	1회/월	2~3회/월	1회/주	2~3회/주	4~5회/주	1회/일	2~3회/일	
쌀									½공기 1공기 1½공기
감자									중 ½개 중 1개 중 1½개
라면									½개 1개 1½개
배추김치									½소접시 1소접시 1½소접시

또한 특정 질환과 연관되어 특정 영양소의 섭취량을 평가하고자 하는 목적으로도 이용될 수 있다. 이런 경우 해당 영양소의 주요 공급원이 되는 식품의 목록을 만들고, 그 식품의 섭취빈도를 1일, 1주, 1달의 섭취 횟수로 나타내어 조사지를 만든다. 예를 들어 골다공증 질환과 칼슘 영양상태를 조사하려면 칼슘의 급원식품이거나 칼슘 섭취에 기여도가 높은 식품들을 중심으로 섭취빈도조사 설문지를 작성한다.

표 6-28 칼슘 섭취에 기여도가 높은 식품섭취빈도조사 설문지의 예

식품의 종류	매일	1주일에 한 번	한 달에 한 번	1년에 한 번
우유				
치즈				
요구르트				

조사 대상자 혹은 조사목적에 따라 식품섭취빈도조사법의 양식을 다르게 구성한다.

표 6-29 초등학교 비만 아동 인스턴트식품 섭취빈도조사 예

식품의 종류	1회/주	1회/2주	1회/월	안 먹는다
햄버거				
라면				
핫도그				
돈가스				
피자				
떡볶이				
만두				
김밥				
닭튀김				

표 6-30 여고생 식품섭취빈도조사 예

식품의 종류	매일	2~3회/주	1회/주	1~2회/월
피자				
콜라, 사이다 등				
탄산음료				
햄버거				
치킨				
과자				
라면				
어묵				
떡볶이				
닭꼬치				
아이스크림				

표 6-31 노인 식품섭취빈도조사 예

식품의 종류	거의 안 먹는다	1회/월	1회/주	2~3회/주	매일
육류					
생선류					
녹황색 채소류					
담색 채소류					
과일류					
우유류					
해조류					
콩류					

노인 대상 건강식품 섭취빈도 예

1. 질병 유무
2. 질병의 종류
3. 건강식품 섭취 종류와 섭취빈도

식품의 종류	섭취 안 함	1년에 1번	1년에 2번	3개월에 1번	한 달에 1번	매일
인삼제품						
녹용						
버섯류 (차가, 영지 등)						
개소주						
흑염소						
사슴피						
알로에						
키토산						
글루코사민						
양파즙						
포도즙						
배즙						

(5) 식사력조사법

식사력조사법은 비교적 장기간, 1년 이상의 식사섭취 형태를 알기 위한 방법이며 두 부분으로 나누어 면담조사를 한다. 조사내용은 식사 시간, 식사 간격, 일상적으로 먹는 음식, 식품섭취빈도조사, 섭취량 등이며 이 조사방법 역시 만성 질환의 역학 연구에 주로 사용된다.

표 6-32 식사력조사법의 장단점

장점	단점
• 장기간의 식사섭취 패턴 파악 • 식품섭취와 질병 요인과의 관계 분석 가능 (만성 질환의 역학 연구)	• 기억력에 의존, 정확도 감소 • 객관적 자료가 아님 • 조사시간이 많이 걸림 • 조사원 훈련 필요

식사력 조사지의 예

1. 나는 평소 하루에 쌀밥을 ______ 공기 먹는다.
2. 나는 평소 매일 사과나 배 등 과일을 ______ 개 먹는다.
3. 나는 평소 매일 녹황색 채소류를 ______ 접시 먹는다.
4. 나는 평소 매일 김치를 ______ 접시 먹는다.
5. 나는 평소 매일 담색 채소류를 ______ 접시 먹는다.
6. 나는 평소 매일 우유, 치이즈, 요구르트를 ______ 개 먹는다.
7. 나는 평소 일주일에 콩을 ______ 접시 먹는다.
8. 나는 평소 매일 과자를 ______ 봉지 먹는다.
9. 나는 평소 일주일에 술을 ______ 잔 (소주잔) 먹는다.
10. 나는 내 식사가 균형적이라고 생각한다.

(6) 직접분석법(direct chemical analysis), 동량수거분석법

이 방법은 영양소 필요량에 관한 대사실험이나 식품성분표에 누락되어 있는 특정 미량 영양소의 섭취상태를 조사하고자 할 때 조사 대상자가 섭취한 음식의 영양소 함량을 직접 분석하는 방법이다. 영양소 함량을 가장 정확하게 파악할 수는 있지만 조사방법 자체가 대상자의 식습관을 변화시킬 뿐 아니라 비용과 시간이 너무 많이 들어 쉽게 이용하기 어렵다.

(7) 식행동 및 식습관 조사법

식행동이나 식습관 조사는 식사기록법의 보조자료로 매일 특별한 식습관이나 식행동, 식사와 관련된 정서 등을 파악하여 영양개선 대책의 기본자료로 이용할 수 있다.

식사기록법이나 24시간 회상법을 조사하면서 식행동 및 식습관에 관한 질문을 유도할 수 있다. 질문의 내용은 조사 대상자에 따라 달라져야 한다. 각 연령이나 성별에 따라 생활습관, 삶의 양식이 다르기 때문에 질문의 항목도 적절하게 구성해야 할 것이다.

표 6-33 초등학생 식습관 조사표

구분	그렇다	아니다
식사가 규칙적이다.		
아침을 잘 안 먹는다.		
항상 과식한다.		
저녁에 많이 먹는다.		
빨리 먹는 편이다.		
식사가 균형적이지 않다.		
간식을 많이 먹는다.		
지방이 많이 있는 걸 좋아한다.		
단것을 좋아한다.		
먹는 것으로 스트레스를 해소한다.		
가장 우선하는 것은 식품을 사는 것이다.		
통제할 수 없는 식사를 한다.		
배고픔을 참을 수 없다.		
항상 먹을 것이 있다.		
폭식을 한다.		
잠자기 전에 먹는다.		
TV를 보거나 책을 읽으면서 먹는다.		
아무데서나 먹는다.		
외식을 자주 한다.		

표 6-34 고등학생 식습관 조사표

항목	0점	1점	2점
식사는 늘 배부르게 먹습니까?	만복이 될 때까지 먹는 일이 많다.	많이 먹을 때도 적게 먹을 때도 있다.	항상 8부 정도 먹는다.
식사 시에는 식품배합을 생각하여 먹습니까?	별로 관심 없이 먹는다.	가끔 배합을 생각하며 먹는다.	항상 균형을 생각하며 먹는다.
1일 3끼 식사 중 거르는 일이 있습니까?	거의 매일 1끼를 거른다.	주2~3회 거르는 편이다.	거의 거르지 않는다.
채소는 좋아하여 늘 먹습니까?	싫어하여 거의 먹지 않는다.	매끼는 아니나 하루 1번 먹는다.	거의 매끼 먹는다.
당근, 시금치 같은 녹황색 채소를 먹습니까?	싫어하여 거의 먹지 않는다.	주2~3회 먹는다.	거의 매일 먹는다.
과일은 매일 먹습니까?	거의 안 먹는다.	주2~3회 먹는다.	거의 매일 먹는다.
매끼마다 생선, 고기, 달걀, 콩제품을 먹습니까?	안 먹는 편이다.	하루 1끼는 먹는다.	거의 매끼 먹는다.
우유는 매일 마십니까?	거의 안 마신다.	주2~3회 마신다.	매일 마신다.
기름을 이용한 음식을 먹습니까?	거의 안 먹는다.	주2~3회 먹는다.	하루 1회 먹는다.
해조류(다시마, 미역, 김 등)을 먹습니까?	거의 안 먹는다.	주2~3회 먹는다.	거의 매일 먹는다.
〈평가〉 합계 : 16~20점(우수), 11~15점(보통), 6~10점(약간 나쁨), 0~5점(나쁨)			

2) 식품섭취량 측정을 위한 방법

음식으로부터 식품섭취량을 중량으로 환산하는 일은 조사 시의 오차가 대부분 이 과정에서 발생하기 때문에 식이섭취조사에서 가장 중요한 일이라고 볼 수 있으며, 조사자의 훈련이 매우 중요하다. 목측량에 대한 연습과 실측을 반복하면서 목측량이 실제 측정량에 가깝도록 훈련시켜야 한다.

(1) 섭취량 추정 시 도움이 되는 도구

대부분의 경우 일반인들은 중량에 대한 개념이 전무한 편이어서 식이섭취조사 결과의 신뢰도가 크게 떨어진다. 식이섭취조사의 신뢰도를 높이기 위해서는 조사 대상자가 정확하게 섭취량을 보고할 수 있도록 돕기 위한 여러 가지 보조도구들이 요구된다. 가장 대표적인 것은 식품 1교환단위 및 식품별 1회 분량의 모형(표 6-35)이며, 국그릇, 밥그릇, 한 젓가락, 한 숟가락, 한 컵의 분량, 사진, 식품 및 음식의 눈대중량 책자 등이 있다. 예를 들어, 시금치 한 접시라고 할 때 접시의 크기를 원 모양 등으로 제시해 줄 수 있다.

표 6-35 식품군별 대표 식품의 1인 1회 분량

식품군	1인 1회 분량					
곡류	 밥 1공기 (210g)	 백미 (90g)	 국수 1대접 (건면 100g)	 냉면국수 1대접 (건면 100g)	 떡국용 떡 1인분(130g)	 식빵 2쪽 (100g)
고기·생선·달걀·콩류	 육류 1접시 (생 60g)	 닭고기 1조각 (생 60g)	 생선 1토막 (생 60g)	 콩 (20g)	 두부 2조각 (80g)	 달걀 1개 (60g)
채소류	 콩나물 1접시 (생 70g)	 시금치나물 1접시(생 70g)	 배추김치 1접시(생 40g)	 오이소박이 1접시(생 60g)	 버섯 1접시 (생 30g)	 물미역 1접시 (생 30g)
과일류	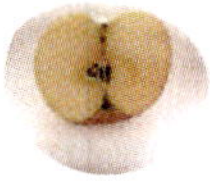 사과(중) 1/2개(100g)	 귤(중) 1개 (100g)	 참외(중) 1/2개(200g)	 포도 1/3송이 (100g)	 수박 1쪽 (200g)	 오렌지주스 1/2컵(100mL)
우유·유제품류	 우유 1컵 (200mL)	 치즈 1장 (20g)	 호상요구르트 1/2컵(100g)	 액상요구르트 3/4컵(150g)	 아이스크림 1/2컵(100g)	
유지·당류	 식용유 1작은술(5g)	 버터 1작은술 (5g)	 마요네즈 1작은술(5g)	 커피믹스 1회 (12g)	 설탕 1큰술 (10g)	 꿀 1큰술 (10g)

자료 : 한국영양학회, 한국인 영양섭취기준, 2010

계량컵

계량스푼

생수병(500 mL)

그림 6-19 목측량을 돕는 보조기구들

(2) 식품 1회 분량과 목측량

한국인 영양섭취기준에는 우리나라에서 흔히 먹는 식품 종류별로 1회 분량의 양을 설정해 놓았다. 우리나라의 식문화, 즉 주식과 부식의 분리, 국 섭취, 그리고 육류나 생선의 조리, 나물의 조리 등을 고려해서 1회 분량을 정한 것이기 때문에 식이섭취조사에서 1회 분량을 이용하면 식품섭취량을 추정할 수 있다. 1회 분량과 더불어 목측량도 이용 가능하다.

표 6-36 곡류(300 kcal)의 주요 식품과 1인 1회 분량

품목	식품명	분량(g)[1)]	비고	섭취 횟수
곡류	쌀, 보리쌀, 찹쌀, 현미, 혼합잡곡	90		1회
	쌀밥, 보리밥	210	1공기	1회
면류	삶은 면	300	1대접	1회
	생면: 우동, 칼국수	200		1회
	건면: 국수용	100	국수묶음 두께 2.5cm	1회
	냉면국수, 메밀국수	100	국수묶음 두께 2.5cm	1회
떡류	흰떡-떡국용	130	1컵(썬 것)	1회
	찹쌀떡, 시루떡	130		1회

(계속)

품목	식품명	분량(g)[1]	비고	섭취 횟수
빵류	식빵, 빵류	100	큰 것 2쪽, 1개	1회
시리얼류	콘푸레이크 등	40[2]		0.5회
감자류	감자	130[2]	중 1개	0.5회
	고구마	130[2]	중 1/2개	0.5회
기타	메밀묵	200[2]		0.5회
	밤	100[2]	큰 것	0.5회

1) 분량(g) : 가식부 무게임

2) 시리얼 · 감자 · 묵 · 견과류 1회 분량 에너지는 다른 곡류 1회 분량의 1/2이므로 식단 작성 시 0.5회로 간주함

자료 : 한국영양학회, 한국인 영양섭취기준, 2010

표 6-37 고기 · 생선 · 달걀 · 콩류(100 kcal)의 주요 식품과 1인 1회 분량

품목	식품명	분량(g)[1]	비고	섭취횟수
육류	소고기[2]	60		1회
	돼지고기[3]	60		1회
	닭고기	60		1회
	햄	60		1회
어패류	갈치, 삼치, 꽁치, 고등어, 동태, 가자미, 조기, 넙치, 참치, 참치통조림, 어묵, 미꾸라지, 민물장어	60	작은 것 1토막	1회
	생굴, 조갯살, 꽃게	80		1회
	오징어, 낙지, 새우	80		1회
	건멸치, 건조기, 건오징어	15		1회
난류	달걀, 메추리알	60	달걀(중) 1개, 메추리알 5개	1회
콩류	검정콩, 대두	20		1회
	두부	80		1회
	두유	200		1회
견과류	땅콩	10[4]	15알 내외	0.5회
	깨	10[4]	1스푼	0.5회
	호두	10[4]		0.5회

1) 분량(g) : 가식부 무게임

2) 한우등심(살코기 기준)

3) 한돈(살코기 기준)

4) 견과류 1회 분량 에너지는 다른 고기 · 생선 · 달걀 · 콩류 1회 분량의 1/2이므로 식단 작성 시 0.5회로 간주함

자료 : 한국영양학회, 한국인 영양섭취기준, 2010

표 6-38 채소류(15 kcal)의 주요 식품과 1인 1회 분량

품목	식품명	분량(g)[1]	비고	섭취 횟수
채소류	고구마줄기, 고사리, 시금치, 풋고추, 근대, 깻잎, 무청, 부추, 돌미나리, 배추, 상추, 쑥, 쑥갓, 아욱, 취나물, 애호박, 두릅, 오이, 콩나물, 숙주나물, 머위, 무, 배추, 양배추, 양파, 가지, 당근, 늙은호박, 토마토	70	1접시	1회
	나박김치, 오이소박이, 동치미	60		1회
	갓김치, 깍두기, 배추김치, 열무김치, 총각김치, 단무지	40		1회
	우엉, 도라지, 파, 파김치	25		1회
	마늘	10		1회
	토마토주스	100		1회
해조류	다시마, 미역, 파래(생것)	30		1회
	김	2	1장	1회
버섯류	느타리, 양송이, 팽이, 표고(생것)	30		1회

[1] 분량(g) : 가식부 조리 전 무게임

자료 : 한국영양학회, 한국인 영양섭취기준, 2010

표 6-39 과일류(50 kcal)의 주요 식품과 1인 1회 분량

품목	식품명	분량(g)[1]	비고	섭취 횟수
과일류	딸기, 수박, 참외	200	딸기 10개	1회
	귤, 감, 바나나, 망고, 키위, 사과, 배, 복숭아, 오렌지, 포도, 파인애플	100	귤(중) 1개 사과(중) 1/2개	1회
주스류	오렌지주스, 귤주스, 사과주스, 포도주스	100	1/2컵	1회

[1] 분량(g) : 가식부 무게임

자료 : 한국영양학회, 한국인 영양섭취기준, 2010

표 6-40 우유·유제품류(125 kcal)의 주요 식품과 1인 1회 분량

품목	식품명	분량(g)	비고	섭취 횟수
우유	우유	200	1컵(1개)	1회
유제품	치즈	20[1]	1장	0.5회
	요구르트(호상)	100	1/2컵(1개)	1회
	요구르트(액상)	150	3/4컵(1개)	1회
	아이스크림	100	1/2컵(1개)	1회

[1] 치즈 1회 분량 에너지는 다른 우유·유제품류 1회 분량의 1/2이므로 식단 작성 시 0.5회로 간주함
자료 : 한국영양학회, 한국인 영양섭취기준, 2010

표 6-41 유지·당류(45 kcal)의 주요 식품과 1인 1회 분량

품목	식품명	분량(g)	비고	섭취 횟수
유지류	버터, 마요네즈, 커피프림, 참기름, 콩기름, 들기름, 옥수수기름	5	1작은술	1회
	커피믹스	12	1봉	1회
당류	꿀, 설탕, 당밀/시럽, 사탕	10	1큰술	1회

자료 : 한국영양학회, 한국인 영양섭취기준, 2010

식품별 1회 섭취분량 기준

식품	1회 섭취량	식품	1회 섭취량
식빵, 케이크, 도넛	700 g	어묵	30 g
과자	30 g	두부	60 g
아이스크림	100 mL	라면(봉지면)	120 g
우유	200 mL	과실차	100 mL
치즈	20 g	음료	100 mL/200 mL
분유	200 mL	샌드위치	150 g
소시지	300 g		

자료 : 식품의약품안전처(www.mfds.go.kr)

제7장

영양조사

제1절 영양조사의 개념

제2절 영양조사의 전개

제3절 국민건강영양조사

제1절 영양조사의 개념

1. 영양조사의 의의

영양조사란 개인이나 집단의 영양상태 및 영양소 섭취상태를 파악하기 위해 식생활 실태에 관계되는 내용을 조사하는 것을 말한다. 즉, 식품섭취 조사, 식습관 조사, 생화학적인 조사, 신체상황 조사, 영양지식 조사, 기호 조사 등 개인이나 집단의 건강 유지 및 식생활에 관계되는 내용을 조사하는 것을 영양조사라 한다.

인간의 건강과 영양상태는 그들이 섭취하고 있는 식품의 질과 양에 의해 달라지며 섭취식품은 식습관, 경제, 문화, 종교, 기호, 지역에 따라 달라진다. 그러므로 식생활 개선 및 영양 개선의 측면에서도 영양조사는 대단히 중요한 위치를 차지한다. 또한 영양조사를 통하여 영양상태의 위험에 있거나 저영양상태의 그룹(group)을 알아낼 수 있으며, 개인이나 집단의 문제점을 발견할 수 있고, 문제의 심각도 및 문제 발생의 요인도 발견할 수 있다.

그러므로 영양지도의 업무에 종사하는 사람이 효과적인 지도를 위하여 최선의 방법을 결정하는 데에는 지도대상이 되는 개인이나 집단의 식생활에 관한 실태에 대하여 여러 가지 자료를 모아 충분히 검토하여야 하며, 그 결과에 근거하여 지도 방법을 결정하여야 한다.

2. 영양조사의 내용

1) 협의(직접적)의 영양조사

- 영양섭취량 조사
- 섭취식품량 및 식품 사용빈도 조사
- 생활시간 조사(소비열량 조사)
- 영양상으로 본 건강상태 및 신체상황 조사

2) 광의(간접적)의 영양조사

(1) 의학과 관련 있는 것

- 사망 및 질병 상황
- 질병 이환 조사
- 유유아(乳幼兒), 학동(學童)의 체위 · 체력 등의 상황

(2) 경제와 관련 있는 것

- 수입 · 지출의 상황
- 물가 조사
- 생계비 조사
- 식량수급 조사

(3) 사회 · 심리와 관련 있는 것

- 기호 조사
- 부업 조사
- 식습관 조사
- 생활시간 조사(생활내용 조사)
- 식품구매 동기 조사

(4) 자연 · 인문 · 지리적 조건과 관련 있는 것

- 인구 구성
- 교통 상황
- 산업 상황
- 위치, 기후 등

(5) 의식 및 종교와 관련 있는 것

- 관혼상제
- 종교상의 금기식품

(6) 교육과 관련 있는 것

- 영양지식의 보급
- 영양 관련 교육과목 이수
- 영양 관련 서적

이외에도 식생활에 관한 의식 및 관심도 조사, 향토식 조사, 절식(행사식) 조사, 외식 등에 관해 조사할 수 있다.

3. 영양조사 실시상의 유의점

영양조사를 계획하는 데 있어서 특히 유의해야 하는 것은 그 조사가 각 가정의 사생활(부엌)에 관여되는 내용이라는 점이다. 식생활은 개개의 세대 또는 개인이 누구에게도 간섭받지 않고 자유롭게 영위하는 것이어서, 법률(「국민건강증진법」)에 근거하여 실시되는 국민건강영양조사와 같은 특별한 예를 제외하고 조사에 협력하는 것을 강요할 수는 없다. 그러므로 조사 실시에 여러 가지 어려운 점이 있다는 것을 알아야 한다.

영양조사를 성공시키기 위해서는 먼저 조사의 목적을 명확하게 하고 피조사자의 이해와 협력을 얻어야 하며, 비밀을 유지하는 데 조금도 불안감을 갖지 않도록 책임 소재에 대하여 명확히 해두어야 한다. 특히 직접 세대를 방문하는 조사원은 충분한 훈련을 통해 언어의 사용, 면접 태도, 복장 등에 대하여 호감을 줄 수 있도록 해야 한다.

4. 영양조사와 식생활 규제 요인

영양조사를 실시하는 데에 있어서 단순히 식량 소비의 내용과 영양섭취 상황만을 조사하여서는 그 목적을 달성할 수 없다. 즉, 식품소비량·영양섭취량은 각 세대가 영위하는 식생활의 결과에 지나지 않으므로 필요한 것은 식생활이 가정생활 중에 어떤 위치를 차지하고 있는가, 또는 개개 세대의 식생활이 어떤 생활 요인의 영향을 받고 있는가, 건강과는 어떻게 관련되어 있는가 등에 대하여 그 실태를 정확하게 파악하고 문제점을 확실히 해두어야 한다.

식생활에 영향을 미치는 요인은 상당히 복잡하여 그것을 어떻게 관련시키는 것이 좋

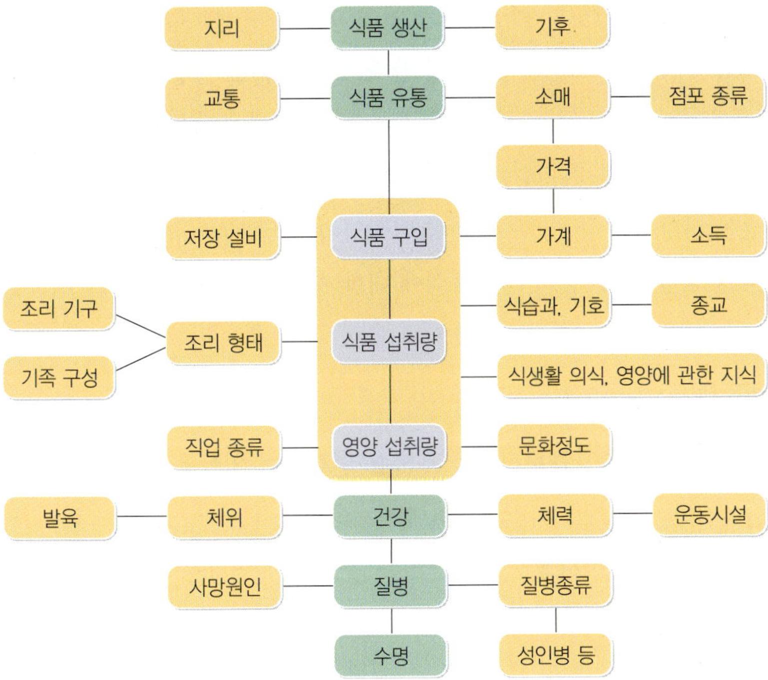

그림 7-1 식생활을 규제하는 요인

은지는 어려운 점이 많으나 그림 7-1에 나타낸 것과 같은 체계를 고려하여 이 중에서 중요 항목을 골라 조사를 해야 한다.

제2절 영양조사의 전개

1. 예비조사의 실시

1) 상황의 분석

상황분석을 위한 예비지식을 얻기 위해 기초자료를 수집하고 검토를 실시한다. 예비조사의 방법으로는 현장답사, 관계 문헌이나 관계 기관의 자료조사 방법 등이 있으며, 조사내용은 다음과 같다.

- 인구와 그 구성
- 위치, 지세, 기후
- 교통 상황
- 산업 상황과 직업 분포 상황
- 의료 상황
- 주요 사망률 상황
- 질병 이환 상황
- 유아·학동 등의 체력, 체위
- 식량생산 상황
- 식량 이출입 상황
- 식품구매 상황
- 음식에 대한 기호

2) 약식조사

사전조사라고도 하며 상황분석과 본조사를 연결하는 역할을 하고, 본조사의 규모를 작게 하여 실시하는 조사를 약식조사라 한다. 약식조사는 본조사를 그대로 하거나 본조사의 계획 수립을 위한 시정책을 강구하는 데 중요한 역할을 한다.

2. 조사의 계획

- 조사 목표의 선정과 주요 논제의 결정
- 조사 실시상의 진도 계획(조사 시기의 결정을 포함)
- 조사에 필요한 각종 자료, 문헌의 수집과 검토

3. 조사대상의 선정

1) 전체조사

전체조사란 조사대상 전체를 대상으로 실시하는 방법이다. 이 방법은 본격적이고 정확한 방법이나 시간, 노력 및 비용이 많이 들며, 집단이 클수록 경비와 노력 동원이 어렵다.

2) 표본조사

표본조사란 전체수에서 적당한 방법으로 전체수를 대표할 수 있는 일부분을 뽑아 조사를 실시하는 것이다.

전체조사에 비하여 시간·노력·비용이 절약되며, 대상의 선정이 좋으면 전체를 정확히 반영할 수 있다. 조사 내용이 복잡한 영양조사는 경비와 인원의 절약, 조사 결과의 집계 및 정리가 단기간에 가능한 표본조사가 유리하다.

표본조사의 표본을 추출하는 데에는 유의적 추출법(purposive selection)과 무작위 추출법(random sampling)이 있다. 유의적 추출법은 표본을 선정하는 사람이 특별한 의미를 부여하면서 뽑는 방법으로, 조사자의 주관에 의해 표본이 선정되므로 모집단의 성질을 대변할 수 없으며 객관성이 결여된다. 무작위 추출법은 확률에 따라 임의로 추출하는 방법으로, 모집단의 성질을 대변할 수 있어 통계학에서 표본을 선정할 때나 영양조사 시에는 대부분 무작위 추출법을 사용한다.

무작위 추출법의 종류는 다양하지만 많이 쓰이는 방법은 다음과 같다.

(1) 단순 무작위 추출법(simple random sampling)

모집단의 모든 구성원에게 같은 크기의 뽑힐 확률을 주고 추출하는 방법을 말한다. 구성원의 성격이 비슷하고 분석도 단일 성격에 대한 것일 때 더욱 효과적이다.

(2) 층별 추출법(stratified sampling)

표본을 뽑기 전에 모집단을 성격에 따라 여러 집단, 또는 여러 층으로 분류한 다음 각 층에서 표본을 추출하는 방법이다.

(3) 집락 추출법(cluster sampling)

표본을 뽑을 때 직접 개별적인 구성원을 선택하는 것이 아니라, 자연적 또는 인위적인 집단을 먼저 뽑고 그 집단에서 필요한 만큼의 표본을 추출하는 경우를 말한다.

예를 들어, 서울시내 초등학교 3학년 학생들의 평균 지능을 알기 위해 모든 초등학교를 모집단으로 하고 그중에서 무작위로 몇 개의 학교를 뽑거나, 몇 개의 학급들을 뽑아 그 학교 또는 그 학급의 학생들을 표본으로 선택하는 방법이 집락 추출법이다.

(4) 다단 추출법(multistage sampling)

여러 단계로 나누어 표본을 추출하는 방법이다. 앞의 초등학교 학생들의 평균 지능 조사의 예에서 1단계로 몇 개의 학교가 선정된 다음, 각 학교들로부터 다시 몇 개의 학급이 선택된다면 그것이 2단 추출이 되고, 또한 학급당 10명씩 무작위 추출을 한다면 3단 추출법이 된다.

(5) 계통적 추출법(systematic sampling)

하나의 모집단 배열이 무작위로 되어 있을 때 계통적 수단을 동원하여 추출하는 방법이다. 즉, 정해진 추출 한계를 두고 정하는 방법으로 무작위 추출에 의해 숫자를 추출한 후 이것에 추출 간격을 더하여 표본을 추출한다.

4. 조사 방법

1) 기입법

피조사자에게 직접 기입시키는 방법으로 질문지법·유치법·우송법 등이 있으며 시간과 인력이 적게 드는 방법이나, 조사자의 의도와 대상자의 해석이 상이할 수 있다는 문제점이 있다. 조사대상이 많은 경우에 사용하면 효과적이다.

2) 청취법

조사자와 피조사자가 직접 대화하는 방법으로 개인면담법, 집단면담법, 전화면담법 등이 있다. 이 조사법은 조사원의 숙련도와 피조사자의 협력하는 정도 및 정보의 정확도에 따라 크게 영향을 받는다.

3) 관찰법

조사자의 직접 관찰에 의한 방법으로 식탁 관찰이나 조리과정 등을 조사할 때 효과적인 방법이다.

4) 측정법

수집한 자료를 직접 측정하는 방법으로 식사량, 키, 몸무게 등을 조사할 때 사용하는 방법이다.

5. 조사표의 설계

영양조사를 성공적으로 이끌려면 조사대상의 협력도 중요하지만 회답하는 정보의 질에 따라 결정된다고 할 수 있다. 잘 작성된 조사표는 정보를 제공하는 것에 따라 유용한 지표가 되지만, 조사표의 질문이 이해하기 어려울 때에는 좋은 조사를 기대할 수 없다.

특히 기입하는 사람의 기입 능력을 고려하여 가장 낮은 층을 염두에 두고 작성하는 것이 바람직하다.

또한 조사가 1회만으로 끝날 것인지 주기적으로 행할 것인지를 고려하여 조사표를 설계하여야 한다.

1) 조사표 작성상의 요점

① 조사의 중요성을 강조하고, 피조사자의 협력을 얻기 위해 조사 취지를 설명할 것
② 응답의 용이도를 고려할 것
③ 회수 후의 정리, 분류작업을 하기 쉽도록 고려할 것

2) 조사표 작성상의 유의할 점

① 질문은 될 수 있는 한 간단하고 알기 쉬운 말로 표현할 것
② 질문의 순위를 충분히 검토할 것
③ 쉬운 질문부터 차츰 어려운 질문으로 배열할 것
④ 회답자의 흥미와 관심을 일으킬 수 있도록 할 것
⑤ 질문은 구체적인 사실에 대해서 할 것
⑥ 유도적인 질문은 피할 것
⑦ 반감을 불러일으킬 수 있는 질문은 피할 것
⑧ 한 질문 항목에서는 한 가지 문제점에 한할 것
⑨ 지능적인 회답을 필요로 하는 항목은 끝에 둘 것
⑩ 질문 항수는 적게 중점적으로 선택할 것

3) 질문표의 회답 형식

① 1항 선택법　　② 다항 선택법　　③ 순위 선택법
④ 자유 응답법　　⑤ 척도법

6. 조사의 실시

국민건강영양조사의 현지 수행절차의 경우 다음과 같은 절차로 조사를 실시한다(그림 7-2).

조사표 및 조사보조도구, 조사용품의 수령	• 조사팀별로 조사표, 조사보조도구, 조사용품을 발송하고, 각 조사팀원은 조사 당일이나 조사 시작 전에 개인별로 나누어 가진다.
↓ 조사 준비	• '조사지침서'를 잘 읽고 조사내용 및 방법 등을 복습한다.
↓ 조사대상가구 명단의 수령	• 조사지도원은 영양조사 시작 전날(혹은 건강면접조사 3일차 되는 날) 조사가구 명단을 수령하거나 전달받아 절차에 따라 본부와 연락한다.
↓ 조사가구의 사전연락 및 위치확인	• 조사가구의 명단을 수령한 후 조사 전날 대상가구와의 전화 연락을 통해 조사일시를 사전 예약한다. • 조사지도원과 조사원은 요도를 갖고 조사가구의 위치를 확인한다.
↓ 조사의 실시	• 조사 첫날 해당 조사지역 책임자(동장, 이장, 부녀회장 등)들의 협조를 구한다. • '조사지침서'에 따라 정확하고 신속하게 조사를 실시한다. 2인 1조로 한 가구를 방문하는 것을 원칙으로 하며, 조사가 완료된 대상자에게 답례품을 지급한다.
↓ 조사표 정리 · 검토	• 조사가 끝나면 기입누락이나 착오가 없는지 그날그날 조사내용을 확인 · 검토 · 정리한다. • 조사표를 가수명부와 대조 · 확인해서 정리한다.
↓ 조사표의 수합	• 조사표 종류와 매수 및 조사내용 등을 확인 · 검토한다.
↓ 조사표의 송부	• 한 조사구의 조사를 마칠 때마다 조사표를 정리하여 송부한다. • 마지막 조사구의 조사를 마친 후에는 계량컵, 보조도구 및 조사용품, 조사원 신분증과 함께 조사표 및 조사지침서를 한국보건산업진흥원으로 송부한다.

그림 7-2 국민건강영양 현지조사 수행절차(2005)

7. 결과의 정리 및 보고

(1) 조사표의 회수와 점검

(2) 집계

(3) 집계 결과표

(4) 집계 결과의 통계적 분석

① 도수계열을 중심으로 한 분석

- 도수분포
- 비율
- 평균치
- 표준편차
- 변량계수

② 시계열(時系列)을 중심으로 한 분석

- 경향변동의 파악
- 계절변동의 발견
- 순환변동, 불규칙 변동의 발견

③ 상관관계를 중심으로 한 분석

- 상관계수

④ 가설의 검정과 신뢰도의 측정

- 표본 오차
- 모집단 평균의 구간 측정
- 유의 수준
- 유의성의 판정

(5) 해석(통계상의 결론과 해석)

(6) 보고서의 작성

① 지도자에 대한 전문적인 것

- 완전한 것일 것
- 논리적인 항목 배열일 것
- 비감정적일 것
- 정확할 것

② 피지도자에 대한 일반적인 것

- 보고서에 의해 영향을 받는 사람들의 개성을 고려할 것
- 통계 용어나 개념은 될 수 있는 한 피할 것
- 논리적인 것보다는 심리적 배열일 것

8. 조사표의 양식

표 7-1 잔식량 조사표(예1)

일	아침			저녁			남은 이유		점심 종류		기숙사 식사 이외 음식 (간식)	
	품명	먹다 남은 양		품명	먹다 남은 양							
		주식	부식		주식	부식	아침	저녁	품명	가격	품명	기타

※ 먹다 남은 이유(아래 번호를 이유란에 기입할 것)

1. 자신의 건강이 나쁨으로 인한 식욕부진
2. 음주에 의한 식욕부진
3. 조리법이 나쁨
4. 자신이 싫어하는 음식이므로
5. 간식을 지나치게 많이 먹었기 때문에
6. 그 외의 이유

표 7-2 잔식량 조사표(예 2)

<table>
<tr><td rowspan="5">주식</td><td rowspan="2">구분</td><td colspan="3">양</td><td colspan="3">경도</td><td colspan="3">남은 분량</td><td rowspan="2">남은 이유 및
오늘의 주식에 대한 평</td></tr>
<tr><td>많다</td><td>적다</td><td>알맞다</td><td>단단하다</td><td>연하다</td><td>알맞다</td><td>절반</td><td>조금</td><td>많이</td></tr>
<tr><td>아침</td><td></td><td></td><td></td><td></td><td></td><td></td><td></td><td></td><td></td><td></td></tr>
<tr><td>점심</td><td></td><td></td><td></td><td></td><td></td><td></td><td></td><td></td><td></td><td></td></tr>
<tr><td>저녁</td><td></td><td></td><td></td><td></td><td></td><td></td><td></td><td></td><td></td><td></td></tr>
<tr><td rowspan="7">부식</td><td rowspan="2">구분</td><td rowspan="2">요리</td><td rowspan="2">좋다</td><td rowspan="2">싫다</td><td colspan="3">맛</td><td colspan="3">남은분량</td><td rowspan="2">남은 이유 및
오늘의 요리에 대한 희망</td></tr>
<tr><td>달다</td><td>맵다</td><td>좋다</td><td>절반</td><td>조금</td><td>많이</td></tr>
<tr><td rowspan="3">아침</td><td></td><td></td><td></td><td></td><td></td><td></td><td></td><td></td><td></td><td></td></tr>
<tr><td></td><td></td><td></td><td></td><td></td><td></td><td></td><td></td><td></td><td></td></tr>
<tr><td></td><td></td><td></td><td></td><td></td><td></td><td></td><td></td><td></td><td></td></tr>
<tr><td rowspan="2">저녁</td><td></td><td></td><td></td><td></td><td></td><td></td><td></td><td></td><td></td><td></td></tr>
<tr><td></td><td></td><td></td><td></td><td></td><td></td><td></td><td></td><td></td><td></td></tr>
</table>

표 7-3 식품섭취조사표

승인(협의)번호 제 11702 호

국민건강영양조사 제5기

- 식품섭취조사표 Ⅰ (가구별 조리기록지) -

위 조사표에 기재된 내용은 통계법 제33조에 의하여 비밀이 보장됩니다.

조사표 종류	조사연도		
식품섭취조사표 Ⅰ	10	11	12
조사일			조사원
월	일	요일	

대상자	조사구	거처	가구	가구원	성명	성별	만나이	응답자	거처	가구	가구원	성명	비고

• 어제 하루 동안 조리하신 음식의 내용과 분량을 말씀해 주십시오.

식사구분	음식명	음식중량			식품재료명(상품명)	가공여부	식품 상태	식품재료량			음식코드	식품코드	비고		
		눈대중분량	부피	중량				눈대중분량	부피	중량			참고사항	제품명	제조회사명

자료 : 2011 국민건강통계, 보건복지부 질병관리본부

표 7-4 식품 소매가격 조사

식품명	식품번호	100g당 가격	비고	식품명	식품번호	100g당 가격	비고

표 7-5 생활시간의 분류법

<table>
<tr><td>수입을 위한
생활시간</td><td>통근
외근
내근</td><td rowspan="3">문화적 생활시간</td><td rowspan="3">학교
운동
교양 · 오락
교제
휴식
잡담
기타</td></tr>
<tr><td>생리적 생활시간</td><td>수면
식사
몸치장
의료(자신을 위한)</td></tr>
<tr><td>가시적 생활시간</td><td>가사
육아</td></tr>
</table>

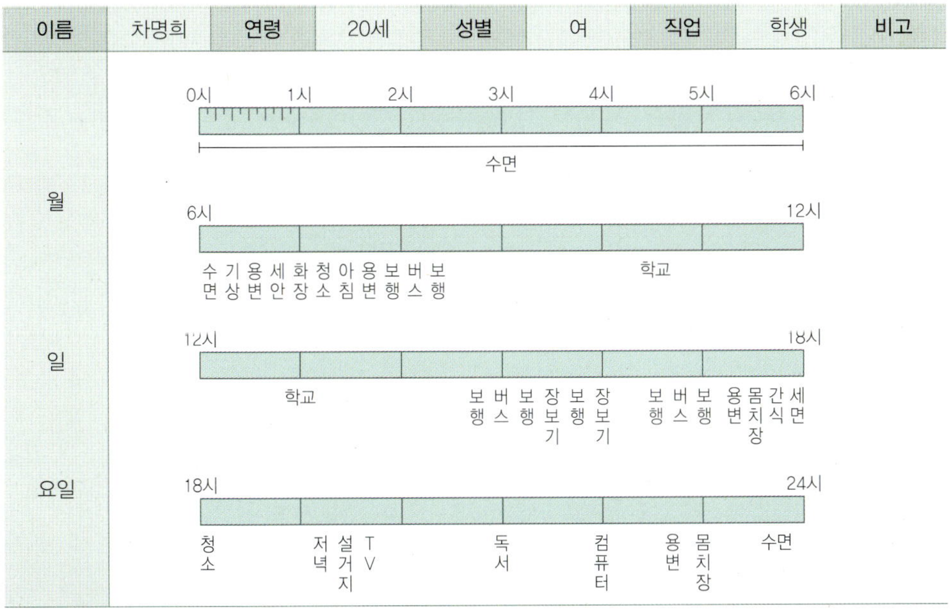

그림 7-3 생활시간 1일분 기입 예

표 7-6 특정 개인 평량 조사

식품명	일가 전체에 대하여				개인에 대하여			
	요리명	식품량	분량(g)	가격(원)	요리명	식기와 같이 달기(g)	식기명	정미량
아침								
점심								
저녁								
간식 기타								

표 7-7 식품섭취빈도조사

다음 각 식품 혹은 각 식품을 주재료로 조리한 음식을 얼마나 자주 드시는지 응답해주십시오.

식품 및 음식명 \ 섭취빈도[회]		1일			1주			1달		1년	거의 안 먹음	비고
		3	2	1	4~6	2~3	1	2~3	1	6~11		
곡류	1.쌀, 2.잡곡[보리 등], 3.라면[인스턴트 자장면 포함], 4.국수[냉면, 우동, 칼국수 포함], 5.빵류[모든 빵 포함] 6.떡류[떡볶이, 떡국 포함], 7.과자류	⑨	⑧	⑦	⑥	⑤	④	③	②	①	◎	
두류 서류	8.두부[국, 찌개, 부침, 조림, 순두부 포함], 9.콩류[콩밥, 콩자반 포함], 10.두유, 11.감자[국, 볶음, 조림, 튀김, 찐감자 포함], 12.고구마[군고구마, 찐고구마, 튀김, 맛탕 포함	⑨	⑧	⑦	⑥	⑤	④	③	②	①	◎	
육류 난류	13.소고기[국, 탕, 찌개, 편육, 장조림, 구이, 볶음, 비프까스, 튀김, 찜 포함], 14.닭고기[삼계탕, 백숙, 찜, 튀김, 조림, 볶음 포함], 15.돼지고기[찌개, 구이, 볶음, 돈까스, 튀김 포함], 6.햄, 베이컨, 소시지[핫도그 포함], 17.달걀	⑨	⑧	⑦	⑥	⑤	④	③	②	①	◎	

(계속)

식품 및 음식명 \ 섭취빈도[회]		1일			1주			1달		1년	거의 안 먹음	비고
		3	2	1	4~6	2~3	1	2~3	1	6~11		
생선류	18.고등어, 19.참치, 20.조기[굴비 포함], 21.명태[북어, 동태, 생태, 코다리 포함], 22.멸치, 23.어묵류[오뎅], 24.오징어[마른 오징어 포함], 25.조개류, 26.젓갈류	⑨	⑧	⑦	⑥	⑤	④	③	②	①	◎	
채소류	27.배추[국, 전, 김치 포함], 28.무[국, 생채, 나물, 깍두기, 동치미, 단무지 포함], 29.무청, 30.콩나물[무침, 국 포함], 31.시금치[국, 나물 포함], 32.오이[생채, 오이소박이, 오이지 포함], 33.고추 [생것, 전, 볶음 포함], 34.당근[생것, 튀김, 주스 포함], 35.호박[나물, 전, 찌개 포함], 36.양배추[김치, 국, 쌈, 볶음, 생것 포함], 37.토마토[생것, 주스 포함], 38.버섯류[볶음, 무침, 찌개, 전 포함]	⑨	⑧	⑦	⑥	⑤	④	③	②	①	◎	
해조류	39.미역[국, 무침, 줄기볶음 포함], 40.김[구이, 무침, 김밥 포함]	⑨	⑧	⑦	⑥	⑤	④	③	②	①	◎	
과일류	41.귤[금귤, 주스, 통조림 포함], 42.감, 곶감 43.배, 44.수박, 45.참외, 46.딸기, 47.포도[주스, 통조림 포함], 49.사과[주스 포함], 50.바나나, 51.오렌지[주스 포함]	⑨	⑧	⑦	⑥	⑤	④	③	②	①	◎	
우유 유제품	52.우유[저지방우유, 탈지우유, 가공우유, 분유 포함], 53.요구르트[액상, 반고형 포함], 54.아이스크림	⑨	⑧	⑦	⑥	⑤	④	③	②	①	◎	
음료	55.탄산음료[콜라, 사이다, 환타 포함], 56.커피, 57.녹차	⑨	⑧	⑦	⑥	⑤	④	③	②	①	◎	
주류	58.맥주, 59.소주, 60.막걸리	⑨	⑧	⑦	⑥	⑤	④	③	②	①	◎	
기타	61.햄버거, 62.피자, 63.튀긴 음식	⑨	⑧	⑦	⑥	⑤	④	③	②	①	◎	

식품군의 분류에서 63가지의 식품 또는 음식의 섭취빈도를 각각 조사해야 한다. 위의 표는 편의상 해당 식품군에 있는 식품과 음식을 한데 묶어서 표로 만든 것이다.

자료 : 2011 국민건강통계, 보건복지부 질병관리본부

제3절 국민건강영양조사

국민건강영양조사는 1969년 처음으로 국민영양조사로 시작하여 1995년까지 「식품위생법」에 의거해 매년 실시되었다. 1962년 시작하여 1983년부터 3년 주기로 실시해 온 국민건강 및 보건의식행태 조사를 통합하고 국민영양조사의 건강조사 부문을 발전시켜 건강검진조사를 추가한 통합조사이다. 1995년 국민건강증진을 목적으로 한 「국민건강증진법」이 공포되어 이 법에 의거해 매 3년마다 국민건강영양조사로 개선되어 실시되고 있으며, 1998년도의 첫 번째 조사에 이어 2011년 1월부터 12월까지 제5기(2010~2012) 2차년도(2011) 조사까지 실시되었다.

보건복지부에서는 1998년부터 기존의 국민영양조사가 영양섭취실태 파악에 중점을 두고 상대적으로 건강관련조사가 미흡하고 소득수준의 향상과 식생활 패턴의 변화로 만성퇴행성 질환이 증가되고 있다는 판단 아래 영양조사와 건강실태조사를 연계하여 통합조사를 실시하기로 하였다. 또한 조사의 신뢰도와 유용성을 제고하기 위해 국민영양조사제도에 대한 전반적인 개선방안을 마련하고 조사방법과 조사항목의 대폭적인 보강 및 새로운 조사표를 개발하여 개선된 국민건강영양조사를 실시하기로 하였다.

처음으로 실시한 국민영양조사

보건복지부 주관으로 한국영양학회에 설치된 국민영양조사 위원회에서 실시한 1차년도 국민영양조사는 전국을 도시·농촌·어촌·산촌·광촌으로 나누고 각 층에서 3단 추출을 한 층화다단추출법으로, 전국 952세대의 인구 6,218명을 대상으로 1969년 7월 29일~8월 15일에 걸쳐 실시되었으며, 이때 참가한 의사·간호사·영양사로 구성된 영양조사원은 99명이었다.

국민건강영양조사의 결과는 영양과 관련된 여러 연구에 참고로 이용되고 있다. 영양조사가 가구별로 실시되어 영양적 위험집단의 파악은 쉽지 않으나 추이변화를 관찰하는 차원에서는 좋은 자료를 제공하고 있다. 국민건강영양조사 자료는 영양교육 및 정책수립의 기초자료로 이용된다. 즉, 국민의 체위향상 파악 및 식품소비구조 파악, 식량수급계획, 영양교육 프로그램 계획, 만성질병예방 및 관리프로그램, 영양표시제도 및 영양소 강화 등 영양 관련 제도 수립, 영양권장량 책정 등에 기초자료로 활용된다.

1. 조사목적 및 방법

1) 조사목적

국민건강영양조사는「국민건강증진법」제16조와「국민건강증진법 시행령」및 시행규칙에 의거하여 1988년부터 국민의 건강상태와 식품 및 영양섭취 실태를 전국 규모의 조사를 통해 파악하여 신뢰성 있는 국가통계자료를 산출하는 한편, 국가보건정책을 계획하고 실천하는 기초자료를 제공함으로써 국민의 영양개선 및 건강증진 시책을 강구하는 데 그 목적이 있다.

2) 표본설계 및 조사규모

2011년 국민건강영양조사의 조사대상은 2011년 대한민국 거주 국민이며 이 중에서 조사대상 가구를 층화집락 추출법으로 표본추출한다.

제5기 2차년도 조사대상자 10,589명, 건강설문조사, 검진조사, 영양조사 중 1개 이상 참여자는 8,518명, 전체 조사참여율은 80.4%로 전년도 참여율 81.9%보다 1.5% 감소하였고, 시도별로는 충청북도가 94.6%로 가장 높고 대전이 67.8%로 가장 낮았다.

영양조사는 이동검진센터 조사완료 1주일 후 가정방문을 통해 조사하며 검진 및 건강설문조사에 가구원 1인 이상 참여한 가구를 대상으로 하므로 참여율이 82.4%로 상대적으로 높았다.

국민건강영양조사의 조사대상

국민건강영양조사는 1969~1986년까지는 층화다단추출법으로, 1987년부터는 확률비례추출법으로 대상을 선정하고 있다. 1995년도에는 인구센서스 조사구 명부를 사용하여 확률비례추출법으로 전국에서 대도시 48개, 중소도시 36개, 군부지역 16개 총 100개를 선정하여 각 조사구마다 20가구씩 모두 2,000가구의 조사표본을 추출하여 조사를 실시하였다.
국민건강영양조사의 목표 모집단은 대한민국에 거주하는 국민으로 양로원, 군대, 교도소 등에 입소한 자와 외국인 등은 제외되었다.
제5기(2010~2012년)의 경우 일반주택표본조사구는 2009년 주민등록인구의 통반리조사구에서, 아파트표본조사구는 아파트시세자료의 아파트단지조사구에서 추출하였다. 추출된 표본조사구에서는 계통추출방법으로 조사구당 20개의 최종 조사대상가구를 추출하였다.

3) 조사내용

국민건강영양조사 서식에 의해 건강설문조사, 검진조사와 영양조사로 구분하여 실시한다.

(1) 건강조사

① 건강면접 조사

② 보건의식행태 조사

(2) 검진조사

(3) 영양조사

① 식생활 조사

- 식생활 조사
- 영아기 식생활 조사

② 식품섭취빈도 조사이며, 조사내용에는 만 1세 이상 대상의 식생활 조사, 만 1~3세 대상의 영아기 식생활 조사, 만 12세 이상 대상의 식품섭취빈도 조사, 만 1세 이상 대상의 식품섭취량 조사가 포함된다.

③ 식품섭취량 조사

2011년도에 실시한 국민건강영양조사의 조사내용은 다음과 같다.

1. 건강면접 조사

1) 가구조사

① 가구원의 사회경제적 특성

② 가구 및 가구원의 보건·의료에 관한 기본 사항

2) 이환조사

① 주요 만성 질환 유병률 : 연간 및 2주간, 시점 및 기간, 사회경제적 특성별, 만성 질환 종류별 유병률, 의사진단 및 치료 여부

② 주요 급성 질환 유병률 : 2주간, 시점 및 기간, 사회경제적 특성별, 급성 질환 종류별 발생률 및 유병률, 의사진단 및 치료 여부

(계속)

3) 활동제한 조사

① 2주간 및 장기활동제한 : 활동제한 원인, 활동제한 여부, 활동제한 일, 핸디캡의 정도, 수단적 일상생활 수행능력, 일상생활 수행능력

4) 의료이용 조사

① 외래의료 이용 : 의료기관별, 사회경제적 특성별 외래의료 이용률, 외래 방문목적, 외래의료 서비스에 대한 이용자의 만족도

② 입원 이용 : 성 및 연령별 입원율, 평균 재원일수, 이용 의료기관, 지출의료비 등의 특성

2. 보건의식행태 조사

1) 성인(만 19세 이상) 보건의식행태 조사

① 흡연 : 흡연율 및 흡연 경험률, 흡연 시작 연령, 흡연 시작 동기, 흡연기간, 1일 평균 흡연량, 금연율, 흡연 관련 태도, 흡연의 위험인지도

② 음주 : 음주율 및 음주빈도, 매일 음주율, 음주 시작 연령, 음주기간, 음주량, 과음 빈도, 과음 시 음주량, 금주 및 절주자율, 알코올 의존율

③ 비만 및 체중조절 : 주관적 체중인식, 체중조절 실천 정도

④ 신체활동 : 운동 빈도, 평소 건강유지방법

⑤ 수면 및 휴식 : 수면부족 정도, 휴식의 정도

⑥ 건강검진 : 건강검진 동기

⑦ 암검진 : 정기적인 암검사 빈도

⑧ 혈압 : 혈압측정 빈도

⑨ 구강보건 : 저녁식사 후 칫솔질 빈도, 정기적 치과 방문 빈도, 틀니상태 등 영양교육 238 및 상담

⑩ 음용수 : 식수의 종류, 안전성에 대한 인식, 식수 음용방법

⑪ 안전에 관한 의식 및 행태 : 안전벨트 착용률, 음주운전 빈도 등

2) 청소년(10~19세) 보건의식행태 조사

① 사고 및 폭력 : 안전벨트 착용률, 싸움 빈도와 격렬한 정도 등

② 흡연 : 흡연 경험, 흡연량, 흡연 시작 연령, 흡연기간 정도 등

③ 음주 : 음주 경험, 음주량, 음주 시작 연령, 과음 정도 등

④ 체중조절 : 체중에 대한 인식, 체중조절행태 등

⑤ 운동·휴식·수면 : 운동 빈도, 평소 건강유지방법, 수면 정도, 스트레스 정도 등

⑥ 구강보건 : 저녁식사 후 칫솔질 빈도, 정기적 치과 방문 빈도, 틀니상태 등

3. 검진 및 계측조사

① 검진항목(안)의 선정은 국민의 보건문제, 검진대상 질환의 예방 및 치료적 수단의 유효성, 사회문화적인 검진의 수용성 등을 고려하여 대상 질환과 검진항목을 선정함

② 검진항목은 1차적으로 다음의 임상병리항목과 혈압계측 및 신체항목임

(계속)

③ 임상병리 검진항목

- 혈중 지질치 검진항목 : 총콜레스테롤, 중성지방, HDL콜레스테롤, LDL콜레스테롤
- 혈당 및 당대사 이상 검진항목 : 공복 혈당, HbA1c
- 간장기능 및 간염 감염상태 검진항목 : SGOT, SGPT, B type HBsAb, 감마지티피
- 신장기능 검진항목 : 혈중 요소질소(BUN), 크레아티닌(creatinine)
- 혈중 철분 검진항목 : Red blood cell count(RBC), Hemoglobin, Hematocrit
- 요 검진항목 : 뇨단백, 뇨당, 유로빌리노겐, 혈뇨

④ 혈압계측 : 수축기 혈압, 이완기 혈압, 맥박수

⑤ 신체계측항목 : 체중, 신장, 허리둘레

4. 영양조사

1) 식생활 조사

① 만 1세 이상, 만 1~3세, 초등학생 이상으로 구분하여 식생활 조사를 실시하였다.

② 식생활 조사 부문(결식빈도 및 이유, 가족동반식사 여부, 외식섭취빈도, 식품 알레르기 여부 및 원인 등)

- 식이보충제 조사
- 영양지식조사(식생활지침 인지 여부 및 실천 정도, 영양표시 및 영양정보, 영양교육 수혜 여부 등)
- 식품안정성 조사(한 달 식비, 엥겔계수 등)
- 여성 관련 부문(월경 여부 및 초·폐경 연령 등)에 관한 조사

③ 영아기 식생활 조사 : 수유 상황 및 이유 실태에 관한 조사(출생체중과 신장, 수유방법 및 수유시간, 조제분유 먹인 이유, 이유식 시작 시기 및 제공방법, 일반 우유로의 전환시기, 영아기 식이보충제 섭취 정보)

2) 식품섭취빈도 조사

① 일상적인 섭취 양상을 파악하기 위하여 식품섭취빈도 조사 실시

② 만 12세 이상을 대상으로 주요 섭취식품 총 63개 항목에 대한 1년간 섭취빈도 파악

3) 식품섭취량 조사

① 조리자는 식사의 효율성을 높이기 위하여 미리 기록지에 조사 당일의 음식레시피 기록

② 24시간 회상법을 통해 1일 동안의 섭취한 음식(식이보충제 포함) 및 식품의 내용과 섭취량 조사

표 7-8 제5기(2010~2012) 조사항목

조사부문	조사구분	해당연령	조사항목
건강설문	가구조사	만 19세 이상	성, 연령, 결혼상태, 가구원수, 세대유형, 가구소득, 건강보험 가입, 민간보험가입
	교육	만 1세 이상	학력, 수학여부
	경제활동	만 19세 이상	경제활동여부, 미취업사유, 취업형태, 종사상지위, 근로시간형태, 직업, 최장직업, 부모 학력
	이환	만 1세 이상	최근 2주간 이환, 천식증상 경험, 만성질환별(18개) 이환
	의료이용	만 1세 이상	외래이용, 입원이용, 약국이용
	건강검진	만 19세 이상	건강검진 수진, 암검진 수진
	예방접종	만 1세 이상	인플루엔자 예방접종
	활동제한	만 1세 이상	활동제한여부, 활동제한이유, 와병경험, 결근결석
	삶의 질	만 19세 이상	주관적 건강인지, EQ-5D(운동능력, 자기관리, 일상활동, 통증/불편, 불안/우울)
	손상	만 1세 이상	손상경험, 사고중독발생기전, 손상치료처, 손상으로 인한 와병, 손상으로 인한 결근결석
	흡연	만 12세 이상	평생흡연, 현재흡연, 과거흡연, 금연, 간접흡연
	음주	만 12세 이상	평생음주, 음주시작연령, 음주빈도, 음주량, 폭음빈도
	신체활동	만 12세 이상	격렬한신체활동, 중등도신체활동, 걷기실천, 근력운동, 유연성운동
	정신건강	만 12세 이상	수면시간, 스트레스인지, 우울증상, 자살, 정신문제 상담
	안전의식	만 1~11세	자동차보호장구 착용, 자건거헬멧 착용
		만 12세 이상	안전벨트 착용, 자전거헬멧 착용
	비만 및 체중조절	만 6세 이상	주관적 체형인지, 체중변화, 체중조절
	여성건강	만 10세 이상	현재월경여부, 초경연령
		만 15세 이상	임신경험, 출산경험
		만 19세 이상	모유수유 경험, 모유수유 자녀수 및 기간, 폐경연령, 경구피임약 복용경험 및 기간, 여성호르몬제 복용경험 및 기간
영양	식생활 조사	만 1세 이상	결식, 외식빈도, 가족동반식사여부, 식이보충제 복용경험, 식품지원프로그램수혜, 식품안정성(가구조사)
		초등학생 이상	영양표시 이용현황, 영양교육 및 상담 수혜

(계속)

조사부문	조사구분	해당연령	조사항목
영양	식품섭취빈도 조사	만 1~3세	출생정보, 수요방법 및 기간, 이유식 및 영아기 식이보충제 섭취 정보
		만 12세 이상	에너지 및 영양소 주요 급원식품(63항목)에 대한 섭취빈도
	식품섭취 조사	조리자	조사1일전 가구에서 섭취한 음식에 대한 조리 내용
		만 1세 이상	조사1일전 섭취 음식(식이보충제 포함)의 종류 및 섭취량(24시간 회상법)
검진 ('10~'11)	신체계측	만 1세 이상	신장, 체중, 허리둘레
	혈압 및 맥박	만 10세 이상	수축기혈압, 이완기혈압, 맥박수
	혈액검사	만 10세 이상	총콜레스테롤, 중성지방, HDL 콜레스테롤, LDL 콜레스테롤, 혈중요소질소, 크레아티닌, 공복 혈당, 당화혈색소, 인슐린('10), B형간염표면항원, 지오티, 지피티, 감마지티피, 철, 철결합능, 헤모글로빈, 헤마토크릿, 테리턴, 비타민D, 알칼라인 포스파테이즈
		만 10세 이상	수은, 납, 카드뮴, 아연('10),(매년 2,400명)
		만 50세 이상	부갑상선 호르몬
	소변검사	만 10세 이상	요단백, 요당, 요잠혈, 요비중, 요산도, 요크레아티닌, 요나트륨, 코티닌(매년 2,400명), 유로빌리노겐, 케톤, 빌리루빈, 아질산염, 미세알부민
	구강검사	만 1세 이상	치아생태, 보철물 상태, 치주조직 상태, 저작불편경험, 구강검진수진, 칫솔질 실천 등
	폐기능검사	만 40세 이상	FVC(Forced Vital Capacity), FEV_1(Forced Expiratory Volume)
	흉부X-선검사	만 15세 이상	결핵, 폐기종, 기흉
	안검사	만 3세 이상	시력 및 굴절이상, 사시, 안검하수, 세극등검사, 안압검사, 무산동안저촬영검사 ※필요 시 산통 후 안저촬영, 시야검사
	이비인후검사	만 1세 이상	안면신경마비, 전이개누공, 외이기형, 고막검사, 수축전비강검사, 수축후비강검사, 후두내시경, 어지럼증검사, 청력검사
	골밀도 및 체지방검사	만 10세 이상	골밀도, 체지방('08. 7월~'11. 5월)
	골관절염검사	만 50세 이상	무릎관절, 엉덩관절

자료 : 2011 국민건강통계, 보건복지부 질병관리본부

4) 조사기간 및 조사원

매년 적당한 시기를 선택하여 2~3일간 실시한다. 그동안 국민영양조사는 여름과 겨울에 걸쳐 실시되어 왔으며 최근에는 주로 가을에 실시되어 왔다. 제5기 2차년도(2011) 조사는 전국 3,840가구, 만 1세 이상 가구원 전체를 조사대상으로 2011년 1월부터 12월까지 실시하였다. 조사원이 될 수 있는 사람은 의사·영양사·간호사이며 식품섭취 조사와 식생활 조사는 영양사, 건강상태 조사는 의사와 간호사가 담당하여 실시한다.

영양조사원의 교육내용은 표 7-9와 같다. 영양조사원의 훈련 목표는 국민건강영양조사의 목적을 이해하고 필요한 지식 및 유의사항을 습득하게 함으로써 보다 정확하고 원활한 조사가 수행될 수 있도록 하는 것이다.

표 7-9 영양조사원의 교육내용

일 \ 시간	오전	오후
제1일	• 등록 · 소개 • 국미건강영양조사 개요 – 조사내용 – 운영체계 – 조사원 유의사항 • 조사원의 역할 • 조사수행 체계 및 유의사항	• 식생활 조사 – 조사목적, 조사표 작성요령 – 실습 – 질의 및 응답 • 식품섭취빈도 조사 – 조사목적, 조사대상 – 질문요령(지침서) – 조사표 작성요령(지침서) – 실습 및 과제
제2일	• 2차원모델 사용법 – 각 2차원 모델 설명 – 각 음식별 적용모델 제시 – 실습 및 과제 • 눈대중량 기록법 – 식품별 눈대중량 기록요령 – 실습 및 과제 • 과제 검토 및 평가 – 식생활 조사 과제 검토/평가 – 식품섭취빈도 과제 검토/평가	• 음식조리자 기록지 – 음식조리자 기록지 검토요령 – 조사자용 조리자기록지 작성요령 – 실습 및 과제 • 식품섭취량 조사(24시간 회상법) – 조사내용 및 회상방법 – 조사 시 주의사항 – 조사표 작성요령 – 실습 및 과제

(계속)

일 \ 시간	오전	오후
제3일	• 조사자료의 코드화 – 식품코드의 부여 – 음식코드의 부여 • 눈대중량 기록법 실습 – 실습 및 과제 • 과제검토 및 평가 – 식품섭취량 조사 Ⅰ과제 검토/평가 – 식품섭취량 조사 Ⅱ과제 검토/평가	• 분임실습 Ⅰ – 실제조사에 대비한 사전연습 – 조사표 설명, 조사 테크닉 – 조사 수행 태도 • 분임실습 Ⅱ – 분임별 식생활 조사 실습/평가 – 분임별 식품섭취빈도 조사 실습/평가
제4일	• 분임실습 Ⅱ 결과 발표 • 분임실습 Ⅲ – 분임별 식품섭취량 조사 실습/평가 – 자료의 코드화, 눈대중량 기록 실습/평가	• 분임실습 Ⅲ 결과발표 Q&A – 조사 전반에 관한 질의 및 응답 – 조사 후 정리사항 및 전달사항 – 조사팀 구성 및 조사일정 확인

자료 : 2005년 국민건강영양조사 보고서

5) 조사방법

(1) 식품섭취빈도 조사

2002년 계절별 영양조사에서 나타난 계절에 따른 식품섭취량 자료를 토대로 하여 튀긴 음식의 섭취빈도를 포함하여 총 63종의 식품목록을 선정하였으며, 섭취빈도는 10단계로 평가하였다.

식품섭취 조사는 국민영양조사 항목 중에서 가장 많은 노력을 해야 하는 중요한 조사로서 조사원은 물론 관계자도 많은 관심을 가지고 직접 또는 간접적으로 협조해야 한다.

조사원은 특히 조사가구의 주부와 밀접한 관계를 갖고 조사 실시 전부터 조사가 끝날 때까지 협력을 얻어야 한다.

또한 조사기간 동안 식사 때마다 또는 하루에 한 번씩은 기록된 조사표를 점검하여 기록의 잘못이 없는가를 그때그때 확인하고, 측정시에 저울의 사용은 정확하였는지 또는 기록할 사항을 누락 없이 기록하였는지의 여부 등을 세밀하게 점검하여 정확하게 정리하고, 각 조사표마다 조사일자를 기입하고 서명한다.

(2) 식품섭취량 조사

'가구별 조리내용조사'와 '개인별 24시간 회상조사'를 통해 조사한다.

① 가구별 조리내용 조사

음식 조리자가 조사 당일 전날의 음식 조리 상황 및 가족들의 식사 상황에 관한 내용을 메모해 둔 사항으로 면담하면서 작성한다.

식사구분, 음식명, 음식 총량의 눈대중 분량과 부피·중량, 식품재료명, 가공 여부를 조사한다.

② 개인별 24시간 회상조사

만 1세 이상 전 가구원을 대상으로 하며 조사 전날 1일간 식품섭취량을 개별 24시간 회상법(24 hour recall method)으로 조사하여 기록한다.

식사 끼니와 시간, 식사장소, 매식 및 구입 여부, 음식명 및 음식섭취량, 음식별 재료명 및 식품섭취량을 조사한다.

조사 전 하루 동안 섭취한 모든 음식의 종류와 양, 가정에서 조리한 음식의 레시피를 조사하여 산출하였다.

식품의 총량은 주부가 눈대중으로 기록한 양을 계량컵, 자, 이차원 모델을 이용하여 기록하며, 눈대중 분량에 해당하는 부피(cm^3)도 보조자료를 이용, 계산하여 기입한다.

가정에서 조리한 경우, 사용한 조리기구를 조사자가 직접 확인하도록 하고, 남은 음식이나 식품재료를 직접 보고 눈대중 분량을 확인할 수도 있다.

식품섭취 조사용 DB는 우리나라의 식생활 변화, 식품유통 현황을 반영할 수 있도록 현 상태에서 확보 가능한 최신의 자료를 활용하였다.

(3) 건강상태 조사

① 신장

피검자는 신을 벗어야 하며, 신장계 발판 위에 똑바로 서게 하고 머리의 뒷부분, 등, 엉덩이, 발뒤꿈치의 네 부분이 신장계에 닿도록 하며, 무릎을 곧바로 펴서 바로 서 있게 한다. 이때 조사원은 정면과 측면에서 몸의 위치를 교정하면서 측정 막대를 가볍게 내려서 머리에 직각으로 닿도록 한 뒤 눈금을 읽는다.

② 체중

저울은 바닥이 편편하고 단단한 곳에 놓아야 하며, 측정하기 전에 반드시 저울 눈금이 '0'을 가리키는가를 확인해야 한다. 피검자는 신을 벗어야 하며, 얇은 옷을 입거나 될 수 있으면 팬티만 입게 하는 것이 가장 좋다.

그리고 부득이 옷을 입은 채로 측정할 때는 측정자의 옷의 무게를 달아서 교정해 주어야 한다. 체중계의 눈금은 피검자가 체중계의 중앙에 가만히 서 있을 때 읽는다.

③ 상완위

상완위는 보통 철제 줄자로 측정한다. 유리섬유로 되어 있는 부드러우면서 늘어나지 않는 줄자가 있으면 그것을 사용한다. 측정 부위는 일반적으로 좌측 상완의 중간 부위가 된다. 팔을 자연스럽게 내리게 하고, 팔둘레를 줄자로 가볍게 잡아당겨서 피부에 줄자가 꼭 닿게 한 후 눈금을 읽는다. 이때 살갗이 겹치지 않게 주의해야 한다. 보통 종이나 헝겊 줄자는 눈금이 잘 벗겨지고 늘어나기도 하므로 주의하여야 한다.

④ 구각염

입을 반쯤 벌리게 하여 양쪽 구각에 구열이 생기며, 깨진 곳이 핑크 또는 백색으로 보이면 구각열로 하고, 핑크 또는 백색의 반흔이 있으면 구각반흔으로 판단하고 두 경우를 모두 합하여 구각염으로 한다.

⑤ 혈압

만 15세 이상의 조사 대상자에 대해 수축기/이완기 혈압을 측정한다. 대상자가 5분 이상 심신의 안정을 얻은 후 앉은 상태에서 우측 상완에서 측정한다.

⑥ 헤모글로빈 함량

손가락 끝이나 귓볼을 70% 알코올 스펀지로 닦은 후 랜싯(lancet)으로 찔러 잘리피펫(Sahli pipet)으로 0.02 mL를 채혈하여 측정한다.

국민영양조사에서는 영양장애 징후로 빈혈·갑상선 비대·비토반점(Bitot's spot)·야맹증·구각염·구순염·설염·괴혈성 치육·각화증·슬개반사 소실·비복근 압통·부종 등을 조사해 왔으나, 점점 발현율이 낮아지므로 1979년부터는 구각염만 조사하고 있다. 1995년도에는 치아우식증, 잇몸질환 여부를 검진하여 조사하였고, 혈압강하제 복용, 운동습관, 음주, 흡연 등도 문진을 통해 조사하였다.

(4) 식생활 조사

식품섭취 조사기간 중에 실시하며 식품섭취 조사원 및 식생활 조사원이 면접조사를 한다. 가구원수, 가구당 월평균 총수입, 식비 지출 상황, 식품구입자, 식품보관장소, 급수시설, 취사연료, 식품구입가격, 식사 상황, 각 가정 구성원의 음식 섭취 상황, 영양보충제 섭취 상황 등 식생활과 관련된 요인이 조사되고, 영유아의 수유형태와 이유 시기 및 보충식의 이용 현황 등이 조사된다.

2. 2011년도 국민건강영양조사 결과

국민건강영양조사에서 식품섭취량 조사표, 식생활 조사표, 식품섭취빈도 조사표에 의해 조사된 자료에 대해 식품코드, 음식코드를 부여하는 부호화 작업과 답변의 타당성/일관성 검토 및 오류 체크 과정을 거친 후 입력한 후 검증 작업을 거쳐 수정하고 통계처리가 실시된다. 국민의 영양소 섭취상태는 식품섭취량 데이터와 영양성분 함량 데이터베이스를 활용한다. 건강조사는 남녀, 연령 및 지역별로 분석된다.

식품섭취 조사는 식품성분표를 이용하여 지역별, 1인 1일당 식품군별 섭취량과 식품별 섭취량이 분석된다. 영양가를 계산한 후 가구별 섭취 인원수와 외식이나 결식 등 가정 외의 섭취 상황을 고려하여 가구당 영양소 섭취량을 구한다. 또한 각 가구원의 연령, 성별에 따른 성인환산율을 구하여 가구당 영양권장량을 구한 후 가구당 영양섭취량을 비교하여 권장량에 대한 비율을 구한다. 가구당 영양소 섭취량과 가구당 영양권장량에 대한 비율은 지역별로 분석되며, 권장량에 대한 비율은 그 분포가 정리되고 각 식품군별로 영양소 섭취량과 섭취비율이 지역별로 정리되며 그 외 관련 자료가 분석된다. 식생활 조사자료는 지역별로 분석, 정리되고 사회, 경제 지표로 이용될 수 있는 항목은 영양소 섭취량과 연계분석된다.

1) 식품섭취 실태

(1) 총식품섭취량

제3기(2005년)부터 2011년 제5기 2차년도까지의 식품별 주당 평균 섭취빈도는 전반적으로 유사하다. 1일 총식품섭취량은 1,464 g으로 남자(1,681 g)가 여자(1,243 g)보다 43 g 더 많이 섭취한 것으로 보고된다. 식품섭취량은 꾸준히 증가하여 10년 사이 남자는 290 g, 여자는 80 g 정도 증가하였다.

식물성 식품의 섭취량은 전국 평균이 1,012.8 g이다. 쌀은 1인 1일 평균 186.1 g(약 2.2 공기)를 섭취하였다.

표 7-10에 의하면 1인 1일 평균 섭취량이 많은 것은 배추김치 68.6 g, 우유 80.6 g, 맥주 63.6 g, 소주 35.5 g 등이었는데, 남자의 경우 맥주, 소주, 막걸리와 같은 주류에 속하는 식품의 섭취량이 높고 여자는 남자보다 과일의 종류가 다양하고 빵, 떡, 고구마 등이 높은 순위를 차지한다.

표 7-10 일부 주요식품 섭취량의 연차별 비교(1인 1일 평균)

(단위 : g)

식품 \ 연도	1998	2001	2005	2011
백미	246.1	215.9	205.7	186.1
배추김치	83.8	91.9	90.3	68.6
우유	71.0	70.6	66.5	80.6
맥주	22.4	24.9	42.3	63.6
소주	17.2	20.2	28.9	35.5
돼지고기(삼겹살/부산물포함)	27.7	35.1	38.1	34.2
소고기(수입우, 한우 및 부산물)	26.2	26.6	19.2	19.3
닭고기	9.0	13.2	15.2	23.5
달걀	21.9	20.8	25.3	26.3
라면	15.8	15.4	15.8	14.2

자료 : 2011년 국민건강영양조사 보고서

(2) 식품군별 섭취량

식물성 식품섭취량은 그간 1.1배, 동물성 식품은 1.3배 증가하였다. 곡류의 섭취량은 감소한 반면 음료류, 주류 섭취량은 증가하고 우유 섭취량도 크게 증가하였다. 섭취량이 가장 높은 식품군은 곡류(316.7 g)과 채소류(295.4 g)이며, 총섭취량은 소득수준이 높을수록 높은 경향을 보인다.

표 7-11 식품군별 1일 섭취량(성별, 만 1세 이상, 2011)

(단위 : g)

구분	전체 (N=7,704)	남자 (N=3,376)	여자 (N=4,328)
	평균(표준오차)	평균(표준오차)	평균(표준오차)
곡류	316.7(2.8)	358.1(4.1)	275.2(3.2)
감자 · 전분류	37.7(1.7)	36.8(2.5)	38.5(1.9)
당류	10.5(0.4)	11.9(0.5)	9.0(0.5)
두류	39.0(1.3)	44.1(2.0)	33.8(1.9)
종실류	3.1(0.2)	3.3(0.2)	2.9(0.2)
채소류	295.4(4.2)	337.2(5.6)	253.5(4.2)
버섯류	4.9(0.4)	5.1(0.6)	4.8(0.4)
과일류	161.5(6.0)	148.4(7.1)	174.6(6.4)
해조류	3.8(0.2)	3.9(0.2)	3.8(0.3)
음료류	129.1(5.5)	145.7(9.1)	112.4(4.9)
주류	122.9(8.0)	202.0(14.6)	43.7(4.1)
조미료류	37.0(0.8)	44.7(1.2)	29.4(0.8)
유지류(식물성)	8.4(0.2)	10.5(0.3)	6.4(0.2)
기타(식물성)	0.7(0.1)	0.9(0.3)	0.4(0.1)
식물성 식품 계	1,170.7(15.8)	1,352.7(23.9)	988(12.7)
육류	102.1(3.1)	127.7(4.8)	76.4(3.0)
난류	25.9(0.8)	30.5(1.1)	21.2(0.8)
어패류	55.6(1.8)	71.0(3.0)	40.2(1.4)
우유류	108.0(3.1)	111.9(4.5)	104.0(3.4)
유지류(동물성)	0.2(0.0)	0.2(0.0)	0.2(0.0)
기타(동물성)	0.2(0.1)	0.2(0.1)	0.1(0.1)
동물성 식품 계	291.9(5.2)	341.6(7.6)	242.2(5.1)
총계	1,462.6(17.9)	1,694.3(26.6)	1,230.7(14.8)
식물성 식품 섭취분율(%)	79.7(0.3)	79.0(0.4)	80.3(0.3)
동물성 식품 섭취분율(%)	20.3(0.3)	21.0(0.4)	19.7(0.3)

자료 : 2011 국민건강통계, 보건복지부 질병관리본부

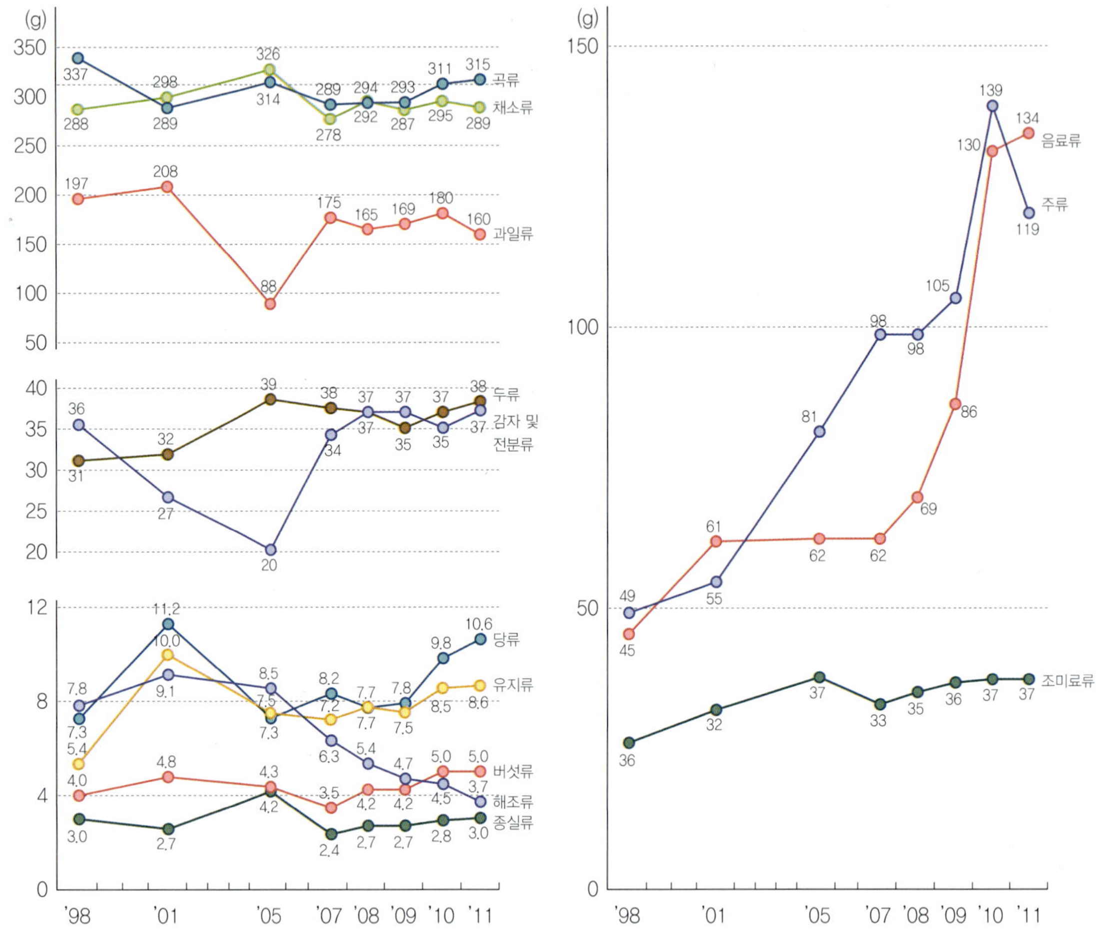

※ 2005년 추계인구로 연령표준화, 만1세 이상

그림 7-4 식물성 식품군별 섭취량 추이

자료 : 2011 국민건강통계, 보건복지부 질병관리본부

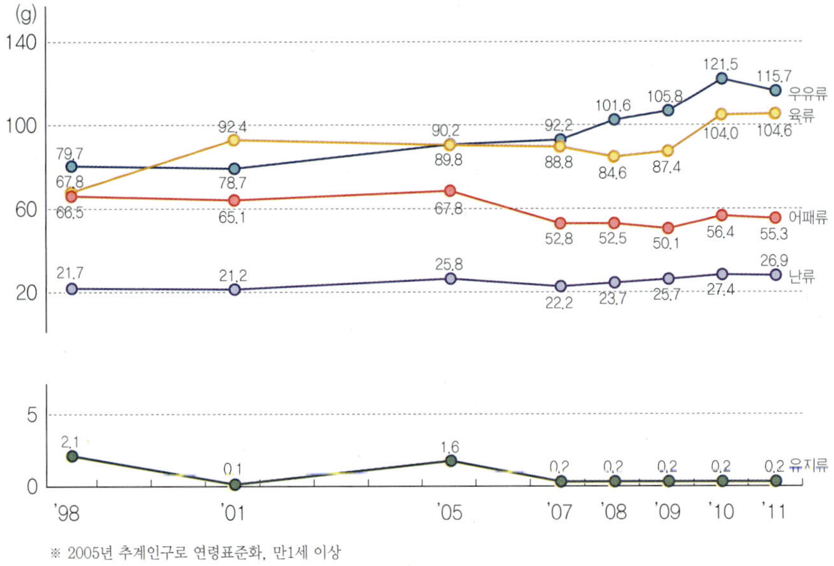

그림 7-5 동물성 식품군별 섭취량 추이

자료 : 2011 국민건강통계, 보건복지부 질병관리본부

(3) 식품섭취빈도

가장 빈도수가 높은 식품은 쌀(1일 평균 섭취량 186.1 g)로서 주당 17.3회(하루 2.5회)이며, 배추김치를 포함한 배추가 13.4회, 보리/잡곡이 10.1회, 커피 8.6회이다.

우유는 대상자의 16.6%가 '거의 안 먹음'이며, 하루 1회 이상(1일 1~3회 섭취분율의 합) 섭취자는 20.3%에 불과하다고 보고되고 있다.

여성은 보리/잡곡, 떡, 콩류, 고구마, 과일류의 섭취빈도가 남자보다 높았다.

연령대별로 섭취빈도가 높은 식품은 다음과 같다.

표 7-12 연령대별 섭취빈도 높은 식품

연령	섭취빈도 높은 식품
만 12~18세	라면, 빵류, 떡류, 과자류, 육류, 우유, 아이스크림, 탄산음료, 햄버거, 피자, 튀긴 음식
만 19~64세	커피, 녹차, 맥주
만 65세 이상	보리/잡곡, 콩류, 젓갈류

2) 영양소 섭취실태

에너지 및 영양소 섭취량은 이전 연도의 결과와 유사하다고 보고되었다.

(1) 에너지

에너지 섭취량은 전국 1인 1일당 평균이 2,048 kcal이다.

에너지를 구성하고 있는 영양소의 비율을 보면 당질 65.8%, 지방 19.6%, 단백질 14.6%였으며, 2005년에는 1969년 최초로 국민영양조사가 실시된 이래 처음으로 지방 에너지 기여 비율이 20%를 초과했으나 다시 감소했다. 연차적(표 7-14)으로 볼 때 당질 에너지 비율은 감소하였으나 다시 증가하였다.

에너지 섭취량에 가장 기여도가 큰 식품은 곡류로 전체의 53.0%를 공급한다. 그 다음이 육류, 주류의 순이다.

(2) 단백질

단백질 권장량에 대한 섭취비율은 159%로 1984년 이후 계속 권장량 이상을 섭취하고 있는 것으로 나타났다. 곡류로 섭취하는 단백질의 양은 21.4 g, 육류로 17.9 g, 어패류로 10.8 g을 섭취한다고 보고하고 있으며, 전국적으로 평균 단백질 섭취 수준이 질적, 양적으로 모두 양호한 상태임을 보여주었다.

(3) 지방

지방 섭취량은 1인 1일당 평균 44.2 g으로 주요 급원 식품군은 육류, 곡류, 유지류(식물성) 등이다. 1982년 이후 지방 섭취량은 약간의 기복을 보이며 대체로 증가하는 추세이다. 총에너지 섭취량 중 지방 에너지 섭취비율은 19.6%로 1969년의 7.2%에서 꾸준히 증가하고 있다.

(4) 칼슘

전국 1인 1일당 평균 칼슘 섭취량은 517.8 mg으로 채소류로 섭취하는 양이 높았다. 칼슘의 주요 급원 식품은 전체 섭취량의 16.8%를 차지하는 우유이며 멸치, 배추김치, 두부, 무청, 달걀, 요구르트, 파, 미역, 백미, 열무김치, 깻잎 등 12가지 식품이 50%를 차지한다.

표 7-13 영양소별 1일 섭취량(성별, 만 1세 이상, 2011)

구분	전체 (N=7,704)	남자 (N=3,376)	여자 (N=4,328)
	평균(표준오차)	평균(표준오차)	평균(표준오차)
에너지(kcal)	2,044.7(17.9)	2,398.0(25.5)	1,691.0(16.1)
단백질(g)	73.6(0.8)	87.1(1.2)	60.1(0.8)
지방(g)	44.2(0.6)	52.5(0.9)	35.8(0.6)
탄수화물(g)	323.5(2.4)	364.6(3.2)	282.5(2.7)
조섬유(g)	6.9(0.1)	7.5(0.2)	6.2(0.1)
칼슘(mg)	517.9(6.2)	577.8(9.0)	458.1(6.0)
인(mg)	1,191.5(10.1)	1,377.9(14.7)	1,005.0(9.7)
나트륨(mg)	4,796.7(62.3)	5,653.7(93.4)	3,938.7(53.9)
칼륨(mg)	2,949.9(30.2)	3,318.7(39.10	2,580.8(31.4)
철(mg)	14.6(0.2)	16.6(0.3)	12.6(0.3)
비타민 A(μgRE)	815.2(22.0)	917.7(32.7)	712.6(18.3)
싸이아민(mg)	1.4(0.0)	1.6(0.0)	1.1(0.0)
라이보플라빈(mg)	1.3(0.0)	1.5(0.0)	1.1(0.0)
나이아신(mg)	17.0(0.2)	20.1(0.3)	13.9(0.2)
비타민 C(mg)	104.0(1.9)	110.2(2.2)	97.9(2.2)
단백질급원 에너지섭취분율(%)[1)]	14.6(0.1)	15.0(0.1)	14.1(0.1)
지방급원 에너지섭취분율	19.1(0.2)	19.9(0.2)	18.3(0.2)
탄수화물급원 에너지섭취분율(%)	66.4(0.2)	65.1(0.30	67.7(0.3)

[1)]단백질급원 에너지 섭취분율 : {(단백질 섭취량)×4}의 {(단백질 섭취량)×4+(지방 섭취량)×9+(탄수화물 섭취량)×4}에 대한 분율 지방 및 탄수화물급원 에너지 섭취분율 : 단백질급원 에너지섭취분율과 같은 정의에 의해 산출

자료 : 2011 국민건강통계, 보건복지부 질병관리본부

(5) 비타민 A

전국 1인 1일당 평균 비타민 A의 섭취량은 815.3(㎍RE)로 권장량의 72.9%로 낮다. 1위 급원 식품은 당근으로 전체 섭취량의 9.4%를 공급하며 고추, 김, 감, 깻잎, 열무김치, 시금치, 채소음료 등의 식품을 통해 전체 섭취량의 50% 이상을 섭취하였다.

(6) 비타민 B_1

비타민 B_1의 전국 1인 1일 평균섭취량은 1.40 mg으로 전년도에 비해 소폭의 증가를 보였다.

(7) 비타민 B_2

비타민 B_2의 전국 1인 1일당 평균 섭취량은 전년도와 비슷한 1.30 mg이었고 1980년대 후반부터 큰 변동이 없는 것으로 나타났다. 칼슘 다음으로 평균 필요량 미만 섭취자분율이 높은 영양소이며, 평균 필요량 미만 섭취자분율은 50% 정도이다. 50세 이상의 연령층에 권장섭취기준에 대한 낮은 섭취량을 보여 관리가 필요한 영양소로 보여진다.

(8) 비타민 C

전국 1인 1일당 평균 비타민 C의 섭취량은 104.1 mg이다. 권장섭취기준에 대한 비타민 C의 섭취비율은 남자는 118%, 여자는 104%였다.

(9) 인, 칼륨

인과 칼륨의 1인 1일당 평균 섭취량은 각각 1,191.2 mg, 2,949 mg으로, 인은 칼슘 섭취량의 약 2배가 넘고, 칼륨은 권장량에 못 미친다.

(10) 나트륨

나트륨의 경우 국민 1인 1일당 총 5,279.9 mg 정도(소금으로 13.4 g에 해당)로 권장량의 3배 이상 섭취하는 것으로 조사되었다. 나트륨의 섭취는 1998년의 4,035.9 mg 및 2001년의 4,903.4 mg에 비해 계속 증가하고 있는 것으로 나타났고 특히 30~49세의

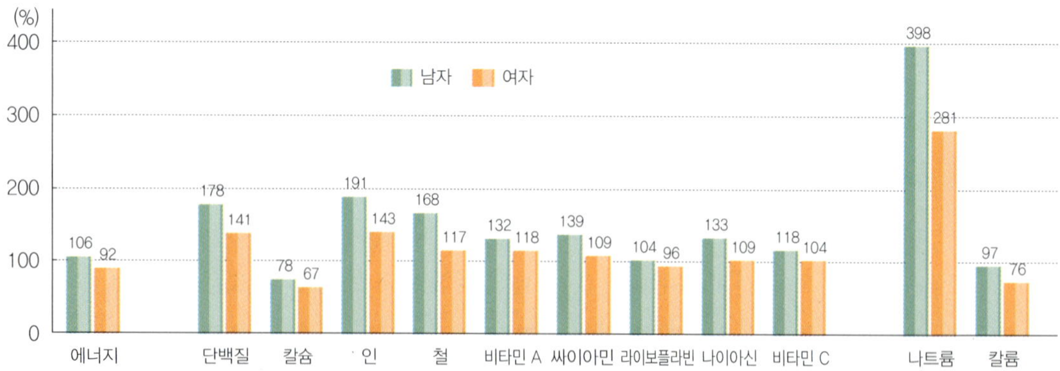

※ 영양섭취기준에 대한 섭취비율 : 영양섭취기준에 대한 개인별 영양소 섭취량 백분율의 평균값, 만1세 이상

※ 영양섭취기준 : 2010 한국인 영양섭취기준 개정판(한국영양학회, 2010); 에너지, 필요추정량, 나트륨, 칼륨, 충분섭취량; 기타 권장섭취량

그림 7-6 영양섭취기준에 대한 섭취비율

자료 : 2011 국민건강통계, 보건복지부 질병관리본부

남자가 섭취량이 가장 높다. 남자가 여자보다 118 mg 정도 더 많이 섭취한다. 국민의 건강을 위해 식염 섭취량을 줄이기 위한 대국민 영양교육과 홍보가 필요하다.

2011년 2차년도 표본 가구수는 전국 192개 가구이다. 건강설문조사와 검진조사는 이동검진센터에서 실시하였는데 건강설문조사의 교육 및 경제활동, 이환, 의료이용 항목 등은 면접방법으로, 흡연, 음주 등 건강행태영역은 자기기입식으로 조사되었으며, 검진조사는 계측, 관찰, 검체분석방법으로 수행되었다.

주요 건강조사 내용은 다음과 같다.

표 7-14 국민건강조사의 주요 내용

건강행태		만성 질환	
• 흡연 • 신체활동 • 손상 및 안전의식 • 의료이용	• 음주 • 우울 및 스트레스 • 건강검진 및 예방접종	• 비만 • 당뇨병 • 만성콩팥병 • 구강 질환 • 빈혈 • 이비인후 질환 • 기타 질환	• 고혈압 • 이상지혈증 • 폐쇄성 폐질환 • B형간염 • 안질환 • 중금속

자료 : 2011 국민건강통계, 보건복지부 질병관리본부

3) 건강조사

급속한 경제발전과 더불어 출산율이 OECD 국가 중 최저수준으로 감소하면서 노인 인구는 상대적으로 증가되고 있다.

2005년 현재 65세 이상의 노인 인구가 459.7만명인 9.5%를 차지하고, 2018년에 14.3%로 고령사회, 2026년에는 20.8%로 초고령화 사회로 진입할 것이다.

평균수명은 2005년 남자가 74.8%, 여자가 81.52세로 평균 77.9세이며, 2020년에는 81세, 2050년에는 83.3세로 증가가 예상된다. 건강수명 추이가 2002년에는 67.8세로 보면 그 외의 기간이 점점 더 길어져 각종 만성 질환이 증가된다. 노인 인구가 증가되면 서 만성 퇴행성 질환이 증가되어 전체 인구의 30%가 만성 질환 비율로 나타나며, 노인의 약 87.6%에서 한 가지 이상의 신체적·정신적 만성 질환이 있는 것으로 나타나고 있다. 주요 사망 질환으로는 암, 뇌혈관 질환, 심장 질환, 당뇨병으로 만성 질환 및 비만으로 인한 경제적 손실이 급증하게 될 것이다.

"온 국민이 함께 하는 건강세상"이라는 목표를 가지고 4가지 부문의 사업을 시행하여 건강수명 연장과 건강형평성을 제고한다.

- 건강생활 실천 확산 : 금연, 절주, 운동, 영양
- 예방중심 건강관리 : 암 만성병 관리, 전염병 관리, 정신·구강보건
- 인구집단별 건강관리 : 모자보건, 노인보건, 학교보건 등
- 건강환경조성 : 식품안전, 공기, 음료수, 지역사회환경

4) 식생활 조사

(1) 결식 비율

조사 전 2일간의 끼니별 식사 여부에 따른 아침 결식 비율은 1세 이상 국민 전체에서 20.3%, 점심 6.4%, 저녁 3.7%였으며, 아침과 점심식사 결식률은 19~24세가 가장 높다.

지역별로는 동지역이 읍·면지역에 비해 다소 높으며, 소득수준별 결식률은 유사한 경향을 보인다.

(2) 가족동반 식사 비율과 외식섭취빈도

가족동반 식사율의 경우 저녁식사가 65.5%로 가장 높았으며, 아침식사 53.1%, 점심은 19.6%이다. 저녁식사는 19~29세에서 가족동반 식사율이 낮다.

65세 이상의 36.4%는 외식을 거의 하지 않는다고 하며, 하루 1회 이상 외식률은 27.2%로 12~29세 연령층에서 높게 보이고 여자보다는 남자가 소득수준이 높을수록 외식빈도가 높다고 보고된다.

(3) 수유 및 이유 형황

최근 3년간의 자료로 산출한 보고에는 모유수유 경험률이 88.0%, 조제분유 수유 경험률은 68.9%이며, 평균 모유수유 기간은 9.9개월이며, 이유보충식 시작 월령은 6.6개월, 시판우유 시작 월령은 평균 14.3개월로 보고되고 있다.

3. 문제점 및 개선방향

우리나라는 세계에서 가장 빠르게 고령화가 진행되고 있어 2026년에는 초고령사회로 진입하게 된다. 평균수명도 현재 77.9세에서 2020년에는 81.0세로 늘어나게 된다. 또한 만성 질환이 증가하며 이에 따라 노인의료비가 증가하게 된다.

따라서 이와 같은 사회적인 변화로 국가의 영양정책도 변화되어야 한다. 국가적으로 '제3차 국민건강증진종합계획 2020'(표 7-17)을 수립하고 영양정책을 수행하고 있다.

이는 2010년 3월 공포된 「국민영양관리법」에 준하여 체계적 영양관리 및 영양교육에 초점을 맞춘 종합계획의 시행을 통해 건강한 식생활을 실천하여 건강수명 연장에 기여하는 목적이다.

최근 들어 외식의 기회가 증가함에 따른 영양소 섭취 불균형 등의 문제를 해결하기 위한 적극적인 교육과 관리가 필요한 상황이다.

또한 적절한 체중에 대한 올바른 인식의 부족으로 인한 새로운 영양문제의 해결, 건강한 식생활 실천과 식품의 선택을 하는 환경의 조성 등의 문제가 해결되어야 한다. 따라서 정책의 안정적 시행을 위해 보다 적극적이고 다양하고 세밀한 영양관리 사업을 개발하고 추진하는 것이 필요하다.

표 7-15 제3차 국민건강증진종합계획 2020 영양부문의 목표와 사업

<table>
<tr><th>지표명</th><th>사업명</th></tr>
<tr><td>• 건강 식생활 실천 인구비율을 증가시킨다.
지방을 적정수준으로 섭취하는 인구비율
나트륨을 1일 2,000 mg 이하로 섭취하는 인구비율(만 6세 이상)
당을 적정수준으로 섭취하는 인구비율(만 6세 이상)
과일과 채소를 1일 500 g 이상 섭취하는 인구비율(만 6세 이상)
식품선택에 영양표시를 활용하는 인구비율
건강 식생활 실천 인구비율(만 6세 이상)</td><td rowspan="5">가. 식생활 지침의 주기적 개정 및 다양한 교육자료 개발 · 보급

나. 가공식품 및 외식음식 중 나트륨 함량 감량 사업

다. 영양표시 적용범위 확대 및 인식제고 : 점진적 자율표시 확대 및 의무화

라. 건강 체중 인식 확산을 위한 교육 및 홍보 사업

마. 노인 급식의 질 관리 및 제고 사업

바. 영양관리서비스의 산업기반 정비 및 건강/질환 관리 상품으로 육성

사. 취약계층을 위한 영양관리 사업 개발 및 확대</td></tr>
<tr><td>• 건강 체중 유지/관리 인구비율을 증가시킨다.
적정체중(18.5≤BMI≤25) 성인 인구비율 증가
저체중 성인 인구비율 감소</td></tr>
<tr><td>• 생애주기별 영양관리를 강화한다.
완전 모유수유 영아(생후 6개월) 인구비율 증가
잘못된 식습관에 의한 아침 결식률 감소
영양소 섭취 부족인 노인 인구비율 감소
빈혈인 가임기 여성(10~49세) 인구비율 감소
영양관리(교육 및 상담)를 받는 인구비율 증가</td></tr>
<tr><td>• 미량 영양소 적정섭취 인구비율을 증가시킨다.
칼슘을 적정수준으로 섭취하는 인구비율
철을 적정수준으로 섭취하는 인구비율
비타민 A를 적정수준으로 섭취하는 인구비율
라이보플라빈을 적정수준으로 섭취하는 인구비율</td></tr>
<tr><td>• 식품안정성 확보 및 영양서비스 수혜 인구비율을 증가시킨다.
식품안정성이 확보된 가구비율
식생활 지원/관리 프로그램(영양플러스) 수혜 인구비율(2008년까지는 운영보건소 수)</td></tr>
</table>

자료 : 국민건강종합계획 2020, 보건복지부

제8장

영양상담

제1절 영양상담의 개요

제2절 효과적인 영양상담을 위한 상담기술

제3절 영양상담의 절차 및 방법

제4절 효과적인 영양상담을 위한 도구

제5절 영양상담의 실제

제1절 영양상담의 개요

1. 영양상담의 정의

상담(counseling)이란 여러 문제에 직면하여 도움을 필요로 하는 개인(내담자)과 심리학적 훈련이나 관련 지식 및 풍부한 경험으로 타인을 조력할 수 있는 자질을 가진 전문가(상담자)와의 대면관계를 통해서 행해지는 적절한 원조과정이라 할 수 있다. 상담을 통해서 무슨 도움을 어떻게 받느냐에 따라 상담의 성질이 달라질 수 있으나 이러한 과정은 주로 언어적 수단을 매개로 하여 내담자가 자기의 문제를 명료하게 스스로 인식하게 함으로써 감정, 태도 및 심리적인 변화를 일으키게 한다. 따라서 상담은 문제해결을 위한 단순한 정보를 얻거나 대화를 통한 궁금증을 푸는 정도가 아닌 직면하고 있는 문제가 구체적으로 해결되고 사고방식이나 행동면에 있어서 예전보다 더 발전되기 위하여 노력을 하는 것을 의미한다.

영양상담(nutrition counseling)도 기본적으로는 이러한 상담의 정의에 준해서 이해할 수 있으나 다만 내담자가 갖고 있는 문제가 영양과 관련된 내용으로 국한된다. Mason 등은 영양상담을 '현재 영양적 문제를 가지고 있거나 혹은 그 가능성이 잠재해 있는 사람에게 본인 스스로 새로운 식행동을 습득하여 영양적 문제를 해결할 수 있도록 도와주는 과정'이라고 정의하고 있다.

미국영양사협회(the American Dietetics Association)에서는 영양관련 문제 해결을 위해 영양관리과정(NCP, Nutrition Care Process) 모델을 제시하였으며, 이 과정을 통한 영양중재 방법에서 영양교육(nutrition education)과 영양상담(nutrition counseling)을 동시에 적용한다 하더라도 개념상 구분하여 사용하고 있다. 영양교육이 영양문제 해결을 위한 영양지식과 정보 제공에 초점이 맞추어져 있다면 영양상담은 내담자와 상담자와의 상호교류를 통해 영양문제의 원인을 변화시키는 것이다. 따라서 영양상담은 문제 해결에 장애가 되는 태도, 신념, 지식 및 환경적인 요인 등을 알아내고 내담자로 하여금 문제의 근본 원인을 인식하고 개선할 수 있도록 동기유발을 위한 다양한 중재기법을 사용하는 것으로 제시하고 있다. 따라서 영양문제를 갖고 있는 대상과의 만남에서 영양문제의 주요 원인이 지식 부족이라면 영양강좌를 통한 관련 정보와 지식을 전달하고, 요리교실과 조리시연 등의 영양교육 방법을 이용할 수 있다. 그러나 주요 문제가 지식 부족이 아닌 식습관, 또는 식행동에 영향을 미치는 태도와 신념, 환경적 요인이라면 일련의 상담과정을 통하여 문제점을 규명하고 인식하며, 문제 해결을 위한 계획수립과 식행동 수정을 위한 다양한 동기유발 방법을 통하여 목표에 도달하도록 내담자와 밀접한 상호관계를 유지해야 한다.

최근 식생활 변화와 질병 발생의 위험 요소가 증가하게 되면서 질병의 치료 또는 예방을 위해 영양상담의 필요성이 증대되고 피상담자 자신들도 그 필요성을 느끼기 시작하였다. 따라서 영양문제를 가지고 있는 환자를 대상으로 실시하던 영양상담의 범위가 보건소를 통한 지역사회 주민을 위한 영양상담, 학교교육의 일환으로 어린이들의 편식 교정을 위한 영양교육 등 영양상담에 관한 업무 범위는 영양의 전반적인 분야로 넓어지고 있다고 할 수 있다.

이와 같이 다양한 분야에서 효과적인 상담이 이루어지려면 영양학에 관한 전문적인 지식뿐만 아니라 인간 행위에 대한 이해, 즉 피상담자를 파악할 수 있는 심리적, 사회적 측면에서의 기술이 요구된다. 그러므로 상담영양사들은 상담이론을 익히고 이것을 각 내담자의 특성을 고려하여 그들의 식습관의 변화를 유도하고 새로운 식행동을 지속적으로 유지해 나갈 수 있도록 효과적인 적용 방안을 모색해 나가야 하겠다.

2. 영양상담이론

영양상담의 최종 목표는 내담자의 식행동이 의미 있게 변화될 수 있도록 도와주는 것이다. 일반적으로 식생활은 다양한 요소에 의해서 영향을 받으므로 단순한 식품 및 영양 관련 정보 제공만으로 식행동의 변화를 기대할 수 없다. 따라서 영양상담자는 내담자의 식행동을 근거로 문제의 식행동에 영향을 미치는 요소를 찾아내고, 행동 변화를 위한 '언제', '어떻게', '무엇을 할 것인가' 등 다양한 건강 관련 행동이론을 적용할 수 있어야 한다. 또한 영양상담에서도 일반적인 심리학의 이론이 적용될 수 있으나, 심리치료 요구의 비중이 큰 일반 상담과는 성격을 달리함으로 이들 상담과 심리요법을 접목시키되 효과적으로 적용시켜 사용할 수 있는 방법을 선택해야 할 것이다.

1) 내담자중심요법

내담자중심요법(client centered therapy)은 Rogers에 의해 창시된 치료법으로 인간에게는 스스로 자신의 길을 발견하고 성장해 나갈 수 있는 잠재능력이 있다는 것이 이 치료법의 기본 철학이다. 상담 진행과정에 있어서 상담자의 압력은 적어지고 내담자가 중심이 될 때 비로소 관계가 조성되는 것이다. 이러한 비지시적 상담에서는 내담자의 성장력을 굳게 믿고 있기 때문에 심리적인 분위기만 조성시켜 주면 상담의 과정을 어떻게 진행시키고 무엇을 어떻게 말하는가, 상담의 장면은 어떻게 이용할 것인가 등에 관해서 모두 내담자에게 맡기는 것이다.

따라서 상담자는 내담자가 문제를 해결하기 위한 자신의 능력을 발견하도록 도움을 주며 개인적인 성장의 촉매로서 주로 작용한다. 상담에 있어서 주도권을 내담자가 갖고 이끌어 나가며, 자신의 방향을 발견할 수 있다는 내담자의 능력에 큰 신뢰를 둔다. 내담자중심요법에서 상담자의 역할은 내담자와 함께 있어 주는 것이며 즉각적으로 쉽게 접근할 수 있다는 것이다.

2) 행동요법

행동요법(behavior therapy)은 Pavlov, Skinner, Wolpe, Krumboltz 및 Thoreson 등이 '사람은 중립적인 상태로 태어난다'고 언급한 것으로부터 유래되었으며 사람의 행동은 주변환경, 영향력을 미칠 수 있는 사람들의 구성과 경험 등에 의해서 형성된다는 것이다. 그러므로 문제의 행동은 잘못된 학습의 결과이며, 행동요법은 부적합한 행동을 제거하고 새로운 행동을 습득함으로써 바람직한 행동을 강화하고 유지시키는 것을 목표로 두고 있다.

영양상담에서 이용할 수 있는 행동요법에는 다음과 같은 3가지 방법을 이용할 수 있다. 첫째는 어떠한 식행동이 건강에 좋은 결과를 가져왔을 때 그러한 행동을 더욱 강화시키는 방법이다. 예를 들면 내담자가 고섬유식사를 했을 때 변비가 줄어든 경험이 있다면 계속해서 고섬유식사를 하게 된다. 두 번째는 새로운 행동을 학습시키는 것 대신 모방하는 것을 강조하는 방법으로, 고지혈증인 사람이 식당에서 음식을 주문할 때 그 사람의 배우자나 친구가 저콜레스테롤, 저지방식사를 시킨다면 그 사람도 따라서 같은 식사를 주문하게 된다. 세 번째는 모방의 개념을 확대한 것으로 계획된 모범을 제시하고 직접교육을 실시하는 방법이다. 예를 들어 비만한 사람에게 성공적인 체중감소 프로그램 비디오를 보여주고 체중조절 프로그램을 시작하는 것이다.

행동목표가 명시되고, 치료목표와 치료방법이 서술되기 때문에 치료성과가 평가되어질 수 있다. 이러한 접근 방식에 대한 초기 제안자들은 목표와 행동 결정에 있어서 상담자의 전문적인 역할을 강조한 반면, 최근의 상담자들은 목표 선택에 있어서 내담자의 적극적인 견해와 치료과정에 있어서 내담자의 적극적인 참여의 중요성에 더 중점을 두고 있다. 그들은 원치 않는 내담자에게는 치료가 강요될 수 없다는 것과 상담자와 내담자는 공통된 목표를 위하여 협력하여 일할 필요가 있다는 것을 강력히 주장한다.

3) 합리적 정서요법

합리적 정서요법(rational-emotive therapy)은 정신분석학적, 실존 인간주의적, 내담자 중심적, 그리고 형태주의적 접근들과는 판이한 차이가 있으며, 인간의 사고, 판단, 결심, 분석, 활동을 강조한다는 점에서 지적, 행동적, 활동적인 경향을 가진 요법과 더 많은 공통점을 지니고 있다.

합리적 정서요법은 인간이 합리적이고 올바른 사고를 하는 잠재력과 비뚤어지고 비합리적인 사고를 하는 잠재력, 이 둘의 가능성을 가지고 태어났다는 가정을 기반으로 하는 심리요법의 한 학파이다. 사람들은 자아 보존, 행복 사고, 언어와 능력, 사랑, 타인들과의 친교, 성장 그리고 자아실현의 성향들을 가지고 있으며, 그들은 또한 자멸, 사고의 기피, 지연시키는 버릇, 좁은 도량, 완전주의, 자기 비난, 그리고 성장 가능성의 실현과 기피 등의 경향도 가지고 있다. 인간은 어릴 때 환경의 희생자가 되어서는 안 된다. 합리적 정서이론은 사람은 잠재력을 실현할 수 있는 개발되지 않은 막대한 자원을 가지고 있으며, 그래서 자신의 개인적 사회적 운명을 변화시킬 수 있다는 것을 주장한다.

합리적 정서요법에서는 인간은 사고하고, 감정을 나타내고, 동시에 행동한다는 것을 강조한다. 인간은 생각 없이 좀처럼 감정을 나타내지 않는다. 왜냐하면 감정들은 보통 특수한 상태의 지각에 의해서 자극되어지기 때문이다. 이것을 Albert Ellis는 다음과 같이 표현한다.

"사람은 감정을 나타낼 때, 또한 생각하고 행동한다. 그리고 행동할 때, 또한 감정을 나타내고 행동한다."

합리적 정서이론과 실제에 있어서 가장 중심이 되는 부분은 A-B-C 성격이론이다. A는 어떤 사실, 어떤 사건, 혹은 한 개인의 행동 혹은 태도의 실재이다. C는 정서적 결과, 혹은 개인의 반응이다. 그 반응은 적절하거나 부적절할 수도 있다. A(활성화 요인)는 C(정서적 결과)의 원인이 되지 못한다. 그 대신에 A에 대한 개인의 신념인 B는 정서적 반응인 C의 원인이 된다. 예를 들면 만약 어떤 사람이 이혼한 후 우울증을 경험했다면 그 우울한 반응의 원인이 된 것은 이혼 그 자체가 아니라 실패했다든지, 버림받았다든지, 혹은 배우자를 상실했다는 것에 대한 그 사람의 신념이라 하여도 무방하다. Ellis는 우울증(C)의 원인을 이혼이라는 실제상의 사건(A)이 아니라 거절과 실패에 대한 그 신념(B)이라고 주장한다. 그러므로 사람은 자기 자신의 정서적 반응과 혼란을 일으키는 데 대해 크게 책임을 져야 한다.

합리적 정서요법은 사람들의 정서와 행동의 혼란들이 그들의 비합리적인 신념들과 가치관에 원인이 있다고 가정하기 때문에, 근본 성격을 변화시켜서 가장 효과적인 방법으로 도움을 주는 것이다. 따라서 그들의 인생관에 바로 직면하여 그들의 생각이 그들을 어떻게 혼란하게 만들었는지를 설명해주고, 비합리적인 생각들이 논리적인 바탕에 근거하도록 그들에게 논리적인 사고방식을 학습시켜, 비합리적인 생각들을 변화시키고 제거하는 것이라고 본다. 결론적으로 합리적 정서요법은 비합리적인 신념들을 가진 내담자와 직면하고 공격하고 도전하고 질문하여 이러한 신념들을 토의하는 것이다.

A-B-C 뒤에는 논의 D(disputing)가 따른다. 본질적으로 D는 내담자의 감정과 행동에 혼란을 일으키게 하는 비합리적인 신념들에 도전하여 그들을 도울 수 있는 과학적 방법의 적용이다. 논리학의 원리들이 학습될 수 있기 때문에 이러한 원리들은 어떤 비현실적인, 입증할 수 없는 가설을 파괴하는 데 사용되어질 수 있다. 이 논리적 실험적 방법은 내담자가 자기 파괴적 관념들을 포기하도록 하는 데 도움을 줄 수 있다.

4) 현실요법

현실요법(reality therapy)은 현재 행동에 초점을 맞추는 시스템으로 상담자는 교사 또는 모델로서의 기능을 하되, 내담자나 타인에게 해로움이 없이 내담자가 현실을 직면하고 기본적인 욕구를 달성하도록 하는 것이다.

Glasser는 책임성을 가르치는 것이 현실요법의 핵심개념이라고 주장한다. 대부분의 동물들이 본능에 이끌리는 반면, 사람은 책임성을 배우고 가르치는 능력을 발전시켜 왔다. 그래서 현실요법은 상담자의 교수기능을 강조한다. 현실요법에서 상담자는 내담자의 일상생활의 특정 사항들을 조사함으로써 그들의 욕구를 성취시킬 수 있는 더 좋은 방법을 그들에게 가르치며 지시적인 말로써 더 효율적으로 문제를 해결하는 방법을 시사한다. 치료는 명확한 계획이 세워진다는 점에서 특수한 교육이 되며 개인의 욕구들을 충족시키는 현실적이고 책임성 있는 방법들이 검토되는 것이다.

5) 가족치료

가족치료(family therapy)는 정신치료의 한 분야로 부부와 가족치료(couple and family therapy) 또는 가족시스템(family system therapy) 등으로도 알려져 있다. 가족치료의 배경은 제2차 세계대전의 여파로 부부간의 갈등과 불화 이혼, 청소년 및 노인 문제 등 다양한 가족문제와 심리문제가 발생되면서 가족기능과 결속력을 강화하기 위한 노력으로 전개되었으며, 처음에는 정신의학적 분야와 심리치료 분야에서 시작되어 구조적 가족치료, 전략적 가족치료 및 보웬의 가족치료 등 여러 체계적 이론에 입각하여 시도되었다. 1980년대 이르러 가족치료는 가족관계 문제는 물론 인간의 문제 해결을 돕는 하나의 방법으로 대두되었으며, 이들의 목표는 가족관계를 개선하고, 개인과 가족의 기능을 향상시키는 것을 목표로 하고 있다.

가족치료는 문제의 근원이 무엇이든지, 내담자의 문제가 개인적 주제이든 가족적인 주제이든 상관없이 내담자의 문제 해결에 있어서 가족의 참여가 유용하다는 것이다. 초기 이 분야의 많은 전문가들은 가족의 범위를 부모와 자녀 등 제한된 범위로 간주하였으나 현재 분야가 점점 발달함에 따라 혈연 또는 결혼 등의 관계가 없어도 인간관계에 있어서 가장 도움이 될 수 있거나 영향력을 미칠 수 있는 사람들도 포함될 수 있다.

가족치료는 스트레스, 고민, 분노 및 논쟁이 되는 다양한 상황에서 가족 간의 친밀감을 조성하고 의사소통을 개선하여 문제점을 해결할 수 있다는 것이다. 즉, 치료기간 동안 가족 간의 문제 해결 방법, 감정이나 생각을 표현하는 방법, 가족 간의 역할, 규칙이나 패턴 등을 연구하고, 내담자 가족의 강점과 약점 등을 알아내는 것을 도와주게 될 것이다. 궁극적으로 가족치료는 서로에게 영향을 미치는 문제들을 해결 또는 극복하기 위해 가족 간의 새로운 상호작용 방법을 배우는 것이다.

6) 자기관리법

자기관리법(self-management therapy)에 대해 정확하게 정의할 수 없으나, 많은 학자들에 의하면 자기관리법이란 학제 간(interdisciplinary) 통합교육으로 이야기할 수 있다. Anderson 등은 학제 간 통합교육에 있어서 학습의 원칙, 개별화된 치료와 사례관리이론 등이 근거가 되어야 한다고 하였으며, Nakagawa-Kogan 등은 최대한 통제과정이 이루어지는 것을 목표로 생물학적, 정신학적, 그리고 사회중재기술 등이 결합된 것을 자기관리법이라 일컫고 있다. '자기관리(self-management)'에 대한 개념을 이해하는 데 있어서 '자기돌봄(self-care)'과의 차이를 아는 것이 중요하다. Clerk 등은 건강한 사람들이 가정에서 실천하는 예방적인 전략이 자기돌봄이라면 자기관리란 개인이 육체적인 건강상태에서 질병으로 인한 영향을 통제하고 감소시키기 위해서 실천해야 하는 일상 업무라고 설명하고 있다. 따라서 만성 질환을 갖고 있는 내담자의 경우 성공적인 자기관리를 위해서는 자기 상태와 그에 따른 치료방법, 여러 상황에서의 대처법 등에 대한 충분한 지식이 요구된다. 자기관리법이 흔하게 이용되는 대표적인 만성 질환의 예로 관절염, 천식, 및 당뇨병 등이 있다. 당뇨병의 경우 일상생활 속에서 스스로 자기관리를 하는 것이 매우 중요하여 대한당뇨병학회 및 미국당뇨병학회에서는 의사, 영양사, 간호사, 사회복지사 및 운동처방사 등 다양한 분야의 전문가로 구성된 팀이 자기관리 교육을 하도록 요구하고 있다. 이러한 방식의 접근은 당뇨병 환자에게 질병에 대한 총제적인 지식 습득과 자기관리 행동의 개선으로 혈당관련 지표 및 삶의 질이 향상될 수 있다고 한다.

3. 영양상담의 진행원리

상담을 받아 본 사람들이 모두 다 상담에 대해 만족하는 것은 아니다. 상담에 대해 만족하지 못하는 것은 곧 상담자에 대해서 불만을 가지고 있다는 것이다. 이러한 불만의 이유는 여러 조사결과 다음과 같다. 첫째는 상담자의 불충분한 경청, 둘째 불충분한 이해, 셋째는 불충분한 문제 해결을 들고 있다. 따라서 상담자와 내담자 모두 상담에 만족하기 위해서는 우선적으로 서로 간의 신뢰적이며 호의적인 관계가 형성되어야 하며, 다음의 3단계로 진행되어야 한다.

1) 경청

먼저 상대방이 하는 이야기를 잘 들어야 한다. 내담자의 말과 행동 하나하나를 그냥 흘려보내서는 안 된다. 그렇다고 해서 상담자가 내담자의 모든 말과 행동에 주목하여 반응해야 한다는 것은 아니다. 또 실제로 그렇게 할 수도 없다. 경청한다는 것은 상담자가 상대적으로 더 비중을 두어야 할 내담자의 말과 행동을 선택하여 그것에 주목한다는 것이다. 선택적으로 주목함으로써 내담자의 특정 문제에 대해 탐색하도록 한다. 내담자의 말과 행동을 경청하는 것은 상담을 성공적으로 이끄는 주요 요인이며, 내담자는 상담자가 경청하는 것을 좋아한다는 것을 잊지 말아야 한다. 또한 경청은 내담자로 하여금 생각이나 감정을 자유롭게 표현할 수 있도록 북돋워 주며, 자신의 방식으로 문제를 탐색하게 하고, 상담에 대한 책임감을 느끼게 한다. 상담자는 자신이 내담자의 말을 주목하여 듣고 있음을 전달해 줄 필요가 있다. 이를 위해 상담자는 내담자가 말할 때 진지한 관심을 나타내는 눈길을 보냄으로써 그와 함께 하고 있음을 알리며, 상담자가 관심을 나타내는 자연스럽고 이완된 자세를 취하며, 내담자의 말을 가로막거나 내담자의 발언 중에 질문을 던지거나 새로운 문제를 제기하지 않도록 하는 것이 필요하다.

2) 이해(공감)

주의 깊은 경청은 내담자의 말을 쉽게 이해할 수 있다. 상담자는 내담자가 말하는 것을 이해했는지 못했는지를 적절하게 표시하는 것이 중요하다. 상담자는 주의 깊게 경청하면서 내담자가 말하는 내용, 내담자의 말에서 풍기는 시사점 및 내담자가 부여하는 의미 등을 알아차리는 의도적인 노력을 해야 한다. "…한다는 것을 이해하겠습니다.", "내가 느끼기로는 당신이 말한 것이…", "그런 것이 당신에게 어떤 의미가 있는지 알겠습니다." 등과 같은 적절한 반응을 할 수 있을 것이다. 반면 내담자의 말을 잘 이해하지 못했을 경우에는 "당신의 말을 잘 이해하지 못했는데 다시 말해 주시겠습니까?"라고 표현할 수 있을 것이다. 또한 내담자의 경험과 감정을 상담자가 예민하고 정확하게 공감하고 이해하는 것이 필요하다. 공감은 동정과는 다르다. 상담자가 '내담자의 입장이 되어' 내담자를 주관적으로 이해하면서도, 결코 자기 본연의 자세를 버리지 않는 것이 공감이다. 그리고 상담자가 내담자의 감정을 공감하고 있음을 내담자에게 전달할 때 내담자는 상담자를 신뢰하고 자신을 드러내 보임으로써 자기탐색과 자기이해의 길로 들어서게 된다.

3) 행동절차의 제시

내담자가 원하는 목표와 실천할 수 있는 행동 범위를 알아보고, 그중에서 가장 생산적이고 가능한 행동절차에 관해서 합의한다. 내담자와 합의한 행동절차를 실천하는 데 따르는 장애물과 준비사항 등을 점검해 준다. 그런 다음 행동절차를 실천하도록 격려해주고 추후 도움의 문호를 개방한다. 이때 정보 제공과 조언은 상대방의 행동절차에 관해 구체적으로 해야 한다.

상담 관계 형성의 촉진 요소(Rapport 형성의 구성 요소)

1. 공감적 이해

내담자를 공감적으로 이해하기 위해서는 내담자의 감정, 신념, 가치 기준 등의 내적인 측면뿐 아니라 행동, 환경적 조건 등 외적인 측면까지도 내담자의 위치에서 느끼도록 해야 한다.

2. 수용적 존중

내담자의 생각, 느낌 및 행동 등에 대해서 무조건 받아주며, 가치판단과 비판을 하지 않는 배려와 수용을 뜻한다. 내담자에게 수용하고 있음을 언어적 표현뿐 아니라 음성이나 억양, 얼굴표정 등 비언어적 표현도 전달해야 한다.

3. 진실성(성실성)

상담자가 내담자에게 꾸준히 성실하고 정직하게 상대하는 것은 쉽지 않으며, 그렇게 하기 위해서는 상담자 자신이 솔직해야 한다. 즉, 상담자의 언동이나 표정 및 태도가 표면에 나타나 있는 것과 마음속에 느끼고 있는 것이 일치해야 한다.

4. 전문적 능력

내담자는 상담자에게 도움을 요청하러 온다. 따라서 상담자는 내담자에게 자신이 도와줄 수 있는 전문가임을 인식시키는 것이 중요하고 객관적이며 전문적인 이해를 주어야 한다.

4. 영양상담자의 역할

Carl Roges에 따르면 상담자는 인간관계에 대하여 민감해야 하며, 객관적인 태도로 내담자의 전인격에 대한 존경심을 가져야 한다. 또한 자기 자신에 대해 충분히 이해를 해야 하며, 인간 행동과 그 신체적, 사회적, 심리학적 규정 요인에 대해 기초지식을 갖고 있어야 한다.

이와 같은 상담자의 자질을 영양상담자의 역할에 적용시키면 다음과 같다.

(1) 영양학의 이론을 실제에 옮기기 위해서는 영양학과 인간 행위에 대한 충분한 지식과 이해가 필요하다

① 내담자의 개별성을 인정해야 한다.

② 식습관을 변화시키는 것은 매우 어려울 뿐 아니라 습득한 새로운 식행동을 장기간 유지시키기 위해서 상당한 시간이 필요함을 이해해야 한다.

③ 영양과 임상에 관련된 자료를 내담자 고유의 생활환경과 연결시켜야 한다.

④ 교육내용도 중요하지만 교육방법에 중점을 두어야 한다.

(2) 통찰에 따른 적극적인 용기가 필요하다

① 내담자가 가지고 있는 음식과 관련된 감정적인 문제와 직면할 수 있는 용기가 필요하다.

② 식행동 변화의 필요성을 납득시킴으로써 내담자가 스스로 변화를 원하도록 동기부여를 해야 한다.

효과적인 상담을 위한 영양상담자의 자질을 갖추는 것은 쉬운 일이 아니며, 경험이 부족한 초보 상담자의 경우 당면하는 문제가 많다. 따라서 영양상담자는 자질을 갖추기 위한 노력을 하며, 전문가의 형식과 이론을 그대로 수용하거나 모방하려 하기보다는 자기 자신의 독창적인 이미지를 만들어 가는 것이 중요하다.

표 8-1 영양상담자의 자격 점검표

내담자를 위한 정보	수행목표	더 노력해야 함	아직 시도하지 않음	양호함
1. 특정식 행동 처방에 대해 필수적인 요소와 이론적 근거를 안다.	• 처방된 식이와 관련된 모든 식품들에 익숙하다. • 대체식품과 그에 대한 이론적 근거를 잘 알고 있다. • 내담자가 처방된 식행동에 적응하는 데 도와줄 준비가 되어 있다.			
2. 내담자가 속한 지역사회의 식생활 패턴을 알고 있다.	• 그 지역의 식생활 풍습과 이용 가능한 식품들에 대해 어느 정도의 지식이 있다. • 내담자가 자주 가는 식당이나 패스트푸드점과 좋아하는 음식을 알고 있다.			
3. 내담자가 변화시키고자 하는 식행동에 대한 지식이 충분한지를 확인한다.	• 내담자의 과거 식생활 양상을 조사한다. • 장기 목표를 내담자와 토의하고 관련된 식사 처방에 대해 기본지식을 충분히 설명하여 이해시킨다. • 내담자에게 식사일기를 쓰게 하고, 식사의 내용과 식행동을 함께 분석하고 평가한다.			
면접기술				
4. 최적의 상담 분위기를 마련한다.	• 내담자와 충분한 시간을 약속한다. • 상담실을 개인적이고 조용하게 꾸민다. • 내담자에게 한 개인으로서 관심을 보이고, 그가 필요로 하는 것과 좋아하는 것을 탐색한다. • 여유롭고 편한 태도를 유지하여 내담자로 하여금 편안한 마음으로 상담하게 한다.			
5. 일정기간 내담자와 지속적인 관계를 설정한다.	• 지속적인 상담의 필요성을 설명한다. • 전반적인 상담과정의 계획을 설명한다.			
6. 효과적인 의사소통의 원리를 적용한다.	• 질문을 할 때는 개방형 질문을 주로 한다. • 말하기보다는 주로 내담자의 말을 듣는다. • 침묵을 인내할 줄 안다. • 내담자의 식사 패턴과 선택한 생활양식에 대해 판단하거나 비판하는 태도를 보이지 않는다. • 내담자가 이해할 수 있는 단어를 사용한다.			
7. 상담자는 내담자에 대한 관심과 신뢰를 언어적 및 비언어적으로 표현한다.	• 자세와 몸짓으로 친근함과 관심을 표현한다. • 내담자와 자주 시선을 맞춘다. • 내담자가 편안하고 자유로이 이야기할 수 있도록 격려하는 말과 몸짓을 한다.			
상담의 접근				
8. 상담자는 행동의 변화가 내담자의 책임하에 있음을 인식한다.	• 변화 또는 결과에 대한 책임을 맡지 않는다. • 내담자의 최종적인 성공 또는 실패에 깊이 관여하지 않는다.			

9. 내담자가 달성 가능한 목표를 스스로 파악할 필요가 있음을 인식한다.	• 초기 목표로 내담자가 쉽게 달성할 수 있는 것을 선택하도록 돕는다. • 점진적으로 도전할 수 있는 것으로 명확하게 한정된 단기 목표를 세우도록 돕는다. • 내담자가 목표를 평가하는 것을 도울 수 있다. • 내담자가 너무 크고 너무 많은 목표를 세우지 말도록 돕는다.			
10. 상담자는 내담자가 식사기록 등을 지속하도록 도울 수 있다.	• 내담자로 하여금 과제(식사일기 등)를 하는 적절한 방법을 생각해서 말하도록 도울 수 있다. • 내담자에게 과제를 하는 다른 방법도 소개할 수 있다. • 정밀한 기록의 필요성을 강조한다. • 식사기록을 검토하도록 도울 수 있다.			
11. 상담자는 내담자의 행동 변화 및 개선에 대한 방해물을 조사하고 예견할 필요성을 알고 있다.	• 내담자와 함께 사회적, 개인적 및 물리적 환경에서 잠재적인 방해 요소를 검토할 수 있다. • 내담자가 현재 또는 잠재적인 문제를 발견하도록 도우며, 내담자에게 용기를 주고 적절한 역할을 하여 문제를 해결하도록 도울 수 있다. • 실패할 경우에 내담자가 어떻게 대처할 것인가를 토의한다.			
12. 내담자에 대한 지지나 피드백에 있어 상담자의 역할을 정확하게 알고 있다.	• 주요 책임을 지지 않도록 피해 갈 수 있다. • 변화의 책임을 내담자가 지도록 하게 할 수 있다. • 상담자는 자신의 편견이나 믿음을 알고 있으며, 이들을 무시할 수도 있다.			
13. 설정한 목표를 향한 진전 정도를 평가할 수 있다.	• 변화의 진전에 대해 내담자에게 피드백할 수 있다. • 내담자의 책임감과 진전에 대해 충분하고 상세한 기록을 지속적으로 한다. • 행동의 변화를 초점으로 하면서 객관적 측정치, 식품섭취평가 및 주관적 판단을 종합해서 진전을 평가한다.			
14. 상담자는 내담자에게 가족과 친구들이 함께 관여하도록 요청하기를 제시한다.	• 내담자에게 가족과 친구들의 영향이 매우 큼을 이해시키고, 그들의 지지를 요청하게 한다. • 가족과 친구들에게 어느 면에서는 함께 참여하기를 요청하게 한다. 새로운 맛이나 식사습관, 식품의 선택, 제한식품 등을 공유하도록 한다. • 부정적인 정황들을 예측하고 연습하여 실제 상황에서 이들을 극복할 수 있게 한다.			
15. 상담자의 역할이 단순히 정보 제공 또는 가르치는 것이 아님을 인식한다.	• 내담자에게 촉매자로서의 역할을 한다. • 훈계나 설교를 하지 않도록 노력한다.			
16. 내담자와는 어디까지나 상담 업무의 관계를 유지한다.	• 지연 작전이나 샛길로 빠지는 것을 인지한다. • 내담자가 유머를 하려 할 때 즐겁게 그러나 전문가답게 반응한다.			

자료 : Raab C. and Tilloston JL, 1985. Heart and heart: A manual on nutrition counseling for the reduction of cardio-vascular disease risk factors. Bethesada, MD: US Department of Health and Human Service : Public Health Service : National Institute of Health.

제2절 효과적인 영양상담을 위한 상담기술

1. 면담기술

면담(interview)은 상담 진행에 필요한 기본자료를 습득하는 단계로 상담자와 내담자 간의 질문과 답을 통해서 정보를 얻거나 교환하기 위한 목적으로 유도된 의사소통(communication)이라 정의할 수 있다.

의사소통은 메시지(message)를 주고받는 과정으로 언어를 주요 소통수단으로 이용하나 행위도 교환한다. 예를 들어 상품을 매매할 때 구매자는 묵묵히 대금을 지불하고 판매자도 말없이 상품과 거스름돈을 건네주는 것을 보면 판매자와 구매자가 서로 말 한마디 주고받지 않고도 소통이 가능하다. 또한 의사소통을 하는 데 있어서 서로 상대방을 어떻게 생각하고 있느냐에 따라 크게 달라진다. 따라서 하나의 의사소통 과정에서 소통적 측면(정보의 전달), 상호작용적 측면(소통과정 참가자들의 공동 활동) 및 지각적(안목 교섭) 측면 등 세 가지 측면으로 구별할 수 있다. 이 같은 세 가지 측면을 통합하면 의사소통은 공동 활동을 구성하는 수단이자 그 활동 참가자들 간의 상호관계를 형성하는 수단으로 나타난다.

그림 8-1과 같이 의사소통의 주요 요소로는 전달자(sender), 수신자(receiver), 메시지(message) 및 귀환반응(feedback)과 방해(interference) 등을 들 수 있다. 귀환반응은 메시지에 대해서 수신자가 주는 반응이며, 이것이 역방향으로 미치게 되면 방해라고 한다. 방해 요인에는 소음, 비밀보장 결여, 너무 덥거나 추운 상담실 및 불편한 좌석 등의 환경적인 요인과 질병이나 죽음에 대한 두려움, 외로움, 슬픔, 선입관 및 편견 등의 감정적 요인, 그리고 고통, 청각 또는 시각장애 등의 신체적 요인들이 있다.

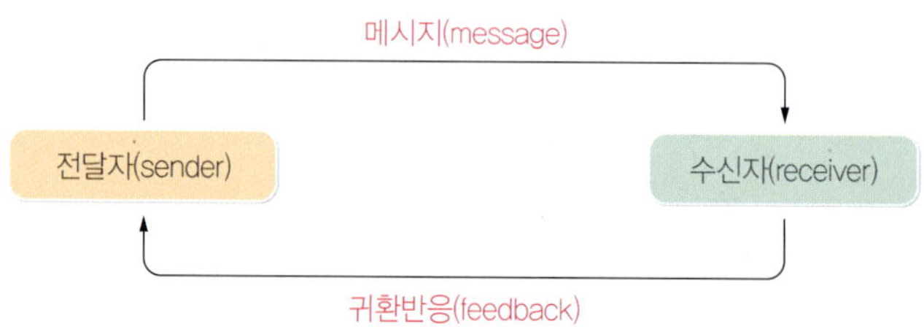

그림 8-1 의사소통모델

자료 : Lee RD, Nieman DC, Nutritional Assessment, 2nd ed., 1996

의사소통은 언어적 의사소통(verbal communication)과 비언어적 의사소통(non-verbal communication)으로 나눌 수 있으며, 이들은 동시에 일어난다.

1) 언어적 의사소통

언어(speech)는 말에 의한 소통으로 문자언어(written speech)와 구술언어(oral speech)로 구분되며 구술언어의 가장 단순한 유형은 대화이다. 둘 또는 그 이상의 사람들이 동일한 문제를 두고 서로 토의하고 결론짓는 이야기 형태이다. 구술언어의 특징은 대화자들의 소견, 대화자의 개성에 따른 단어와 구절의 되풀이, 질문, 덧붙이는 말, 설명, 대화 참가자들만이 이해할 수 있는 암시, 다양한 조사와 감탄사에 있다. 구술언어의 특징은 대화자들의 상호관계는 물론이고 그들이 도달하는 상호 이해의 정도에 의존하는 것이 보통이다.

상담에서 언어적 의사소통은 상담자와 내담자 간에 문제 해결을 위해서 말로 표현하는 것을 말하는데 상담자는 내담자의 말을 충분히 표현할 수 있도록 하고 내담자의 말에 진지한 태도를 나타내어야 한다.

영양상담 시 피해야 할 표현 방법

- 명령이나 지시하는 어투
- 경고나 위협하는 어투
- 부정적인 평가나 비판적인 어투
- 추궁하는 질문이나 심문하는 듯한 어투
- 막연한 확신을 주는 어투

2) 비언어적 의사소통

인간의 의사소통에는 소통 참가자들의 정서(emotions)가 필연적으로 내포된다. 그 정서는 메시지의 내용 및 의사소통 참가자들과 일정한 관련을 맺고 있다. 그 정서는 또한 언어 메시지를 수반하므로 정보 교환의 특수 측면을 드러내는데, 이 측면을 비언어적 의사소통이라고 부를 수 있다. 비언어적 의사소통 수단으로는 몸짓, 흉내, 억양, 태도, 웃음 및 눈물 등이 있다. 이 수단은 말(words)을 보완·강화하고 때로는 대체하기도 한다.

표 8-2 비언어적 의사소통의 예

구분		행동의 예	의미
동작학	눈	눈을 마주친다	상호 의사전달의 의지, 집중력
		내리뜬다	몰두, 선입관, 중대 관심사의 몰두
		사물이나 물건에 집중한다	선입관, 몰두, 질문에 대한 대답이 어렵거나 신중하게 대답하려는 경우
		눈이 동그랗게 된다	놀라움
	입	웃는다	긍정적 사고방식, 감정, 기쁨
		입술을 꾹 다물고 있다	화가 났거나 적대감, 스트레스
		입술을 떤다	걱정, 슬픔, 두려움
		말없이 입을 열고 있는 상태	놀라움
	얼굴 표정	눈을 맞추고 웃는 경우	행복감, 편안함
		입을 꼭 다물고 미간을 찌푸리고 있다	근심, 걱정, 화가 남
	머리	머리를 아래위로 끄덕인다	수긍, 긍정, 경청하고 있음을 표시
		머리를 좌우로 흔든다	부정
	어깨	흔든다	불확실, 불안정
	팔	팔을 양쪽으로 낀다	싫다, 못마땅하다
	다리	꼬았다 폈다	근심, 불안
		떤다	조바심
준언어학	말의 톤	소곤거리다	개방하기 어렵다, 소극적 자세
		말소리의 높낮이가 변하는 경우	대화의 주제에 대해서 여러 감정적인 의미를 가질 때
	말의 능변	말 더듬기	주제에 대한 민감, 근심, 불안감
		침묵	말하기에 내키지 않음, 선입관
근접학	거리	멀리 떨어져 앉는다	불편함, 사생활에 대해서 침해되었다고 느끼는 경우
		가까이 앉는다	보다 가깝게 친근하게 이야기를 하고 싶다는 표시
	상담실 안에서의 위치	책상 옆 또는 건너 뒤편에 앉는다	보호막이나 보다 많은 공간을 이용하기를 원하는 경우
		상담자 가까이 앉는다	상담자에게 편안함을 느낀다는 표현

자료 : Limda G. Snetselaar, Nutrition Counseling Skills: Assessment, Treatment, and Evaluation, 2nd ed., An Aspen Publication, 1989

특수한 정서언어(language of emotions)로서의 비언어적 의사소통 수단은 말의 언어(language of words)와 마찬가지로 사회발전의 산물이므로 민족문화에 따라 다를 수 있다.

(1) 내담자의 비언어적 의사소통

내담자의 비언어적 의사소통은 면담의 방향에 영향을 줄 수 있다. 유능한 상담자는 무언의 감정 표시로 이러한 비언어적 단서를 이용할 수 있다.

① 동작학(kinetics)

신체적 행동과 관련되는 비언어적 행동으로 눈을 마주친다, 피한다, 내리뜬다, 미소 짓는다, 입술을 꽉 깨문다, 머리를 흔든다, 끄덕인다, 팔짱을 낀다 및 다리를 떤다와 같은 행동을 예로 들 수 있다.

② 준언어학(paralinguistics)

말의 고저, 말의 능변과 관련된 행동으로 목소리를 높인다, 소곤거린다, 더듬거린다, 침묵한다 등의 행동을 들 수 있다.

③ 근접학(proxemic)

인간이 타인과의 사이에 필요한 공간 및 이 공간의 환경이나 문화와의 관계, 즉 거리와 위치의 관계에서 나타나는 비언어적 행동을 말하며, 멀리 떨어져 앉는다, 가까이 앉는다, 책상의 옆 또는 건너 뒤편에 앉는다, 상담자 가까이 앉는다 등을 들 수 있다.

(2) 상담자의 반응과 행동

상담자는 면담 시 내담자의 언어적 의사소통과 비언어적 의사소통에 대해 여러 가지 반응을 나타낼 수 있다.

① 일치성 확인

내담자의 비언어적 의사소통이 언어적 의사소통과 일치하는가를 확인하는 반응이다. 예를 들어 내담자가 미간을 찌푸리며 "어떻게 식사기록을 해야 하는지? 당신이 지시한 사항을 하지 않았다."라고 하는 경우 상담자는 미간을 찌푸리는 행동에 대해서 초점을 맞추어 식사기록을 하지 않은 이유가 식사기록이 너무 어려워서인지 아니면 식사기록으로 인하여 식사 준비 과정에 장애를 초래하는지에 대해 정확한 의미를 파악해야 한다.

② 혼합된 의사전달에 대한 확인

언어적 의사소통과 비언어적 의사소통 사이에 혼합된 내용이나 모순된 점이 있는 경우의 반응이다. 예를 들어, "나는 정말로 (잠시 머뭇거리며) 잘해 왔다. (아래를 보며) 그러나 몇 가지 (주저하면서) 문제가 있다."라고 내담자가 말하는 경우 상담자는 이러한 상황을 기억해 두었다가 말하기를 주저하거나, 시선을 피하는 것, 머뭇거리는 행동이 어떤 의미인지를 확인해야 한다.

③ 침묵의 의미 확인

내담자의 행동에 침묵이 있었다면 분명한 의미를 파악하는 것이 중요하다. 침묵은 아무 일도 일어나지 않았다는 것을 의미하는 것이 아니라 '존경' 또는 '말하기에 내키지 않는 경우' 등 다양한 의미를 내포하기 때문이다.

④ 분위기 전환 시기 결정

상담자는 비언어적 행동에 집중함으로써 내담자와의 대화 흐름과 화제를 중단 또는 전환할 필요가 있는가를 인식해야 한다. 즉, 피상담자가 너무 많은 정보를 쏟아 내거나, 두서없는 내용을 지속적으로 말하는 경우 상담의 흐름과 분위기를 전환시킬 필요가 있으며, 상담자는 내담자의 비언어적 행동을 강조함으로써 내담자와의 대화 내용을 전환시켜야 한다. 예를 들어 "○○○ 님은 당신의 가족이 새로운 식사요법을 하는 데 있어서 도와주지 않아서 식사요법을 할 수 없다고 계속 이야기하시는데, 이야기하시는 동안 의자를 꽉 붙잡고 계십니다."와 같은 말을 상담자는 할 수 있다. 그러나 이러한 전환이 대화의 흐름에 치명적일 수 있으므로 매우 신중하게 적용해야 한다.

⑤ 방향 전환 시기 결정

상담 초반에는 내담자가 팔짱을 끼고 있다가 시간이 지남에 따라 팔을 풀고 손짓을 섞어 가며 대화하는 경우와 같이 내담자의 비언어적 행동에 뚜렷한 변화가 보일 때 방향전환의 기회로 반응할 수 있다.

성공적인 면담을 위한 요령

- 편안하고 안정된 분위기를 형성할 것
- 내담자의 말을 경청하는 방법을 배울 것
- 질문은 정확하고, 간단하게, 중립적으로 상황에 알맞게 사용할 것
- 갑자기 충격적인 질문은 삼갈 것
- 초점에서 벗어나지 않도록 집중할 것
- 적절한 시각적 관계를 유지할 것
- 내담자에게 수집된 정보는 빠짐없이 기록할 것
- 피상적인 대답의 이면에 있는 진실을 파악할 것
- 상반되는 점은 기록했다가 다시 검토하도록 하며, 감정적인 면은 기술적으로 처리할 것
- 면담의 제한된 시간을 고려하여 기술적으로 필요한 정보를 수집할 것
- 면담이 끝날 때에는 반드시 내담자에게 감사의 표시를 할 것

(3) 상담자의 비언어적 의사소통

상담 시 상담자의 비언어적 의사소통, 즉 상담자의 눈과 얼굴 표정, 고개의 끄덕임, 웃음, 몸의 방향과 자세, 상담자와 피상담자 간의 거리 간격과 목소리의 높고 낮음은 매우 중요하다. 상담자의 융통성 없는 행동은 면담 시 내담자의 긴장을 증가시킬 수 있다. 따라서 상담자의 행동에 대해서 타인의 관찰과 평가가 필요하며 상담자의 바람직한 행동 여부를 결정할 수 있다.

2. 듣기기술

상담자가 내담자의 말을 경청하고 그의 문제점들을 이해하기 위해 노력하고 있음을 보여주기 위한 가장 기초적인 기술로 다음과 같은 반응들이 있다.

1) 수용

수용이란 "으음"이나 "예, 계속하십시오."와 같이 짧은 문구로 표현되는 상담자의 반응을 의미한다. 이런 반응은 내담자에게 주의를 기울이고 있으며 내담자의 말을 받아들이고 있다는 상담자의 태도를 나타내는 것이다. 또한 "이해가 갑니다.", "그렇겠군요."와 같은 말들은 내담자로 하여금 자기 이야기를 계속해 나갈 수 있도록 강화시

키는 효과가 있다. 그리고 생각이나 대화의 중간을 연결해 줌으로써 대화나 의논이 부드럽게 되어간다는 느낌을 갖게 해주는 것이다.

따라서 상담자는 다음과 같은 행동으로 내담자에게 수용하고 있음을 전달할 수 있다. 첫째는 주로 내담자에게 시선을 주는 행동이다. 내담자에게 지속적으로 시선을 주는 것은 상담자가 내담자를 수용하며 주의를 기울이고 있다는 사실을 암시적으로 전달하는 것이 된다. 둘째는 상담자의 얼굴표정과 고개를 끄덕이는 행동이다. 셋째는 상담자의 어조와 억양이다. 내담자는 상담자의 어조와 억양을 단서로 상담자가 자기의 이야기를 받아들이고 있는지 아닌지 알 수가 있다. 또한 말의 속도도 중요한데 내담자가 따라가기 어려울 정도로 빨리 말한다면 무관심하다는 인상을 주게 될 것이다. 이와 같이 대부분의 내담자들은 상담자의 조그만 행동 단서에도 예민하다. 가령 상담자가 하품을 하거나 다리를 꼬았다 풀었다 하던지 의자를 손으로 꽉 붙잡는 것은 내담자들에게 거절이나 무관심의 표현으로 전달되기 쉬우므로 조심해야 한다.

2) 반영

반영은 내담자의 말과 행동에서 표현된 기본적인 감정, 생각 및 태도를 상담자가 다른 참신한 말로 부연해주는 것이다. 이것은 내담자의 자기이해를 도와줄 뿐만 아니라 내담자로 하여금 자기가 이해받고 있다는 인식을 주게 된다. 그런데 내담자가 한 말을 그대로 다시 반복하는 식으로 반영을 해주면 내담자는 자기의 말이 어딘가 잘못되지는 않았나 하고 생각하게 되거나 상담자의 그러한 반복에 지겨움을 느끼게 되기 쉽다. 그래서 가능한 충분히 다른 말을 사용하여 관심을 가지고 이해하고자 한다는 태도를 보여야 한다.

또한 상담자는 내담자가 말로써 표현하는 것뿐만 아니라 자세, 몸짓, 목소리의 어조, 눈빛 등에 의해 표현되고 있는 것도 반영해주는 것이 필요하다. 특히 내담자의 언어표현과 행동 단서가 차이나 모순을 보일 경우에는 이를 반영해주는 것이 필요하다.

3) 부연설명

내담자가 진술한 내용을 상담자가 그대로 재진술하거나 상담자가 자신의 말로 바꾸어 표현하는 것이다. 부연설명은 상담자가 내담자를 이해하려고 노력하고 있음을 보여주는 동시에 내담자가 진술한 내용을 구체화시키며, 더 나아가 상담자가 내담자의 말을 정확하게 이해하고 있는지 확인할 수 있다.

4) 명료화

상담자가 내담자의 말을 확실히 이해할 수 없거나 애매모호한 경우 질문을 하여 내담자의 말 속에 내포된 의미를 명백하게 해주거나 확인하는 것이다. 명료화는 내담자가 말하고자 하는 의미를 상담자가 생각하고, 이 생각한 바를 다시 내담자에게 말해준다는 의미에서 내담자의 말을 단순히 재진술하는 것과는 차이가 난다. 다시 말하자면 명료화는 내담자의 실제 반응에서 나타난 감정 또는 생각 속에 암시되었거나 내포된 관계와 의미를 내담자에게 보다 분명하게 말해주는 것이다.

명료화는 내담자가 애매하게 느끼던 내용이나 자료를 상담자가 말로 표현해준다는 점에서 내담자에게 자기가 이해를 받고 있으며 상담이 잘 진행되고 있다는 느낌을 갖게 해준다. 또한 내담자로 하여금 미처 생각하지 못했던 측면을 생각하도록 하는 자극제가 되는 것이다.

5) 정리요약

정리요약은 부연설명과 반영의 연장으로 내용과 감정적인 면에 대해서 집중을 요하는 복잡한 기술로 내담자의 진술 내용, 감정, 그가 한 말의 목적, 시기 및 효과에 대해서 매 회의 상담이 끝날 무렵 하나로 묶어 정리하는 것이다. 내담자가 진술하는 말의 흐름을 요약한다는 것은 상담이 어떻게 진행되고 있으며 현재 어디에 위치하고 있느냐를 파악하는 것이다. 내담자의 말을 요약함으로써 상담자가 그의 말에 주목하고 그를 이해하고 있음을 확신시켜 주는 것이며, 상담자 역시 내담자가 이야기한 내용의 전체적인 면을 올바로 지각하고 있는가를 검토하게 한다.

3. 행동기술

상담은 수집된 자료에 의해서 진행이 되는 것으로 내담자의 관점 이상에서 이루어진다. 따라서 내담자는 자신의 영양문제를 해결하기 위해서 스스로 변화의 필요성과 긍정적인 행동을 인식하여야 하며, 이와 같은 목적을 위해 다음과 같은 상담자의 적극적인 기술과 행동이 필요하다.

1) 질문

식사 패턴에 대한 정보를 수집하는 데 있어서 가장 중요한 기술로 어떠한 질문을 언제 하는가는 매우 중요하다. 질문은 개방적 질문과 폐쇄적인 질문을 이용하게 되며, 숙련된 상담자가 되기 위해서 두 가지 질문을 적절하게 이용하는 법을 배워야 한다. 개방적인 질문은 언제, 어디서, 누구와 무엇을 했는가 등의 총괄적인 질문을 말하며, 폐쇄적인 질문은 중심이 되는 중요한 문제에 대해서 주의를 집중시키는 것을 말한다.

상담에서 모든 질문이 반드시 유용한 것은 아니다. 상담자가 너무 많은 질문을 하면 내담자는 혼란을 일으키고 위축되며, 또 내담자가 도저히 대답을 할 수 없는 질문을 하거나 심지어는 답변을 원하지도 않으면서 질문을 하고 답변할 때는 듣지 않는다면 커다란 문제가 될 수 있다. 또한 질문에 대한 답변을 얻는 식으로 상담을 시작하거나 많은 질문을 함으로써 더 많은 답변을 얻겠다는 방법으로 상담을 하는 것은 전혀 내담자의 문제 해결에 도움이 되지 않는다.

따라서 질문의 형태는 가능한 한 개방적 질문으로 시작하고, 여러 가지를 한꺼번에

질문의 여러 형태

개방형 질문(open questions)
"식습관에 대해 말씀해 주세요."
"혈중 콜레스테롤 농도를 줄이기 위해 무엇을 해보았습니까?"

폐쇄형 질문(closed questions)
"음식에 소금을 치십니까?"
"닭의 껍질을 벗기고 드십니까, 아니면 그냥 드십니까?"

중립형 질문(neutral questions)
"어떤 종류의 음식을 드십니까?"
"일주일에 아이스크림을 몇 번 드십니까?"

지도형 질문(leading questions)
"당신은 저지방 우유를 마시지요, 그렇죠?"
"매일 저녁마다 아이스크림을 먹습니까?"

자료 : Lee RD, Nieman DC, Nutritional Assessment, 2nd ed., 1996

묻는 질문이어서는 안 된다. 또한 되도록 간결하고 명확하여 알아듣기 쉬워야 하며 직접적인 질문보다는 간접적인 질문일수록 좋다. 질문 시 '왜'라는 질문은 가능한 한 피해야 하며, 일단 질문을 한 다음에는 잠시 멈추고 기다리면서 내담자의 이야기에 귀를 기울여야 한다. 대답을 빨리 해야 한다는 심리적 압박을 받으면 중요하거나 의미 있는 답변을 얻기 힘들다.

2) 자질을 부각시키는 기술

계획된 행동을 성공시키기 위해 상담자가 내담자에게 내담자 자신이 현재 갖고 있는 잠재력을 알려주는 것이다. 이 기술은 내담자에게 자신감을 주고, 용기를 고무시키고, 장점을 부각시켜 준다. 따라서 이 기술은 피상담자가 실망이나 실의에 빠졌을 때 단순하게 얼버무려 넘기려는 격려의 말이 아니라 바람직한 행동을 수행하기 위한 고객의 능력을 인식시키는 기초가 된다.

3) 직면

내담자의 언행이 모순될 때 모순된 진실이나 견해, 인식 등을 알아내는 데 이용하는 기술로 매우 강력한 효과를 가지고 있다. 그러나 가장 위험한 기술이기도 하므로 이 방법을 사용하기 전 여러 가지 사항에 주의해야 하며, 내담자와 상담자 간의 상호 신뢰와 이해가 견고하지 않을 경우에는 사용하지 않는 것이 좋다. 따라서 직면의 기술은 상담과정의 후반에 사용하는 것이 바람직하며, 내담자의 의사나 행동을 비평하는 것이 아니라 기술하는 형식으로 진행해야 한다. 또한 직면의 내용은 애매모호한 추론보다는 구체적인 예를 제시하여야 하며, 내담자가 수용하는 자세를 보일 때 사용하되 부담을 주어서는 안 된다.

4) 해석

이 기술은 내담자와 관련된 여러 가지 행동이나 가능할 수 있는 행동에 대해서 설명해주는 적극적인 반응이다. 내담자의 행동과 비언어적 의사소통의 관계를 동정하고, 다양한 견해와 여러 상황에 대한 설명을 이용해서 내담자의 행동을 조사하는 데 목적을 두고 있으며 내담자로 하여금 자기 자신의 문제를 새로운 시각에서 이해하도록 하는 데 의의가 있다. 이러한 기술을 이용하는 데는 시기가 중요한데 면담의 시작과 중간 단계에서 사용하는 것이 바람직하며, 반드시 내담자의 사실적 의사전달에 기초가 되어야 한다.

5) 공유반응

상담자가 자신의 개인적인 면을 공개하는 것이 내담자에게 유익하다고 판단이 될 때 사용하는 기술로 상담자가 구두로 자기 자신에 대한 정보를 내담자와 함께 나누는 것이다. 이 반응은 개방적인 상담 분위기를 제공하고, 상담자와 내담자와의 거리를 좁혀주며, 모델을 제공하는 하나의 방법이다. 그러나 내담자의 생각과 믿음에 커다란 차이가 있다면 논쟁이 될 수 있으며, 너무 광범위한 자기개방은 집중력을 저하시키므로 주의해야 한다.

정보제공 방법

- 1회에 제공해야 하는 정보의 양을 제한한다.
- 정보에 대한 내담자의 생각을 반영한다.
- 정보 제공 중단 시기를 알아야 한다.
- 내담자의 추가 정보 제공 시기를 알아야 한다.
- 모든 관련된 정보를 내담자에게 알려야 하며 부정적인 정보를 숨기지 말아야 한다.
- 특정적인 내용을 상세하게 교육해야 한다.
- 교육자료는 조직화해야 한다. 대화의 처음 세 번째까지 제공한 정보를 오래 기억하므로 중요한 정보는 초기에 제공한다.
- 중요한 정보는 반복한다.
- 개인과 관련된 정보를 고조시키기 위해서 확고한 설명, 일화, 자기개방을 이용하며, 예를 많이 들어준다.
- 슬라이드, 비디오, 오디오, 그림과 같은 여러 다양한 보조자료를 이용한다.
- 내담자로 하여금 중요한 내용은 재진술하도록 하여 내담자의 이해를 확인 점검한다.
- 실생활에서 실천 가능한 정보를 제공하여 실행을 유도한다.

4. 교육기술

영양상담에서는 향후 진행될 상담과정에 대한 설명뿐 아니라 내담자의 식행동 변화와 새로운 식행동 습득을 위한 정보 및 방법을 교육을 통하여 제공할 수 있다.

상담자가 내담자에게 필요한 식행동과 어떻게 그 행동을 유발시키고, 행동하는 데 있어서 허락되는 범위에 대해서 말해주는 것으로, "…… 하는 편이 좋겠다."라는 권유적인 방법을 사용하는 것이 바람직하다. 그러나 내담자에게 무분별한 정보 제공과 내담자가 소화할 수 없는 정도의 부적절한 교육은 반발과 저항을 초래할 수 있으며, 과다한 조언은 내담자를 의존적으로 만들기 쉽다. 따라서 내담자에게 적절한 정보를 제공하되 상담자 자신의 주관적인 판단에 따른 조언과 정보 제공은 가능한 한 제한해야 하며, 조언을 해야 하는 경우 암시적으로 하는 것이 바람직하다.

이상과 같이 다양한 상담기술이 있으나 상담에서 가장 중요한 것은 지금까지 묘사한 기술을 이용할 시기를 결정하는 것이다. 즉, 하나의 기술과 전략이 의도하는 목적에 도달하지 않았을 때 상담자는 원하는 결과나 목표에 도달할 수 있는 또 다른 전략을 선택하는 판단력이 있어야 한다.

제3절 영양상담의 절차 및 방법

영양상담의 진행과정은 그림 8-2와 같다.

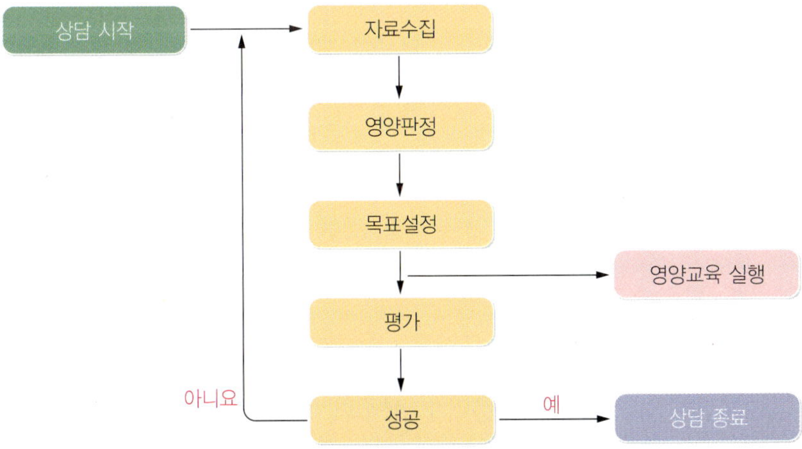

그림 8-2 영양상담의 진행과정

1. 친밀관계 형성

상담자는 내담자에게 상담이 진행되기에 앞서 내담자 자신이 이해받고 있으며, 서로 신뢰할 수 있는 친밀관계가 형성되어야 한다. 친밀관계가 형성된 후에는 상담목적, 상담자와 내담자의 책임의 한계, 상담의 주제 및 상담의 한계점에 대해서 설명한다.

2. 영양판정

내담자의 영양과 관련된 문제와 원인을 파악하는 데 필요한 정보를 수집, 확인하고 현재의 상태가 어떠한지 해석하는 것이 영양판정의 목적이다.

1) 자료수집

상담자는 내담자의 영양문제를 해결 또는 개선하기 위해 의미 있는 자료를 수집하는 것이 중요하며, 다양한 방법으로 얻을 수 있다. 대상이 누구인가에 따라 다를 수 있으나, 일반적으로 내담자와의 면담과 관찰, 또는 의무기록이나 내담자와 관련된 건강관리 담당자로부터 자료를 수집할 수 있다. 최근 들어 보다 정확한 영양판정을 위해 미국영양사협회(ADA)에서는 영양관리과정(NCP) 중의 다음과 같은 자료를 수집하도록 영역을 제시하고 있다.

① 식품/영양소와 관련된 식사력

식품과 영양소 섭취, 약물과 약용식물 보충제 섭취, 지식, 신념, 식품과 영양관련 자원 이용도, 신체활동, 영양적 측면에서의 삶의 질

② 생화학적 자료, 의학적 검사와 처치

전해질, 혈당, 염증성 지표, 지질 및 무기질, 소변 프로필 등 영양문제 및 질병과 관련된 지표

③ 신체계측

키, 체중, 체질량지수, 성장률/백분위수, 체중력

④ 영양관련 신체검사 자료

신체 관찰 시 소견, 근육과 지방 소모, 삼킴 기능, 식욕 및 감정 등

⑤ 환자(고객) 과거력

개인의 과거력, 의료/건강/가족력/대체의학 활용/사회력

2) 영양판정

영양판정은 수집한 자료를 검토하여 현재의 영양문제에 영향을 미치는 요소들을 확인하고 문제의 심각성을 알기 위해서 참고치 또는 표준치와 비교하여 평가하는 것이다. 이때 비교 평가하는 자료는 내담자의 영양문제와 관련성이 있는 과학적 근거(국가 및 공인기관에서 제시하는 표준치) 또는 내담자의 개별화된 목표와 비교하여 판정해야 한다. 대표적인 공인기관 표준치의 예로 영양섭취기준(DRIs), 한국지질동맥경화학회, 대한당뇨병학회, 대한비만학회, 미국정맥경장학회(ASPEN) 및 유럽정맥경장영양학회(ESPEN) 등에서 제시하는 신체계측관련 지표, 생화학적 지표 및 의학적 검사 기준 자료 등을 이용할 수 있다. 또한 내담자의 영양섭취상태를 판정하는 경우 내담자의 개인 목표와 비교할 수 있으며, 경우에 따라 영양섭취기준을 사용할 수 있으나 영양섭취기준은 건강한 개인을 기준으로 설정되어 있으므로 질병이나 의학적으로 문제가 있는 내담자의 경우 주의해서 해석을 해야 한다.

① 신체계측 평가

기준체중 대비 저체중, 과체중 및 비만 정도, 의도하지 않는 체중 변화 상태 등

② 생화학적 지표 평가

과학적 근거 및 공인기관의 참고치와 비교하여 이상상태 유무 및 정도 확인

③ 식품/영양소 섭취상태 평가

- 영양섭취량의 적절성(내담자 개인의 목표 영양섭취량 및 영양섭취 기준과의 비교)
- 식습관 및 생활방식의 강점 및 문제점 확인
- 식사 원칙에 대한 내담자의 기본지식 유무
- 내담자의 의욕 정도 및 가족의 지지도 유무

④ 영양관련 신체검사 상태 평가

삼킴 장애, 소화불량 및 위 기능 장애 유무

⑤ 내담자의 과거력

영양문제에 영향을 미치는 병력, 식사보조인력, 경제력 및 직업 등 확인

3. 목표설정 및 계획수립

영양상담은 내담자가 갖고 있는 영양문제를 해결 또는 개선하는 것으로 영양판정과정에서 확인된 영양문제를 중심으로 정확한 원인을 파악하고 문제 해결을 위한 방법과 내담자에 적합한 목표를 결정하고 달성하기 위한 구체적인 전략을 세우는 것이 중요하다. 내담자는 한 가지 단순한 영양문제에서부터 여러 개의 복합적인 문제가 있을 수 있다. 따라서 영양상담 과정에서 내담자에게 본격적인 영양중재가 이루어지기 전에 내담자가 갖고 있는 영양문제에 대해서 해결해야 하는 우선순위를 결정하도록 하며 다음과 같은 단계로 목표를 결정하도록 한다.

1) 목표결정단계

- 상담의 목표와 해결해야 하는 우선순위 선정
- 내담자가 원하는 목표 확인
- 목표에 대한 평가 : 긍정적인 측면과 부정적인 측면 평가
- 결정 단계(decision making) : 내담자가 새로운 변화에 대한 재고와 다른 건강 전문가의 도움 필요 여부 확인
- 목표 달성을 위한 행동 범위 결정
- 목표 달성을 위한 단기 목표(subgoal) 결정
- 내담자와의 이행 약속

2) 목표설정 시 유의점

영양상담이 일반적인 영양교육과 달리 상담자가 내담자와의 상호교류를 통해 도움을 주는 과정이므로 상담자와 내담자 간의 공동참여가 가장 효과적이다. 또한 상담자

와 내담자 모두 받아들일 수 있는 목표를 설정하도록 해야 하며, 내담자에게 가장 적합하고 현실적으로 실천 가능한 계획을 세우도록 한다.

3) 식습관과 관련된 사항의 동정

목표설정이 완성된 후 단기 목표와 관련되어 상담과정 동안 야기될 수 있는 다양한 영양문제를 알아내는 것은 매우 중요하며, 이러한 사건을 동정하기 위해 다음과 같은 요소를 이용한다.

- 반응 요소(response component) : 현재의 식행동 관련 문제와 원인 요소
- 시간적 요소(temporal component) : 발생 시기
- 상황적 요소(situational component) : 문제 발생 시의 상황 조건
- 강도 요소(intensity component) : 문제 발생의 빈도와 기간

이러한 사항은 면담을 통하여 정보를 수집할 수 있으나, 정확한 자료를 수집하기 위해서 행동관리 기록지를 이용할 수 있다.

4) 목표 행동에 영향을 미치는 인자

영양문제 개선 또는 해결을 위한 적절한 전략이 선택되었다면 상담자는 내담자가 전략을 준수하는 데 영향을 미칠 수 있는 요소에 대해서 평가해야 한다. 다음은 내담자가 새로운 식행동을 실천해 나가는 데 영향을 미칠 수 있는 요소의 예이다.

(1) 내담자 관련 요소

① 많은 정보를 제공할수록 기억할 수 있는 정보는 반비례한다.
② 걱정이 많은 사람은 그렇지 않은 사람보다 정보에 대한 기억 수준이 낮다.
③ 정보 제공을 단계별로 설정하여 각각의 주제를 제공하면 기억에 효과적이다.
④ 혼자 사는 경우 식행동 준수도는 저하된다.
⑤ 가족의 지지도가 높을수록 식사 준수도가 높다.
⑥ 예방적인 방법이 요구되는 무증상적인 질병이나 영양문제를 갖고 있는 경우 식사 준수도는 낮다.

(2) 상담자의 역할

① 영양상담의 내용과 상담자에 대한 내담자의 만족도가 높으면 준수도가 향상될 수 있다.

② 개별화된 상담은 효과적인 상담의 진행으로 준수도가 높을 수 있다.

(3) 상담실의 분위기

적절하고 밝은 분위기의 주위 환경은 더욱 더 마음을 끌게 하여 상담을 효과적으로 진행하며 초기 접촉은 식사 준수도와 밀접한 관계를 가지고 있다.

(4) 새로운 식행동과 식사요법

내담자의 일상생활에서 일어나는 사건들을 조사하는 것은 새로운 식행동을 준수하는 데 있어서 긍정적인 영향을 미칠 수 있다. 또한 식사요법은 내담자가 용이하게 할 수 있는 내용에서 점진적으로 어려운 내용으로 제공하는 것이 식사 준수도를 높일 수 있으나 다음과 같은 요인들이 식사 준수도에 부정적인 영향을 줄 수 있으므로 식사 계획 및 목표설정 시 고려해야 한다.

① 새로운 식행동이 현실 생활에 맞추기 어려운 경우

② 선택한 전략에 의해서 생활 패턴에 많은 변화를 요구하는 경우

③ 식사요법 그 자체가 너무 어려운 경우

5) 식사 준수에 대한 예상평가

내담자가 계획된 새로운 식행동을 잘 준수할 것인가에 대한 예상평가는 단순하게 내담자의 태도와 의지만으로 평가할 수 없다. 내담자가 아무리 준수하려고 노력해도 주위 생활환경이 방해될 수 있다. 또한 내담자 스스로 잘할 수 있을 것이라고 예상했던 사람이 실제적으로 식사 준수도가 낮게 나타났음이 보고되기도 한다. 그 밖에 임상적인 견해는 새로운 식행동에 대한 준수도가 높고 낮음을 예상하는 좋은 지표가 되지 못한다.

그러나 내담자 자신이 질병에 대한 치료방법과 지식이 증가함에 따라 준수도는 향상되었고 문제 해결에 필요한 방법과 행동을 언제 어떻게 해야 할지에 대한 인식 정도에 따라 더 나은 준수도를 나타내는 것으로 보고되었다.

4. 영양상담 전략

영양문제에 대한 치료 계획이 결정되었다면 행동 실천을 위한 전략 프로그램이 결정되어야 한다. 상담자와 내담자는 이 단계에 많은 시간과 노력을 들여야 하므로 시간을 절약하고 예상했던 결과를 얻기 위해서 실제적이고 복잡하지 않은 전략이 결정되어야 한다.

1) 새로운 행동을 익히기 위한 전략

(1) 모델링

모델링은 내담자가 다른 사람을 관찰하고 흉내냄으로써 새로운 반응을 배우는 방법으로 실생활에서 행동의 실제를 보여주는 것이다. 이 방법은 복잡한 형태의 행동을 습득하는 데 유용하며, 새로운 식행동의 예를 따라 하는 동안 내담자의 부적절한 식행동을 알아내고 바람직한 식행동으로 대체하는 것이다.

모델링은 일반적으로 내담자가 앞으로 도달해야 하는 목표와 적절한 식행동이 무엇인지를 잘 모르거나 내담자의 잠재능력을 예측할 수 없을 때 유용하며 다음과 같은 방법을 사용할 수 있다.

① 내담자 자신이 모델이 되는 경우

새로운 식행동과 관련된 내담자의 강점과 단점을 평가하는 데 유리하다.

② 상담자가 모델이 되는 경우

문제 해결을 위한 하나의 전략 행동을 내담자가 학습해야 하는 경우에 이용하며, 상담자의 행동이 모델이 될 수 있다. 경우에 따라 우수한 식행동을 소유하고 있는 사람에게 도움을 요청하여 모델로서 제시할 수도 있다.

③ 상징적 모델을 이용하는 경우

서면적 자료, 시청각 자료, 사진, 슬라이드를 이용하는 방법으로 이용하는 도구는 내담자의 배경, 즉 연령, 민족성, 문화적 및 지식 정도 등을 고려해야 한다. 서술적인 대본을 모델로 이용하는 경우 반드시 각 행동에 대한 자세한 설명이 주어져야 한다. 즉, 행동에 대한 묘사가 모델로서 나타나야 하고, 행동에 적절한 대화 모델이 이용되어야 하며 내담자에게 제시된 행동을 실제로 할 수 있는 기회가 주어져야 한다. 또한 가능한 한 내담자의 실생활과 연결된 실제적인 모델을 이용하는 것이 효과적이다.

(2) 모의실험

모의실험은 내담자에게 기회를 제공하는 방법으로 모델을 이용하는 것과 달리 내담자가 직접 참여하여 행동하는 것이다. 모의실험은 실제 상황을 환경으로 설정하여 이용하는 데 이러한 방법은 다음과 같은 다양한 장점을 얻을 수 있다.

우선 실제적으로 일어날 수 있는 사건을 야기시킬 수 있으며, 시간 단축과 함께 동시에 발생될 수 있는 상황에 대해서 간단하게 초점을 맞출 수 있다. 또한 실제 상황에서 부딪힐 수 있는 충돌을 보다 용이하게 관리, 통제할 수 있다.

① 모의실험의 주요 3가지 형태

- 역할연기(role playing)
- 결정과정 연습(decision-making practice) : 그룹을 형성, 각 구성원이 그 사례에 대한 행동을 같이하여 다른 구성원이 그 문제를 어떻게 다루는가를 익히는 방법
- 학습게임(learning games)

2) 식행동 변화를 위한 동기유발 전략

(1) 동기유발 면담

동기유발 면담은 근거중심 전략으로 동기유발의 근원은 내담자 안에 존재하므로 상담자는 내담자가 상반되는 감정이나 동기, 변화 가능성을 표현하도록 고무시켜 주어 내담자 스스로 무엇을 변화시킬지를 선택하고 변화 계획과 전략을 결정하도록 하는 방법이다. 따라서 상담자는 내담자에게 다음과 같은 행동을 할 수 있다.

① 수용과 확신을 표현한다.

② 내담자 스스로 동기유발, 문제에 대한 인식, 변화에 대한 관심과 욕구, 의지 및 변화할 수 있다는 표현을 하도록 유도하고 강화시킨다.

③ 내담자의 변화에 대한 준비 정도를 관찰하고 환자가 저항감을 갖기 전에 확인하고 발전시키도록 한다.

④ 내담자 선택의 자유권과 자기결정권을 인정하도록 한다.

(2) 인지적 재구성

이 전략은 부정적인 생각과 자기 패배적인 생각을 긍정적인 다른 생각으로 대체하는 전략으로 내담자의 부정적인 표현을 좀 더 긍정적이게 강화하는 말로 전환하도록 지도하는 방법이다.

(3) 문제 해결

문제 해결은 정해진 목표 달성에 장애가 되는 요인들을 알아내고, 그에 대한 해결방법을 찾아 적용해 보고 그에 대한 효과를 평가하도록 내담자를 돕는 전략이다.

(4) 사회적 지원

식행동 변화를 위해 내담자의 가족, 종교모임단체, 학교, 스포츠클럽, 회사동료 및 지역사회 등 사회적 자원으로부터 도움을 받을 수 있다. 상담자는 내담자에게 타인과 지역사회와의 협동관계 수립, 가족으로부터 도움 요청, 단체교육의 이용 등과 같이 사회적 지지를 받을 수 있도록 도와준다.

(5) 스트레스관리

상담자는 내담자의 부적절한 식행동을 초래하는 스트레스 상황을 관리하는 전략으로 크게 두 가지 방법을 이용한다. 첫 번째 방법은 스트레스 유발 환경을 바꾸는 것이고, 두 번째 방법은 감정적 요인에 초점에 맞추어 스트레스에 대한 대처방법을 변경하는 것이다. 예를 들면 내담자가 신속하게 건강에 유익한 식사 준비를 하는 기술을 배우는 것(환경적 요인)과 감정적으로 충동에 의한 식욕을 다스리는 방법(감정적 요인)을 학습하는 것이다.

(6) 강화

강화는 식행동 변화의 동기유발에 중요한 방법으로 새로운 식행동을 익힐 때까지 또는 바람직한 행동에 도달했을 때 상을 주는 방법이다. 이는 행동 수정과 관련되는 것으로 부적절한 행동을 제거하고 목표 지향적인 반응을 야기시키는 데 매우 중요하다.

상담자에게 어떠한 강화제를 제공할 것인가를 결정하고 강화제가 제공될 행동과 환경에 대해서 명백하게 설명해야 한다. 반드시 목표 식행동에 도달하였을 경우 즉각적인 보상이 이루어져야 하며 그렇지 못한 경우에는 바람직한 행동의 최종 결과에 대하여 보상하는 것이 효과적일 수 있다. 이용할 수 있는 강화제로는 내담자에게 중요한 사람으로부터 칭찬이나 인정을 받는 사회적 강화제, 금전, 옷 등과 같은 유형의 강화제 및 수영, 스키 등 육체적 활동과 같은 보상체계 등으로 나눌 수 있다. 어떠한 종류를 선택하든지 내담자가 얻기 쉬운 강화제는 동기유발을 잘 일으키지 못한다는 점에 주의해야 한다.

(7) 소멸

소멸은 내담자에게서 바람직하지 못한 행동을 없애는 방법으로 바람직하지 못한 행동을 지속적으로 하는 경우 보상을 없애는 방법과 바람직하지 못한 행동을 지칠 때까지 반복하게 하여 물리게 하는 방법이 있다. 물리게 하는 방법은 마지막 수단으로 이용해야 한다.

(8) 맞춤

이 방법은 새로운 식행동에 대한 동기유발을 위해서 내담자의 생활양식에 식행동을 맞추는 것이다. 개인의 생활을 최소한 변화시키는 것으로 초기 수집된 식사력에 대해서 세밀한 관심을 가져야 한다.

(9) 구체화

구체화는 식행동 변화에 필요한 기술을 점진적으로 만들어 가는 방법으로 정해진 범위 안에서 성취해야 될 단계를 정하고 점진적으로 완전한 단계에 도달하게 하는 것이다. 단, 초기 단계는 내담자의 수준에 맞추어야 한다.

(10) 계약

이 방법은 상담자와 내담자 사이에서 서면으로 동의하는 방법으로 상담자와 내담자가 계약서에 서명한다. 이 계약서에는 어떤 행동을 실행할 것이며, 그에 따른 상과 벌은 어떤 것으로 할 것인지에 대한 내용이 담겨져 있다. 이 방법의 장점은 예상되는 식행동에 대해서 문서의 형식으로 개요를 제공하는 것이다.

3) 자기관리를 위한 전략

영양상담의 최종 목표는 내담자가 목표 행동을 자발적으로 할 수 있도록 훈련 습득하는 것이다.

(1) 자기관찰법

식사일기, 그래프 및 도표를 이용하여 내담자 자신의 독특한 식행동에 대해서 인식하는 것으로 스스로 인지하지 못했던 자기 자신에 대한 정보를 얻을 수 있다. 이러한 자기관찰 방법은 앞으로의 식행동을 위한 전략에 응용할 수 있고 부적절한 식행동이 일어나기 전에 예방할 수 있다. 자기관찰은 기억이 아닌 즉시 기록을 해야 한다.

(2) 자극통제

이 방법은 내담자의 바람직하지 못한 식행동을 유발하는 특별한 환경적 요인과 습관적인 행동을 알아내고 문제의 식행동을 유발시키거나 조절할 수 있는 계기를 제거하여 문제의 식행동을 사전에 차단하거나 대체반응으로 전환하는 전략이다.

(3) 자기지시

자기지시 방법은 내담자의 생각, 감정, 상상을 이용하는 것으로 스스로 목표 행동을 생각하고 자기 자신의 생각과 말이 얼마나 긍정적인지 그 빈도를 관찰하고, 여러 단서를 이용하여 긍정적으로 생각할 수 있도록 적극적으로 사고방식을 강화시키는 방법이다. 또 다른 방법은 내적인 모델을 이용하는 것으로 내담자가 어려운 상호관계에 앞서 예상하고 바람직한 모델을 개발하여 내담자 스스로 보이지 않는 리허설을 하여 성취감을 얻고 긍정적인 자기사고를 하게 하는 것이다. 이러한 과정을 통해서 보상의 의미를 인식하게 된다.

5. 평가

상담의 목표는 내담자의 느낌, 태도, 생각에 대한 것이 아닌 상담과정의 결과로서 고객의 사실적인 행동에 있다. 따라서 행동 평가는 결과를 분석해서 목표 행동의 성취 여부를 평가하고 추가적 상담의 필요 여부를 결정하는 것이다. 평가란 행동적인 정보에 대한 지속적인 진행과정으로 상담자는 중간 목표의 평가를 시작으로 상담이 이루어진 후에 일어나는 행동을 평가하는 것이다.

1) 영양상담의 평가 단계

① 내담자의 보고서 또는 외부 자료 등을 근거로 만들어진 목표 행동과 여러 자료를 비교한다.
② 목표에 도달했으면 내담자 스스로 실생활에서 목표 행동을 할 수 있는지에 대한 여부를 결정한다.
③ 내담자가 정해진 목표 이외에 다른 관심사와 문제점이 있는지를 확인하여 향후 추가적인 상담이 필요한지 여부를 결정한다.

2) 내담자 평가

내담자의 새로운 식행동에 대한 실천도를 평가하는 방법은 다음과 같다.

(1) 내담자와의 면담

상담자의 면담기술과 내담자의 행동을 얼마만큼 잘 평가했느냐 즉, 면담 내용의 타당성을 고려해야 한다.

(2) 생화학적 지표의 평가

식행동 변화에 따른 대사 생성물의 분석이나 혈액, 또는 요의 물질 분석을 통해서 평가하는 방법으로 식행동 변화에 대한 직접적인 평가 수단이기는 하나, 시간이 경과되면 부적절한 경향도 있다. 이러한 생화학적 방법도 내담자의 준수도에 잘못된 가치를 제공할 수 있다.

(3) 식사기록의 평가

식사기록은 치료과정을 평가하는 수단이 된다. 내담자는 자기의 행동이 평가되고 있음을 인식할 때 의도적으로 개선되는 경향이 있는데 실제로 식사섭취가 저조한 경우 식사기록을 과대평가하여 작성하며, 상대적으로 과다하게 섭취한 경우 과소평가하여 기록하는 경우가 많다. 따라서 내담자가 작성한 식사기록을 정확하게 평가하기 위해서 식사기록의 신뢰도를 확인하는 것은 매우 중요하다.

3) 상담자 평가

상담이 어느 정도 종결되었다고 판단되는 경우 상담자 역시 자신의 상담활동에 대해서 평가를 하여 좀 더 바람직한 영양상담이 이루어지도록 반영하여야 한다.

상담자의 평가 지표

- 나는 가능한 한 신속하게 내담자가 목표에 도달하도록 도와주었는가?
- 가장 효과적인 전략을 이용했는가?
- 내담자에 대해서 다른 관련 전문가의 효과적인 도움을 받았는가?
- 나의 상담기술은 적절했는가?

제4절 효과적인 영양상담을 위한 도구

1. 영양상담기록지

영양상담 과정의 기록은 문제 해결을 위해 중요한 서류로서 상담과 관련된 모든 사항과 과정을 기록해야 한다. 특히 병원 및 보건소에서의 영양상담은 내담자의 질병 치료에 중요한 과정이며, 내담자와 관련된 의료인 사이의 의사전달과 정보를 전달하는 하나의 수단으로 양질의 기록이어야 한다.

1) 영양상담기록 시 갖추어야 할 사항

상담기록은 상담과정에 제공된 영양관리, 영양상태, 영양교육 및 추구관리 계획 등을 기록하며, 다음과 같은 주의 사항을 준수하는 것이 바람직하다.

① 영구적으로 보관하기 위해서 지워지지 않는 잉크나 펜을 사용한다.

② 기록의 내용은 완전하고 분명해야 한다.

③ 날짜와 시간을 순서대로 기록하며, 반드시 상담 후 기록한다.

④ 중간에 여백을 띄우지 말고 시간의 경과에 따라 차례대로 기록하며, 순서가 바뀐 경우는 주를 단다.

⑤ 완전한 문장이 반드시 필요한 것은 아니나 각 문장이 끝나면 마침표를 한다.

⑥ 약어를 사용하는 경우 관례적으로 쓰이는 것만 사용하고 반드시 약어에 대한 해석이 있어야 한다.

⑦ 상담자의 주관적인 내용이 아닌 객관적인 내용을 기록해야 한다.

⑧ 다른 사람의 전문성에 대한 다른 의견을 기록하지 않는다.

⑨ 기록 후 상담자는 직접 서명을 하여 본인의 기록임을 확실하게 한다.

2) 영양상담기록 방법

상담내용을 기록하는 데 참고할 수 있는 방법은 다양하며, 영양상담을 문제 해결이라는 관점에서 볼 때 지금까지 가장 유용하게 사용했던 대표적인 기록방법은 'SOAP' 형식으로 현재까지 의료기관에서 주로 사용하고 있다. 2000년대 이르러 미국영양사협회(ADA) 및 여러 선진국에서는 영양관리과정(NCP)을 도입하면서부터 'ADIME' 형식을 사용하기 시작하였으며 국내 의료기관에서도 일부 사용하고 있다. 이러한 기록 방법은 지역사회 및 다양한 건강관련 상담에서도 유용하게 사용될 수 있다.

(1) SOAP 형식

SOAP 형식은 주관적(subjective), 객관적(objective), 평가(assessment) 및 계획(plan) 등으로 구분하여 기록하는 것으로 내용은 다음과 같다.

① 주관적 자료(S : subjective data)

내담자와 면접을 통해서 얻은 정보로서 내담자의 생활습관, 생각과 느낌, 식습관, 사회경제적 조건 및 활동량 등을 기록한다.

② 객관적 자료(O : objective data)

영양상담과 관련하여 영향을 미칠 수 있는 모든 객관적 자료를 기록하는 것으로 내담자의 신체계측 및 생화학적 검사 결과, 신체증후, 식사섭취 조사 결과, 식사섭취 시 문제점, 나이, 현재 식사처방, 사용 중인 약물 등을 기록한다.

표 8-3 SOAP 형식의 예

S	내담자는 최근 들어 체중이 급격하게 증가하여 체중조절을 위하여 비만 클리닉을 방문하였다. 직업은 컴퓨터 프로그래머로 거의 앉아서 활동을 하며, 6개월 전부터 일이 많아져서 운동은 거의 하지 못했다고 한다. 주로 밤늦게까지 일을 하기 때문에 아침은 거의 먹지 않고 오전 10시경 간단한 빵과 음료를 마시고, 점심은 다른 끼니에 비하여 상대적으로 많이 섭취하고 바쁜 업무로 인하여 저녁 식사는 일정한 시간에 먹지 않고 햄버거와 과자, 감자칩 등 패스트푸드와 탄산음료(1일 4캔 이상)를 업무가 끝날 때까지 지속적으로 일을 하면서 먹는 편이라고 한다.
O	41세 여자 키 158 cm, 현 체중 65.2 kg 체중변화 4 kg 증가/ 2개월 혈압 130/100 mmHg, 검사 결과 중성지방 228 mg/dL 1일 섭취 kcal : 약 2,300 kcal(24시간 기억회상법) 1일 에너지 필요량 : 1,500 ~1,600 kcal(표준체중×25~30 kcal) 1일 단백질 필요량 : 52~62 g(표준체중×1.0~1.2 g)
A	(영양문제의 예) # 1. 비만 : BMI 26.1 # 2. 과잉의 열량섭취 : 권장 에너지 필요량의 150% 이상 # 3. 비정상적인 생화학적 검사 결과 : 중성지방 228 mg/dL # 4. 활동량 부족 : 2개월간 체중이 4 kg 증가
P	1. 목표 체중을 결정한다(단기 목표와 최종 목표). 2. 목표 체중에 도달하기 위해 필요한 적정열량의 식단을 계획하고 실천한다(1일 1,500 ~1,600 kcal). 3. 세 끼 규칙적인 식사섭취를 실천하도록 권장한다. 4. 당질 대신 단백질과 섬유소가 풍부한 균형 잡힌 간식을 계획하고 실천하도록 권장한다. 5. 체중감량을 위해 직장에서 할 수 있는 유산소 운동을 계획하고 실천한다. 6. 2주 1회 내담자와의 주기적 면담을 통해 섭취한 열량, 식사 구성 및 활동량 평가를 위해 식사일기를 작성하도록 한다.

③ 평가(A : assessment)

주관적, 객관적 자료에 근거하여 영양판정 결과를 기록하는 것으로 식습관 및 영양섭취상태 평가, 영양소 필요량 결정, 식사 시 문제점에 대한 평가, 및 영양관련 질환의 유무 등을 평가하여 기록한다.

④ 계획(P : plan)

문제 해결을 위한 영양상담 목표와 실행 계획안을 기록한다.

표 8-4 SOAP 형식 영양상담기록지(의료기관)의 응용 예

등록번호

성명

주민번호

영양관리기록지

(Nutrition Care Note)

1. 진 단 명
2. 약 물
3. 식사처방 (C : P : F = : : %)

신체계측 및 징후

1. 신체계측결과

☐ 신장 ______ cm ☐ 현재체중 ______ kg ☐ 평소체중 ______ kg ☐ 표준체중 ______ kg ☐ 표준체중의 ______ %

☐ 체중변화 ______ kg 에서 ______ kg 증가, 감소 ☐ 변화이유 ______________________

2. 신체징후

☐ 여윔 ☐ 부종 ☐ 복수 ☐ 비만 ☐ 기타

검사결과

BP ______ Hgb/Hct ______________ TP/Alb______________ T-chol/TG______________

FBS/PP-2hr __________ HbA1c ______________ Ca/p______________ BUN/Cr______________

Na/K/Cl ______________ GOT/GPT ______________ uric acid______________

I/O ____________________ 기타 ____

개인식생활정보

1. 활동정보 및 운동

☐ 가벼움 ☐ 보통 ☐ 심함 ☐ 매우 심함 ☐ 운동 여부 ( )

2. 식사섭취량(입원시)

☐ 주식 ______ % ☐ 부식 ______ % ☐ 병원식사 외 섭취식품 ______________

3. 식사시 문제점

☐ 식욕불량 ☐ 소화불량 ☐ 저작/연하고란 ☐ 구토/메스꺼움 ☐ 설사 ☐ 변비

☐ 식품알레르기 ______________________ ☐ 기타 ______________________

4. 식습관

☐ 식사속도 (늦음 / 보통 / 빠름) ☐ 식사시간 (규칙적 / 불규칙적)

☐ 결식여부 (조 / 중 / 석)

☐ 선호하는 음식 ______________________ ☐ 기피하는 음식 ______________________

☐ 외식 ______ 회 / 주 (선호음식) ____

☐ 음주 ______ 회 / 주 (섭취량 ______ / 회) ☐ 흡연 ______ / 일

☐ 건강보조식품 / 영양제 복용 ____

5. 영양교육경험 ☐ 있다 ________________________________ ☐ 없다

기타 주관적 자료

영양판정

1. 영양상태 평가

☐ 양호 ☐ 열량섭취 부족 ☐ 단백질 부족 ☐ 열량/단백질 부족 ☐ 열량과잉섭취

2. 식행동 문제점

☐ 편식경향 ☐ 섭취부족/과잉 ☐ 병원식사 부적응(세부사항 : ________________)

3. 영양 필요량

☐ 기준체중 (평소체중 / 현재체중 / 표준체중 / 조정체중) ________ kg

☐ 칼로리 ________________ kcal/일 (kcal/kg)

☐ 단백질 ________________ g/일 (g/kg)

☐ 지방 ________________ g/일

☐ Na ________________ mg/일 (Nacl g/일)

☐ K ________________ mg/일

☐ 수분 ________________ cc/일

☐ 기타 ________________

영양교육계획

참고사항

1. 교육자료 제공 :
2. 피상담자 ☐ 환자 ☐ 가족 ☐ 기타
3. 식사교육에 대한 환자의 이해도 ☐ 양호 ☐ 보통 ☐ 불량
4. 환자의 예상 식사 준수도 ☐ 양호 ☐ 보통 ☐ 불량

제언

. . . 담당 영양사 ________________

(2) 영양관리과정(NCP)을 이용한 영양관리기록지(ADIME 형식)

ADIME 형식은 영양관리과정을 기록하는 방법으로 영양판정(nutrition assessment), 영양진단(nutrition diagnosis), 영양중재(nutrition intervention), 영양평가 및 모니터링(nutrition evaluation & monitoring) 등으로 구성되어 있다. 미국영양사협회(ADA)에서는 영양관리과정의 내용을 정확하게 전달하기 위하여 표준화된 용어(international dietetic & nutrition terminology, IDNT)를 사용하여 기록한다.

① 영양판정

영양관리과정의 첫 단계로 영양관련 문제와 원인을 파악하기 위해서 자료를 수집하고 확인하고, 해석하는 것으로 이 단계에서는 초기자료를 수집하고 수집한 자료를 명확한 기준치와 비교하여 내담자 상태를 재평가하고 분석하는 과정이다. 미국영양사협회에서는 영양판정의 영역을 식품/영양소와 관련된 식사력 영역, 신체계측 영역, 생화학적 자료/의학적 검사와 처치 영역, 영양관련 신체검사자료 및 환자(고객) 과거력 등 크게 5개의 영역으로 분류하고 있으며, 수집된 자료는 표준치와 비교하여 영양진단과 영양중재과정의 목표설정에 이용된다.

② 영양진단

영양진단은 영양판정 단계에서 얻어진 다양한 문제와 증상을 토대로 영양문제를 파악하고 기술하는 과정으로 크게 영양과 관련된 섭취 영역, 임상 영역 및 행동/환경 영역 등 3개의 영역으로 나뉘며 영양중재안을 세우는 근거가 된다. 기존 SOAP형식과 가장 비교되는 점은 '당뇨병', '고지혈증' 등과 같이 의학적 진단을 하는 것이 아니라 영양전문가인 상담자가 독립적으로 중재 또는 해결할 수 있는 영양문제, 즉 '지방 섭취 과다', '당질 섭취 과다' 등으로 기술하는 것이다. 영양진단을 기록할 때는 독특한 형식의 문장으로 작성하는데 이것을 PES문(problem, etiology, symptom/sign)이라고 하며, SOAP의 형식에도 응용하여 사용할 수 있다. 이러한 형식의 기술은 영양문제의 원

표 8-5 PES문의 예

영양진단 또는 문제(problem)	병인(etiology)		징후/증상(symptom/sign)	
지방 섭취 과다	잦은 회식	과 관련되어 있고,	근거는	혈중 콜레스테롤 250 mg/dL, 삼겹살구이를 주 3회 이상 섭취함.

인을 좀 더 구체적으로 명확하게 정의함으로써 영양상담 시 효율적인 중재안을 제시할 수 있다.

③ 영양중재

영양중재는 환자(고객)의 영양문제를 해결하거나 개선하는 것을 목적으로 영양진단(P)과 병인(E)에 따라 영양중재 전략을 결정하고 시행해야 하는데, 이때 상담자가 영양문제의 원인에 대해 영양중재가 불가능한 경우 영양문제의 징후/증상(S)에 초점을 맞추어 영양중재를 실시하게 된다. 영양중재는 계획과 실행 두 단계로 나뉘며, 영양중재 계획 시 내담자의 영양문제 중 가장 우선적으로 해결해야 하는 점은 순서를 결정하는 것이다. 영양중재 영역은 식품/영양소 제공, 영양교육, 영양상담 및 영양관리를 위한 다분야 협의 등 4분야로 나누고 있으며, 특히 영양중재의 목적을 좀 더 명확하게 하기 위해서 영양교육과 영양상담을 구분하는 것이 특징이다. 영양상담은 내담자의 식습관뿐 아니라 그들이 생각과 느낌을 파악하고, 새로운 식행동 변화를 위해 동기부여 방법을 모색하기 위한 면담을 한다는 데 영양교육과의 차이가 있다고 할 수 있다.

④ 영양평가 및 모니터링

이 단계는 현재 수행 중인 영양중재 전략이 영양문제를 해결하는 방향으로 진행되고 있는가, 즉 영양중재의 목표나 원하는 결과에 도달하는지를 평가하는 것이다. 따라서 영양판정 및 재판정을 통해 특정 영양관리 지표들의 변화를 측정하는데, 모니터링과 평가를 위하여 영양판정의 구성 요소 중 환자(고객) 과거력을 제외한 4가지 영역의 영양 관련 지표를 이용하게 된다. 영양 관련 지표를 선정할 때 주의할 점은 영양중재의 목표와 관련이 있는 자료는 측정 가능하거나 이용 가능해야 하며, 현실적으로 타당한 기간 내에 평가할 수 있는 지표이어야 한다.

표 8-6 ADIME 형식의 예

판정(Assessment) : 식품/영양소와 관련된 식사력 영역, 신체계측 영역, 생화학적 자료/의학적 검사와 처치 영역, 영양 관련 신체검사자료 및 환자(고객)과거력 조사 기록하기
내담자는 최근 들어 체중이 급격하게 증가하여 체중조절을 위하여 비만 클리닉을 방문하였다. 직업은 컴퓨터 프로그래머로 거의 앉아서 활동을 하며, 6개월 전부터 일이 많아져서 운동은 거의 하지 못했다고 한다. 주로 밤늦게까지 일을 하기 때문에 아침은 거의 먹지 않고 10시경 간단한 빵과 음료를 마시고, 점심은 다른 끼니에 비하여 상대적으로 많이 섭취하고 바쁜 업무로 인하여 저녁 식사는 일정한 시간에 먹지 않고 햄버거와 과자, 감자칩 등 패스트푸드와 탄산음료(1일 4캔 이상)를 업무가 끝날 때까지 지속적으로 일을 하면서 먹는 편이라고 한다. 41세 여자 키 158 cm, 현 체중 65.2 kg 체중변화 4 kg 증가/ 2개월 혈압 130/100 mmHg, 검사 결과 중성지방 228 mg/dL 1일 섭취 kcal : 약 2,300 kcal (24시간 기억회상법) 1일 에너지 필요량 : 1,500~1,600 kcal(표준체중×25~30 kcal) 1일 단백질 필요량 : 52~62 g(표준체중×1.0~1.2 g)
진단(diagnosis) : PES문 작성하기
(영양문제의 예) 1. 비만은 과잉의 열량섭취와 관련되며, 그 근거는 1일 식사섭취열량이 2,300 kcal이며, 권장 에너지 필요량의 150% 이상이다. 2. 비정상적인 검사 결과(중성지방)는 과잉의 당질 섭취와 불규칙적인 식사 패턴과 관련되며, 그 근거는 중성지방 228 mg/dL, 저녁 늦게 지속적으로 패스트푸드와 탄산음료를 섭취하는 것이다. 3. 급격한 체중증가는 활동량 부족과 관련되며, 6개월 전부터 운동을 거의 하지 않았고, 2개월간 체중이 4 kg 증가하였다.
중재(Intervention) : 영양문제 해결을 위한 계획안 기록하기
1. 목표 체중을 결정한다(단기 목표와 최종 목표). 2. 목표 체중에 도달하기 위해 필요한 적정 열량의 식단을 계획하고 실천한다(1일 1,500~1,600 kcal). 3. 세 끼 규칙적인 식사섭취를 실천하도록 권장한다. 4. 당질 대신 단백질과 섬유소가 풍부한 균형 잡힌 간식을 계획하고 실천하도록 권장한다. 5. 운동처방사와의 상담을 권장한다. 6. 섭취한 열량, 식사 구성 및 활동량 평가를 위한 식사일기를 작성하도록 한다.
모니터링/평가(Monitoring/Evaluation) : 선정된 모니터링 지표(영양관리지표) 및 평가 내용 기록하기
1. 2주 1회 내담자와의 주기적 면담을 실시한다. 2. 식사일기를 통한 섭취 열량과 식사 구성을 평가한다. 3. 운동 및 활동량을 평가한다. 4. 중재안에 대한 내담자의 순응도와 적정성을 평가한다.

표 8-7 ADIME 기록지 응용의 예

일자 : 등록번호 : 성명 : 성별 : 나이 :		
영양판정(Nutrition Assessment)		
식품/영양소와 관련된 식사력		
• 식품과 영양소 섭취		
• 약물과 약용식물 보충제 사용		
• 지식/신념/태도		
• 행동		
• 식품과 식품/영양 관련 자원 이용에 영향을 주는 요인		
• 신체적 활동 및 기능		
신체계측	□ 키 cm □ 현체중 kg □ 평소체중 kg □ % 표준체중 (%) □ BMI □ 체중변화 : 없음 / 증가 / 감소 기간 개월	
생화학적 자료		
• 전해질과 신장 프로필		
• 혈당/내분비 프로필		
• 지질 프로필		
• 영양결핍성빈혈 프로필		
• 단백질 프로필		
• 소변 프로필		
• 기타		
영양관련 신체검사자료		
환자 및 가족 과거력		
영양상태		
목표 달성에 문제가 되는 장애		

영양진단(Nutrition Diagnosis)	
□ 에너지 섭취 과다	□ 음식-약물 상호작용
□ 경구 식품/음료 섭취 과다	□ 과체중/비만
□ 생리활성물질 섭취 부족	□ 식품 및 영양관련 지식 부족
□ 알코올 섭취 과다	□ 식사/생활양식 변화에 대한 준비 부족
□ 부적절한 지방 :	□ 영양관련 권장사항에 대한 순응도 부족
□ 부적절한 당질 종류의 섭취	□ 신체활동 부족
□ 섬유소 섭취 부족	□ 기타

문제	병인	증상 및 징후

(계속)

<table>
<tr><th colspan="2">영양필요량(kcal/ 단백질/ 지방/ 무기질/ 비타민/ 수분/ 기타)</th></tr>
<tr><td colspan="2"></td></tr>
<tr><th colspan="2">영양중재(Nutrition Intervention)</th></tr>
<tr><td>식사와 간식
□ 일반식/건강식
□ 식사/간식을 통한 식품과 영양소 배분
□ 특정 식품/음료나 식품군
□ 기타 :</td><td>비타민과 무기질 보충제
□ 종합비타민/무기질
□ 종합무기질
□ 비타민
□ 무기질</td></tr>
<tr><td>생리활성물질 보충제
□ 시작
□ 용량 변경
□ 형태 변경
□ 투여 경로 변경
□ 복용 스케줄 변경
□ 중단</td><td>영양관련 약물 관리
□ 시작
□ 용량 변경
□ 형태 변경
□ 투여 경로 변경
□ 복용 스케줄 변경
□ 중단</td></tr>
<tr><td>초기/기본 영양교육
□ 영양교육 목적
□ 1차적인 교정 목표
□ 생존을 위한 정보
□ 기타 :
목표나 예상되는 성과 :</td><td>영양상담
□ 이론적인 근거/접근
□ 전략
목표나 예상되는 성과 :</td></tr>
<tr><td>포괄적 영양교육
□ 영양교육의 목적
□ 수정에 대한 권고사항 :
□ 심화 또는 관련 주제
□ 결과 해석
□ 기술개발
목표나 예상되는 성과 :</td><td>영양관리를 위한 다분야 협의
□ 팀 미팅
□ 다른 전문 분야 영양사에게 의뢰
□ 다른 전문인에게 의뢰 :
□ 지역사회 프로그램에 의뢰
목표나 예상되는 성과 :</td></tr>
<tr><td>기타 중재:
목표나 예상되는 성과 :</td><td>제공해야 할 교육자료</td></tr>
<tr><th colspan="2">영양모니터링 및 평가(Nutrition Monitoring & Evaluation)</th></tr>
<tr><th>관찰지표</th><th>기준</th></tr>
<tr><td></td><td></td></tr>
</table>

자료 : 영양관리과정(NCP)의 이론 및 실제, 2011년도 전국병원영양사회 워크숍자료 수정

2. 전산프로그램을 이용한 영양상담

1) 전산프로그램을 이용한 영양상담의 범위

(1) 식사기록평가

전산프로그램을 이용한 식품섭취상태 분석은 상담자와 내담자 모두에게 유용한 정보를 제공한다. 영양상담자는 일상적인 식사섭취량과 식습관에 대한 평가 및 그에 따른 식사계획과 목표를 용이하게 해주며, 무엇보다 정확하고 신속하며 효율적인 식사섭취상태를 평가할 수 있다.

(2) 식사계획

상담자는 내담자와 함께 즉각적으로 전산프로그램을 이용하여 새로운 식단을 계획하고, 영양소 분석을 할 수 있으며, 그 결과에 대해서 서로 의견을 토의 가능하게 해준다. 내담자가 새로운 식사계획에 직접 참여하여 자신의 기호도를 고려한 식단을 작성하면 식사에 대한 실천도는 증가될 것이다.

(3) 모의실험

내담자와 상담자가 여러 계획을 매우 짧은 시간 안에 모의실험으로 교육할 수 있으며, 모의실험을 통한 보다 정확한 정보와 자료를 제공할 수 있다.

(4) 그래픽의 이용

영양상담에서의 그래픽 제공은 중요한 수적 정보에 관심을 갖게 하고 신속한 자료분석과 해석을 가능하게 해준다. 또한 내담자에게 보다 흥미롭고 인상적인 상담을 진행할 수 있다.

2) 영양상담에 적절한 전산프로그램의 선택

영양상담에 활용할 수 있는 전산프로그램은 크게 두 가지로 분류할 수 있다. 식사일기 및 24시간 기억회상법에 의한 식사섭취상태 평가와 식습관 조사 등 영양상태 평가만을 할 수 있는 전용프로그램과 계산, 자료관리 및 문서작성 등 다양한 기능을 수행할 수 있는 범용프로그램이 있다. 두 프로그램 사이에는 융통성, 비용면, 기능면에 있어서 차이가 있으므로 영양상담 목적에 맞는 프로그램을 선택하여 사용하는데, 일반적으로 전용프로그램이 범용프로그램에 비하여 구입비용이 고가이므로 신중하게 고려해야 한다.

(1) 전산프로그램 선택 시 고려사항

① 비용면

전산프로그램의 비용이 사용자의 만족도를 충족시킬 수 있다고 언급할 수 없지만 선택에 있어서 중요한 요소이다. 대부분의 프로그램은 개발 초기에는 매우 고가이며, 개정된 제품이 업그레이드되거나 정교성이 증가함에 따라 경쟁력이 있는 경우 구입비용이 증가하게 된다. 그러나 실질적으로 프로그램에 대한 만족도는 비용과 상관없이 프로그램의 기능성, 다양성, 데이터베이스의 특징과 질, 상담자의 요구사항을 만족시킬 수 있는 능력에 달려 있다.

② 기능면

기능성은 접속의 용이, 자료수집, 계산방법과 형태, 화면출력형태, 도움말, 명령어 선택, 인쇄형태와 같은 특징에 달려 있다.

③ 데이터베이스

데이터베이스는 계산된 결과의 타당성에 영향을 미치므로 매우 중요한 요소이다. 따라서 사용자는 데이터베이스의 크기와 데이터베이스의 완성도, 정보처리속도 등을 고려해야 한다. 데이터베이스의 크기는 식품의 목록과 영양소의 수를 말하며, 바람직한 데이터베이스는 완전하고 광범위한 식품 선택이 가능해야 한다. 특히 데이터베이스 중 식품 상품명의 데이터베이스는 식품회사에서 제한된 영양가만 입력되므로 특정영양소의 좋은 급원임에도 불구하고 없는 것으로 처리되거나 문제의 영양소가 누락되어 내담자의 식품섭취상태를 평가절하시킬 수 있으므로 데이터베이스의 크기보다는 식품별 영양소 자료가 완벽하게 갖추어진 것이 중요하다.

(2) 전용프로그램과 범용프로그램의 차이

① 범용프로그램은 데이터베이스를 수반하지 않는다. 따라서 사용자는 영양사 계산을 위해서 식품의 영양소를 일일이 입력해야 한다. 그러나 전용프로그램은 데이터베이스와 함께 자동적으로 계산이 가능한 적절한 공식이 입력되어 있어 식품

에 대한 영양가 자료를 얻을 수 있다.

② 전용프로그램은 데이터베이스에 있는 등록된 가장 적절한 식품만을 선택할 수 있는 반면에 범용프로그램은 적절한 칸에 원하는 식품을 입력할 수 있다. 또한 내담자가 요구하는 식품명, 영양가의 선택에 따라 내담자의 교육을 개별화할 수 있다.

③ 범용프로그램은 단일 기능에만 이용하는 것이 아니라 복합적인 목적을 위해서 이용할 수 있다.

④ 범용프로그램은 전용프로그램보다 훨씬 저가비용이면서 여러 응용프로그램이 통합된 프로그램도 있다.

(3) 우리나라에서 개발된 영양상담 프로그램

우리나라의 전산프로그램은 여러 단체에서 개발된 것이 있으나, 현재 한국영양학회 영양정보센터에서 개발된 제품이 많이 활용되고 있다. 전산프로그램인 CAN (computer aided nutritional analysis program)은 전문가용과 일반용이 있으며, CAN-Pro 4.0 버전의 프로그램은 2010년 한국영양학회에서 개정된 한국인영양섭취기준을 적용하여 섭취한 영양소를 평가할 수 있다. 특히 전문가용인 CAN-Pro 4.0은 식품영양 관련 분야의 교수, 대학원생, 식품의약 관련 연구소, 의사 및 영양사 등 관련 분야의 전문인들이 개인이나 집단의 영양상태를 판정하고 그 결과를 통계처리하거나 다른 프로그램에서 이용하고자 할 때 손쉽게 활용할 수 있도록 개발되었다.

(4) 전산프로그램에 의한 영양상태 평가와 해석

전산프로그램을 이용한 상담에서 중요한 것은 결과 해석이다. 즉, 영양상담자는 내담자에게 의미 있고 도움이 되는 정보를 전달해야 한다. 전산을 이용하는 경우 영양가에 대한 계산은 정확하겠지만 신중하고 주의 깊게 해석해야 한다. 경우에 따라 사용하는 전산프로그램에 입력된 데이터베이스가 부정확할 수 있으며, 식품의 특정 영양가가 누락되어 계산결과의 정확성과 해석에 영향을 미칠 수 있기 때문이다. 또한 영양가 계산은 입력하는 자료, 즉 내담자가 기록해온 식사일기 및 24시간 기억회상법에 의한 자료에 의존하는 것이다. 따라서 정확한 결과와 해석을 위해서 내담자에게 식품표시읽기, 식품의 계량법 등 식품섭취기록에 필요한 사전교육이 반드시 필요하며, 상담자는 입력 전에 내담자의 기록을 확인하는 것이 중요하다.

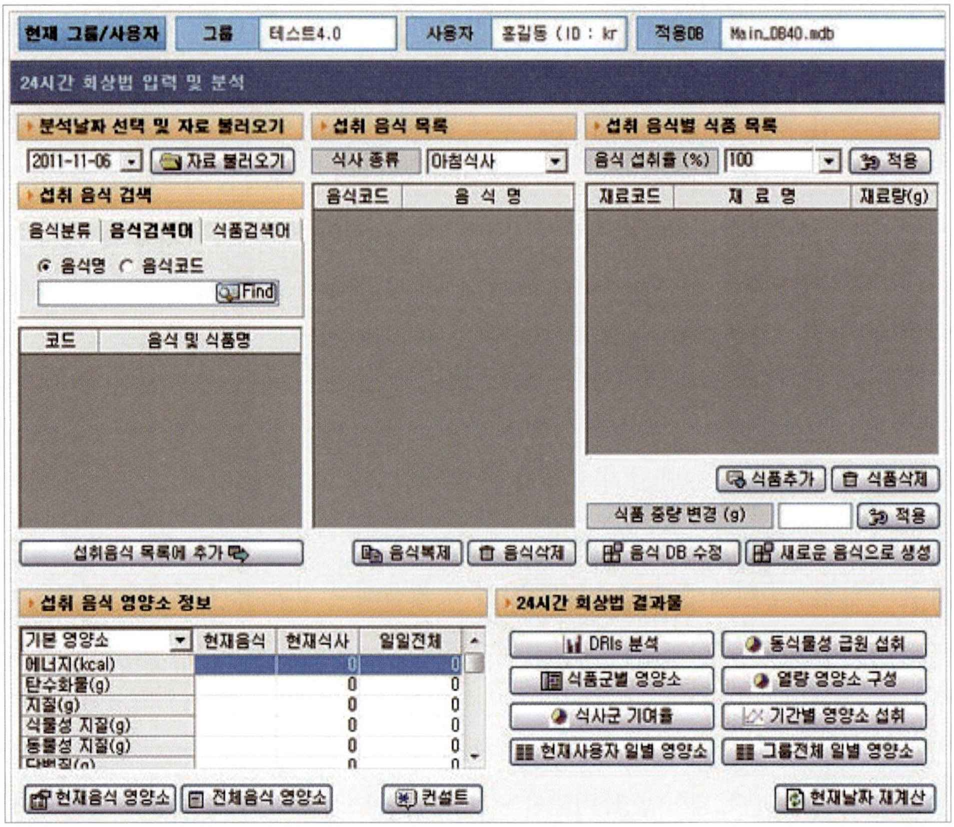

그림 8-3 CAN-Pro 4.0 화면의 예

3. 식사기록지

내담자의 식습관이나 영양섭취상태 조사를 위해 여러 서식지가 필요하다. 상담의 목적과 내담자가 수용할 수 있는 수준에 따라 다양한 서식지를 사전에 준비하여 이용하면 효율적인 영양상담이 이루어질 수 있다. 영양상담에 이용할 수 있는 대표적인 식사기록지에는 24시간 기억회상 조사지, 식사일기 및 식품섭취빈도 조사지 등이 있다.

4. 각종 시청각 자료

영양상담 시 추상적인 내용과 정보를 내담자에게 정확하게 전달하고 상담에 소요되는 시간을 효율적으로 운영하기 위해서 여러 시청각 자료를 이용할 수 있다. 가장 대표적인 자료에는 식품모형, 리플릿과 소책자 및 다양한 영상매체 등이 있다.

식품모형과 같은 입체자료는 평상 시 접할 수 있는 식품이나 음식을 실물과 같은 모양과 크기, 색상 등으로 구성되어 내담자의 식품섭취 패턴이나 식품섭취량을 이해하고 오랜기간 기억하는 데 도움이 된다.

리플릿과 소책자와 같은 인쇄매체는 글과 그림 등으로 다양한 정보를 담고 있어 많은 정보나 지식을 습득하는 데 도움이 될 수 있다. 또한 행동 변화를 위해 반복적인 학습이 필요한 경우나 장기간 시간이 소요되는 경우에 도움이 될 수 있다. 단, 인쇄매체의 경우 내담자의 연령, 학력, 직업 및 경제사회적 환경을 고려하여 준비되어야 한다.

동영상이나 슬라이드와 같은 영상매체는 내담자에게 경험하지 못했던 다양한 상황을 간접경험할 수 있도록 해주며, 직접적인 경험에 비하여 내담자의 부담감과 두려움을 줄여줄 수 있다. 또한 필요한 내용을 내담자가 이해할 수 있도록 실제 상황과 실물을 볼 수 있어 이해하기 쉬우며, 어려운 내용은 집중적으로 반복 학습할 수 있다는 것이 장점 중의 하나이다.

5. 식사계획 시 활용 도구

1) 한국인 영양섭취기준

한국인 영양섭취기준은 부족한 영양소 섭취만을 강조하기보다는 최적의 건강유지를 목표로 만성 질환의 예방이나 보충제, 건강기능식품의 남용 등에 의한 특정한 영양소 과다 섭취의 예방까지도 포함하는 새로운 개념으로 평균필요량, 권장섭취량, 충분섭취량 및 상한섭취량으로 구성되어 있다. 한국인 영양섭취기준은 건강한 개인이나 집단의 식사계획, 단체급식 시설의 급식 기준 및 식사지침과 영양정책의 수립 등에 활용될 수 있으나, 질병이 있는 대상의 식사계획에는 유의해서 이용하여야 한다.

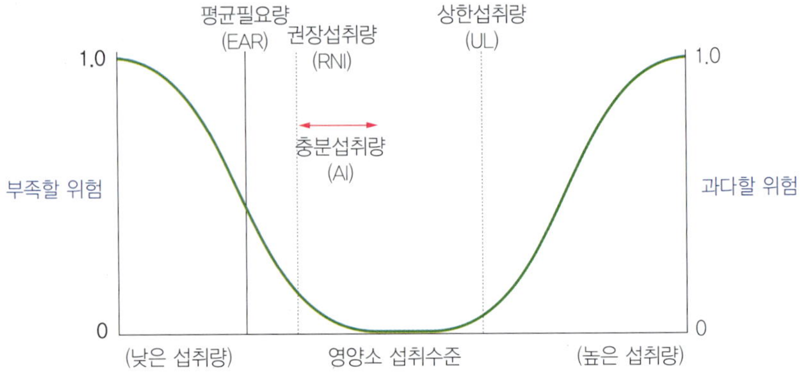

그림 8-4 영양섭취기준의 4가지 개념

자료 : 보건복지부 · 한국영양학회, 2015 한국인 영양소 섭취기준

2) 식사구성안

식사구성안은 일반인들의 균형 잡힌 식생활 계획에 활용되는 대표적인 도구로서, 우리들이 주로 섭취하는 식품의 종류, 영양소 함유량, 및 기능에 따라 비슷한 식품을 묶어 여섯 가지 식품군으로 분류하고, 각 식품군에 속한 주요 식품을 1인 1회 분량으로 정하여 연령에 따라 하루에 섭취해야 할 횟수를 제시하고 있다. 식사구성안은 전문적인 영

그림 8-5 식품구성자전거

자료 : 보건복지부 · 한국영양학회, 2015 한국인 영양소 섭취기준

양지식이나 복잡한 영양가의 계산과정이 없어도 건강한 식생활을 유지할 수 있는 식사 계획을 가능하게 해주므로 영양상담 시 내담자 식사계획에 손쉽게 이용할 수 있다.

표 8-8 식사구성안을 활용한 식사기록지 예시(1,900B)

1,900 kcal	아침	점심	저녁	간식	섭취량 ______kcal	Tip
식단 / 권장 횟수	쌀밥 계란국 쇠고기두부볶음 오이소박이	국수장국 쌀밥 닭강정 양상추샐러드 배추김치	찹쌀밥 대구탕 돈사태찜 청경채버섯무침 깍두기	우유 포도 토스트	권장섭취횟수 + 현재섭취횟수	
3	오곡밥 1회/1공기	국수 1회/1그릇 쌀밥 0.5회/0.5공기	찹쌀밥 1회/1공기	식빵 1회/2쪽	4.5/(+)1.5	식이섬유 섭취를 늘리기 위해 전곡류 또는 잡곡 섭취 권장
4	계란 0.5회/0.5개 쇠고기, 두부 1회/1접시	닭고기 1.5회/1.5접시 (큰 1접시)	대구 1회/1그릇 돈사태 1회/1접시	햄 0.5회/1장	5.5/(+)1.5	어육류가 포함된 국 섭취 시 반찬은 채소 위주로 섭취 권장
8	오이소박이 1회/1접시	양상추 1회/1접시 배추김치 1회/1접시	무, 파 1회/(　　)	양배추, 당근, 양파, 오이 1회/1접시	5/(−)3	매끼 1회분 이상 섭취 제철 채소 이용한 음식 섭취 권장
2				포도 1회/⅓송이	1/(−)1	매일 1회분 이상 섭취 주스보다 생과일 섭취 권장
1				우유 2회/2컵	2/(+)1	매일 1회분 이상 섭취 단순당질 및 지방이 적게 함유된 제품 권장

섭 취 주 의

- **과잉의 지방** 섭취 주의
- **짠 음식**의 섭취는 줄이고 싱겁고 단백한 음식 섭취 권장
- **첨가당**(설탕, 물엿 등) **되도록 적게** 섭취

식 사 원 칙

- **제때에!** 신체리듬에 맞춰 제때에 규칙적인 식사 권장
- **골고루!** 영양적으로 균형 잡힌 식사를 위해 다양한 식품 골고루 섭취
- **알맞게!** 신체에 필요한 양만큼 알맞게 섭취

상담일자 ______년 ______월 ______일 ______요일　　　　______________님의 식사일기

자료 : 보건복지부 · 한국영양학회, 2015 한국인 영양소 섭취기준

표 8-9 권장식사계획표

일반인의 권장식사계획표의 예

1,900B 권장식사계획표

곡류 3회	고기·생선·달걀·콩류 4회	채소류 8회	과일류 2회	우유·유제품류 1회
1인 1회 분량 • 쌀밥(210 g) • 현미(90 g) • 팥(90 g) • 국수(건 90 g) • 떡(150 g) • 빵(80 g)	**1인 1회 분량** • 쇠고기(60 g) • 닭고기(60 g) • 생선(60 g) • 달걀(60 g) • 두부(80 g) • 콩(20 g)	**1인 1회 분량** • 고추(70 g) • 오이(70 g) • 콩나물(70 g) • 배추김치(40 g) • 느타리버섯(30 g) • 미역(30 g)	**1인 1회 분량** • 참외(150 g) • 수박(150 g) • 사과(100 g) • 귤(100 g) • 포도(100 g) • 과일음료(100 mL)	**1인 1회 분량** • 우유(200 mL) • 액상요구르트(150 g) • 호상요구르트(100 g) • 아이스크림(100 g) • 치즈(20 g×0.3회)
tip. 식이섬유 섭취를 늘리기 위해 전곡류 또는 잡곡 섭취 권장	tip. 살코기 위주로 섭취 지방 함량이 높은 부위는 제거 후 섭취 권장	tip. 매끼 1회분 이상 섭취 제철 채소 이용한 음식 섭취 권장	tip. 매일 1회분 이상 섭취 주스보다는 생과일 섭취 권장	tip. 매일 1회분 이상 섭취 단순당질 및 지방이 적게 함유된 제품 권장

권장섭취횟수에 맞춰 섭취하세요.

섭 취 주 의

• **과잉의 지방** 섭취 주의
• **짠 음식**의 섭취는 줄이고 싱겁고 단백한 음식 섭취 권장
• **첨가당**(설탕, 물엿 등) **되도록 적게** 섭취

식 사 원 칙

• **제때에!** 신체리듬에 맞춰 제때에 규칙적인 식사 권장
• **골고루!** 영양적으로 균형 잡힌 식사를 위해 다양한 식품 골고루 섭취
• **알맞게!** 신체에 필요한 양만큼 알맞게 섭취

______님의 식사지침

전문가용 권장식사계획표의 예

1,900B 기준 식사기록지 및 권장식사패턴 계획서 전문가용

식사 구분	음식명	곡류	고기·생선·달걀·콩류	채소류	과일류	우유·유제품류
		3	4	8	2	1
아침						
점심						
저녁						
간식						
총 섭취횟수						
Tip						

섭 취 주 의

• **과잉의 지방** 섭취 주의
• **짠 음식**의 섭취는 줄이고 싱겁고 단백한 음식 섭취 권장
• **첨가당**(설탕, 물엿 등) **되도록 적게** 섭취

식 사 원 칙

• **제때에!** 신체리듬에 맞춰 제때에 규칙적인 식사 권장
• **골고루!** 영양적으로 균형 잡힌 식사를 위해 다양한 식품 골고루 섭취
• **알맞게!** 신체에 필요한 양만큼 알맞게 섭취

상담일자 ______년 ______월 ______일 ______요일 ______님의 식사일기

자료 : 보건복지부 · 한국영양학회, 2015 한국인 영양소 섭취기준

3) 식품교환표

식품교환표는 당뇨병과 같이 섭취해야 할 식사의 열량과 영양소 비율이 비교적 정확해야 하는 경우 활용되는 도구로 대한영양사협회와 대한당뇨병학회에 의해 공동 개발되었다. 식품교환표는 영양소 조성이 비슷한 식품들끼리 묶어서 여섯 가지 식품군으로 분류하였으며, 각 식품군 내 여러 식품의 1교환량을 정하여 동일한 식품군 내에서 자유롭게 바꾸어 선택할 수 있도록 제시되어 있다. 또한 1일 섭취열량에 따라 각 식품군의 교환단위가 정해져 있으므로 계획된 섭취열량에 맞추어 균형 잡힌 식사계획이 가능하다. 특히 식품교환표는 식품 교환단위당 열량과 영양소의 함량이 제시되어 있어 영양상담 시 식품에 따른 열량과 영양소에 대한 개념을 이해하는 데 유용하다. 현재 당뇨병 환자를 위한 식품교환표(표 8-10) 이외에 콩팥 질환 환자를 위한 식품교환표(표 8-11)도 제시되어 있다.

표 8-10 당뇨병 환자를 위한 식품군별 1교환단위당 영양소 기준

식품군		열량(kcal)	당질(g)	단백질(g)	지방(g)
곡류군		100	23	2	–
어육류군	저지방	50	–	8	2
	중지방	75	–	8	5
	고지방	100	–	8	8
채소군		20	3	2	–
지방군		45	–	–	5
우유군	일반우유	125	10	6	7
	저지방우유	80	10	6	2
과일군		50	12	–	–

자료 : 대한영양사협회

표 8-11 콩팥 질환 환자를 위한 식품군별 1교환단위당 영양소 기준

식품군	단백질(g)	나트륨(mg)	칼륨(mg)	인(mg)	칼로리(kcal)
곡류군	2	2	30	30	100
어육류군	8	50	120	90	75

(계속)

식품군		단백질(g)	나트륨(mg)	칼륨(mg)	인(mg)	칼로리(kcal)
채소군	1(칼륨저함량)	1	미량	100	20	20
	2(칼륨중등함량)		미량	200		
	3(칼륨고함량)		미량	400		
지방군		0	0	0	0	45
우유군		6	100	300	180	125
과일군	1(칼륨저함량)	미량	미량	100	20	50
	2(칼륨중등함량)			200		
	3(칼륨고함량)			400		
열량보충군		0	3	20	5	100

자료 : 대한영양사협회

표 8-12 식품군별 식품 및 1교환단위량의 예(당뇨병 식품교환표)

식품군		식품별 1교환단위량의 예
곡류군		밥 70 g(1/3공기), 현미밥 70 g(1/3공기), 죽 140 g(2/3공기), 식빵 35 g(1쪽), 가래떡 50 g(썬 것 11～12개), 삶은 국수 90 g, 고구마 70 g(중1/2개), 감자 140 g(중1개)
어육류군	저지방	살코기/닭고기(껍질 제외) 40 g(탁구공 크기), 멸치 15 g(잔 것 1/4컵), 가자미/동태/조기 50 g(소1토막), 굴 70 g(1/3컵), 전복 70 g(소2개), 중하새우 50 g(3마리), 물오징어 50 g(몸통 1/3등분)
	중지방	소고기(등심/안심) 40 g(탁구공 크기), 달걀 55 g(중1개), 두부 80 g(1/5모), 검은콩 20 g(2큰 술), 순두부 200 g(1/2봉), 고등어/꽁치/갈치/삼치 50 g(소1토막), 어묵 튀긴 것 50 g(1장)
	고지방	갈비(1토막)/삼겹살 40 g, 프랑크소시지 40 g(1⅓ 개), 생선통조림 50 g, 치즈 30 g(1.5장), 참치 통조림 50 g(1/3컵)
채소군		푸른잎 채소 70 g(익혀서 1/2컵), 무/오이/ 호박/콩나물 70 g, 김 2 g(1장), 버섯 50 g, 도라지 40 g, 배추김치 50 g
지방군		식물성 기름 5 g(1작은 술), 버터 5 g(1작은 술), 마요네즈 5 g(1작은 술), 드레싱 10 g(2작은 술), 견과류(땅콩 8개/아몬드 7개/호두1.5개/잣 50알) 8 g
우유군	일반우유	우유 200 cc(1컵), 두유 200 cc(1컵), 전지분유 25 g(5큰 스푼)
	자지방우유	저지방 25 g(5큰 스푼)
과일군		사과(부사) 80 g(중1/3개), 배 110 g(대1/4개), 귤 120 g(중1개), 딸기 150 g(중7개), 단감 50 g(중1/3개), 수박 150 g(중1쪽), 참외 150 g(중1/2개), 바나나 50 g(중1/2개), 천도복숭아 150 g(소2개)

자료 : 대한당뇨병학회, 당뇨병 식품교환표 활용지침 제3판

제5절 영양상담의 실제

1. 체중조절과 영양상담

1) 질환에 대한 이해

비만은 단순한 하나의 질병이 아닌 대사장애를 동반하는 질환 또는 에너지 불균형에 의한 체내 지방이 과잉으로 축적된 상태로, 유전적 요인, 내분비 이상, 심리적 원인, 과다한 열량섭취 및 운동부족 등으로 초래된다. 비만은 각종 암, 심장 질환, 고혈압, 당뇨병, 통풍, 간질환 및 폐쇄성 수면무호흡증 등의 발생 위험을 높이며, 수술 후 감염이나 상처 회복을 지연시킨다. 비만한 사람의 체중이 바람직한 체중으로 감소되고 감소된 체중이 적어도 5년 동안 유지되는 것이 비만의 치료라 정의할 때 이는 암의 치유율보다 낮다고 한다. 또한 가장 큰 문제는 감량 후 일정기간 지나면 예전의 체중 또는 그 이상으로 다시 살이 찌는 요요현상이다. 그러므로 비만은 반드시 치료 관리되어야 하는 질병이다(제10장 대상별 영양교육 참조).

2) 상담목표

① 체중증가 또는 과식과 관련된 부적절한 식행동을 동정한다.
② 동정된 부적절한 식행동 교정을 위한 치료전략을 수립한다.
③ 수립된 전략을 실천하기 위한 세부전략을 구성한다.
④ 내담자에게 체중감량 및 유지관리를 위한 식행동 실천방법을 교육한다.

3) 대한비만학회 식사치료지침(2012)

1. 효과적인 체중감량을 위해서는 열량섭취를 제한하여야 하며, 열량섭취 제한 정도는 개인의 상태를 고려하여 개별화한다(수준 I, 등급 A).*
2. 효과적인 열량 제한을 위해 당질과 지방섭취를 조절한다(수준 IIa, 등급 A).
3. 적절량의 단백질을 섭취하여, 열량 제한에 따른 체단백 손실을 최소화하고, 단백질 필요량을 충족시킨다(수준 III, 등급 B).
4. 비타민 및 무기질 섭취가 부족하지 않도록 하며, 1일 1,200 kcal 이하로 열량을 제한할 경우 비타민 및 무기질 보충을 고려할 필요가 있다(등급 E).

5. 지나친 음주는 열량섭취를 증가시키고 대사적으로 바람직하지 않은 영향을 미치므로 음주 빈도와 음주량을 제한한다(수준 Ⅲ, 등급 B).
6. 성공적인 체중감량 및 유지를 위해서는 개별화된 영양교육을 지속적이고 체계적으로 시행하여야 한다(수준 Ⅲ, 등급 B).
7. 당뇨병, 고혈압, 이상지질혈증 등의 문제가 동반되는 경우, 식사치료 시 이에 대한 고려가 필요하다(등급 E).

*근거수준 : The Agency for Healthcare Research and Quality(AHRQ) 기준
추천등급 : A. 시행을 강하게 권유함. B. 시행을 권유함. C. 시행을 권유하나 근거나 명확하지 않음.
D. 시행을 권유하지 않음.

자료 : 대한비만학회 비만치료지침, 2012

4) 영양상담과정

(1) 상담대상

체중감량이 필요한 환자, 체질량지수(BMI)가 25 이상인 환자, 또는 BMI가 23~24.9이면서 동반 질환이 있는 환자.

(2) 단계별 상담과정

① 1단계 : 자료수집

- 서면에 의한 자료수집
  - 인적사항 : 이름과 성별, 연령, 기타사항(경제적, 환경적 요소)
  - 진단명과 합병증, 병력
  - 신체계측 : 키, 현재체중, 평소체중, 비만도, 체중변화, 엉덩이둘레, 허리둘레 등
  - 생화학적 검사 결과 : 공복혈당, 총콜레스테롤, HDL, LDL-콜레스테롤, 중성지방, 요산
  - 기타사항 : 혈압, 기타 신체증후, 음식물과 상호관련 약물복용 여부
- 면담에 의한 자료수집
  - 현재의 식사섭취량(섭취열량과 단백질량, 기타사항 : 섭취시기, 동반자, 장소, 식사 시 식행동 이외의 행동 여부 등)
  - 식습관 조사(식사 속도 및 규칙성, 선호식품 및 기호식품, 음주 여부 등)
  - 식사 알레르기 여부, 민간요법, 영양보충제, 건강보조식품 섭취 여부 등

- 식사 시 문제점(식욕불량, 소화불량, 메스꺼움과 구토, 변비, 설사, 저작작용 및 연하곤란 여부)
- 영양교육 경험 유무 및 체중조절 경험 유무

② 2단계 : 영양판정

- 영양상태 평가
  - 식사섭취의 적절성 평가(열량 및 단백질 섭취의 적합/부족/과잉 섭취 여부)
  - 식습관 및 식행동 문제점 평가
- 신체계측 평가 : 비만도 평가
- 생화학 검사 평가
- 동반 질환의 평가 : 고혈압, 이상지질혈증, 제2당뇨병, 심혈관 질환, 수면무호흡증, 담석증, 퇴행성 관절염, 불임 등

③ 3단계 : 교육목표 설정

- 영양관리목표
  - 적절 체중으로 감량한다.
  - 혈압을 안전 수준까지 떨어뜨린다.
  - 혈중 콜레스테롤 및 중성지방 수준을 감소시킨다.
  - 합병증을 예방한다.
  - 바람직한 식행동을 습득한다.
- 식사계획
  - 영양 필요량 결정 : 열량, 단백질, 지방 및 콜레스테롤, 나트륨 및 기타 영양소
  - 습득해야 할 식습관과 유지관리 계획
- 교육자료 및 사용도구 계획 : 질환별 리플릿, 푸드모델, 슬라이드 등 이용 계획

④ 4단계 : 영양중재 실행

- 영양교육 및 식사요법 지침 설명
  - 비만과 관련된 식생활과의 관계 설명
  - 동반 질환 치료를 위한 식사요법 설명
  - 식사원칙 설명 : 올바른 체중감량을 위한 칼로리 섭취방법

균형 잡힌 영양소 섭취방법

저열량식에 따른 부작용과 주의사항

감량된 체중 유지를 위한 식행동

외식 시 식품선택법

- 교육자료 제공
- 교육 후 환자의 이해도 및 실천도 평가

⑤ 5단계 : 영양평가 및 모니터링

⑥ 6단계 : 영양상담기록

2. 심혈관 질환과 영양상담

1) 질환에 대한 이해

최근 우리나라도 급속한 경제성장과 더불어 전반적인 식생활 수준이 향상되고 서구화된 변화를 나타내고 있으며, 이에 과거 20여 년간 식품의 섭취량에는 큰 변화가 없으나 식품 섭취 양상에는 많은 변화가 있었다. 과거에 비해 당질의 섭취는 줄어드는 반면, 단백질과 지질의 섭취는 증가하였으며, 특히 동물성 섭취가 현저하게 증가하였다. 그로 인하여 동맥경화증의 중요한 위험인자인 고지혈증의 유병률이 지속적으로 증가하였으며 심혈관 질환이 사망 원인의 2위를 차지하고 있다. 따라서 우리나라의 심혈관 질환의 증가 추세를 고려한다면 이에 적극적인 관심과 노력이 필요하다(제10장 대상별 영양교육 참조).

2) 상담목표

① 부적절한 식행동을 유발시키는 내담자의 지식과 생각을 동정한다.

② 질병과 관련된 부적절한 식행동을 동정한다.

③ 질환과 관련된 특정한 영양소를 동정한다.

④ 새로운 식사원칙의 실천 유도와 부적절한 식행동을 변화시키기 위한 전략을 수립한다.

⑤ 계획된 식행동 및 식사원칙의 실천방법을 교육한다.

3) 한국지질·동맥경화학회 심혈관계 질환의 영양치료지침 권고안(2010)

1. 적절 체중을 유지할 수 있는 수준으로 총에너지 섭취량을 조절한다(A).*
2. 지방 및 당질 섭취량은 개별화하되 총당질 섭취량은 에너지의 60% 이내 총지방 섭취량은 에너지의 15~25% 정도를 유지한다(B).
3. 포화지방은 총에너지의 7% 이내로 조절한다(A).
4. 다가불포화지방과 포화지방의 비율은 1:1 정도로 유지하되, 다가불포화지방산은 총에너지의 10%를 넘지 않도록 한다(B).
5. 트랜스지방 섭취는 최소화한다(E).
6. 콜레스테롤은 하루 200 mg 이내로 조절한다(B).
7. 단백질 필요량을 충족시킬 수 있도록 적정량의 단백질을 섭취하되, 기름기 많은 육류보다는 어패류, 콩류 등을 통한 단백질을 섭취하도록 한다(B).
8. 식이섬유소는 혈청 콜레스테롤 수치 개선에 도움이 되므로 하루 20~30 g의 식이섬유소를 섭취하도록 한다(A).
9. 적정 혈압 유지를 위해 하루 나트륨 섭취량을 2,400 mg 이내로 조절한다(A).
10. 알코올 섭취는 남성은 하루 30 g(2잔 정도), 여성은 하루 15 g(1잔 정도) 이내로 제한한다(C).
11. 비타민은 권장수준을 충족시키도록 하여 일상적으로 고용량의 항산화 비타민보충제를 이용하지 않는다(B).

*권고수준 : A. 권고사항에 대한 명확한 근거가 있는 경우. B. 권고사항에 대한 신뢰할 만한 근거가 있는 경우.
C. 권고사항에 대한 가능한 근거가 있는 경우. E. 전문가 권고사항.

자료 : 한국지질·동맥경화학회 식품영양위원회 심혈관계 질환의 영양치료지침, 2010

4) 영양상담과정

(1) 상담대상

고지혈증 및 고혈압으로 심혈관 질환 발생 위험도가 있는 환자, 관상동맥 질환자, 울혈성심부전 환자, 심근경색 환자, 심장수술이나 시술을 받는 환자

(2) 단계별 상담과정

① 1단계 : 자료수집

- 서면에 의한 자료수집
  - 인적사항 : 이름과 성별, 연령, 기타사항(경제적, 환경적 요소)
  - 진단명과 합병증, 병력
  - 신체계측 : 키, 현재체중, 평소체중, 비만도, 체중변화, 엉덩이둘레, 허리둘레 등

- 생화학적 검사 결과 : 총콜레스테롤, HDL, LDL-콜레스테롤, 중성지방, 총단백질, 알부민, 헤모글로빈, 헤미토크리트, 크레아티닌 카이네이즈
- 기타사항 : 혈압, 기타 신체증후, 음식물과 상호관련 약물복용 여부

• 면담에 의한 자료수집
- 현재의 식사섭취량(총열량, 지방과 염분, 섬유소등)
- 식습관 조사(식사 속도 및 규칙성, 선호식품 및 기호식품, 음주 여부 등)
- 식사 알레르기 여부, 민간요법, 영양보충제, 건강보조식품 섭취 여부 등.
- 식사 시 문제점(식욕불량, 소화불량, 메스꺼움과 구토, 변비, 설사, 저작작용 및 연하곤란 여부)
- 영양교육 경험 유무

② 2단계 : 영양판정

• 영양상태 평가
- 식사섭취의 적절성 평가(열량 및 단백질 섭취의 적합/부족/과잉 섭취 여부, 지방섭취량과 P/S, 콜레스테롤, 염분 등)
- 식습관 및 식행동 문제점 평가

• 신체계측 평가 : 비만도 평가
• 생화학 검사 결과 평가
• 심혈관 질환 위험인자 평가 : 가족력, 흡연, 스트레스, 고혈압, 당뇨, 운동부족, 고지혈증, 비만 유무 평가

③ 3단계 : 교육목표 설정

• 영양관리목표
- 비만의 경우 적절 체중으로 감량한다.
- 혈압을 안전 수준까지 떨어뜨린다.
- 혈중 콜레스테롤 및 중성지방 수준을 감소시킨다.

• 식사계획
- 영양 필요량 결정 : 열량, 단백질, 지방 및 콜레스테롤, 나트륨 및 기타 영양소
- 습득해야 할 식습관

• 교육자료 및 사용도구 계획 : 질환별 리플릿, 푸드모델, 슬라이드 등 이용 계획

④ 4단계 : 영양중재 실행

- 영양교육 및 식사요법 지침 설명
  - 심혈관 질환 위험인자와의 관계 설명
  - 식사원칙 설명 : 영양 필요량을 충족하기 위한 식사섭취량 교육
    지방과 염분 섭취 조절방법과 식품선택법 교육
    체중조절을 위한 식사요법 교육
    수분조절법 교육
    질환과 관련된 조리방법 교육
    외식 시 식품선택법
- 교육자료 제공
- 교육 후 환자의 이해도 및 실천도 평가

⑤ 5단계 : 영양평가 및 모니터링

⑥ 6단계 : 영양상담기록

3. 당뇨병과 영양상담

1) 질환에 대한 이해

당뇨병이란 여러 가지 원인에 의해 혈액 내 포도당이 정상 이상으로 높은 상태를 말한다. 당뇨병은 크게 제1형 당뇨병과 제2형 당뇨병으로 나뉘며, 제1형은 소아나 30대 이전에 나타나며, 인슐린 분비가 절대적으로 분비되지 않으므로 인슐린요법이 필수적이다. 제2형의 당뇨병은 인슐린 부족 또는 인슐린 작용의 민감성이 감소되는 것으로 환자의 대부분이 이에 속한다. 당뇨병은 여러 합병증을 초래하기 쉬우므로 식사요법, 운동요법 및 약물요법을 적절하게 사용하여 치료해야 한다(제10장 대상별 영양교육 참조).

2) 상담목표

① 내담자의 식사 패턴과 관련된 부적절한 식행동을 동정한다.
② 내담자의 식행동과 관련된 부적절한 지식과 특정 영양소에 대해서 동정한다.
③ 부적절한 식행동을 교정하기 위한 전략을 수립한다.

④ 새로운 식사원칙의 실천 유도와 부적절한 식행동을 변화시키기 위한 세부전략을 수립한다.

⑤ 내담자에게 계획된 식행동 및 식사원칙의 실천방법을 교육한다.

3) 대한당뇨병학회 임상영양요법 권고안(2011)

1. 당뇨병 전 단계나 당뇨병을 가진 사람은 목표 혈당에 도달하기 위해 임상영양사에 의한 개별화된 임상영양요법을 받아야 한다(A).*
2. 임상영양요법은 당뇨병의 예후 개선과 비용면에서 효과적인 결과를 가져다주며, 반복 교육이 중요하다(B).
3. 탄수화물은 총에너지의 50~60%를 섭취하며 전곡류, 과일, 채소, 저지방 우유가 포함된 건강한 식사로 구성되어야 한다(A).
4. 당뇨병 환자에서 당지수(glycemic index) 및 당부하지수(glycemic load) 사용이 총탄수화물 양만 고려하는 것보다 혈당 조절에 부가적인 도움을 준다(B).
5. 당뇨병 환자에서 신기능이 정상이면 보통의 단백질 섭취량(총에너지의 15~20%)을 유지하도록 하며, 단백뇨가 1 g/day 이상인 신장합병증을 동반한 경우에는 0.8 g/kg의 단백질 제한 식사가 필요하다(B).
6. 지방의 섭취량은 총에너지의 25% 이내로 하며, 포화지방 섭취는 총에너지의 7% 미만, 트랜스지방 섭취는 최소화하고, 콜레스테롤 섭취는 1일 200 mg 이하로 한다(B).
7. 식이섬유소는 당뇨병의 예방 및 혈당 조절에 유효하므로 다양한 급원을 통해 1일 20~25 g(12 g/1,000 kcal/day)을 섭취한다(B).
8. 당뇨병 환자에게 비타민이나 무기질의 보충은 필요하지 않다. 단, 결핍상태이거나 제한적 식이섭취 시에는 별도로 보충한다(B).
9. 나트륨의 과잉 섭취는 혈압을 상승시키며 식욕을 항진시키므로 하루 4,000 mg (소금 10 g) 이내로 하며 고혈압이나 신장합병증, 심혈관계 질환을 동반한 경우에는 2,000~3,000 mg (소금 5~7.5 g) 이내로 제한한다(B).
10. 알코올은 혈당 관리에 나쁜 영향을 미치므로 혈당 조절이 잘 되는 경우에만 1일 1~2잔 범위로 제한하며 간질환, 고지혈증, 비만한 당뇨병 환자에서는 금하는 것이 좋다(E).
11. 당알코올과 인공감미료는 식품의약품안전처(MFDS)의 일일 섭취허용량 내에서 섭취한다면 안전하다(A).

*권고수준 : A. 권고사항에 대한 명확한 근거가 있는 경우. B. 권고사항에 대한 신뢰할 만한 근거가 있는 경우.
C. 권고사항에 대한 가능한 근거가 있는 경우. E. 전문가 권고사항.

자료 : 한국당뇨병학회, 진료지침, 2011

4) 영양상담과정

(1) 상담대상

제1형 당뇨병 환자, 제2형 당뇨병 환자

(2) 단계별 상담과정

① 1단계 : 자료수집

- 서면에 의한 자료수집
  - 인적사항 : 이름과 성별, 연령, 기타사항(경제적, 환경적 요소)
  - 진단명과 합병증, 병력
  - 신체계측 : 키, 현재체중, 평소체중, 비만도, 체중변화
  - 생화학적 검사 결과 : 공복혈당, 식후혈당, 당화혈색소, 케톤체, 총콜레스테롤, HDL, LDL-콜레스테롤, 중성지방, 총단백질, 알부민, 헤모글로빈, 헤마토크릿, C-펩타이드, 요당
  - 기타사항 : 혈압, 기타 신체증후, 약물복용 여부(경구혈당강하제, 인슐린)
- 면담에 의한 자료수집
  - 현재의 식사섭취량(총열량, 당질, 단백질, 지방, 및 염분 등)
  - 식습관 조사(식사 속도 및 규칙성, 선호식품 및 기호식품, 음주 여부 등)
  - 식사 알레르기 여부, 민간요법, 영양보충제, 건강보조식품 섭취 여부 등
  - 식사 시 문제점(식욕불량, 소화불량, 메스꺼움과 구토, 변비, 설사, 저작작용 및 연하곤란 여부)
  - 영양교육 경험 유무

② 2단계 : 영양판정

- 영양상태 평가
  - 식사섭취의 적절성 평가(열량의 적정성 여부, 당질/단백질/지방의 비, 염분 등)
  - 식습관 및 식행동 문제점 평가
- 신체계측 평가
- 생화학 검사 결과 평가
- 당뇨병 합병증 여부 평가 : 급성 합병증(저혈당 및 케톤산증), 만성 합병증(당뇨병

성 신증과 신경변증 등)

③ 3단계 : 교육목표 설정

- 영양관리목표
  - 목표 혈당 수준을 유지한다.
  - 적정 체중을 유지한다.
  - 혈중 콜레스테롤 및 중성지방을 정상 수준으로 감소, 유지한다.
  - 합병증을 지연, 예방한다.
- 식사계획
  - 영양 필요량 결정 : 열량, 단백질, 지방 및 콜레스테롤, 나트륨 및 기타 영양소
  - 습득해야 할 식습관
- 교육자료 및 사용도구 계획 : 질환별 리플릿, 푸드모델, 슬라이드 등 이용 계획

④ 4단계 : 영양중재 실행

- 영양교육 및 식사요법 지침 설명
  - 당뇨병과 관련된 식생활과의 관계 설명
  - 식사원칙 설명 : 규칙적인 식사와 계획적인 간식의 중요성
단순당 섭취 제한 및 주의해야 할 점
식품교환표 및 분량 조절의 중요성
질환과 관련된 조리방법 교육
운동 시 간식섭취법
인공감미료 사용 시 주의할 점
급성, 만성 합병증에 대한 식사요법
외식 시 식품선택법
민간요법의 위험성
- 교육자료 제공
- 교육 후 환자의 이해도 및 실천도 평가

⑤ 5단계 : 영양평가 및 모니터링

⑥ 6단계 : 영양상담기록

영양상담 사례 연습

다음의 사례를 읽고 영양상담기록지를 작성하시오.(SOAP 형식을 이용할 것)

사례 1

35세 주부로 정기 건강검진을 하기 위해 검진센터를 방문하였다가 영양상담을 받게 되었다. 5년 전 출산 후 현재까지 체중이 10 kg 증가된 상태이며 평소 빵, 떡, 국수 등의 탄수화물 음식을 매우 선호하고 과자와 과일 등 간식 위주의 식사를 주로 한다고 한다(탄수화물:단백질:지방=75:10:15%). 식사시간은 늘 불규칙적이며, 폭식하는 경향과 서둘러 식사하는 습관이 있다고 한다. 24시간 기억회상법에 의한 1일 섭취열량을 조사한 결과 2,305 kcal이며, 평소 활동은 가사일 이외에 전혀 하지 않는다.

키 156 cm, 체중 67 kg, 혈압 130/90 mmHg, 중성지방 215 mg/dL, Hgb 13 g/dL, 공복혈당은 90 mg/dL이다.

사례 2

54세 M씨는 정기 건강검진을 한 결과 당뇨와 지방간이라는 진단을 받고 식사요법 교육을 권유받아 영양상담을 받게 되었다. M씨는 평소 단 음식을 선호하는 편이고(커피 섭취 시 평균 설탕을 2스푼 이상 첨가), 밤늦게 배가 고프면 감자와 고구마 또는 라면을 간식으로 즐겨 먹으며, 1주일에 3회 이상 1회 섭취 시 소주 1병 정도를 마시고 있다.

1일 식사섭취량을 평가한 결과 2,400 kcal 이상이고 혈액검사 결과 공복혈당 177 mg/dL, 중성지방은 230 mg/dL로 나타났다. 이 사람의 신체계측 결과 키 172.2 cm, 체중은 72.2 kg이며, 혈압은 130/90 mmHg이다.

사례 3

43세 M씨는 건강검진 후 고지혈증으로 진단을 받았다. 이 환자는 최근 3개월간 체중변화는 없었으나 새로운 직장으로 이직하여 회식과 모임이 잦았다고 한다. 회식은 평균 1주일에 3회 이상으로 삼겹살과 곱창구이 등 기름기 많은 안주와 술을 즐겨 마셨으며, 밤늦게 귀가 후 야식으로 밥 반 공기와 국을 먹고 잠을 잤다고 한다. 1일 식사섭취량을 평가한 결과 평균 2,400 kcal 이상이며 혈액검사 결과 콜레스테롤 257 mg/dL, HDL콜레스테롤 25 mg/dL, 중성지방 237 mg/dL로 나타났다.

이 사람의 신체계측 결과 키 164.9 cm, 체중 72.9 kg, 혈압은 160/110 mmHg이다.

제9장

영양정책과 행정기구

제1절 보건 · 영양정책 및 영양정책의 필요성

제2절 영양정책 현황 및 문제점

제3절 영양정책 관련 부처 및 관련법

제1절 보건·영양정책 및 영양정책의 필요성

1. 보건·영양정책

보건복지부는「국민건강증진법」제4조에 따라, 제3차 국민건강증진종합계획(HP 2020, 2011~2020)을 수립·확정하였다(그림 9-1). HP 2020 구성에 대한 기본방향은 첫째, WHO의 건강증진의 개념, 둘째, HP 2010에 대한 개괄적 평가, 셋째, 건강문제와 관련된 우리나라의 환경변화에 대한 전망을 통해 설정하였다. 국민건강증진종합계획은 포괄적 건강의 정의와 건강증진의 기본이념인 스스로 건강관리 이념 및 기본권으로서의 건강 개념을 적용하여 국민 모두가 활기찬 건강과 장수를 누리는 사회의 구축을 향해서 건강수명의 연장과 건강형평성의 제고를 목표로 추구하고 있다. 또한「국민영양관리법」(법률 제10191호, 2010.3.26, 제정) 제7조(국민영양관리기본계획)와「국민영양관리법」시행령 제2조(영양관리사업의 유형)에 근거하여 국민영양관리기본계획 5개의 영양정책 추진 분야를 선정하였다(그림 9-1).

국민영양관리기본계획은 국민건강증진종합계획의 하위계획으로 기 수립·시행중인 관련부처의 식품 영양 관련 계획 국민건강증진종합계획(보건복지부), 식품안전종합대책 등(식품의약품안전처), 학교보건 급식계획(교육부), 식품산업진흥기본계획(농림축산식품부) 등을 고려하여 수립되었다.

「국민영양관리법」제7조에 의하면 보건복지부는 5년마다 국민의 영양관리를 위하여 중장기적 목표의 추진방향과 영양·식생활 교육사업, 취약계층 영양관리사업, 영양 및 식생활 조사사업 등 관련 추진계획을 담은 국민영양관리기본계획을 수립·통보하여야 함을 명시하였으며, 시행계획(「국민영양관리법」제8조 및 동법 시행규칙 제3조)에 의하면 시장·군수·구청장은 기본계획에 따라 매년 국민영양관리시행계획을 수립·시행하여야 하며 그 시행계획 및 추진 실적을 시·도지사를 거쳐 보건복지부장관에게 제출하도록 정하고 있다.

우리나라의 건강증진사업은 1995년「국민건강증진법」제정 이후 양적·질적 측면에서 많은 발전을 거듭하여 왔다. 보건복지부는 국민건강증진종합계획(Health plan 2010)을 수립하고 2002년 제1차 계획(2002~2005) 수립, 2005년 제2차 계획(2006~2010) 수립하여 주요 만성질환 관리사업 지침을 마련하여 만성 질환과 관련한

그림 9-1 국민건강증진종합계획(HP 2020)의 기본틀

자료 : 제3차 국민건강증진종합계획(2011~2012), 보건복지부, 2011

체계적인 정보 제공과 국가차원의 접근을 통해 당뇨병 · 고혈압 등 주요 만성질환의 유병률을 감소시키고 만성질환으로 인한 사망과 장애를 최소화하는 사업을 시행해 왔으며, 2010년 제3차 계획은 국민건강증진법 개정안(정부제출안)에 따라 2011~2020년에

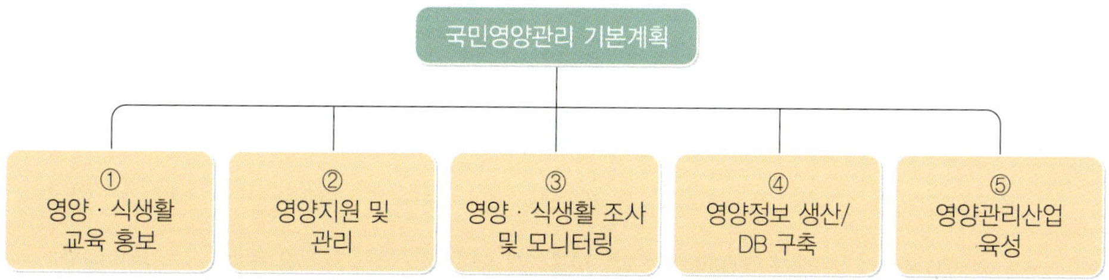

그림 9-2 국민영양관리 기본계획(안)

자료 : 김초일, 영양정책을 위한 영양사의 리더십, 한국보건산업진흥원, 2012

이르는 10년 계획을 수립하여 영양부문에서는 영양관리 및 영양교육에 초점을 맞춘 종합계획의 마련과 시행을 통해 만성 질환을 예방하기 위한 건강한 식생활 실천을 유도하고 있다.

2. 영양정책의 필요성

1) 저출산 고령화

2010년 65세 이상 인구는 542만 명(총인구의 11.3%)으로 2005년 437만 명보다 106만 명(24.3%) 증가하였으며 유소년 10명당 고령자 7명 수준(노령화 지수 2005년 48.6→ 2010년 69.7)으로 유소년 인구는 감소되고 고령인구가 증가 추세이다.

2) 영양불균형 문제 지속

(1) 영양부족 및 영양과잉 공존

영양섭취 부족 인구는 10% 내외, 에너지·지방 섭취 과잉 인구는 최근 들어 증가하는 추세이며 특히 칼슘과 칼륨 영양소 섭취는 부족하고, 나트륨 섭취는 기준에 비해 3배 이상 섭취하고 있다.

(2) 비만인구 및 만성 질환 증가

성인의 1/3이 비만이며, 소아청소년 비만율도 빠르게 증가하고 있다. 성인 비만 유병률(만 19세 이상, 표준화)은 1998년 26.0%에서 2001년 29.2%, 2005년 31.3%로 증가한 후 최근 7년간 31~32% 수준을 유지하고 있다. 같은 기간 남자는 1998년 25.1%에서 2007년 36.2%로 9년간 11.1% 포인트 증가한 후 35~37%를 유지하고 있으며, 여자는 1998년부터 2013년까지 25~28% 수준을 유지하고 있다.

고혈압 유병률(만 30세 이상)은 전체 30.4%이며, 남자 34.2%, 여자 26.9%로 남자가 여자보다 7.3% 포인트 높았다. 당뇨병 유병률(만 30세 이상)은 전체 11.9%, 남자 13.6%, 여자 10.3%로 남자가 3.3% 포인트 높았고, 남녀 모두 연령이 많을수록 증가하여 70세 이상에는 10명 중 약 3명(27.6%)이 당뇨병 유병자로 나타났다. 고콜레스테롤혈증 유병률(만 30세 이상, 표준화)은 2005년 8.0%에서 2007~2009년 약 11%,

영양섭취부족자

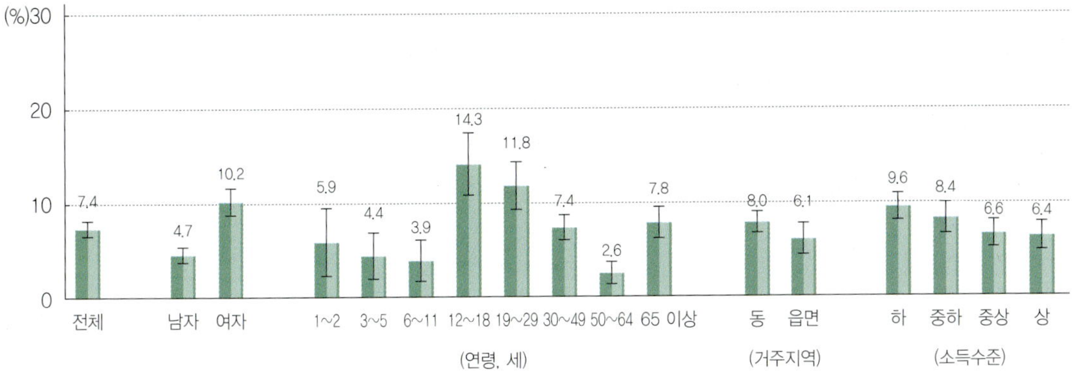

에너지/지방 과잉섭취자

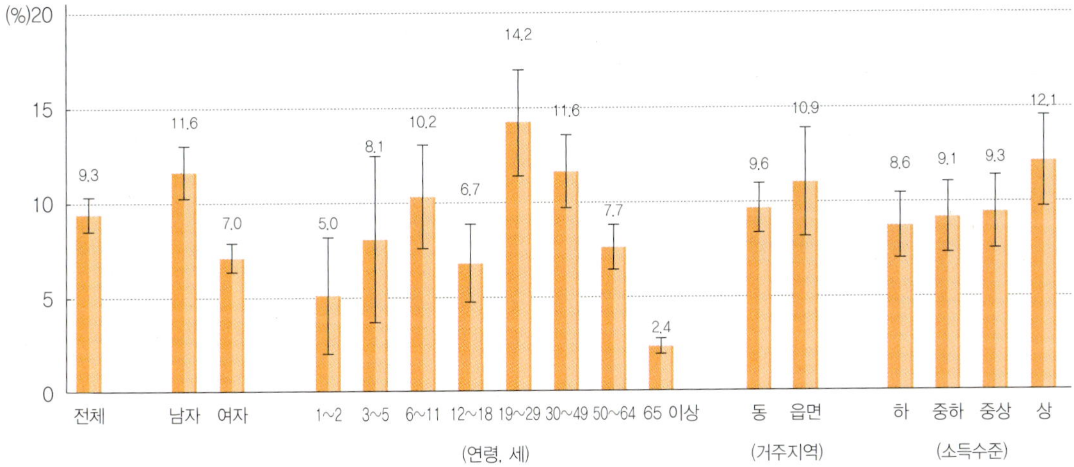

※영양섭취부족자 분율 : 에너지 섭취량이 필요추정량의 75% 미만이면서 칼슘, 철, 비타민 A, 라이보플라빈의 섭취량이 평균필요량 미만인 분율, 만 1세 이상
※에너지/지방과잉섭취자 분율 : 에너지 섭취량이 필요추정량(또는 영양권장량)의 125% 이상이면서 지방 섭취량이 에너지적정비율을 초과한 분율
※소득수준 : 월가구균등화 소득(월가구소득/$\sqrt{\text{가구원 수}}$)을 성별 · 연령별(5세 단위) 사분위로 분류
※거주지역, 소득수준에 따른 결과는 2005년 추계인구로 연령표준화하여 산출
※에너지 필요추정량, 영양소별 평균필요량, 지방에너지적정비율 : 한국인 영양섭취기준 개정판(한국영양학회, 2010)
※본 결과는 1일간의 섭취량 조사로부터 산출한 값이므로 문제 규모가 과대 산출될 가능성이 높다는 점을 참고하여 활용

그림 9-3 연령 및 성별 영양불균형 섭취 현황

자료 : 보건복지부 질병관리본부, 2013 국민건강통계

2010~2012년 약 14%, 2013년 14.9%로 최근 10년간 약 6.9% 포인트 증가하였다. 같은 기간 남자는 7.2%에서 13.6%로 6.4% 포인트, 여자는 8.4%에서 15.9%로 7.5% 포인트 증가하였다. 고중성지방혈증 유병률(만 30세 이상, 표준화)은 1998년 10.2%에서

2011년까지 약 16% 수준을 유지하다가 2012년 16.8%, 2013년 17.1%로 증가하였다. 2005년 이후 남자는 약 23% 수준, 여자는 약 10% 수준을 유지하고 있다.

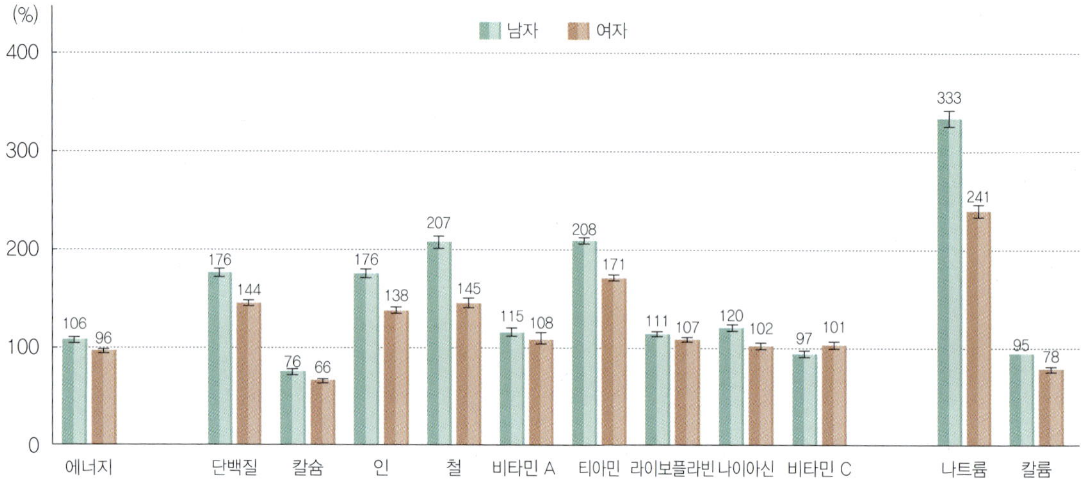

※영양섭취기준에 대한 섭취비율 : 영양섭취기준에 대한 개인별 영양소 섭취량 백분율의 평균값, 만 1세 이상
※영양섭취기준 : 2010 한국인 영양섭취기준 개정판(한국영양학회, 2010); 에너지, 필요추정량; 나트륨, 칼륨, 충분섭취량; 기타, 권장섭취량

그림 9-4 영양섭취기준에 대한 섭취비율

자료 : 보건복지부 질병관리본부, 2013 국민건강통계

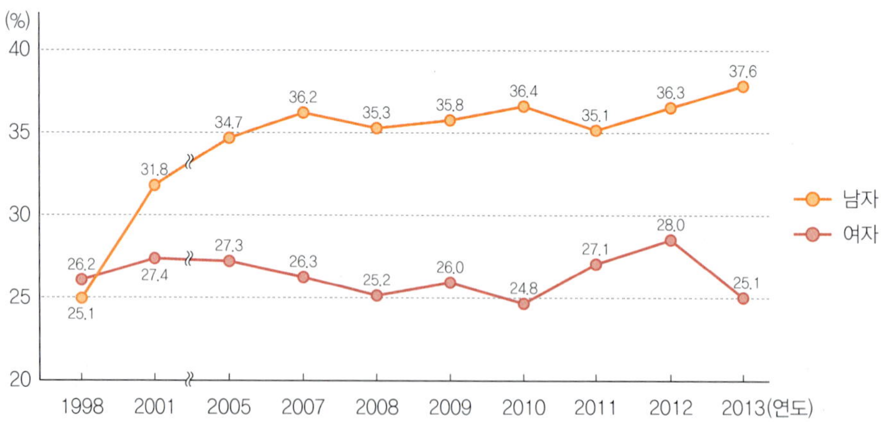

※비만 유병률 : 체질량지수(kg/m^2) 25 이상인 분율, 만 19세 이상
※2005년 추계인구로 연령표준화

그림 9-5 비만 유병률 추이(체질량지수 기준)

자료 : 보건복지부 질병관리본부, 2013 국민건강통계

3) 인구 고령화, 생활양식 변화로 인해 만성 질환 의료비 증가

사망원인 1위인 암으로 인한 사망자 수는 1996년 인구 10만 명당 110.6명에서 2013년 150.9명으로 증가하였으며, 3대 사망원인(암, 심장 질환, 뇌혈관 질환)은 전체의 47.7%로 전년보다 0.3% 포인트 증가하였다. 10대 사망원인 중 심장 질환과 폐렴은 순위가 올라간 반면에, 뇌혈관 질환과 당뇨병은 순위가 내려갔다.

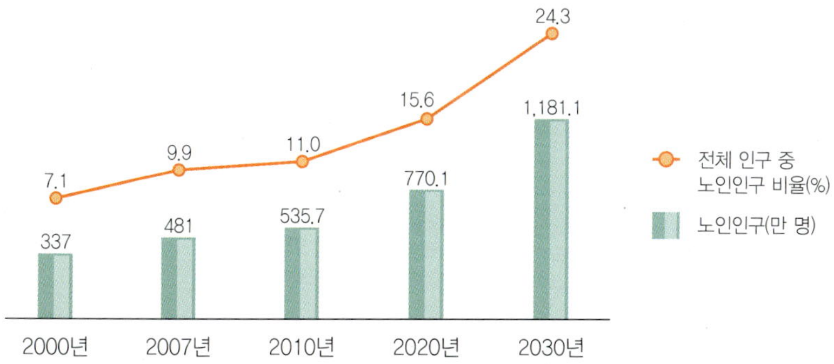

그림 9-6 늘어나는 노인인구 현황

자료 : 통계청

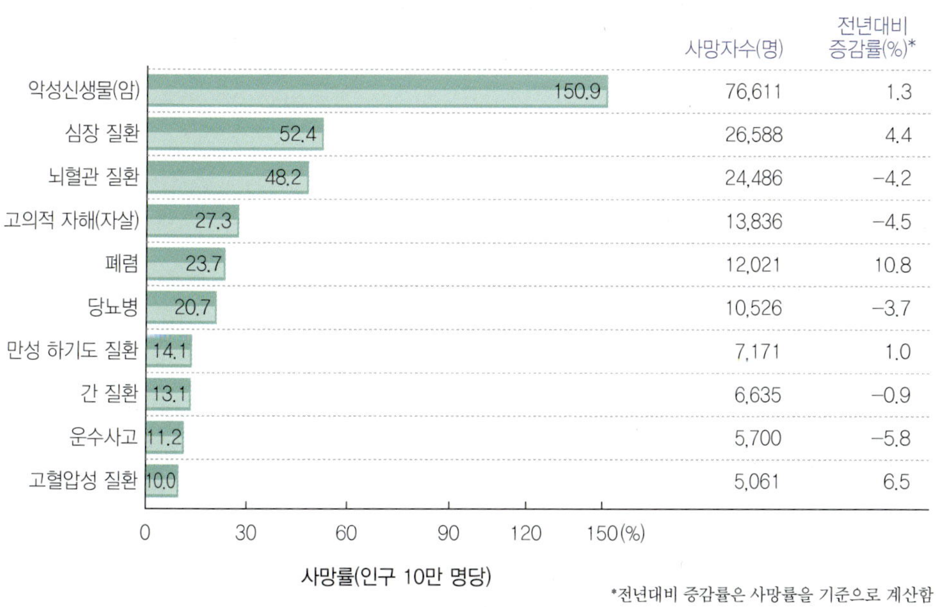

그림 9-7 사망원인 순위

자료 : 통계청, 2014년 사망원인통계

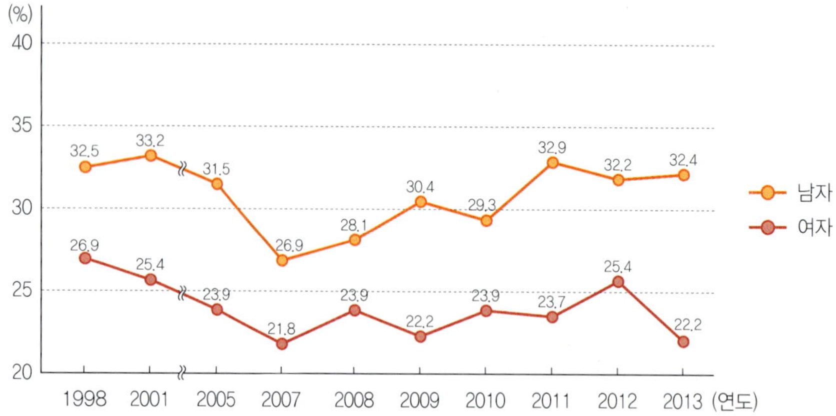

※고혈압 유병률 : 수축기혈압이 140 mmHg 이상이거나 이완기혈압이 90 mmHg 이상 또는 고혈압 약물을 복용한 분율, 만 30세 이상

※2005년 추계인구로 연령표준화

그림 9-8 고혈압 유병률 추이

자료 : 보건복지부 질병관리본부, 2013 국민건강통계

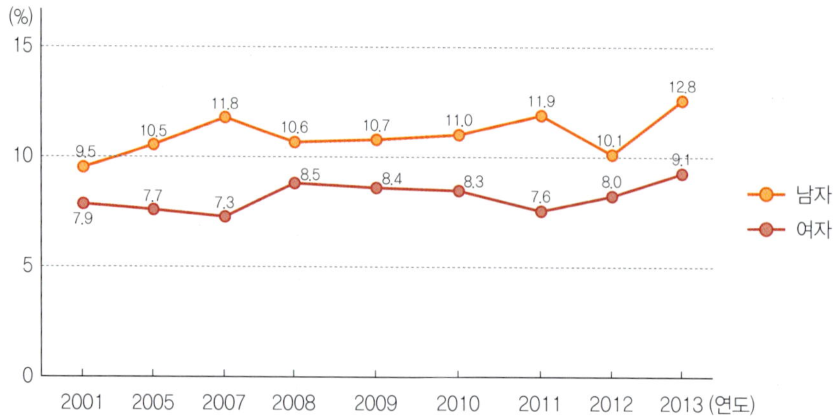

※당뇨병 유병률 : 공복혈당이 126 mg/dL 이상이거나 의사진단을 받았거나 혈당강하제 복용 또는 인슐린 주사를 투여 받고있는 분율, 만 30세 이상

※2005년 추계인구로 연령표준화

그림 9-9 당뇨병 유병률 추이

자료 : 보건복지부 질병관리본부, 2013 국민건강통계

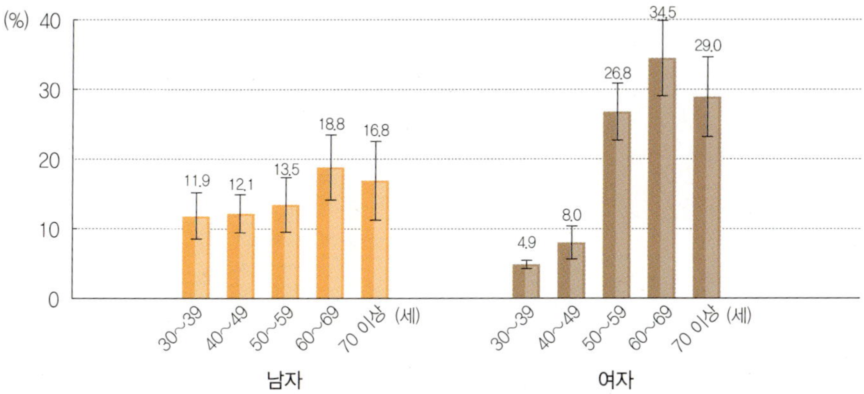

※고콜레스테롤혈증 유병률 : 총콜레스테롤이 240 mg/dL 이상이거나 콜레스테롤강하제를 복용한 분율, 만 30세 이상

그림 9-10 연령별 고콜레스테롤혈증 유병률

자료 : 보건복지부 질병관리본부, 2013 국민건강통계

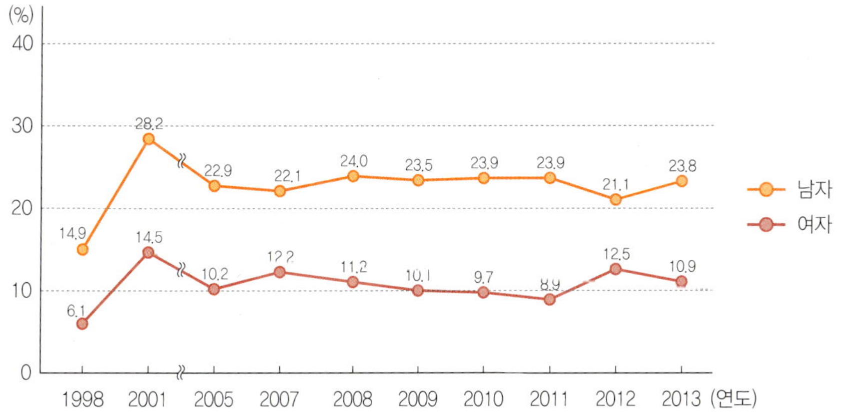

※고중성지방혈증 유병률 : 중성지방이 200 mg/dL 이상인 분율, 만 30세 이상

※2005년 추계인구로 연령표준화

그림 9-11 연령별 고중성지방혈증 유병률

자료 : 보건복지부 질병관리본부, 2013 국민건강통계

4) 건강 식생활 실천 미흡

① 식생활 지침 인지율 및 영양표시 이용률 저조

② 아침식사 결식률(만 1세 이상, 표준화율)은 남자 25.0%, 여자 22.6%로 최근 3년간 증가하는 경향을 보였다. 아침식사 결식률은 남녀 모두 20대가 가장 높았고(남자 43.2%, 여자 36.6%), 그 다음으로 12~18세 청소년(남자 30.5%, 여자 35.9%)과 30~40대(남자 30.9%, 여자 24.4%)가 높았다(그림 9-12).

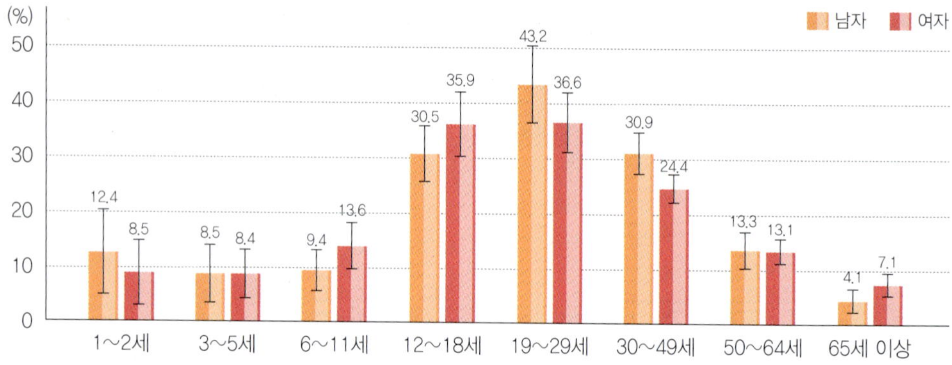

※아침식사 결식률 : 조사 1일 전 아침식사를 결식한 분율, 만 1세 이상

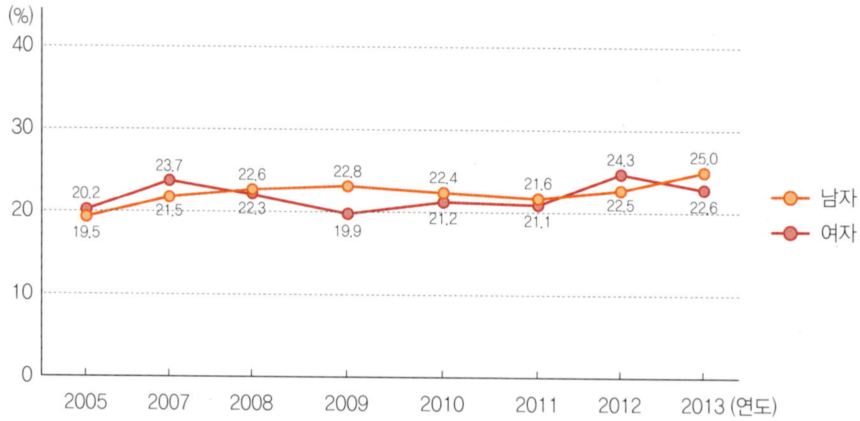

※아침식사 결식률 : 조사 1일 전 아침식사를 결식한 분율, 만 1세 이상
※2013년 결식률 조사방법 변경에 따라 2005년부터 동일한 산출방법을 적용하여 재산출(1부 유의사항 참조)
※2005년 추계인구로 연령표준화

그림 9-12 아침식사 결식률 및 결식률 추이
자료 : 보건복지부 질병관리본부, 2013 국민건강통계

5) 외식 일상화 및 가공식품 이용 증가

우리 국민의 외식 및 가공식품 이용률이 증가하고 있어, 건강한 식생활을 위한 식품 산업 및 외식 환경 조성의 필요성이 증가하고 있다.

6) 국가 의료비 절감 효과

우리나라는 최근 의료비가 1970~1990년 기간 중 연평균 58.3%로 급격하게 증가하면서 의료비 문제가 사회적 과제로 대두되었다. 이미 선진국에서도 의료비 증가가 사회적 부담으로 인식되면서 질병 관리에서 기존의 의료 전달체계로만 해결하는 데는 한계가 있다고 판단하고 있다. 따라서 의료비 절감을 위해서는 건강에 대한 투자가 중요하고, 특히 사후 치료보다 예방과 건강 증진, 영양 서비스에 대한 투자가 비용 절감적이라고 제시하고 있다.

이와 같이 영양이 건강에 미치는 효과가 더욱 중요한 시점에서 보건 분야와 보건정책에서 영양을 다루어야 하는 시기로 전환되었고, 의료비 절감과 건강 증진 차원에서 국민영양문제를 다루는 영양정책을 펴야 할 시기라고 할 수 있다.

제2절 영양정책 현황 및 문제점

1. 주요 영양정책 현황

1) 취약계층 대상 영양지원 및 관리사업

「국민영양관리법」, 「지역보건법」 등에 따른 취약계층 영양관리 · 지원 사업

(1) 영양플러스사업

최저생계비 200% 미만 가구의 임산부 및 영유아 중 영양위험요인(빈혈, 저체중 등) 보유자에게 영양교육 및 필수식품(6종) 제공

※2005년~2007년 시범사업을 거쳐 2008년부터 전국 보건소에서 실시(2008년 153개→ 2012년 252개 보건소)

(2) 과일 제공 시범사업

2011년 저소득층 아동의 식습관 개선 및 비만 예방을 위하여 일부 지역아동센터 이용 아동에게 과일 및 채소 제공

2) 영양교육·상담 등 홍보·교육 사업

「국민영양관리법」,「어린이 식생활안전관리 특별법」,「학교보건법」 등에 따른 올바른 식생활 교육 및 홍보 사업

(1) 영양교육·홍보

방송프로그램, 온라인 사이트(건강길라잡이)를 이용한 영양정보 제공, 소아비만 예방 교육용 DVD 개발·보급 등 교육·홍보

(2) 나트륨 섭취 줄이기

고속도로 휴게소, 푸드코트, 다중놀이시설 등 나트륨 함량 자율표시제 시행, 나트륨 저감화 레시피 보급 등

(3) 학생 영양교육

건강다이어리 제작 및 보급, 비만 예방을 위한 식사구성 가이드 및 교육자료 개발·보급, 비만 예방 교육자료(KIT) 보급

(4) 학교 보건교육

창의적 체험활동 시간을 통해 17시간 이상 보건교육 실시

3) 식품안전 및 위생관리 사업

「식품위생법」,「어린이 식생활안전관리 특별법」에 따른 안전한 식품 환경 조성을 위한 위생관리 사업

(1) 식품영양표시제

가격, 품질, 성분, 성능, 효력, 제조일자, 유효기간, 영양가치 등 식품정보를 포장 또는 용기에 표기

(2) 식재료원산지표시

학교급식에 원산지를 표시하여 주간식단표 홈페이지 공개, 학교식단표에 알레르기

유발식품도 표시

(3) 식품위생교육

집단급식소 근무 영양사·조리사 등에게 식품위생 법령 및 시책, 위생관리, 식중독 예방 등 위생교육(2년마다 6시간 이상) 실시

(4) 모범음식점 선정·운영

주방·객석·화장실 등 청결상태, 제공 반찬 등을 기준으로 모범음식점을 지정·운영(일반음식점 수의 5%내)

(5) 어린이 식품안전보호구역 운영

학교 경계선 200 m 이내 범위 안 구역을 정하여 정서저해식품 및 부정불량식품 판매 제한

(6) 어린이 기호식품 신호등 표시제

어린이나 보호자가 기호식품을 살 때 영양정보를 쉽게 이해할 수 있도록 나트륨, 지방, 당류 등 영양성분의 높고 낮음을 색깔로 표시

(7) 어린이 식생활 안전지수 조사·공표

식생활 안전 및 영양수준 조사·평가를 통한 식생활 안전 환경 개선

4) 영양조사 및 연구사업

「국민영양관리법」 등에 따라 영양관리 기반 구축을 위한 조사·연구사업

(1) 국민건강영양조사

매년 건강행태, 질병 유병 등 600여 종의 국민건강 및 영양상태에 대한 국가통계를 생산하여 OECD, WHO 등 제공

(2) 영양섭취기준 및 식생활 지침

국민의 영양관리를 위해 바르게 알고 쉽게 실천할 수 있도록 '한국인 영양섭취기준' 및 '생애주기별 식생활 지침' 개발 · 보급

2. 현재까지의 영양정책의 문제점 및 개선방향

1) 식품위생 및 안전관리 중심의 영양정책 추진

식생활 서구화 · 만성 질환 증가 등 건강 개념의 영양정책의 필요성 증가에도 불구하고 집단급식소 식중독 예방 및 식품안전사고 방지 등 최소한의 위생 · 안전관리 수행

- 개선방향 : 최근 10년간 비만율이 지속적으로 증가하고 있고 외식 및 가공식품 섭취가 늘었으므로 만성 질환 예방 및 건강증진을 위한 영양정책의 고도화

2) 영양관리 기반 연구에 대한 체계적이고 지속적 투자 미흡

근거 중심의 영양정책 수립 및 시행을 위한 기반 지식이 부족

- 개선방향
  ① 영양문제 진단 및 영양관리 체계 구축 연구 확대 필요
  ② 한국인의 특성 및 한국의 식생활에 기반한 영양섭취기준 제정 등 기반 연구사업 지속 투자 필요
  ③ 영양정보 생산 관리 및 식생활 모니터링 등 연구사업 확대

3) 부처별, 기관별 산발적 · 3분절적인 사업추진

보건복지부, 식품의약품안전처, 농림축산식품부, 교육부 등 관련부처별로 단편적이고 분절적으로 영양관리 사업 수행

- 개선방향 : 관련기관(영양사협회, 비만학회, 영양학회 등) 개별적 활동 조정 및 활용 필요
- 국민영양관리 기본계획 수립을 통한 체계적 정책 추진 필요

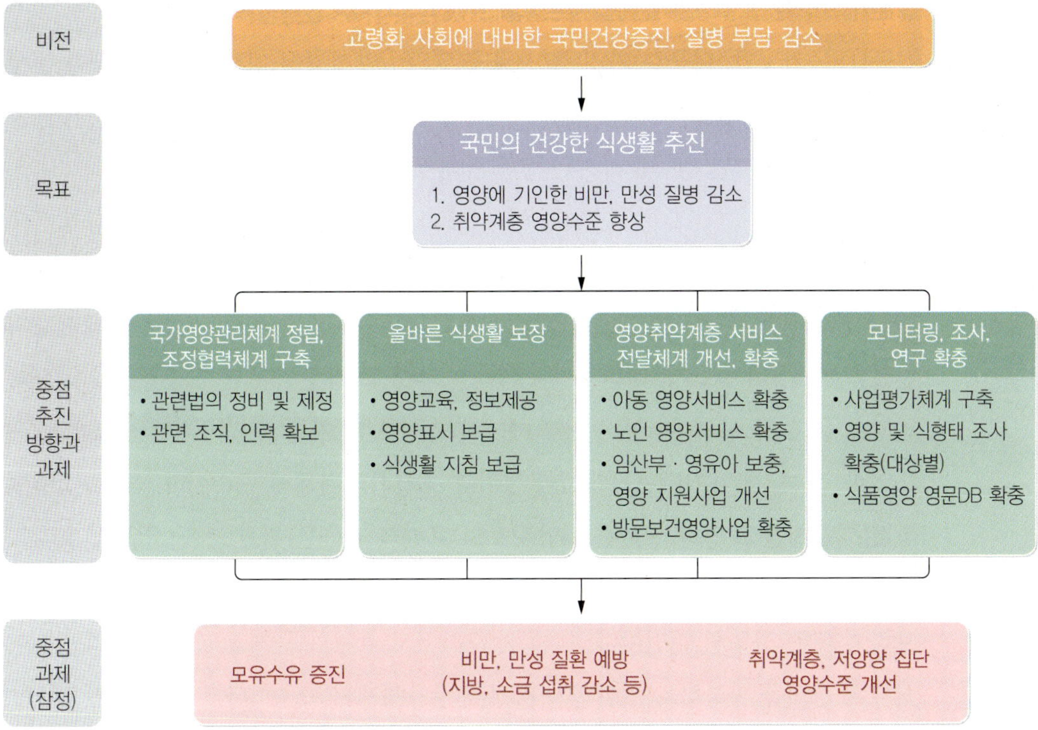

그림 9-13 국가영양정책의 중장기 목표와 추진전략(안)

4) 올바른 식생활 영양관리의 대국민 홍보 교육 미흡

건강에 필수적인 영양관리에 대한 국민 인식 지식 부족으로 일반 국민의 올바른 식생활 실천율 하락

영양관리의 중요성 및 자가관리 가능성에도 불구하고 대국민 홍보 교육은 미미한 수준

- 개선방향 : 스스로 영양관리를 위한 체계적인 대국민 홍보 교육 필요

5) 생애주기별 영양관리 정책 미흡

영양관리가 절실한 임산부 및 영유아 대상의 영양지원사업(영양플러스 사업)이 실시 중이나 아동·성인·노인 등 다양한 생애주기별 정책 부분이 이루어지고 있지 않다.

• 개선방향

① 독거노인, 다문화 가정 등 새로운 영양취약계층에 대해서도 영양관리 대책 마련 추진 필요

② 생애주기별 영양관리지원 정책 확대 및 내실화 필요

한편, 전문가들이 꼽은 우리나라의 심각한 영양문제로 '영양과 식이 섭취에 기인한 만성 질환 증가', '소금의 과다 섭취', '저소득 노인의 영양불량', '아동의 과체중과 비만', '성인의 과체중 및 비만', '매스컴·인터넷 등에서 잘못된 영양정보의 확산과 식품광고 규제 등 통제 부족' 순으로 제기하고 있으며, 중점 추진과제로는 크게 4가지를 들었다. 첫째, 국가영양관리체계의 정립과 조정협력체계의 구축이다. 둘째, 국민의 올바른 식생활을 보장하기 위한 영양정보의 보편적 접근을 위한 교육·정보의 효과적 제공이다. 셋째, 영양취약계층에 대한 영양서비스 전달체계의 개선과 영양안전망을 확보하기 위한 사업의 추진이다. 넷째, 정부사업의 효과와 문제를 파악하고, 국민의 영양상태의 추이를 파악하기 위한 모니터링과 평가체계의 확충이다.

표 9-1 우리나라 영양정책/사업 연혁

연도	영양정책 내용
1958	국민영양조사 첫 언급
1962	• 제1차 경제개발5개년계획 개시 • 영양사 면허 규정 • 국제농업기구(FAO)에 의해 첫 번째 영양 권장량 발간
1968	농촌진흥청에 의한 첫 번째 응용영양프로그램 실시
1969	국제농업기구에 의해 고안된 첫 번째 국민영양조사 실시
1972	제3차 경제개발5개년계획
1981	학교급식법 제정
1982	병원에 영양사 배치
1991	보건사회부에 의해 식생활 지침 발표
1994	보건소에 자원봉사 영양사 배치
1995	• 국민건강증진법 공포 · 시행 • 국민건강증진사업 및 연구 개시
1996~1998	국민건강영양조사 영양조사 부문 설계

(계속)

연도	영양정책 내용
1998	• 지역보건법에 근거하여 보건소에 영양사 배치 의무화 • 제1기 국민건강영양조사 실시(3년 주기)
1999	제1차 계절별 영양조사 실시
2001	제2기 국민건강영양조사 실시
2002	• 제2차 계절별 영양조사 실시 • 국민건강증진종합계획 2010 발표
2002~2003	보건복지부 주관, 관련부서합동 식생활 지침과 식사 가이드 발표
2004	임산부 및 영유아를 위한 특별보충영양프로그램 개발
2005	• 3개 보건소에서 보충영양프로그램 시범사업 운영 • 제3기 국민건강영양조사 실시(질병관리본부 참여) • 새 국민건강증진종합계획 2010 발표(MOHW)
2006	15개 보건소에서 보충영양프로그램 시범사업 운영
2007	• 20개 보건소에서 보충영양프로그램 시범사업 운영 • 제4기(2007~2009) 국민건강영양조사 : 연중 운영체계 도입(KCDC) • 어린이 먹거리 안전관리종합대책 수립 : 위해가능영양성분(KFDA)
2008	• 영양플러스의 본 사업화 및 전국 확대(153개 보건소) • 어린이 식생활 안전관리특별법 제정 • 어린이 먹을거리 안전관리 사업단 출범(Na 대사연구)
2009	• 245개 보건소에서 영양플러스 운영 • 식생활교육지원법 제정(MOFAFF) • 학교급식법에 영양교사 배치 규정(MOEST) • 어린이 식생활 안전지수
2010	• 250개 보건소에서 영양플러스 운영 • 국민영양관리법 제정 및 시행 • 국민건강증진종합계획 2020 마련 • 제5기(2010~2012) 국민건강영양조사 • 어린이급식관리지원센터 시범운영 • 고열량 · 저영양 식품의 TV 광고 제한(5:00 PM~7:00 PM)
2011	• 251개 보건소에서 영양플러스 운영 • 12개 지방자치단체에서 어린이급식관리지원센터 운영 • (재)한국영양교육평가원 설립 • 질병관리본부에 건강영양조사과 신설
2012	• 251개 보건소에서 영양플러스 운영 • 22개 지방자치단체에서 어린이급식관리지원센터 운영 • 한국인 영양섭취기준 관련 대사 연구 착수(KCDC) • 제1회 임상영양사 국가자격시험 시행 • 본격적 나트륨 섭취량 감소 정책 : 나트륨 줄이기 운동본부 출범 • 제1차(2012~2016) 국민영양관리기본계획 발표 • (가칭)보건소건강증진포괄보조사업체계 도입 논의

자료 : 김초일, 영양정책을 위한 영양사의 리더십, 한국보건산업진흥원, 2012

보건복지부는 HP 2010 영양부문의 목표 17개를 성격과 분야에 따라 재분류하고, 이들 각각을 지표로 포괄하는 분야별 목표 5개로 수정·제시하였다(표 9-2~표 9-6).

표 9-2 영양목표 1. 건강 식생활 실천 인구비율 증가

<table>
<tr><th>목표 1</th><th colspan="7">건강 식생활 실천 인구비율을 증가시킨다.</th></tr>
<tr><td rowspan="7">지표
현황
및
목표치</td><td>구분</td><td>2005</td><td>2007</td><td>2008</td><td>2011</td><td>2015</td><td>2020</td></tr>
<tr><td>지방을 적정수준으로 섭취하는 인구비율[1), 2), 3)]</td><td>47.0%</td><td>44.3%</td><td>44.1%</td><td>45.6%</td><td>47.5%</td><td>50.0%</td></tr>
<tr><td>나트륨을 1일 2,000 mg 이하로 섭취하는 인구비율(만 6세 이상)[4)]</td><td>7.7%</td><td>14.1%</td><td>13.4%</td><td>13.8%</td><td>14.3%</td><td>15.0%</td></tr>
<tr><td>당을 적정수준으로 섭취하는 인구비율(만 6세 이상)[5)]</td><td>–</td><td>86.5%</td><td>–</td><td>87.6%</td><td>88.7%</td><td>90.0%</td></tr>
<tr><td>과일과 채소를 1일 500 g 이상 섭취하는 인구비율(만 6세 이상)[4]</td><td>29.9%</td><td>37.1%</td><td>35.7%</td><td>39.3%</td><td>44.0%</td><td>50.0%</td></tr>
<tr><td>식품선택에 영양표시를 활용하는 인구비율[3)]</td><td>21.4%</td><td>24.5%</td><td>22.7%</td><td>24.5%</td><td>27.0%</td><td>30.0%</td></tr>
<tr><td>건강 식생활 실천 인구비율(만 6세 이상)[4)]</td><td>–</td><td>–</td><td>28.9%</td><td>30.4%</td><td>32.5%</td><td>35.0%</td></tr>
<tr><td>지표
정의</td><td colspan="7">• AMDR(acceptable macro–nutrient distribution rangers)에 부합되는 수준의 지방 섭취 인구비율(AMDR 1~2세 20~35%, 3~19세 15~30%, 20세 이상 15~25%)
• 당 섭취량이 에너지 섭취량의 20% 이하인 인구비율
• WHO의 과일/채소 1일 섭취권장수준(400 g)과 우리 국민의 연평균 김치 섭취량(약 115 g/일)을 감안한 과일/채소 500 g/일 이상 섭취 인구비율
• 식품 구매 시 영양표시를 읽는 인구비율
• 지방, 나트륨, 과일/채소, 영양표시 4개 지표 중 2개 이상을 만족하는 인구비율</td></tr>
<tr><td>목표치
설정
근거</td><td colspan="7">• HP 2010 목표가 달성되지 못했으므로 그대로 2020년 목표치로 유지
• 당 섭취 관련 목표는 2007년 국민건강영양조사 raw data 추가 분석결과에 근거
• 건강 식생활 인구비율 : better than the best(소득 4분위 33.3%)</td></tr>
<tr><td>자료
출처</td><td colspan="7">1) 보건복지부/한국보건산업진흥원, 국민건강영양조사 제3기(2005) 영양조사 I, 2006
2) 보건복지부/질병관리본부, 2007 국민건강통계, 2008
3) 보건복지가족부/질병관리본부, 2008 국민건강통계, 2009
4) 한국보건산업진흥원, 2005/2007/2008 국민건강영양조사 영양조사 부문 raw data 자체 분석, 2010
5) 한국영양학회, 2010년 한국인 영양섭취기준(pre–print draft), 2010</td></tr>
<tr><td>관련
세부
사업</td><td colspan="7">가. 대상별 식생활 지침의 주기적 개정 및 다양한 교육자료 개발과 보급
나. 가공식품 및 외식 음식 중 나트륨 함량 감량 사업
다. 영양표시 적용범위 확대 및 인식 제고 : 점진적 자율표시 확대 및 의무화</td></tr>
</table>

자료 : 제3차 국민건강증진종합계획(2011~2012), 보건복지부, 2011

표 9-3 영양목표 2. 건강 체중 유지/관리 인구비율 증가

<table>
<tr><th>목표 2</th><th colspan="7">건강 체중 유지/관리 인구비율을 증가시킨다.</th></tr>
<tr><td rowspan="3">지표 현황 및 목표치</td><td>구분</td><td>2005</td><td>2007</td><td>2008</td><td>2011</td><td>2015</td><td>2020</td></tr>
<tr><td>적정체중(18.5≤BMI<25) 성인 인구비율 증가[1), 2), 3)]</td><td>63.5%</td><td>63.2%</td><td>64.0%</td><td>64.8%</td><td>65.8%</td><td>67.0%</td></tr>
<tr><td>저체중 성인 인구비율 감소[1), 2), 3)]</td><td>4.7%</td><td>4.7%</td><td>5.0%</td><td>5.0%</td><td>4.0%</td><td>3.0%</td></tr>
<tr><td>지표 정의</td><td colspan="7">• BMI가 18.5 이상 25.0 미만인 19세 이상 성인 인구비율(2005년 20세 이상)
• BMI가 18.5 미만인 19세 이상 성인 인구비율(2005년 20세 이상)</td></tr>
<tr><td>목표치 설정 근거</td><td colspan="7">HP 2010 목표가 달성되지 못했으므로 그대로 2020년 목표치로 유지</td></tr>
<tr><td>자료 출처</td><td colspan="7">1) 보건복지부/질병관리본부, 국민건강영양조사 제3기(2005) 검진조사, 2006
2) 보건복지부/질병관리본부, 2007 국민건강통계, 2008
3) 보건복지가족부/질병관리본부, 2008 국민건강통계, 2009</td></tr>
<tr><td>관련 세부 사업</td><td colspan="7">가. 대상별 식생활 지침의 주기적 개정 및 다양한 교육자료 개발과 보급
나. 영양표시 적용범위 확대 및 인식 제고 : 점진적 자율표시 확대 및 의무화
라. 건강 체중 인식 확산을 위한 교육 및 홍보 사업</td></tr>
</table>

자료 : 제3차 국민건강증진종합계획(2011~2012), 보건복지부, 2011

표 9-4 영양목표 3. 생애주기별 영양관리 강화

<table>
<tr><th>목표 3</th><th colspan="7">건강 식생활 실천 인구비율을 증가시킨다.</th></tr>
<tr><td rowspan="6">지표 현황 및 목표치</td><td>구분</td><td>2005</td><td>2007</td><td>2008</td><td>2011</td><td>2015</td><td>2020</td></tr>
<tr><td>완전 모유수유 영아(생후 6개월) 인구비율 증가[1),2),3)]</td><td>36.0%</td><td>42.2%</td><td>50.2%</td><td>52.6%</td><td>56.0%</td><td>60.0%</td></tr>
<tr><td>잘못된 식습관에 의한 아침 결식률 감소[3)]</td><td>21.4%</td><td>21.8%</td><td>21.5%</td><td>19.9%</td><td>17.7%</td><td>15.0%</td></tr>
<tr><td>영양소 섭취 부족인 노인 인구비율 감소[1),2),3)]</td><td>14.7%</td><td>28.5%</td><td>22.6%</td><td>20.7%</td><td>18.2%</td><td>15.0%</td></tr>
<tr><td>빈혈인 가임기 여성(10~49세) 인구비율 감소[4)]</td><td>14.5%</td><td>17.6%</td><td>13.7%</td><td>12.8%</td><td>11.5%</td><td>10.0%</td></tr>
<tr><td>영양관리(교육 및 상담)를 받는 인구비율 증가[1),2),3)]</td><td>9.6%</td><td>7.8%</td><td>8.3%</td><td>12.2%</td><td>15.1%</td><td>20.0%</td></tr>
<tr><td>지표 정의</td><td colspan="7">• 생후 6개월 시점의 수유 형태가 완전 모유수유인 4세 미만 유아 비율
• 아침 결식률 : 국민건강영양조사 직전 2일 간의 1세 이상 모든 대상의 아침 식사 결식률</td></tr>
<tr><td>목표치 설정 근거</td><td colspan="7">• 완전 모유수유 영아비율 2010 목표(40.0%)가 달성되어 목표치 상향 설정
• 기타 HP 2010 목표가 달성되지 못했으므로 그대로 2020년 목표치로 유지</td></tr>
<tr><td>자료 출처</td><td colspan="7">1) 보건복지부/한국보건산업진흥원, 국민건강영양조사 제3기(2005) 영양조사 I, 2006
2) 보건복지부/질병관리본부, 2007 국민건강통계, 2008
3) 보건복지가족부/질병관리본부, 2008 국민건강통계, 2009
4) 질병관리본부, 2005/2007/2008 국민건강영양조사 검진조사 부문 raw data 재분석, 2010</td></tr>
<tr><td>관련 세부 사업</td><td colspan="7">가. 대상별 식생활 지침의 주기적 개정 및 다양한 교육자료 개발과 보급
마. 노인 급식의 질 관리/제고 사업(복지관 경로식당, 도시락 배달, 노인정 등)
바. 영양관리서비스의 산업기반정비 및 건강/질환관리상품으로 육성
사. 취약계층을 위한 영양관리사업 개발 및 확대</td></tr>
</table>

자료 : 제3차 국민건강증진종합계획(2011~2012), 보건복지부, 2011

표 9-5 영양목표 4. 미량 영양소 적정섭취 인구비율 증가

목표 4	미량 영양소 적정섭취 인구비율을 증가시킨다.						
지표 현황 및 목표치	구분	2005	2007	2008	2011	2015	2020
	칼슘을 적정수준으로 섭취하는 인구비율[1)]	21.9%	14.5%	16.2%	20.0%	24.0%	30.0%
	철을 적정수준으로 섭취하는 인구비율[1)]	49.1%	44.5%	46.8%	47.5%	48.7%	50.0%
	비타민 A를 적정수준으로 섭취하는 인구비율[1)]	42.2%	33.3%	37.0%	40.0%	45.0%	50.0%
	라이보플라빈을 적정수준으로 섭취하는 인구비율[1)]	37.6%	28.7%	31.0%	36.0%	42.0%	50.0%
지표 정의	영양소별 RI 이상 UL 미만을 섭취하는 인구비율						
목표치 설정 근거	HP 2010 목표가 달성되지 못했으므로 그대로 2020년 목표치로 유지						
자료 출처	[1)] 한국보건산업진흥원, 2005/2007/2008 국민건강영양조사 검진조사 부문 raw data 자체 분석, 2010						
관련 세부 사업	가. 대상별 식생활 지침의 주기적 개정 및 다양한 교육자료 개발과 보급 마. 노인 급식의 질 관리/제고 사업(복지관 경로식당, 도시락 배달, 노인정 등) 바. 영양관리서비스의 산업기반정비 및 건강/질환관리상품으로 육성						

자료 : 제3차 국민건강증진종합계획(2011~2012), 보건복지부, 2011

표 9-6 영양목표 5. 식품안전성 확보 및 영양서비스 수혜 인구비율 증가

목표 5	식품안전성 확보 및 영양서비스 수혜 인구비율을 증가시킨다.						
지표 현황 및 목표치	구분	2005	2007	2008	2011	2015	2020
	식품 안전성이 확보된 가구 비율[1]	88.7%	89.0%	88.1%	89.8%	92.1%	95.0%
	식생활 지원/관리 프로그램(영양플러스) 수혜 인구비율[2),3)]	3개 보건소	20개 보건소	153개 보건소, 2010년 250개	8.4%	11.4%	15.0%
지표 정의	• 지난 1년간 가구원이 충분한 양의 음식을 먹은 가구비율 • 영양플러스 사업 참여 자격 보유자 중 사업 수혜자 비율(2008년까지는 사업운영 보건소 수)						
목표치 설정 근거	• HP 2010 영양부문의 식생활 지원프로그램 수혜 인구비율 증가를 위한 영양플러스 사업의 전국 확대 목표(246개 보건소)가 2010년 현재 250개 보건소로서 달성되었으므로 지표명에 맞추어 수혜대상 규모(2009년 현재 약 7.0% 수용) 확대로 목표 수정 • 그 외 HP 2010 목표는 달성되지 못했으므로 그대로 2020년 목표치로 유지						
자료 출처	1) 보건복지가족부/질병관리본부, 2008 국민건강통계, 2009 2) 한국보건산업진흥원/보건복지부, 임산부 및 영유아 보충영양관리 시범사업단 추진단 운영보고서, 2005, 2006, 2007 3) 보건복지가족부/한국보건산업진흥원, 2009년도 임산부 및 영유아 영양플러스 사업-사업 결과 및 우수사례, 2009						
관련 세부 사업	사. 취약계층을 위한 영양관리사업 개발 및 확대						

자료 : 제3차 국민건강증진종합계획(2011~2012), 보건복지부, 2011

제3절 영양정책 관련 부처 및 관련법

우리나라는 영양사업과 관련된 장기적인 국가정책의 방향이나 전략이 수립되어 있지 않으며, 국민의 영양문제에 대처해야 할 국가영양관리체계가 미흡하고 그나마 산재되어 구심점이 없으며 관련 정책과 업무가 유기적으로 총괄되지 못하고 있다. 국민의 영양업무를 주도적으로 집행하고 국가영양정책을 담당하는 주무 부처의 전담과는 없다고 할 수 있다.

- 보건복지부 : 「국민건강증진법」, 「식품위생법」, 「국민영양관리법」
  - 건강정책과, 건강증진과, 식품정책과, 만성질환과, 건강영양조사과
- 식품의약품안전처 : 「어린이 식생활안전관리 특별법」
  - 영양정책과, 식생활안전과, 영양기능식품기준과, 영양기능연구팀
- 농림축산식품부 : 「식생활교육지원법」, 「식품산업진흥법」, 「외식산업진흥법」
  - 식품산업정책과, 식품산업진흥과
- 농촌진흥청 : 국립농업과학원 기능성식품과
- 교육부 : 「학교급식법」
  - 학생건강안전과

1. 보건복지부

보건복지부의 건강정책국은 우리나라 국민건강증진사업에 관한 총괄 및 종합계획의 수립·조정하는 부서로서 국민영양·비만 관리에 관한 사항, 보건소·보건지소·보건진료소 관련 제도 수립 및 운영 등의 업무를 관장하고 있으며, 건강증진과는 국민영양관리 기본계획 수립 및 평가 등 국민 식생활·영양 정책 수립 및 총괄에 관한 업무를 수행하고 있다.

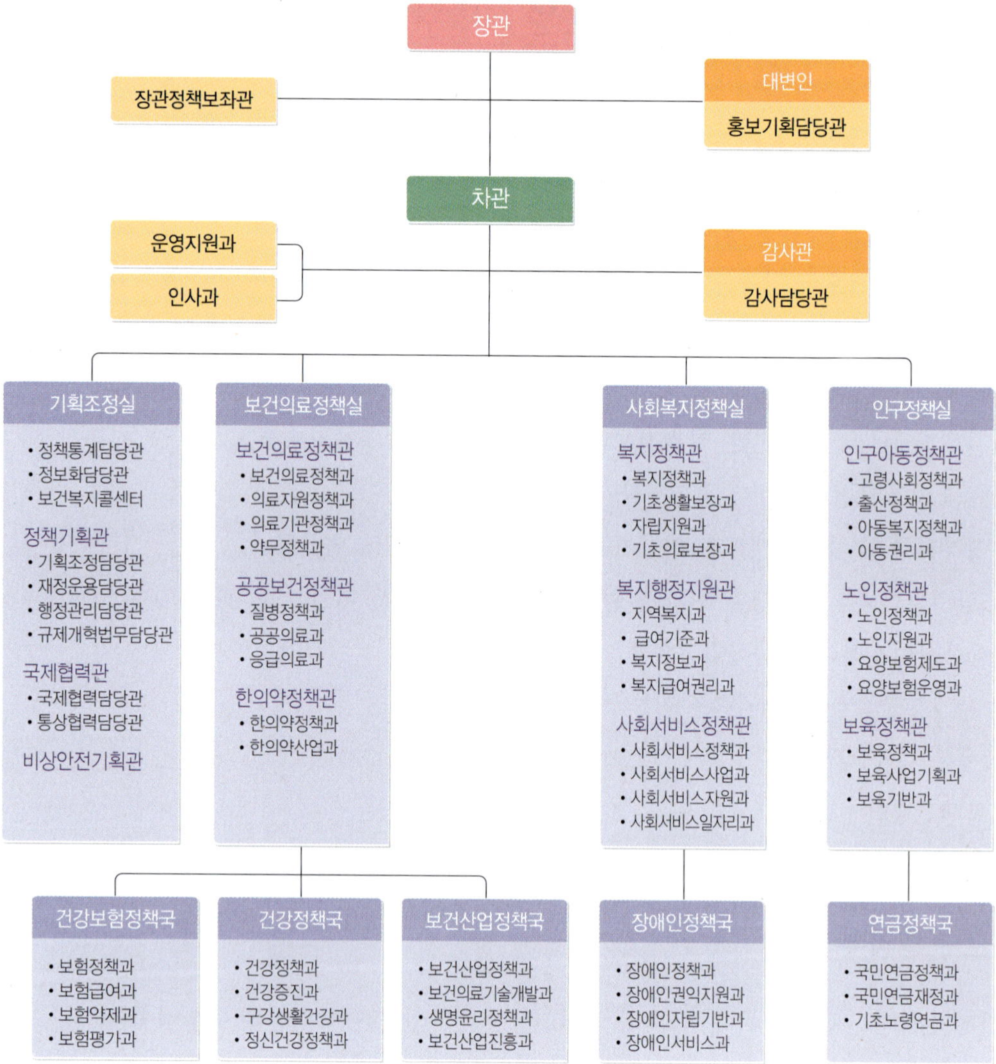

그림 9-14 보건복지부 조직도

자료 : 보건복지부(www.mw.go.kr)

2. 식품의약품안전처

식품영양안전국의 영양안전정책과는 식품영양 안전 및 건강기능식품에 관한 정책 개발 및 제도 개선, 식품영양 안전 정책 및 건강기능식품 안전관리 종합계획의 수립 및 총괄, 식품의 영양표시 정책 총괄, 고열량·저영양 식품(어린이 기호식품만 해당한다)의 영양성분기준 제정 및 개정, 식품의 영양성분 실태조사 및 정보관리 등의 업무를 수행하고 있다.

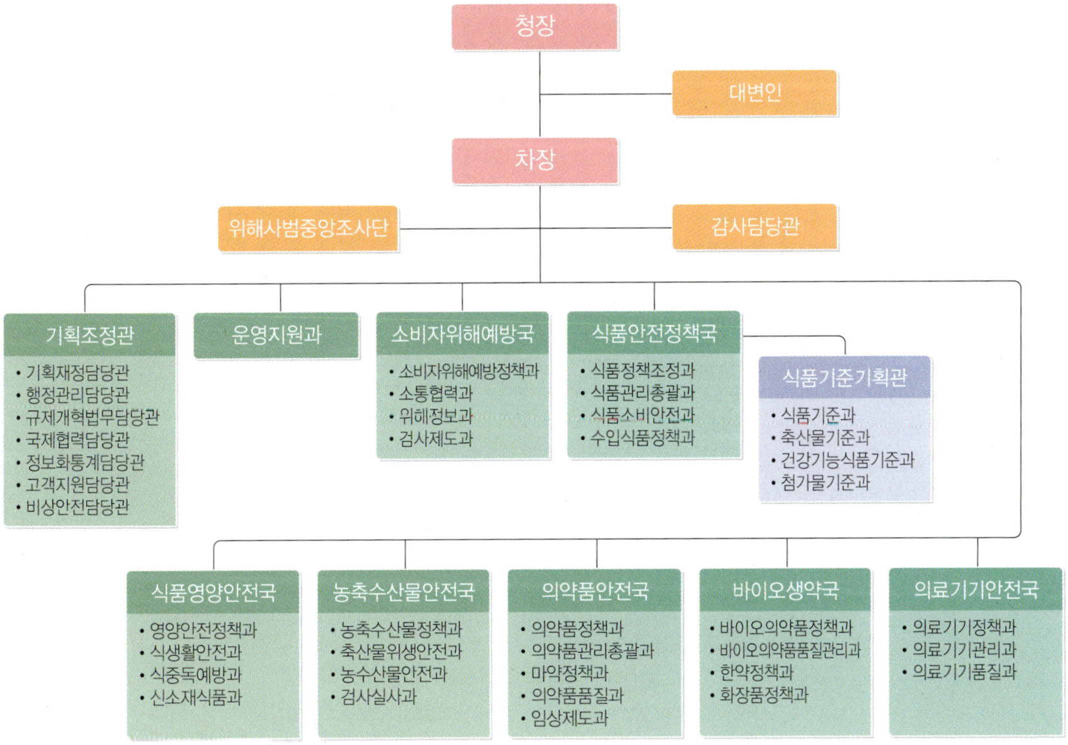

그림 9-15 식품의약품안전처 조직도

자료 : 식품의약품안전처(www.mfds.go.kr)

3. 질병관리본부

질병관리본부의 질병예방센터 만성질환관리과와 건강영양조사과의 업무 내용은 표 9-7과 같다.

표 9-7 만성질환관리과와 건강영양조사과의 업무분장 내용

만성질환관리과	건강영양조사과
국가 만성질환 감시체계 구축 및 운영 • 국민건강영양조사 • 퇴원환자조사 • 청소년건강행태조사 • 소아, 청소년 신체계측 및 혈압 표준치 제정 사업 • 암 역학조사 보건분야 지역사회 조사감시체계 구축 및 운영 • 지역사회 건강조사 • 만성 질환 관리 및 조사, 감시 FMTP 국가손상통합감시체계 구축 및 정책개발 지원 • 손상감시사업 • 손상예방정책개발지원 국가 만성병 예방관리 정책지원 • 심뇌혈관 질환 예방관리 사업 지원 • 아토피천식 질환 예방관리 사업 지원 • 생애전환기 건강진단 사업 지원 • 영유아 건강검진 사업 지원 • Health Plan 2010 평가 지원	국가건강 및 영양 분야에 관한 조사 기획 및 수행 • 국민건강영양조사 수행 및 질관리 • 청소년건강행태온라인조사 수행 및 질관리 • 소아, 청소년 표준성장도표 제정 및 보급 국가건강 및 영양조사 자료 관리 및 활용 촉진 • 기초영양DB 구축 • 청소년건강관련 프로그램 개발 • 영양평가 방안 마련 및 보급 • 영양섭취기준 제정에 필요한 기초연구 • 국민건강영양조사 등 자료활용 워크숍 개최

자료 : 질병관리본부(www.cdc.go.kr)

4. 국립보건연구원

국립보건연구원의 뇌질환과, 대사영양질환과 및 심혈관·희귀질환과의 업무내용을 표 9-8에서 살펴보았다.

표 9-8 국립보건연구원의 업무내용

구분	업무내용
뇌 질환과	심혈관 · 희귀질환과는 심장혈관 질환, 특히 동맥경화성 심질환 및 심부전의 발생기전, 진단 및 예후 지표 개발 연구를 통해 심혈관 질환의 예방 및 치료제 개발을 위한 과학적 근거자료를 생산하고, 국내 관련 연구자 및 임상전문의들과 협력 연구를 지속적으로 추진함으로써 국가 심혈관 질환 관리 기반을 확립하고자 한다. 이와 더불어 여성 고유 · 특이질환 관련 건강지표 · 치료기술 개발 연구 및 건강 · 의료서비스 행태 연구를 통해 여성맞춤 질병관리기술 개발에 주력하고 있다. 또한 희귀질환자들을 위한 정보제공 및 의료비 지원 사업과 더불어 희귀난치성질환 임상연구네트워크 등 연구기반을 구축하고 있다. • 심혈관질환의 질병지표 개발 및 발생기전 연구 • 심혈관질환 예방 및 치료법 개발 연구 • 여성특이질환 및 건강 · 의료서비스 행태 연구를 통한 여성맞춤 질병관리기술 개발 • 희귀질환 정보제공(Helpline 운영) • 희귀난치성질환자 의료비 지원사업 관리
대사 영양 질환과	만성병, 특히 현대인의 잘못된 생활습관과 깊은 관련이 있는 당뇨병, 비만 같은 대사이상 질환이 심각한 질병으로 대두되고, 국가관리의 필요성이 증대되고 있는 상황에서, 대사영양질환과에서는 – 대사당뇨 및 비만 발생 원인으로 한국인 특이유전자, 다양성 및 생화학적 특성규명을 통한 질병지표 물질발굴 – 비만, 당뇨 등 대사영양질환 발생 관련 유전자 기능연구를 통한 조기진단 및 예방치료 신기술 개발 – 대사당뇨 및 비만관련 연구인프라 기반구축(소아비만 코호트 운영, 동물모델 구축 등) – 내분비 신장 질환 발생 예방 및 치료기술개발연구기반 구축 – 고위험 임신성 당뇨 발생기전 연구 인프라를 통한 데이터, 정보 등을 통하여 국민건강 및 삶의 질 향상에 기여하고자 함 • 비만, 인슐린 저항증 특이대사체 발굴 및 예방법 개발 • 소아 · 청소년 고도비만 환자 코호트 운영 및 심층 임상연구 • 당뇨, 비만 등 대사이상 질환 발생관련 위험인자 발굴 및 유전지표 기능개발 연구 • 당뇨병성 만성 신장 질환 발생 원인인자 발굴 및 제어기능연구 • 임신성 당뇨 발생 예방연구(여성건강융복합 기반연구, 신규)
심혈관 · 희귀 질환과	심혈관 · 희귀질환과는 심장혈관 질환, 특히 동맥경화성 심질환 및 심부전의 발생기전, 진단 및 예후지표 개발 연구를 통해 심혈관 질환의 예방 및 치료제 개발을 위한 과학적 근거자료를 생산하고, 국내 관련연구자 및 임상전문의들과 협력 연구를 지속적으로 추진함으로써 국가 심혈관 질환 관리 기반을 확립하고자 한다. 이와 더불어 여성 고유 · 특이질환 관련 건강지표 · 치료기술 개발 연구 및 건강 · 의료서비스 행태 연구를 통해 여성맞춤 질병관리기술 개발에 주력하고 있다. 또한 희귀질환자들을 위한 정보제공 및 의료비 지원 사업과 더불어 희귀난치성질환 임상연구네트워크 등 연구기반을 구축하고 있다. • 심혈관 질환의 질병 지표 개발 및 발생기전 연구 • 심혈관 질환 예방 및 치료법 개발 연구 • 여성특이질환 및 건강 · 의료서비스 행태 연구를 통한 여성맞춤 질병관리기술 개발 • 희귀질환 정보제공(Helpline 운영) • 희귀난치성질환자 의료비 지원사업 관리

자료 : 국립보건연구원(www.nih.go.kr)

5. 보건소

서울 시내 한 보건소의 조직도는 그림 9-16과 같고, 보건위생과와 건강관리과의 업무내용은 표 9-9, 9-10과 같다.

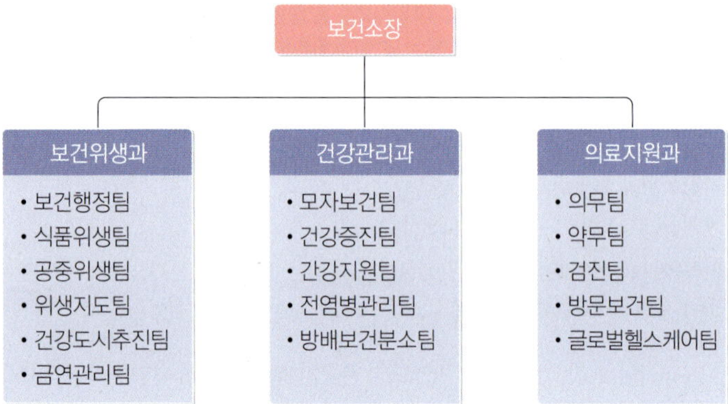

그림 9-16 보건소 조직도

자료 : 서초구 보건소(www.seocho.go.kr)

표 9-9 보건소 보건위생과의 업무내용

구분	업무내용
보건위생과	– 지역보건 의료계획의 수립 및 종합 조정 – 보건소 예산편성과 집행의 조정 총괄 – 건강진단서, 건강진단수첩 발급 및 재발급 – 진료비 청구 – 건강도시 추진사업 및 보건사업 홍보 – 식품접객업소 및 모범음식점관리 – 식품위생법 위반업소 행정처분 – 식품제조, 노래방, 미용, 세탁, 목욕장업 관리 단속업소 고발 및 행정처분업소 사후관리 – 청소년 유해업소 무허가업소 지도단속

표 9-10 건강관리과의 업무내용

구분	업무내용
주요업무	**모자보건사업** 1. 영유아 예방접종 등록 관리 2. 임산부 등록 관리(산전관리, 산후관리) 3. 산모신생아도우미 사업 4. 임산부 태아교실, 아기마사지 교실, 어린이 영양교실 5. B형수직감염예방사업 6. 선천성 대사이상 검사사업 7. 미숙아 및 선천성 이상아 의료비 지원사업 8. 불임부부 시술비 지원사업 **건강증진사업** 1. 운동사업(서초구 어린이 체력향상프로그램, 걷기교실) 2. 금연사업(금연교육프로그램, 금연클리닉운영, 공중이용시설 금연, 흡연구역 지정) 3. 영양개선사업(상설식단전시 영양교육) 4. 절주사업(청소년 음주예방교육, 절주분위기 조성을 위한 홍보 캠페인) 5. 건강식당사업 6. 치과의사와 함께하는 금연권고 프로그램(NSYS) 7. 식생활정보센터운영 **정신보건사업** 1. 서초구 정신보건센터 운영 2. 서초구 정신장애인 사회복귀시설 운영 3. 치매상담센터 운영 4. 서울까리따스 알고올상담센터 운영 5. 치매조기검진사업 **암관리사업** 1. 국가암조기검진사업 2. 암 의료비 지원 사업 3. 암예방 건강대학 운영 4. 유방암 제로 프로젝트 사업 **전염병관리사업** 1. 결핵검진 및 치료사업 2. 성병검사 치료사업 3. 에이즈 검사 및 예방사업 4. 법정전염병관리 5. 예방접종(일본뇌염, 간염, 장티푸스, 유행성출혈열, 인플루엔자) 6. 해외여행자 정보센터 운영 **방역소독사업** 1. 방역대책 및 방역소독 2. 위생 해충 구제사업 3. 소독 업소 및 소독의무시설 관리

제10장

대상별 영양교육

제1절 집단급식소별 영양교육

제2절 생애주기별 영양교육

제1절 집단급식소별 영양교육

1. 초등학교

식생활의 서구화로 아동들의 고지방식품, 가공식품, 패스트푸드 섭취비율이 증가하고 있고, 이로 인한 비만, 아토피, 당뇨병 유병률도 증가하고 있는 추세여서 아동들의 건강문제에 대한 우려가 커지고 있다. 특히, 최근 5년간 초등학교 어린이의 표준체중에 대한 상대체중 비만도 현황은 2008년 11.0%, 2009년 12.6%, 2010년 14.0%, 2011년 13.7%, 2012년 14.2% 등으로 해마다 증가하고 있는 것으로 보고되고 있어, 아동의 건강증진 및 바른 식습관 형성을 위한 영양교육 제도의 구축이 요구된다. 이러한 환경 및 제도의 마련은 국가, 식품영양전문가, 식품업계, 학부모 등 다방면에서의 유기적인 연합과 노력에 의해 현실화 될 수 있으나 우선 학교급식을 통한 영양사의 체계적이고 지속적인 영양교육의 실시에 대한 노력이 필요하다.

1) 초등학교 영양교육의 중요성

맞벌이 부부의 증가, 잦은 외식, 서구화된 식생활, 편의식품 이용, 잘못된 영양상식 등 가정에서의 아동 식생활 교육은 소홀한 실정이다. 따라서 성장기의 아동에게 균형 잡힌 식생활에 대한 필요성을 인식시키고, 그들이 올바른 영양지식을 습득하여 식습관을 개선할 수 있도록 하며, 건강증진 및 질병의 예방을 위해 학교와 가정이 연계하는 구체적인 영양상담의 필요성이 커지고 있다.

한편, 「학교급식법」 제1조에 의하면 "학교급식은 급식을 통해 학생 심신의 건전한 발달을 도모하고 나아가 국민 식생활 개선에 기여한다."라고 했으며, 제3조에서는 "영양교육을 통한 식습관의 개선"이라고 명시되어 있다. 「학교급식법」 제6조제1항에서는 "학교급식은 교육의 일환으로 운영되어야 한다."라고 그 목적을 명시하고 있어 저학년에서 고학년에 이르는 계획적이고 체계적인 영양교육의 학습지도안이 요구된다.

따라서 개인의 신체, 정신적인 발달 수준에 맞춘 학동기 아동을 대상으로 하는 영양교육 및 상담은 아동의 성장, 발달을 도우며 나아가 스스로 건강을 관리하는 능력을 기를 수 있게 하고, 특히 비만, 발달장애, 아토피 등 소아질환을 가진 아동에게 효과적일 것으로 기대된다.

2) 초등학교 영양교육의 목표 및 환경 구성

초등학교 영양교육의 목표는 크게 3가지로 나눌 수 있다.

첫째, 영양소의 기능과 영양소에 따른 식품의 종류를 알게 함으로써 식생활의 중요성을 인식시킨다. 둘째, 바람직한 영양상태와 예절의 근본정신에 맞는 식생활 태도를 기른다. 셋째, 우리나라 식량자원의 생산, 분배, 합리적인 소비에 대한 지식을 갖도록 하여 식생활 영위를 위한 기초적인 기능과 생산 활동에 대한 기능을 기른다.

영양교육에 별도의 상담실을 마련하는 것이 바람직하겠으나 그렇지 못하다면 학생식당이나 교직원 식당 등의 공간을 활용하여 게시판(영양소이야기, 식품구성자전거, 생활습관병, 비만 관련 포스터, 건강상식 등) 구성과 질환별 식사관리 리플릿, 식품교환표, 영양교육 사례집, 아동용 서적 등을 비치하는 것이 필요하다.

영양교육에 필요한 준비 비품

- 컴퓨터(영양분석 s/w 포함) 및 프린터
- 체성분분석기(개인의 체성분 상태 분석)
- 식품모형(식품 1인분 분량, 1교환단위분량)
- 영양섭취기준(Dietary Reference Intakes)
- 식품교환표(식단작성에 활용)
- 영양상담기록지(개인의 영양상태 분석을 위한 자료)
- 식사일기(내담자 스스로 문제 있는 식행동 발견)
- 식생활 지침(한국인을 위한 식생활 목표와 식생활 지침)
- 3~4인용 책상 및 의자(상담 및 집단교육을 위한 장소 확보)
- 관련 서적 및 책장 등(전시자료 및 비치를 위한 책상 구입)
- 각종 영양교육 매체

3) 학교급식을 통한 영양교육의 장점

생활수준의 향상과 서구화된 식생활로 인한 잘못된 식습관이 어린이 비만 및 편식을 일으키고 있어 학교급식을 통한 체계적인 직접교육과 가정통신을 통한 영양교육은 어린이들의 올바른 식습관을 형성할 수 있도록 하며, 학동기 아동의 영양문제도 해결할 수 있는 여러 장점들을 가진다.

① 학령기에는 성장이 활발한 시기이므로 식생활로 인한 성장 발달과 건강에 미치는 영향이 평생 동안 지속되는 점

② 감수성이 가장 예민하여 영양에 관한 지식을 잘 흡수하고 조기에 식습관 형성이 용이한 점

③ 학생에게 가장 예민하여 영양에 관한 지식을 잘 흡수하고 조기에 식습관 형성이 용이한 점

④ 가정과의 연계지도로 교육성과를 높일 수 있으며, 교육효과의 확인, 평가가 용이하고 결과에 따른 반복 교육이 용이한 점

⑤ 점심 식사에 단체급식, 현장지도를 통하여 교육을 효과적으로 할 수 있는 점

⑥ 학교급식 실시에 있어 기준에 맞는 식당의 음식을 제공하고 영양교육을 통하여 편식하지 않도록 하여 급식효과를 거둘 수 있다는 점

4) 영양교육의 실제

(1) 영양교육의 대상과 형태

교육을 급식학년 전교생, 학부모, 교직원을 대상으로 한다. 교육실시는 식사시간을 이용한 방송, 텔레비전을 통해 학교방송을 하거나 교실과 식당을 순회하여 실시하기도 한다. 교육내용은 급식할 식단 전시, 급식편지나 식단표 배부, 게시물, 특별활동을 이용한 영양에 관한 수업, 개인 컴퓨터를 이용한 영양지도, 각 교과목과 연관된 지도 등이 있다.

(2) 영양교육 방법

① 교과목에 의한 교육

초등학교에서 식생활 교육은 국어, 수학, 사회, 자연, 음악, 미술, 실과, 체육, 도덕 등의 교과목에서 영양, 식품, 보건 등과 같은 내용을 급식과 연계하여 담임교사가 학교급식 및 보조 안전에 관한 지도를 실시한다. 더불어 영양사가 급식교사로서 전문성을 가지고 지도하는 것이 바람직하다.

② 특별활동

연간 학교교육계획에 의해 특별활동반(식생활문화반, 기초식생활반)을 조직하고 연

간 지도계획을 수립하여 올바른 식생활 개념과 좋은 식습관을 가지도록 체계적으로 지도한다. 식생활문화에 대한 조사 및 발효, 전통음식 만들기, 식사예절 실습 등을 실천하는데 조별 활동 강화로 공동체 의식을 함양한다. 식생활문화 교육을 실시하려면 필요성, 목적, 방침, 실천으로 기대효과가 확실해야 한다.

③ 방송교육

영양사가 직접 또는 VTR을 이용하여 교육을 실시한다. 최근에는 컴퓨터를 활용해 인터넷으로 교육을 실시하는 것이 효과적일 수도 있다. 방송을 통한 교육은 방송시설과 학교의 열의에 따라 차이가 생기지만 아동들을 동시에 교육하는 데 매우 효과적이며, 적절한 시청각 자료의 이용과 아동을 직접 출연시킴으로써 교육에 대한 관심을 집중시킬 수 있다.

④ 가정통신문을 이용한 지도

아동 및 학부모를 대상으로 월 1~2회 정도 실시한다. 식단 및 요리명, 재료뿐만 아니라 급식지도의 내용을 학부모에게 알려 이해하도록 한다. 또한 시식회, 모자급식, 요리교실을 마련하고 급식운영회의 조직을 통해 영양지도에 관한 강연회, 좌담회 등을 실시하며 학부모에게 영양지도를 한다.

⑤ 환경 구성을 통한 영양지도

아동들에게 알리고자 하는 내용을 게시판을 이용하여 교실, 층계, 현관, 복도 등에 자주 게시하므로 내용을 전달할 수 있다. 게시판을 주 1회 교체하고 3~4회 연속으로 게시한다. 구성을 표어, 포스터, 퀴즈, 실물 제작, 만화 등으로 다양하게 한다.

⑥ 점심 식사 시 현장지도

음식을 대했을 때 바로 그 음식과 관련하여 교육하는 것이 매우 효과적이다. 또한 공동생활인으로서 지켜야 하는 질서, 협동, 봉사정신을 갖고 실천하도록 한다.

⑦ 학교조직을 이용한 지도

- 학교 운영위원회
- 어린이 급식위원회
- 학부모 급식당번

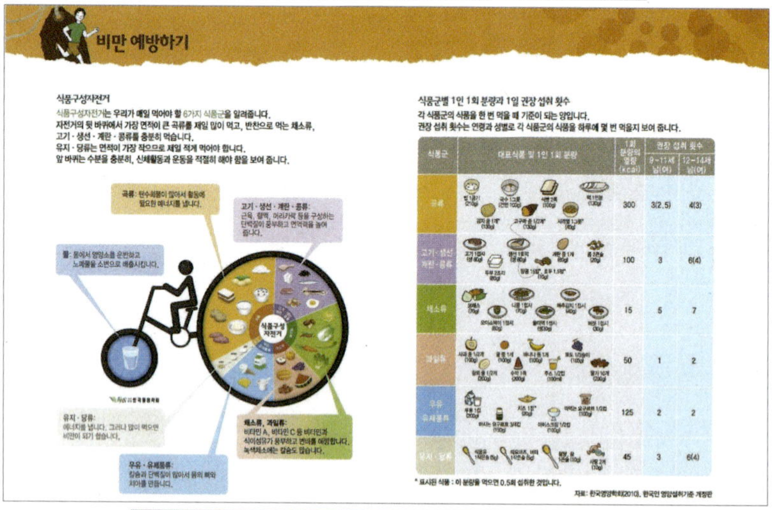

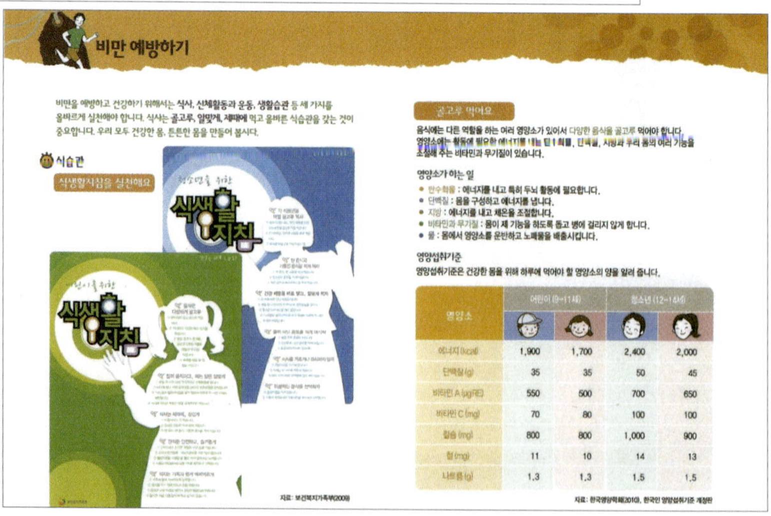

그림 10-1 비만과 식사장애 예방 가이드
자료 : 식품의약품안전처

⑧ 노작활동 체험을 통한 지도

- 음식과 영양에 대한 노랫말 짓기
- 체험담 발표
- 식사일기 쓰기, 식생활 자기평가표 작성
- 식생활 관련 스크랩북, 벽신문 만들기
- 식품역할극(예 : 5대 영양소)
- 시장 견학, 식품 재배 및 사육활동에 참여

⑨ 개별 면담

영양사실에 편안히 개별상담을 할 수 있는 상담실을 마련하고 상담을 원하는 아동이나 건강기록부의 비만아, 허약아 등을 선택하여 상담을 실시한다. 또 식사시간에 순회하여 편식이나 늦게 먹는 아동을 선택하여 지도한다. 아동이 스스로 행동 변화를 할 수 있도록 장애 요인을 찾아 극복할 수 있도록 지도한다.

2. 산업체

1) 영양지도의 중요성 및 필요성

우리나라 근로자들의 이환율과 사망률의 주요 원인이 직업 관련성 질환에서 만성 퇴행성 질환(생활습관병)으로 변화하고 있다. 또한 노동력이 고령화되고 여성 근로자의 취업이 늘고 있으며, 산업구조에 있어서도 3차 산업에 종사하는 근로자가 늘어 운동 부족과 정신부하가 가중될 것으로 예상된다. 한편, 생활수준이 향상됨에 따라 사회적으로나 개인적으로 건강이 중요한 관심사로 부각되어 정기 건강진단이나 산재보험 적용과 같은 소극적인 근로자 건강관리만으로는 근로자들의 건강 요구에 대처하기 어렵다. 따라서 이제까지의 치료 중심의 건강관리 개념에서 벗어나 건강에 대한 포괄적인 개념의 다양한 건강관리 프로그램이 사업장 내에 제공되어야 한다.

사업장 건강증진 프로그램은 미국에서 보편화되어 있다. 1999년 8월 미국 기업주들을 대상으로 행해진 설문조사에 의하면 50인 이상 사업장의 90%가 회사 내에 몇 가지 이상 건강증진 프로그램을 제공하고 있는 것으로 조사되었다. 건강증진 프로그램의 직접적인 영향은 건강 향상뿐만 아니라 신체적 에너지 증가, 정신적 피로 감소 및 사기

고취를 들 수 있으며, 사업주와 근로자 모두에게 유익하고 훌륭한 'win-win' 전략의 하나로 제시하고 있다.

산업체 급식소에서 영양사가 관리하는 업무의 영역은 영양관리와 급식관리로 구분할 수 있으며, 이 중 영양관리는 질적인 형태로 사람의 건강을 향상 또는 유지시켜주는 주요 수단의 한 형태이다. 오늘날 주요 건강문제로 대두되고 있는 만성 퇴행성 질환은 흡연, 운동, 영양, 비만 등이 주요 요인이 되고 있다. 따라서 이러한 요인들에 대한 근로자들의 건강의식과 식습관 등의 개선을 유도하기 위한 영양교육을 활성화하여야 하는 영양사 역할의 중요성은 더욱 대두되고 있다.

표 10-1 한국인의 10대 사망원인 및 영향을 미치는 요인

순위	구분	흡연	음주	운동	영양	비만	스트레스	건강검진	기타
1	암	●	●		●		●	●	○
2	뇌혈관 질환	●	○	○	●	○		●	
3	심장 질환	●	○	●	●	●	○		
4	당뇨병			●	●	●			
5	만성하기도 질환	●		●	●	●			
6	간질환		●					●	
7	자살						●		
8	운수사고		●						●
9	고혈압성 질환	●	●	●	●	○	○	●	
10	호흡기 결핵				●			●	

자료 : www.healthycity.seoul.go.kr

2) 영양교육의 목표

① 근로자들이 올바른 식습관을 가질 수 있도록 한다.

② 만성 퇴행성 질환자 등의 비율을 감소시킨다.

③ 혈중 콜레스테롤이 200 mg 이상인 사람의 비율을 감소시킨다.

④ 흡연율을 줄인다.

⑤ 알코올의 적절한 섭취량 및 섭취방법을 실천하도록 한다.

⑥ 정상 체중을 유지하도록 한다.

⑦ 아침 식사를 꼭 하도록 한다.

3) 영양교육 프로그램의 대상 및 내용

종류	연구대상	교육대상	교육내용
바른 식생활	전체영양교육 뉴스레터 게시판	전직원	균형 잡힌 식생활과 기초식품군, 각 영양소 간의 기능 및 한국인을 위한 식사 지침, 권장량 등에 대한 교육
비만교실	그룹지도 개인지도	비만도 120 이상이거나 BMI 남:26, 여: 28 이상인 사람	6주 정도의 프로그램이 적당하며 비만의 원인, 식사 계획, 식습관 및 식사 행동, 운동의 효과 등에 관하여 교육
콜레스테롤교실	그룹지도 개인지도	혈중 콜레스테롤이 200 mg/dL 이상인 사람	3주 정도의 프로그램으로 식이 중 전체 지방량, 콜레스테롤의 섭취를 줄이고 섬유소의 운동량을 늘리는 방법에 대한 교육
암 예방 교실	전체영양교육 뉴스레터 게시판	전직원	암 예방을 위하여 바른 식생활, 적절한 지방 섭취, 체중조절, 식품첨가제와 오염에 대한 교육
알코올과 건강	전체영양교육 뉴스레터 게시판	전직원	간에서의 알코올 대사, 알코올의 영양성분 및 칼로리, 알코올이 건강에 미치는 영향, 적절한 음주량 및 방법 등에 대하여 교육
외식의 요령	전체영양교육 뉴스레터 게시판	전직원	외식 시 선택 요령 및 문제점에 대한 보완책, 특히 질병 유소견자의 외식 선택 요령 등을 교육
고혈압과 영양	개인지도	고혈압 유소견자	식염과 고혈압, 비만과 고혈압의 관계를 설명하고 식사 시 특별히 조심해야 할 음식 및 주의 사항, 권장 식품 등에 관하여 교육
금연교실	그룹지도	흡연자	흡연과 질병과의 관련성을 설명하고 금연을 권장하며, 흡연 시 추가 요구되는 영양소에 대한 교육
가족영양교실	가정통신문 근로자 가족 초빙	근로자 가족	아침 식사의 중요성, 어린이 영양, 노인 영양, 빈혈 및 골다공증 예방을 위한 영양교육 등 전반적인 가족을 위한 영양교육을 실시

4) 영양교육의 효과

(1) 의료비, 재해보상비의 감소

직장인의 일반 건강진단 결과, 일반 질환의 유소견자가 1997년 179,509명에 비해 2009년 187,703명으로 11% 증가하였다. 의료비 사용에 있어 여러 가지 생활습관이 좋지 않은 근로자가 전체 근로자의 10% 정도에 해당되는데, 이들이 전체 의료비의 73%를 소비하는 것으로 보고되었다. 담배를 피우지 않고, 규칙적인 운동과 과음하지 않는 등 균형 있는 식습관을 가지고 혈압이 높지 않은 근로자들이 가장 낮은 의료비 청구기록을 보였다고 한다.

(2) 생산성 향상

모든 기업의 생존은 근로자들의 생산성에 달려 있다고 해도 과언은 아니다. 생산성 평가의 예로서 결근율을 보았을 때, 결근과 생활습관과는 밀접한 관계가 있는 것으로 밝혀지고 있다. 흡연가들은 비흡연가에 비하여 23~77% 높은 결근율을 보이고 있다고 하며, 과음자는 금주자에 비하여 병가일수가 유의하게 높은 것으로 나타났다. 그러므로 건강증진 프로그램을 통하여 질병을 줄임으로써 결근과 지각, 조퇴를 감소시키는 높은 업무 효율을 기대할 수 있다.

(3) 기업의 이미지

대부분의 기업들에게 대외적인 회사의 이미지는 매우 중요하다. 회사들에게 비용-효과적인 하나의 대안으로 근로자들을 위한 건강증진 프로그램들의 복지 방안은 대외적인 가시효과로서 근로자들의 사기를 고취시킬 수 있다.

5) 체중조절에 대한 개별상담 사례 및 영양상담 컴퓨터 프로그램

대법원 영양사가 여직원들을 대상으로 체중조절에 대한 개별영양상담 사례를 발표한 것과 근로자 건강검진을 기초로 하여 영양상담 업무를 효율적으로 수행하기 위해 개발한 건강 및 영양상담 프로그램을 'The Stage of Change Model' 이론을 배경으로 컴퓨터 프로그램화한 내용을 소개한다.

(1) 체중조절에 대한 개별상담 사례

① 대상의 선정

여직원 모임을 통해 심한 비만임을 알 수 있는 여직원 1명을 선정하여 1월 15일 1차 상담을 갖고 가족 비만 여부를 알아본 결과 비만도가 42%로 매우 심각했다. 따라서 체중조절에 대한 계획을 세워 영양상담을 실시하기로 하였다.

② 영양상담의 계획

체중 감량이 정상적으로 무리없이 될 수 있도록 나름대로 원칙을 세워 영양상담에 임하게 되었다.

- 1주일에 0.5 kg, 1개월에 2 kg 정도의 체중 감량이 되도록 한다.
- 상담자가 무리없이 쉽게 이해하고 실천할 수 있도록 식품교환표를 이용한 식단표 대강을 작성해 준다.
- 상담자는 정해진 열량(kcal) 내에서 필요한 식품을 균형되게 섭취하도록 하며, 매일 식사일기를 기록하도록 한다.
- 식이요법, 운동요법, 행동 수정을 병행하여 실시한다.
- 상담자는 기록한 식사일기를 갖고 시간을 정하여 매일 영양사를 방문, 체중을 체크하고 10~20분간 상담을 한다.
- 상담자는 매일 규칙적인 식사를 해야 하며 부득이한 경우를 제외하고는 오후 6시 이후에는 먹지 않는다(저녁은 구내식당을 이용하거나 빵식을 한다).

③ 영양상담 실시

1 1차 상담(1.15) : 인체계측 및 식습관 조사

- 키 : 158 cm
- 나이 : 만 25세(여)
- 체중 : 74 kg
- 활동 정도 : 대부분 앉아서 활동

식습관 및 특이사항

1. 하루 3식의 식사시간이 불규칙하고 식사 속도가 빠르다.
   (저녁 늦게 식사를 하거나 간식을 하는 경우가 많다.)
2. 외식을 자주 하고(주 3~5회), 과식하는 경우가 많다.
3. 가공, 반가공식품, 인스턴트식품을 자주 먹는다.
4. 단 음식(과자, 초콜릿, 아이스크림 등)을 아주 좋아한다.
5. 술은 주 3회 정도, 1회량은 맥주 1,000 cc, 소주는 1병 정도 먹는다.
6. 다이어트를 실천해 본 경험이 있다(사과 단식, 단식, 저녁 굶기).
7. 1일 음식 섭취량은 대략 2,900 kcal로 보인다.
8. 체형은 사과형에 속하고 가족력(family history)이 보인다.
   (어머니와 자매 두 명이 모두 비만이다.)
9. 스트레스를 받으면 많이 먹는다.

2 2차상담(1.17) : 1일 에너지 필요량과 표준체중을 알아보고 비만도를 판정하였다.

- **1일 에너지 필요량**

  74 kg × 0.9 kcal/kg/hr = 66.6 kcal/hr

  66.6 kcal/hr × 24 hr/day = 1598.4 kcal/day

  1598.4 kcal + 799.2 kcal(BMR의 50%) ≒ 2,400 kcal/day

- **표준체중**

  [신장(cm) - 100] × 0.9 = (158 - 100) × 0.9 = 52.2 kg

- **비만도**

  [실제체중 - 표준체중] × 100/표준체중 = (74 - 52.2) × 100/52.2 = 41.7%

  → 심각한 비만

3 3차 상담(1.18) : 비만에 관한 영양교육을 리플릿을 이용하여 실시하고, 1주일간 규칙적인 식사습관을 가지고 술, 외식, 폭식, 간식은 삼가는 정도의 식이요법을 실시하도록 하였다. 이때 매일 섭취한 음식을 기록하고, 섭취한 음식에 대해 스스로 반성할 수 있도록 식사일기(표 10-2)를 만들어 주어 기록하도록 하였다. 또한, 매일 오전 10:00~10:20에 영양사를 방문하여 기록한 식사일기 내용을 가지고 상담하며, 매일의 체중을 기록하도록 체중기록표(표 10-3)를 만들어 주었다.

4 4차상담 : 1일 1,500 kcal 식이요법(표 10-4)의 제시와 식품교환표를 이용한 교육을 실시하였다. '당뇨병 환자를 위한 열량별 식품군의 교환단위수'를 참고로 1,500 kcal 식단표 대강을 제시해 주고, 1,500 kcal에 필요한 각 식품군의 교환수는 꼭 섭취하도록 하였다.

- **1,500 kcal로 제한하여 감량할 수 있는 체중은?**

  현 상태를 유지하기 위해서 필요한 열량은 약 2,400 kcal이므로

  2,400 kcal - 1,500 kcal = 900 kcal

  900 kcal × 7일 = 6,300 kcal

  체지방 1 kg은 7,000 kcal이므로

  1 kg : 7,000 kcal = x : 6,300 kcal, x = 0.9 kg

  따라서 1주일에 약 0.9 kg을 감량할 수 있다.

표 10-2 식사일기

열량	곡류군	어육류군		채소군	지방군*	우유	과일
		저지방	중지방				

*1일 사용되는 기름량을 일반적으로 15 cc(3교환단위)로 본다.

아침						
간식						
점심						
간식						
저녁						
간식						

오늘 나의 식사는?	
영양사 의견	

표 10-3 체중기록표

(월) WEGHT (단위 : kg)

월	화	수	목	금	토	일
비고						

표 10-4 체중조절 식이요법

열량	곡류군	어육류군		채소군	지방군*	우유	과일
		저지방	중지방				
1,500 kcal	7(교환)	4	1	6	4	1	2

*1일 사용되는 기름량을 일반적으로 15 cc(3교환단위)로 본다.

아침	2단위×70 = 140 g 2/3공기	소고기 1.5×40 = 60 g		시금치 70 g 김치 70 g		
간식						
점심	3단위×70 = 210 g 1공기	동태 1×50 g = 50 g	두부 1×80 g = 80 g(1/5모)	쑥갓 70 g 김치 70 g		
간식						귤 2×100 g = 200 g(中 2개)
저녁	2단위×70 = 140 g 2/3공기	닭고기 1.5×40 = 60 g		양상추 70 g 김치 70 g	마요네즈 1×7 g = 7 g(1 ts)	
간식					우유 200 g(1 cup)	

④ 영양상담 결과

1월 15일부터 3월 8일까지 약 2개월간 영양상담을 실시한 결과 식습관은 좋은 방향으로 유도 내지 개선이 되었는데 규칙적인 운동을 병행하는 데는 다소 무리가 많아 실행되지 못하였다.

상담 전	상담 후	감량
74 kg	70 kg	4 kg

- 몸무게의 변화
- 식습관의 변화
  - 하루 매끼의 식사시간이 규칙적이고 천천히 식사를 하게 되었다.
  - 외식은 1주일에 1회 정도로 줄이고 과음, 과식은 거의 하지 않게 되었다.
  - 인스턴트식품, 단 음식은 피하게 되었다.
  - 저녁 늦은 시간에 간식은 하지 않게 되었다.
- 상담계획
  - 일주일에 1회 정도는 방문하도록 하며 지금까지의 영양상담을 토대로 스스로 식이요법을 실행하도록 한다.
  - 식사일기는 매일 기록하도록 한다.
  - 규칙적인 운동을 하도록 하고, 그렇지 못할 경우 많이 움직여 활동량을 늘리도록 한다.
  - 행동 수정에는 늘 관심을 두고 생활하도록 한다.

3. 병원

1) 임상영양관리의 개요

임상영양관리란 질병이나 상해 등의 치료를 목적으로 임상영양사 또는 영양전문가에 의해 제공되는 전반적인 영양치료서비스의 과정을 말한다. 일반적으로 병원에서 제공되는 임상영양관리 활동에는 영양검색, 영양상태평가, 영양치료계획 및 시행, 영양치료에 대한 모니터링 및 재평가 등이 있다. 미국영양사협회(ADA)에서는 다양한 조건이나 질병이 있는 대상에게 포괄적인 건강관리를 수행하는 데 있어서 필수 요소로 임상영양치료(MNT, medical nutrition therapy)를 제시하고 있으며, 이러한 과정을 통해서 건강관리 및 삶의 질이 개선될 수 있다고 한다. 최근 미국영양사협회(ADA)는 기존의 MNT를 시행과정에 있어서 좀 더 명확하고 근거중심의 임상영양치료를 하고자 표준화된 영양관리과정(NCP, nutrition care process)을 소개하고 있으며, 기존의 영양판정(nutrition assessment), 영양중재(nutrition intervention) 및 영양모니터링 및 평가(nutrition monitoring and evaluation) 이외에 영양진단(nutrition diagnosis)이라는 새로운 개념을 도입하였다. NCP의 도입으로 보다 전문적이고 체계적인 임상영양서비스가 제공될 뿐 아니라 전문적 영양서비스에 대한 비용 청구에 있어서 객관적인 근거자료로써 활용될 수 있다.

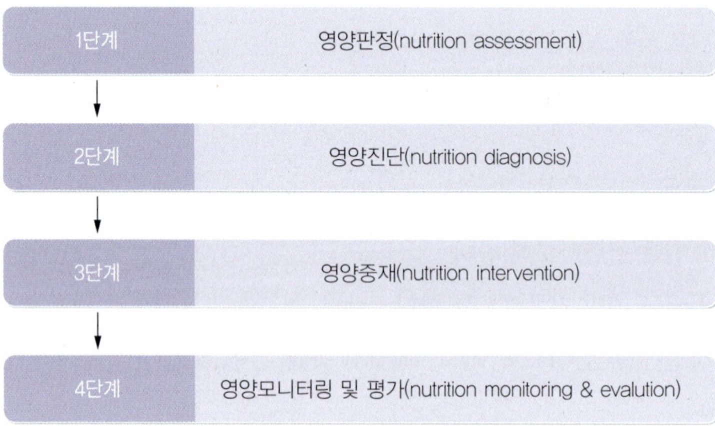

그림 10-2 영양관리과정

자료 : 대한영양사협회, 국제임상영양표준용어지침서, 2011

우리나라의 의료기관에서도 질병이 있는 사람을 대상으로 영양교육 및 상담의 요구가 점진적으로 증가하여 활발한 활동이 이루어지고 있으며, 영양교육 및 상담을 실시하는 경우 제한된 질병에 한하여 비용을 청구할 수 있다. 비용을 청구하려면 영양사에 의한 영양교육 이외에 질병에 따라 의사, 간호사와 같은 필수 교육자가 요구되며, 교육자의 전문성, 교육장소, 수행절차 및 교육내용 등과 관련하여 필수 요건을 충족하여야 한다.

2) 질환별 영양지도

(1) 고혈압

고혈압(hypertension)은 동맥의 수축기 또는 확장기압이 지속적으로 상승되어 있는 상태를 말하며, 빈번한 두통, 숨 가쁨, 시각 손상, 코피, 흉통, 현기증, 기억력 저하 및 위장관 장애 등의 증상이 나타난다. 고혈압 환자의 90%는 본태성 고혈압(essential 또는 primary HTN)으로, 안지오텐신(angiotention) 유전자가 원인이 될 수 있다. 고혈압을 치료하지 않는 경우 뇌졸중, 만성 신부전, 신장 질환, 심근경색, 또는 10여 년 후 장기적인 기억력 이상 등의 증상이 나타나며, 악성 고혈압은 6개월 안에 치명적일 수도 있다.

표 10-5 성인의 혈압 분류

혈압의 분류	수축기혈압(mmHg)		확장기혈압(mmHg)
정상	<120	그리고	<80
고혈압 전 단계	120~139	또는	80~89
제1기 고혈압	140~159	또는	90~99
제2기 고혈압	≥160	또는	≥100

자료 : 대한고혈압학회, 2004

고혈압을 치료하는 데 경증의 환자의 경우 생활습관의 개선을 강조하고 있으며, 약물요법을 하는 경우에도 생활습관을 개선하면 약물의 효과를 최대화하고 부작용을 줄일 수 있다.

표 10-6 고혈압의 관리를 위한 생활습관 개선

개선안	권고사항	수축기혈압 감소(범위)
체중 감량	이상 체중의 유지(BMI 18.5~24.9 kg/m^2)	5~20 mmHg/10 kg 체중 감량
건강식사법 (DASH*요법)	포화지방산과 지방 섭취를 줄이고, 과일, 채소, 저지방 유제품의 섭취 증가	8~14 mmHg
저염식	1일 염분 6 g 이하 섭취	2~8 mmHg
운동량 증가	매일 30분 이상 속보로 걷기 등의 유산소운동	4~9 mmHg
절주	1일 30 mL 이하의 알코올 섭취/여자나 마른 남자에서는 15 mL 이하의 섭취	2~4 mmHg

*DAHS, Dietary Approach to Stop Hypertension.
자료 : 대한고혈압학회, 2004

① 영양상담의 목표

- 비만의 경우 체중 감량을 한다.
- 울혈성 심부전 또는 뇌졸중의 증상을 완화하기 위해 혈압을 안전한 수준까지 떨어뜨린다.
- 혈압저하를 위해 염분 섭취를 제한한다.
- 칼슘, 마그네슘, 비타민 D, E, K를 적절하게 증가시킨다.
- 신체적 활동을 증가시킨다.

② 식사요법의 지침

- 염분 섭취를 줄이며, 이뇨제를 사용하는 경우 1일 나트륨 섭취를 2,000 mg 정도로 제한한다. 그러나 나트륨의 제한은 혈액량을 감소시킬 수 있으므로 주의하여야 한다.
- 정상 체중을 유지한다.
- 가능한 한 복합당질로 섭취하며, 섬유소를 충분히 섭취한다.
- 지나친 단백질의 섭취를 피하며, 양질의 단백질을 섭취한다.
- 지방의 섭취를 제한하며, 조리 시 일부 포화지방산을 대신하여 올리브 오일, 대두유, 카놀라유 등을 사용하도록 한다.
- 칼슘과 마그네슘의 섭취를 증가시킨다.
- 카페인 함유 음료를 지나치게 섭취하지 않도록 한다.
- 술은 가급적 피한다.
- 생리활성 효과가 높은 플라보노이드와 식물성 화학성분이 함유된 채소와 과일 섭취를 증가시킨다.
- 전반적인 심혈관의 건강을 위해서 비타민 B_2, 엽산, 비타민 B_{12}, B_6가 풍부한 식품 섭취를 증가시키며, 비타민 C 역시 혈압조절에 중요하므로 적당량의 비타민 C 섭취가 필요하다.

표 10-7 외식 시 음식 선택 요령

권장 메뉴	제한 메뉴
된장, 고추장을 적게 넣은 비빔밥, 쌈밥, 한정식, 생선구이, 김밥, 초밥, 국수(국물 제외)	• 짜장면, 짬뽕 등의 각종 중국요리 • 찌개백반, 육개장, 부대찌개 • 꼬리곰탕, 설렁탕, 도가니탕, 해장국, 곱창전골, 추어탕, 보신탕 등 기름기 많은 탕류

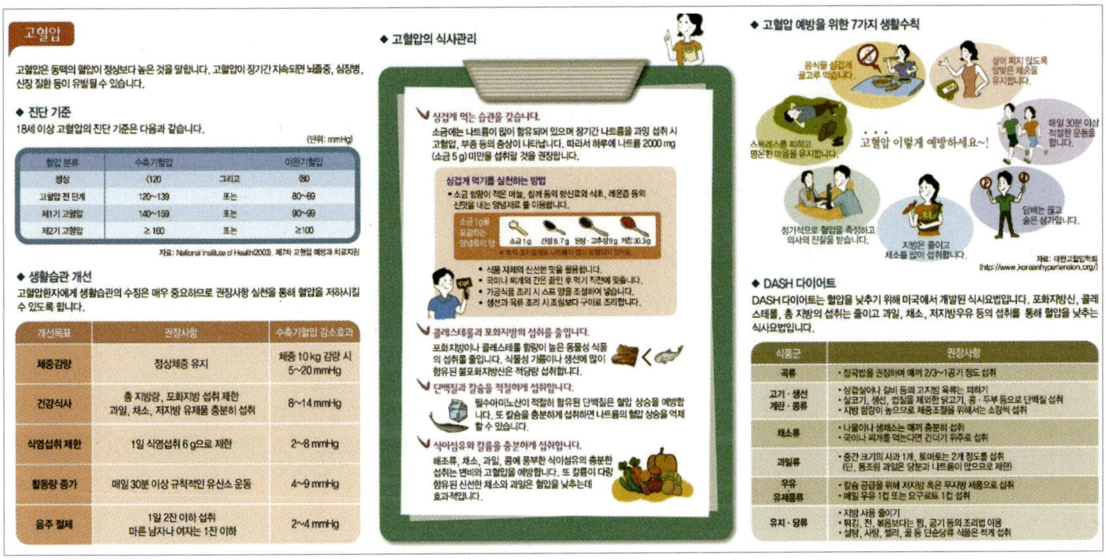

그림 10-3 제7차 고혈압 예방과 치료지침

자료 : National institute of Health

(2) 고지혈증

고지혈증(hyperlipidemia)이란 혈액 내 중성지방이나 콜레스테롤 혹은 두 가지 모두 상승되어 있거나 HDL 콜레스테롤의 농도가 저하된 상태를 말하며, 이는 심장 질환의 위험요인이 된다. 고지혈증의 1차적인 원인은 유전적인 원인에 의해서 나타나며, 식사조절과 함께 약물치료가 필수적이다. 2차적인 원인으로는 체중증가, 임신, 과다한 칼로리 섭취 및 고지방 식사, 알코올 섭취, 약물복용(steroid, estrogen, thiazides, 경구피임제)과 각종 질환(당뇨, 갑상선 기능 저하증, 신증, 만성 신부전, 폐쇄성 황달, 포피린증) 등이 있다.

표 10-8 LDL 콜레스테롤을 제외한 고지혈증과 심장 질환의 위험인자

• 흡연 • 고혈압(혈압≥140/90 mmHg 혹은 항고혈압약제를 복용하는 경우) • 저 HDL 콜레스테롤(< 40 mg/dL)* • 조기 관동맥 심질환 가족력 : 부모, 형제, 자매 중 남자 55세 미만, 혹은 여자 65세 미만에서 심근경색증 혹은 심장급사가 발생한 경우 • 연령(남자 45세, 여자 55세)

자료 : 한국 지질·동맥경화학회, 고지혈증치료지침, 2003

고지혈증을 개선하는 데 있어서 생활습관 개선과 식사요법이 매우 중요하여 고지혈증 및 심혈관 질환을 치료하기 위한 다양한 식사권장안이 제시되고 있다. 우리나라의 고지혈증치료지침 제정위원회에서 권장하는 식사관리의 원칙은 다음과 같다.

표 10-9 고콜레스테롤혈증에 대한 식사요법의 원칙

식이성분	고콜레스테롤혈증	고중성지방혈증
1일 총열량	정상 체중을 유지하는 범위 과체중이거나 비만상태이면 체중조절이 필요하다.	
총지방량	총칼로리의 15~20%	
포화지방산	〃 6% 이하	
다가불포화지방산	〃 6% 이하	총칼로리의 20~25%
단일불포화지방산	〃 10% 이하	
당질	〃 60~65%	50~55%
단백질	〃 15~20%	
콜레스테롤	100 mg/1000 kcal 미만(200 mg 미만/일)	

자료 : 한국 지질 · 동맥경화학회, 고지혈증치료지침, 2003

① 영양상담의 목표

- 혈청 콜레스테롤이나 중성지방 농도를 200 mg/dL 미만으로 유지한다.
- 고지혈증과 관련된 관상동맥 질환의 위험도를 감소시킨다.
- 건강한 생활양식을 습득한다.

② 식사요법의 지침

- 정상 체중을 유지한다.
- 포화지방산의 섭취를 제한하며, 포화지방산보다는 불포화지방산을 이용하도록 한다.
- 콜레스테롤은 1일 200 mg 이하로 제한하며, 콜레스테롤이 많이 함유된 식품은 1주일에 2~3회 이하로 섭취한다.
- 오메가-3 지방산이 많이 함유된 식품의 섭취를 증가시킨다.
- 단순당질이 많이 함유된 식품의 섭취를 줄인다.
- 술은 가급적 피한다.

(3) 뇌졸중

뇌졸중(cerebrovascular accident, stroke)은 혈관경련, 혈병 또는 혈관파열 등에 의하여 혈액 공급이 원활하지 못하여 뇌의 일부분이 손상되는 질환이다. 일과성 허혈성 발작은 혈전에 의하여 짧은 순간에 뇌에 혈액 공급이 되지 않는 것을 말하며, 대상의 10% 정도 1년 안에 뇌졸중으로 발전된다.

고혈압, 흡연, 당뇨, 심방세동, 경구피임약의 복용은 뇌졸중의 위험요인이 되며, 주요 증상으로는 감각상실, 물체를 잡는 능력의 상실, 왜곡된 언어능력, 희미한 시력, 불안정한 걸음걸이, 갑작스럽게 참기 힘든 두통을 들 수 있다. 그 밖에도 무의식, 마비 등 기타 증상 등이 일어날 수 있으며, 이들 증상의 정도는 뇌의 손상부위와 정도에 달려 있다.

① 영양상담의 목표

- 전해질 균형을 유지한다.
- 변비, 폐렴, 신결석, 욕창 등의 합병증을 개선한다.
- 과체중인 경우 혈압 개선과 심장의 부담을 줄이기 위해 체중 감량을 한다.
- 혈중 콜레스테롤과 중성지방 수준을 개선한다.
- 자립능력을 개선한다.

② 식사요법의 지침

- 처음 맑은 유동식에서 전유동식으로 점진적으로 이행한다.
- 삼키기 어려운 시기(연하곤란) 동안 숨을 막기 쉬운 음식은 피한다.
- 타액 생성이 감소된 환자의 경우 소량으로 음식을 촉촉하게 한다.
- 콜레스테롤, 염분, 포화지방산을 필요에 따라 제한한다.
- 이뇨제를 사용하는 경우 칼륨 섭취를 증가시킨다.
- 환자의 활동 정도에 따라 적절한 칼로리를 섭취하도록 한다.
- 하루에 6~8컵 정도의 수분을 섭취하며, 식후에 마시도록 한다.
- 섬유소가 함유된 식품을 제공한다(오얏주스, 전곡류 등)
- 비타민 C와 마그네슘이 제공되어야 하며, 비타민 E는 항산화 비타민으로 도움이 될 수 있다.
- 환자가 부드러운 식사를 할 수 있다면 플라보노이드가 함유된 주스, 포도주스, 차와 적포도주 등이 도움이 될 수 있다.

(4) 당뇨병

당뇨병(diabete mellitus)이란 여러 가지 원인에 의해 혈액 내 포도당이 정상 이상으로 높은 상태를 말한다. 당뇨병 환자는 인슐린이 정상인에 비하여 절대적으로 적게 나오거나(인슐린 의존형 당뇨병), 나오는 양이 적지는 않으나 영양소를 전달하는 역할이 떨어져 있다(인슐린 비의존형 당뇨병).

당뇨병은 제1형 당뇨병(인슐린 의존형, 소아당뇨병)과 제2형 당뇨병(인슐린 비의존형, 성인당뇨병)으로 크게 2가지로 구분된다. 제1형은 소아나 30대 이전에 나타나며, 인슐린 분비가 되지 않아 인슐린 주사를 계속 맞아야 하는 당뇨병으로 그 수는 그리 많지 않다. 제2형 당뇨병은 인슐린 부족과 인슐린 작용이 감소되어 나타나는 것으로, 당뇨병 환자의 대부분이 이에 속하며 40대 이후에 주로 발생한다.

당뇨병의 증상은 특징적으로 삼다 현상인 다뇨, 다음, 다식 현상이 나타나게 된다. 당뇨병은 혈당이 상승하고 요에 당이 나오는 것에 그치지 않고 여러 가지 만성 합병증을 초래하기 쉬우므로 적절한 식사요법과 운동요법 및 약물요법을 통해 올바른 치료를 계속해야 한다.

표 10-10 당뇨병과 내당능 장애의 진단 기준

구분	당뇨병	포도당 대사이상
WHO (1985)	• 공복 혈당 > 140 mg/dL • 당부하 후(식후) 2시간 혈당 > 200 mg/dL	• 내당능 장애 : 공복 혈당 < 140 mg/dL • 당부하 후(식후) 2시간 혈당 140~199 mg/dL
ADA (1997)	공복 혈당 > 126 mg/dL	공복 혈당 장애 : 110 mg/dL < 공복 혈당 장애 < 126 mg/dL

① 영양상담의 목표

- 혈당 및 혈중 지방을 정상화한다.
- 표준체중을 유지한다.
- 좋은 영양상태를 유지한다.
- 합병증을 지연 및 예방한다.

② 식사요법의 지침

- 현재 체중을 평가하고 목표 체중을 결정한다.
- 식품교환표를 이용하여 처방 열량에 따른 음식의 양을 제시한다.
- 식사 횟수와 식사 간격을 설명한다.
- 기타 고려사항을 설명한다.
  - 저혈당일 경우 대처 요령
  - 적절한 섬유소 섭취
  - 소금 섭취를 줄임
  - 외식 시 식사 요령
  - 단순당(꿀이나 설탕 등)의 섭취 제한
  - 고콜레스테롤 함유 식품 섭취 제한
  - 술은 피하는 것이 좋음

표 10-11 1일 식단의 예(1,600 kcal)

아침	점심	간식	저녁	간식
보리밥 140 g 팽이버섯된장국 불고기(우육 60 g) 꽁치구이 50 g 가지나물 상추쌈 포기김치	콩밥 210 g 우육무국 (우육 20 g) 생선찜 50 g 쑥갓나물 고비나물 양배추초무침 포기김치	배(중) 1/4개	현미밥 210 g 두부전골 (두부 80 g) 생선구이 50 g 도라지오이생채 근대나물 연근조림 열무김치	우유 200 cc

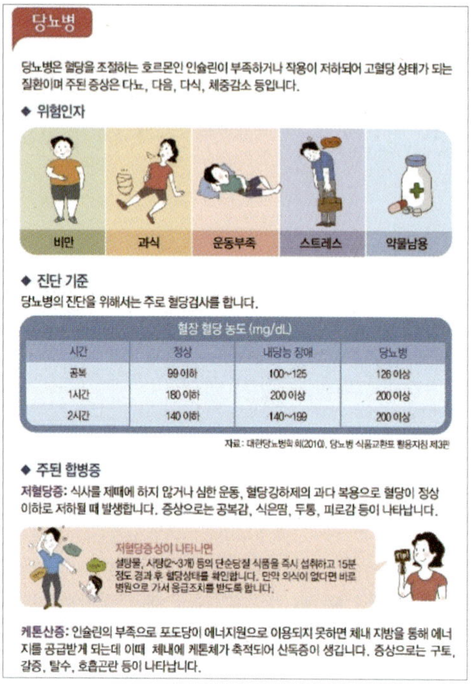

당뇨병

당뇨병은 혈당을 조절하는 호르몬인 인슐린이 부족하거나 작용이 저하되어 고혈당 상태가 되는 질환이며 주된 증상은 다뇨, 다음, 다식, 체중감소 등입니다.

◆ 위험인자

◆ 진단 기준

당뇨병의 진단을 위해서는 주로 혈당검사를 합니다.

혈장 혈당 농도 (mg/dL)			
시간	정상	내당능 장애	당뇨병
공복	99 이하	100~125	126 이상
1시간	180 이하	200 이상	200 이상
2시간	140 이하	140~199	200 이상

자료 : 대한당뇨병학회(2010), 당뇨병 식품교환표 활용지침 제3판

◆ 주된 합병증

저혈당증: 식사를 제때에 하지 않거나 심한 운동, 혈당강하제의 과다 복용으로 혈당이 정상 이하로 저하될 때 발생합니다. 증상으로는 공복감, 식은땀, 두통, 피로감 등이 나타납니다.

저혈당증상이 나타나면
설탕물, 사탕(2~3개) 등의 단순당질 식품을 즉시 섭취하고 15분 정도 경과 후 혈당상태를 확인합니다. 만약 의식이 없다면 바로 병원으로 가서 응급조치를 받도록 합니다.

케톤산증: 인슐린의 부족으로 포도당이 에너지원으로 이용되지 못하면 체내 지방을 통해 에너지를 공급받게 되는데 이때 체내에 케톤체가 축적되어 산독증이 생깁니다. 증상으로는 구토, 갈증, 탈수, 호흡곤란 등이 나타납니다.

자료 : 대한당뇨병학회, 당뇨병 식품교환표, 2010

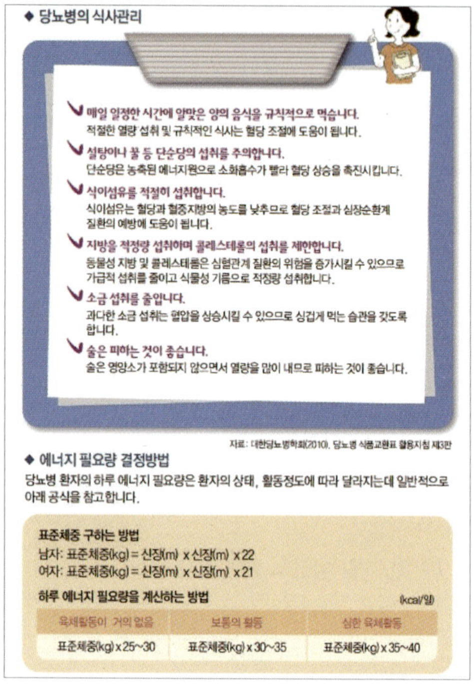

◆ 당뇨병의 식사관리

매일 일정한 시간에 알맞은 양의 음식을 규칙적으로 먹습니다.
적절한 열량 섭취 및 규칙적인 식사는 혈당 조절에 도움이 됩니다.

설탕이나 꿀 등 단순당의 섭취를 주의합니다.
단순당은 농축된 에너지원으로 소화흡수가 빨라 혈당 상승을 촉진시킵니다.

식이섬유를 적절히 섭취합니다.
식이섬유는 혈당과 혈중지방의 농도를 낮추므로 혈당 조절과 심장순환계 질환의 예방에 도움이 됩니다.

지방을 적정량 섭취하며 콜레스테롤의 섭취를 제한합니다.
동물성 지방 및 콜레스테롤은 심혈관계 질환의 위험을 증가시킬 수 있으므로 가급적 섭취를 줄이고 식물성 기름으로 적정량 섭취합니다.

소금 섭취를 줄입니다.
과다한 소금 섭취는 혈압을 상승시킬 수 있으므로 싱겁게 먹는 습관을 갖도록 합니다.

술은 피하는 것이 좋습니다.
술은 영양소가 포함되지 않으면서 열량을 많이 내므로 피하는 것이 좋습니다.

자료 : 대한당뇨병학회(2010), 당뇨병 식품교환표 활용지침 제3판

◆ 에너지 필요량 결정방법

당뇨병 환자의 하루 에너지 필요량은 환자의 상태, 활동정도에 따라 달라지는데 일반적으로 아래 공식을 참고합니다.

표준체중 구하는 방법
남자: 표준체중(kg) = 신장(m) x 신장(m) x 22
여자: 표준체중(kg) = 신장(m) x 신장(m) x 21

하루 에너지 필요량을 계산하는 방법 (kcal/일)

육체활동이 거의 없음	보통의 활동	심한 육체활동
표준체중(kg) x 25~30	표준체중(kg) x 30~35	표준체중(kg) x 35~40

자료 : 대한당뇨병학회, 활용지침 제3판, 2010

◆ 식품선택 권장사항

- 흰밥보다는 잡곡밥, 흰빵보다는 통밀빵, 찹쌀보다는 멥쌀을 선택합니다.
- 채소류, 해조류 등 식이섬유 함량이 높은 식품을 선택합니다.
- 주스형태보다는 생과일, 생채소 형태로 섭취합니다.
- 당도가 높은 과일(예: 열대 과일)은 피합니다.
- 조리 시 레몬즙이나 식초를 자주 이용합니다.
- 식사 시 한 가지 식품만 먹기보다 골고루 섭취합니다.

◆ 식이섬유 급원식품

식이섬유는 혈당개선 효과가 있으므로 당뇨병 식사계획을 할 때는 식이섬유가 풍부한 식품을 선택하도록 합니다. 통곡류, 채소류, 해조류와 과일에는 식이섬유가 풍부하게 있습니다.

(기준: 1인 1회 섭취분량)

고사리 (30 g)	양배추 (30 g)	취나물 (45 g)	열무 (45 g)
2.9g	2.4g	1.3g	1.1g
미역 (6 g)	오렌지 (200 g)	토마토 (110 g)	사과 (150 g)
5.4g	4g	3.5g	2.1g

자료 : 농촌진흥청, 소비자가 알기 쉬운 식품영양가표, (사)대한지역사회영양학회지, 2009
농촌진흥청 농식품종합시스템(koreanfood.rda.go.kr)

그림 10-4 당뇨병 예방과 관리

(5) 비만

비만(obesity)이란 일종의 만성 질환으로 체내에 지방이 과잉 축적된 상태이다. 비만은 유전적 요인, 내분비 이상, 심리적 원인, 과다한 열량 섭취, 운동부족 등에 의해 초래되며, 당뇨, 고혈압, 고지혈증, 관상동맥 질환, 담석증, 관절염, 지방간, 통풍, 폐쇄성 수면무호흡증, 암(직장암, 유방암) 등의 발생과 밀접한 관련이 있을 뿐만 아니라 수술 후 감염이나 상처 회복 지연의 위험요인이 된다. 다음은 대한비만학회에서 제시하는 비만의 기준이며 체질량지수와 허리둘레에 따른 동반 질환의 위험도이다.

표 10-12 체질량지수와 허리둘레에 따른 동반 질환의 위험도

분류	체질량지수 (kg/m^2)	허리둘레에 따른 동반 질환 위험도	
		<90 cm(남자), <85 cm(여자)	≥90 cm(남자), ≥85 cm(여자)
저체중	<18.5	낮다	보통
정상	18.5~22.9	보통	증가
위험 체중	23~24.9	증가	중등도
1단계 비만	25~29.9	중등도	고도
2단계 비만	≥30	고도	매우 고도

자료 : 대한비만학회, 비만치료지침, 2012

비만의 치료법은 식사요법, 운동요법, 행동수정요법을 병합한 복합적인 치료가 가장 바람직하다. 체중 감량을 성공적으로 오랫동안 준수 실천할 수 있는 식사요법을 제시한다. 평소보다 1일 500 kcal를 감량하면 일주일에 0.5 kg의 체중감소를 기대할 수 있다.

① 영양상담의 목표

- 체지방을 감소시킨다.
- 체단백질의 손실을 방지한다.
- 균형된 영양 섭취를 권장한다.
- 고지혈증, 고혈압, 당뇨 등의 합병증을 예방한다.
- 건전한 식행동을 유도한다.
- 규칙적인 운동을 실시한다.

② 식사요법의 지침

- 비만의 정도를 판정하고 목표 체중, 기간을 결정한다.

> **○목표 체중 설정 및 감량 체중의 산정**
>
> -표준체중 : 남자 = 신장(m)의 제곱×22
>
> 여자 = 신장(m)의 제곱×21
>
> -조정체중 : (현재체중-표준체중)×1/4 +표준체중
>
> -적당체중 : 현재체중보다 5~10 kg 정도 적은 체중임. 비만 정도가 지나칠 경우 체중 감량의 1차 목표를 적당체중으로 정함.

- 식사량을 정한다.
  - 1주일에 0.5 kg의 체중감소를 위해서는 열량 섭취량을 1일 500 kcal씩 감소시켜야 한다. 최저열량은 남자는 1,500 kcal, 여자는 1,200 kcal 이상이 되도록 한다.
- 정해진 식사량 내에서 식품을 골고루 섭취한다.
- 식사요법과 함께 식행동을 교정하는 행동수정요법을 행한다.
- 규칙적으로 운동을 한다.
- 기타
  - 식사를 거르지 않는다.
  - 설탕이 많이 들어간 음식은 피한다.
  - 튀김, 부침요리를 피하고 삶거나 찌거나 굽는다.
  - 섬유소가 많은 음식을 먹는다.
  - 대사산물의 배설을 위해서 충분한 수분을 섭취한다.
  - 알코올을 제한한다.
  - 20분 이상 천천히 식사한다.
  - 규칙적인 식사, 규칙적인 운동을 한다.

(6) 대사증후군

대사증후군(metabolic syndrome)은 심근경색이나 뇌졸중의 위험인자인 고혈압, 이상지질혈증(고지혈증), 심장 질환, 당뇨병, 비만 등이 동시 다발적으로 생기는 것을 말하며, 2007~2010년도 국민건강영양조사 분석 결과 우리나라 국민 30세 이상 성인의 대사증후군 유병률은 28.8%로 지속적으로 증가되는 추세이다. 대사증후군이 있으면 대

사증후군이 없는 사람에 비해 심혈관 질환의 발생 위험이 2배 이상, 당뇨병 발생 위험도 4~6배 이상 높으며, 그 밖에도 유방암, 대장암 등의 다양한 암 발생의 위험이 높아지므로 보건복지부에서는 이러한 대사증후군을 가진 사람들에게 식습관개선, 신체활동 증가, 금연, 절주, 스트레스 관리 등의 생활습관 교정을 권장하고 있다. 다음은 대사증후군의 진단 기준으로 아래 항목 중의 3개 이상이 해당되면 대사증후군으로 진단한다.

표 10-13 대사증후군의 진단 기준

- 복부 비만 : 남자 90 cm 이상, 여자 85 cm 이상
- 상승된 혈압 : 수축기혈압 130 mmHg 이상/또는 이완기혈압 85 mmHg 이상 , 또는 고혈압 치료를 위해 약물투여 중인 상태
- 상승된 혈당 : 공복 혈당 100 mg/dL 이상 또는 혈당조절을 위해 약물투여 중인 상태
- 저하된 HDL 콜레스테롤 : 남자 40 mg/dL 미만, 여자 50 mg/dL 미만 또는 저 HDL 콜레스테롤혈증을 치료하기 위해 약물투여 중인 상태
- 상승된 중성지방 : 중성지방 150 mg/dL 이상 또는 고중성지방혈증을 치료하기 위해 약물투여 중인 상태

자료 : 대한가정의학회, 대한민국 성인에서 대사증후군의 예방 및 치료 임상진료지침, 2013

① 영양상담의 목표

- 이상 체중을 유지한다.
- 혈압을 개선한다.
- 혈당을 개선한다.
- 혈액 내 지질수치를 개선한다.

② 식사요법의 지침

- 체중관리를 위해 식사섭취량을 조절한다.
- 제때에 규칙적으로 적당량의 식사를 천천히 한다.
- 기름기 많은 음식, 특히 동물성 지방 및 트랜스지방이 많은 음식을 주의한다.
- 생선, 콩, 두부, 살코기 및 해산물 등을 매일 적당량 먹는다.
- 빵, 국수, 떡 등의 당질 음식은 과잉 섭취하지 않으며, 특히 설탕, 꿀, 아이스크림 등 단맛이 강한 후식은 가능한 한 적게 섭취한다.
- 충분한 채소와 적절한 과일을 섭취한다.
- 정제된 곡류 대신 전곡류를 섭취한다.
- 음식은 싱겁게 섭취한다.

표 10-14 대사증후군을 위한 식사요법 지침

대사증후군 요인	권장 식사
복부 비만	저열량식사
지질 대사이상 (HDL 콜레스테롤 감소 중성지방 상승)	• 지중해식 식사, 저탄수화물식사(특히, 비만 혹은 고혈당 환자) • 풍부한 불포화지방(특히 단일불포화지방) • 풍부한 섬유질(전곡류, 과일, 채소) • 적당한 생선 섭취, 대두 단백질
고혈압	저염식사, DASH 식사
고혈당	지중해식 식사, 저탄수화물식사
LDL 콜레스테롤 상승	• 포화지방, 트랜스지방 및 콜레스테롤 섭취 감소 • 단일불포화지방 섭취 증가, 식물성지방 섭취 증가 • 대두 단백질 섭취 • 식이섬유 섭취 증가(전곡류, 과일, 채소)

자료 : 대한비만학회, 대사증후군의 관리 진료실 가이드, 2005

(7) 골다공증

골다공증(osteoporosis)이란 골질량이 감소되고 뼈 사이의 연결이 끊어져 뼛속에 구멍이 생겨 작은 충격에도 쉽게 부러지는 질환이다.

1형(폐경 후) 골다공증은 주로 폐경기 후 여성에게서 발병하는 것으로 에스트로젠의 감소로 골질량 소실이 가속화되어 발병한다. 에스트로젠은 뼈가 녹아내리면서 뼈가 생성되는 것보다 없어지는 것이 더 많게 된다. 폐경 후부터 골밀도가 급격하게 낮아진다.

2형(노인성) 골다공증은 노화에 따른 불가피한 골소실에 의한 것으로 여성과 남성 모두에게서 발병한다. 칼슘 흡수에 중요한 역할을 하는 활성화 비타민 D의 형성이 저하되어 뼈를 만드는 데 필요한 칼슘이 부족하게 되면서 골밀도 저하가 초래된다.

2차성 골다공증은 약제의 사용이나 질병으로 발병되는 것을 일컫는다. 스테로이드 과다 복용, 갑상선 기능 항진증, 부갑상선 기능 항진증, 신장 질환, 일부의 암 등이 이차성 골다공증을 유발할 수 있다. 또한 장기간 누워 있거나, 움직이지 않는 경우, 골격의 항상성 유지가 손상되어 골소실과 골다공증을 초래할 수 있다.

골다공증은 특히 폐경 후 여성, 가족 중에 골다공증이 있는 사람, 과다한 음주, 흡연자, 운동이 절대적으로 부족한 경우, 심하게 마른 사람, 스테로이드제제, 쿠마딘, 항간질제 등의 약을 장기 복용하는 사람, 자외선 노출이 지극히 적은 사람에게 발생할 가능성이 높다.

골다공증의 위험요인

- 유전적 요인
- 조기폐경
- 운동부족
- 칼슘 섭취 부족
- Carticosteroid 약물복용
- 과다한 흡연과 음주

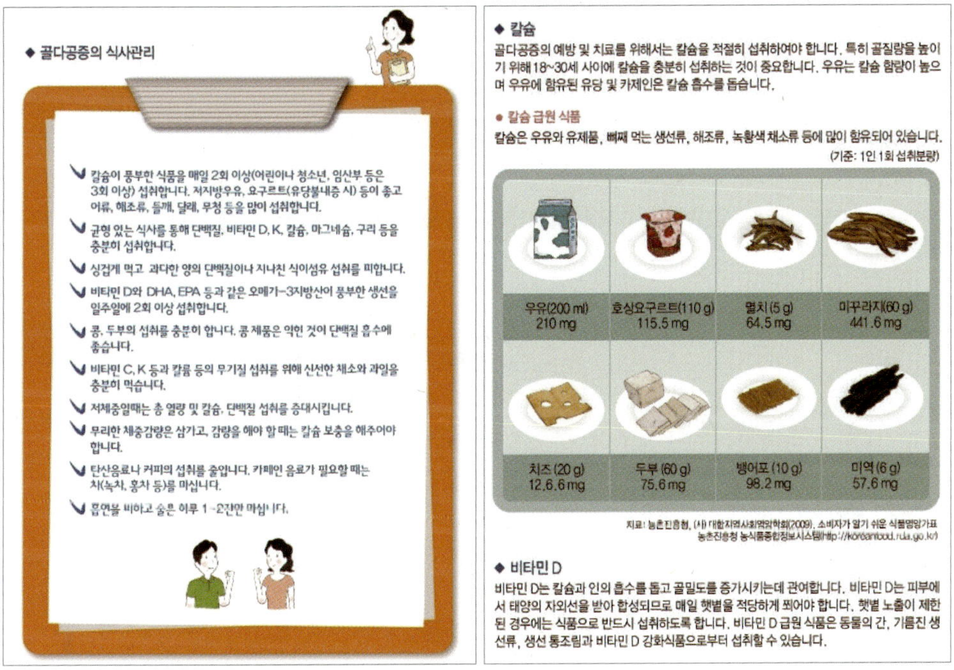

그림 10-5 골다공증 진단 및 치료지침

자료 : 대한골대사학회, 2007

① 영양상담의 목표

- 골손실을 방지한다.
- 골절의 위험을 줄인다.
- 골다공증의 위험인자를 줄인다.
- 적절한 영양상태를 유지한다.
- 비타민 D의 결핍을 방지한다.
- 과다한 칼슘 배설을 방지한다.

② 식사요법의 지침

- 칼슘을 충분히 섭취한다 : 칼슘의 흡수율은 식품에 따라 차이가 있어 우유, 유제품은 25~40%이지만 식물성 식품일 경우 그 흡수율이 떨어져 시금치의 경우 약 5% 정도이며, 채식 위주의 식사에서는 흡수율이 약 10~30% 정도로 높지 않다. 따라서 우유나 유제품을 이용하는 것이 효과적이다.

우유를 먹으면 소화가 안 되는 경우

- 소량씩 마신다.
- 식사와 함께 먹는다.
- 요구르트, 치즈와 같은 유제품을 활용한다.

표 10-15 칼슘권장량

구분	권장량
유아 및 아동(1~8세)	500~700 mg/day
청소년(9~18세)	800~1000 mg/day
성인(19~64세)	750~800 mg/day
노인기	700 mg/day
임신기	+0
수유기	+0

자료 : 보건복지부 · 한국영양학회, 2015 한국인 영양소 섭취기준

- 비타민 D를 충분히 섭취한다.
- 싱겁게 먹는다.
- 카페인을 제한한다 : 카페인은 신장과 장을 통한 칼슘의 배설을 촉진한다. 1일 150 mg의 카페인은 소변 배설을 5 mg 정도 증가시킨다. 커피는 하루 2잔 이하로 제한한다.
- 알코올을 제한한다 : 과다한 알코올 섭취는 골질량을 감소시킨다. 알코올이 직접적으로 골세포 형성에 나쁜 영향을 주기도 하나, 간접적으로 알코올로 인한 부적절한 영양섭취에 기인할 수도 있다.
- 섬유소가 많은 음식은 피한다.
- 흡연을 피하고 꾸준한 운동 습관을 가진다.

4. 보건소

1) 보건소 영양사업의 필요성

최근 우리나라에서 갈수록 증가하고 있는 만성 퇴행성 질환은 물론 아동의 비만 문제는 미국이나 유럽에 못지않은 심각한 수준에 이르고 있다. 한편 여성의 사회참여가 지속적으로 증가되면서 아동의 관리가 가정에서부터 보육시설로 옮겨지고 있어 사회기관에서의 어린이 식생활교육이 더욱 중요시되고 있다. 또한 빠른 고령화 사회 진입 등으로 인해 그 어느 때보다 국민건강증진을 위한 영양개선사업 활성화가 요구되며, 특히 지역주민의 평생건강증진센터로서 역할이 부각되고 있어 보건소를 통한 대국민 생애주기별 영양사업의 실시가 중요한 때이다.

전국의 각 시도 보건소에서 실시한 영양사업 사례들을 상담, 교육, 이벤트, 기타 영양사업으로 분류하여 표 10-16으로 나타냈으며, 구리시 보건소 미취학아동 비만 예방 영양사업 추진 사례를 제시하였다.

2) 교육목표

① 좋은 식습관 형성을 통하여 영양상태를 증진시킨다.
② 지역주민 중 만성 퇴행성 질환자의 비율을 감소시킨다.
③ 노인의 신체적 기능 저하를 극복할 수 있는 식사방법을 실천하도록 한다.
④ 모자건강교실을 운영하여 임신과 출산 및 육아과정에 필요한 영양지식을 습득하고 실천시킴으로써 모자건강에 기여한다.
⑤ 성장기 어린이의 영양관리가 잘 이루어질 수 있도록 한다.

표 10-16 보건소 영양사업 사례

분류	영양사업
상담	1. 영유아 이유식 영양상담 2. 어린이 영양지도 3. 초등학생 비만 아동관리 on-line 프로그램 개발 4. 청소년 영양상담 5. 갱년기 여성 건강관리사업(골다공증 관리)
교육	1. 산모도우미(산후도우미) 영양교육 2. 산후조리원 방문 임산부 영양교육 3. E-mail을 통한 이유식 교육 4. 학령기 아동 편식 예방 교육 5. 유아의 영양교육(어린이 영양교실 운영) 6. 미취학아동 어린이 영양교실 7. 미취학아동 비만 예방 영양교육 8. 친구야, 아침 먹자 9. 당뇨교실 10. 만성 질환 예방을 위한 영양개선 및 운동 사업 11. 비만인을 위한 체중조절 교실 운영 12. 한방비만교실 운영계획 13. 건강요리교실 14. 노인영양 프로그램
이벤트	1. 영양아람치 행사 2. 유아 영양교육과 어린이 영양 큰잔치 3. 초등학교 영양캠프 4. 당뇨가족걷기 대회 5. Check! Check! 나의 식단 6. 당뇨 환자를 위한 모범식단 시식회 7. 대학축제 시 건강코너 운영 8. 성인병 예방을 위한 '바람직한 식단전시회' 9. 건강백세를 위한 어르신 영양관리
기타영양사업	1. 인터넷을 이용한 영양정보 제공 2. 각종 매체를 통한 영양정보 제공 3. 미취학아동의 식품선호도 조사 4. 청소년 건강증진을 위한 영양진단 및 영양개선 프로그램 5. 노인영양관리 사업 6. 지역사회 내 영양사와의 협력관계 구축을 위한 사업설명회 실시

자료 : 대한영양사협회, 지역사회 영양사업사례집

구리시 보건소 영양상담실 운영(성장클리닉)

1. 사업개요

대 상 : 구리시 초등학생 1~3학년

대상자 선정 기준 : 표준치 이하

운영방법 : 영양, 운동 함께 진행

2. 추진내용

구분	세부내용	비고
프로그램 기간	1기/11주 과정(연 4기 운영)	
대상 및 인원	1. 초등학생 1~3학년 2. 선정 기준 : 표준치 이하 3. 그룹 운영 : 그룹당 15명	내소
조사항목	1. 기초설문조사(병력, 식습관, 생활습관 조사 등) 2. 기초의학검사(성장판검사, 빈혈검사) 3. 신체계측 및 체성분검사 4. 식이섭취조사(24시간 회상법) 5. 프로그램 종료 시 만족도 조사 실시	사전, 사후조사 실시 (1~4번 항목)
프로그램 진행	1. 주 1회 학부모 영양교육 2. 주 1회 어린이 영양놀이교실 3. 월 1회 개별식사일기 상담 4. 기수별 1회 골고루 영양교실 5. 식품을 이용한 영양 골든벨 6. 프로그램 전후 2회 체성분 측정관리 7. 회장, 부회장 선출로 빠른 라포 형성 및 강한 동기부여 8. SMS 전송을 통해 영양 및 식이관리를 지속적으로 실천할 수 있도록 함	화요일(학부모 영양교육) 목요일(학생 영양교육)
사후관리	1. SMS 전송을 통해 영양 및 식이관리를 지속적으로 실천할 수 있도록 함 2. 사후 1년 동안 3개월에 1번씩 체성분검사 실시 및 식이상담	
기타사항	1. 프로그램 미참가 아동 : 체성분검사, 영양상담 2. 프로그램 미참가 학부모 : 체성분 및 골다공증 검사, 영양상담	

5. 사회복지시설

최근 우리나라는 고령 노인의 증가, 가족의 해체 가속화 및 IMF의 경제 위기 등에 따라 사회복지시설의 양적 성장은 많은 진전이 있으나 질적 관리 기준 및 제도가 명백하게 설정되지 않은 상태이다.

2010년 보건복지부에서 발표한 보건복지가족통계연보에 의하면 사회복지 생활시설 총 2,921개소 중 노인복지시설이 2,081개소로 71.2%, 장애인복지시설이 347개소로 11.9%, 아동복지시설이 285개소로 0.1% 순이었다. 많은 노인복지시설에서 조리사나 조리보조원 인력이 부족한 여건에 있는 가운데 조리업무를 병행하는 영양사들이 많고, 급식 관련 업무가 과도함에도 타 업무를 병행하여 적절한 급식관리 운영에 지장을 초래하는 경우가 많은 것으로 파악되었다.

경제발전에 따라 공공복지서비스가 확대되면서 취약계층에 대한 급식 및 영양서비스에 대한 관심과 필요성이 점차 높아지고 있다. 사회복지시설은 사회복지서비스 전달체계의 하나로서 국민에게 인간다운 삶을 보장하고 삶의 질 향상을 위한 기반을 제공하는 중요한 역할을 수행하고 있다. 그러므로 사회복지시설 이용자들을 위한 체계적인 영양교육 프로그램의 개발과 노인센터나 복지관, 민간 지역 영양서비스 조직, 보건소 등과 연계된 영양교육 및 상담을 제공하는 발전된 사회로의 모습이 요구되고 있다.

장애인복지시설의 영양교육 사례

맛자랑 교실(정신지체인의 적극적인 참여의식 개발과 즐거운 생활창조를 위한 요리활동 프로그램)

목적

시설 내 정신지체인들이 요리시간을 통해 직접 요리하고 맛봄으로써 참여의식을 높이고 가사생활의 즐거움을 경험하는 데 있다.

목표

1. 기본적인 조리기구 사용법을 안다.
 • 하위목표 : ① 칼을 사용할 수 있다.

② 휴대용 가스레인지를 사용한다.

③ 프라이팬 사용을 할 수 있다.

④ 김발을 사용한다.

2. 간단 요리를 할 수 있다.

• 하위목표 : ① 김밥을 만든다.

② 볶음밥을 만든다.

③ 삼계탕을 만든다.

④ 팽이버섯 두부전골을 만든다.

3. 예의 바르게 식사할 수 있다.

• 하위목표 : ① 음식을 흘리지 않고 먹을 수 있다.

② 바른 자세로 앉아 식사할 수 있다.

③ 음식을 다 먹은 뒤 냅킨으로 닦을 수 있다.

4. 뒷정리를 할 수 있다.

• 하위목표 : ① 식탁 위 빈 그릇을 정리한다.

② 식탁을 행주로 닦고 정리한다.

② 설거지를 한다.

방법 및 내용

1. 대상 : 지체장애 대상 총 34명

2. 담당교사

• 담당자 : ○○○ 영양사

• 협조자 : 재활원 교사

3. 일정

• 2008년 3월 20일 수요일 오전 10시~오후 1시

• 2008년 5월 15일 수요일 오전 10시~오후 1시

• 2008년 8월 14일 수요일 오전 10시~오후 1시

• 2008년 11월 6일 수요일 오전 10시~오후 1시

4. 장소 : 재활원 식당

5. 수행방법

• 목표 1. 기본적인 조리기구 사용법을 안다.

① 도마 위에 채소를 놓고 칼로 썬다.

② 휴대용 가스레인지에 부탄가스를 넣고 손잡이를 돌려 불을 켠다.

③ 프라이팬을 가열하여 음식을 익힌다.

④ 준비된 김발의 사용법을 알도록 한다.

⑤ 김발로 김밥을 돌돌 만다.

- 목표 2. 간단요리를 할 수 있다.

① 김발에 김을 깔고 밥을 편 다음 채소를 얹어 돌돌 말아 김밥을 만든다.

② 채소를 썰고 볶아서 볶음밥을 만든다.

③ 밤, 대추 등을 영계에 넣고 푹 끓여서 삼계탕을 만든다.

④ 팽이버섯, 두부 등의 채소를 냄비에 넣고 전골을 만든다.

- 목표 3. 예의 바르게 식사할 수 있다.

① 음식을 입안에 넣고 얘기하지 않는다.

② 허리를 펴고 의자에 바르게 앉아 팔을 걸치지 않고 식사한다.

③ 음식을 다 먹은 뒤 입에 묻은 음식물을 냅킨으로 닦는다.

- 목표 4. 뒷정리를 할 수 있다.

① 음식을 다 먹은 뒤 빈 그릇을 모아 정리한다.

② 빈 그릇을 치우고 행주로 식탁을 깨끗이 닦는다.

③ 접시, 수저, 프라이팬 등 그릇을 구별하여 설거지한다.

평가방법

- 과정평가 : 매 실습시간마다 참여도를 체크하고 그날 실시된 요리명을 묻는다.
- 최종평가 : 실습에 대한 호응도를 조사한다.

파급효과

- 거주인들이 요리에 대한 관심을 높이고 가사생활에 대한 즐거움을 느끼게 함으로써 사회적응능력을 향상시킬 수 있다
- 가사활동을 직접 해봄으로써 기대감을 해소할 수 있다.

제2절 생애주기별 영양교육

현대는 영양소 섭취 과다, 운동부족, 흡연, 폭음 등 잘못된 생활습관으로 인한 비만 및 만성 질환 유병률의 증가, 세대 간 식생활 습관 차이로 인한 전통 식문화 붕괴, 식사 환경의 급속한 변화에 대처하는 영양교육 부족 등의 이유로 세대 간 체계적인 예방 차원의 건강관리정책으로의 전환이 요구된다.

1. 임신, 수유부 영양교육

1) 교육목표

(1) 임신기

① 임산부들이 올바른 식습관을 가질 수 있도록 한다.
② 임신기 동안 적당한 체중증가가 이루어지도록 한다.
③ 임신 중 음주와 흡연을 금하고, 카페인 섭취를 절제하도록 한다.
④ 임신 중에 임신중독증, 당뇨병, 빈혈, 변비 등이 나타나지 않도록 한다.
⑤ 입덧, 변비, 빈혈, 임신중독증, 당뇨병 등이 있는 경우에 적절하게 식생활을 관리할 수 있도록 한다.
⑥ 분만 후 모유수유를 할 수 있도록 준비시킨다.

표 10-17 임신기와 수유기의 영양교육

임신기	수유기
• 임신기의 영양관리(적당한 열량과 단백질 섭취, 칼슘, 엽산의 섭취, 철분보충제 복용) • 임신기의 생리적 변화와 적절한 체중증가의 중요성 • 입덧관리 • 변비, 빈혈, 임신중독 시의 식사관리 • 태아발육에 유해한 요인(음주, 흡연, 약물, 편식 등)	• 수유 생리와 올바른 수유관리 • 수유기의 영양 및 식사관리 • 수유 시 주의사항 • 영아기의 특성과 영양관리 • 올바른 실행방법

표 10-18 임신·수유부를 위한 식생활 지침

식생활 지침	실천 지침
우유 제품을 매일 3회 이상 먹자.	• 우유를 매일 세 컵 이상 마십니다. • 요구르트, 치즈, 뼈째 먹는 생선 등을 자주 먹습니다.
고기나 생선, 채소, 과일을 매일 먹자.	• 다양한 채소와 과일을 매일 먹습니다. • 생선, 살코기, 콩제품, 달걀 등 단백질 식품을 매일 한 번 이상 먹습니다.
청결한 음식을 알맞은 양으로 먹자.	• 끼니를 거르지 않고 식사를 규칙적으로 합니다. • 음식을 만들 때는 식품을 위생적으로 다루고 먹을 만큼만 준비합니다. • 살코기, 생선 등은 충분히 익혀 먹습니다. • 보관했던 음식은 충분히 가열한 후 먹습니다. • 식품을 구매하거나 외식할 때 청결한 것을 선택합니다.
짠 음식을 피하고, 싱겁게 먹자.	• 음식을 만들거나 먹을 때는 소금, 간장, 된장 등 양념을 적게 사용합니다. • 국물은 싱겁게 만들어 적게 먹습니다. • 김치는 싱겁게 만들어 먹습니다.
술은 절대로 마시지 말자.	• 술은 절대로 마시지 않습니다. • 커피, 콜라, 녹차, 홍차, 초콜릿 등 카페인 함유식품을 적게 먹습니다. • 물을 충분히 마십니다.
활발한 신체활동을 유지하자.	• 임신부는 적절한 체중증가를 위해 알맞게 먹고 활발한 신체활동을 규칙적으로 합니다. • 산후 체중조절을 위해 가벼운 운동으로 시작하여 점차 운동량을 늘려 갑니다. • 모유수유는 산후 체중조절에도 도움이 됩니다.

자료 : 보건복지부, 2010

(2) 수유기

① 수유부들이 올바른 식습관을 가질 수 있도록 한다.

② 수유 중 음주와 흡연을 금하고 카페인 섭취를 절제하도록 한다.

③ 영아기의 영양공급방법 : 수유방법과 이유식을 올바로 시행할 수 있도록 한다.

2) 교육내용

임신과 출산과정에서 임신부와 태아가 모두 건강하기 위해서는 특히, 임신과정 중의 영양상태가 매우 중요한 역할을 미친다. 임신·수유기 여성을 대상으로 하는 영양교육은 임신을 건강하게 유지하고 태아의 정상적인 발육과 성장을 도모하며, 출산 후의 모체의 건강유지와 충분한 유즙 생성 및 올바른 이유 실행 방법을 포함한 영유아의 식생활 지침 등의 교육이 필요하다.

표 10-19 영유아를 위한 식생활 지침

식생활 지침	실천 지침
생후 6개월까지는 반드시 모유를 먹이자.	• 초유는 꼭 먹이도록 합니다. • 생후 2년까지 모유를 먹이면 더욱 좋습니다. • 모유를 먹일 수 없는 경우에만 조제유를 먹입니다. • 조제유는 정해진 양대로 물에 타서 먹입니다. • 수유 시에는 아기를 안고 먹이며 수유 후에는 꼭 트림을 시킵니다. • 자는 동안에는 젖병을 물리지 않습니다.
이유 보충식은 성장 단계에 맞추어 먹이자.	• 이유 보충식은 생후 만 4개월 이후 6개월 사이에 시작합니다. • 이유 보충식은 여러 식품을 섞지 말고 한 가지씩 시작합니다. • 이유 보충식은 신선한 재료를 사용하여 간을 하지 않고 조리해서 먹입니다. • 이유 보충식은 숟가락으로 떠먹입니다. • 과일주스를 먹일 때는 컵에 담아 먹입니다.
유아의 성장과 식욕에 따라 알맞게 먹이자.	• 일정한 장소에서 먹입니다. • 쫓아다니며 억지로 먹이지 않습니다. • 한꺼번에 많이 먹이지 않습니다.
곡류, 과일, 채소, 생선, 고기, 유제품 등 다양한 식품을 먹이자.	• 과일, 채소, 우유 및 유제품 등의 간식을 매일 2–3회 규칙적으로 먹입니다. • 유아 음식은 싱겁고 담백하게 조리합니다. • 유아 음식은 씹을 수 있는 크기와 형태로 조리합니다.

자료 : 보건복지부, 2010

2 건강한 모유 수유를 위한 강조 영양소

출생 후 4~6개월이 되면 아기는 몸무게가 태어날 때의 두 배가 되므로 아기의 빠른 성장을 위해 모체는 모유로 에너지, 단백질, 지질, 무기질, 비타민 등을 충분히 공급해야 합니다. 특히 에너지, 단백질, 철, 칼슘, 엽산, 수분의 충분한 섭취가 강조됩니다.

● 에너지

수유부에게 추가로 필요한 에너지는 모유생산을 감안한 하루 320kcal 입니다. 권장섭취량 보다 에너지섭취가 너무 적으면 모유 생산이 위축될 수 있습니다.

● 단백질

수유부에게 필요한 단백질량은 모유로 분비되는 단백질 함량과 모체에서 모유로 전환되는 단백질 효율을 감안하여, 하루 25g의 단백질을 추가로 섭취하는 것이 권장되고 있습니다. 단백질 섭취가 부족할 경우, 모체에 저장된 단백질은 모유를 생성하는데 동원되어 근육 감소가 나타날 수 있으므로 적절한 양질의 단백질 섭취가 필요합니다.

어디에 많이 들어있나요? 육류, 생선, 닭고기, 콩, 두부, 계란 등

수유부에게 추가로 필요한 에너지 320kcal와 단백질 25g은 하루에 3~4컵의 우유를 더 섭취하면 충족시킬 수 있습니다.

● 철

수유부에게 추가로 필요한 철의 양은 설정되어있지 않지만, 출산 시 많은 양의 출혈과 출산 후 자궁 수축에 의한 분비물로 인해 체내 철이 결핍되어 빈혈증세가 나타날 수 있으므로 출산 후 충분한 철 섭취가 필요합니다.

어디에 많이 들어있나요? 지방이 적은 붉은 살코기, 닭고기 등 가금류, 생선, 굴, 두부, 깻잎, 시금치, 건포도와 건자두 같은 말린 과일, 아몬드, 땅콩 등

● 칼슘

수유기간 중에는 모유 생성을 위하여 칼슘 요구량이 증가합니다. 수유기에 칼슘의 섭취가 부족하면 모체의 뼈 중 칼슘이 용출되어 모유 생성에 이용하므로, 골다공증이 유발될 우려가 있습니다. 수유부는 식사를 통해 칼슘 필요량을 충족하기 어려우므로 우유와 유제품을 충분히 섭취 해야 합니다.

어디에 많이 들어있나요? 우유, 치즈, 요구르트, 뼈째먹는 생선, 시금치, 브로콜리, 콩, 오렌지 등

● 엽산

임신기간 중 많은 여성에게서 체내의 엽산 저장량이 고갈되는 현상이 나타나며, 수유기간 중에도 엽산 영양상태가 불량해지는 경우가 흔합니다. 수유기에도 모유의 생성을 위하여 엽산요구량이 증가합니다.

어디에 많이 들어있나요? 메추리알, 쑥갓, 시금치, 깻잎, 부추, 고춧잎, 총각김치, 딸기, 토마토, 오렌지, 키위 등

● 수분

모유는 약 87%가 수분으로 되어 있습니다. 따라서 모유수유를 통한 수분 손실을 보충해주기 위해 수유를 하지 않는 여성보다 1일 700mL 더 많은 양의 수분을 섭취해야 합니다.

어디에 많이 들어있나요? 우유, 과일주스, 물 등

4-2 균형식사 가이드

● 나의 하루 필요 에너지에 맞추어 균형식사를 하려면 어떻게 하나요?

1단계 하루 필요 에너지별 식품군의 단위수에 맞추어 식사를 계획합니다(표5 참조). 곡류군은 주식, 어육류군과 채소군은 부식, 우유군과 과일군은 간식으로 주로 이용하도록 합니다.

표5. 에너지별 식품군 교환단위수 배분표

에너지 (kcal)	주식	부식		간식	
	곡류군	어육류군	채소군	우유군	과일군
1,200	5	4	6	1	1
1,300	6	4	6	1	1
1,400	7	4	6	1	1
1,500	7	5	7	1	1
1,600	8	5	7	1	1
1,700	8	5	7	2	2
1,800	8	5	7	2	2
1,900	9	5	7	2	2
2,000	10	5	7	2	2
2,100	10	6	7	2	2
2,200	11	6	7	2	2
2,300	11	7	8	2	2
2,400	12	7	8	2	2
2,500	13	7	8	2	2
2,600	13	8	8	2	2
2,700	13	8	9	2	3
2,800	14	8	9	2	3

활동 4 나의 하루 필요 에너지에 맞는 식품군 수를 알아 봅시다.

구분	주식	부식		간식	
	곡류군	어육류군	채소군	우유군	과일군
예) K양의 하루 필요 열량 2,000	10	5	7	2	2
나의 하루 필요 열량 ______kcal					

2단계 나의 하루 필요 에너지에 해당하는 각 식품군 수를 아침, 점심, 저녁, 간식으로 균등하게 나누어 배분 합니다. 나의 생활패턴에 따라 아침을 가볍게 하기, 혹은 저녁을 가볍게 하기 등 융통성 있게 배분해도 좋습니다.

예) K 양의 2000kcal 하루 식품군 수 배분

구분	주식	부식		간식	
	곡류군	어육류군	채소군	우유군	과일군
2,000Kcal	10	5	7	2	2
하루 필요 식품군 수를 세끼 (아침, 점심, 저녁)와 간식으로 나눈다.					
아 침	2	1	2		
간 식				1	1
점 심	3	2	3		
간 식	1			1	
저 녁	3	2	2		
간 식	1				1

활동 5 나의 하루 식품군 수를 배분해 봅시다.

구분	주식	부식		간식	
	곡류군	어육류군	채소군	우유군	과일군
______Kcal					
하루 필요 식품군 수를 세끼 (아침, 점심, 저녁)와 간식으로 나눈다.					
아 침					
간 식					
점 심					
간 식					
저 녁					
간 식					

그림 10-6 건강한 모유수유를 위한 영양, 식생활 실천 가이드
자료 : 식품의약품안전처

2. 유아기 영양교육

「영유아보육법」 정의에 따르며 유아란 '6세 미만의 취학전 아동'을 말한다. 이 시기에는 학습과 탐구, 사회활동의 시작과 더불어 체중보다 신장의 성장속도가 더욱 증가하며 근육과 골격이 급격히 발달하는 시기이며, 신체활동이 증가하는 시기이므로 성장에 필요한 영양관리의 필요성이 중요하게 제안되고 있다. 한편 식품의 선택에 있어서 자신의 의사를 분명히 밝힐 수 있기도 해 좋아하는 음식만 섭취하는 편식이 나타날 수 있는 시기이므로 다양한 음식의 소개와 섭취로 바람직한 식습관과 식사예절, 위생습관 등이 형성되도록 하는 것이 중요하다.

최근 여성 취업률이 증가하고 핵가족의 현상으로 유아들이 보육시설에 위탁되어 적어도 하루 2~3번의 식사와 간식이 보육시설에 이루어지므로 부모는 물론 아동이나 보육교사를 위한 영양교육을 강화시킬 필요성이 제안되고 있다.

표 10-20 이유식의 진행방법

이유기 구분	이유식 횟수	이유식 + 수유	수유의 횟수 및 1회량	이유식 식단					
				곡류 및 탄수화물	채소	과일	달걀	고기, 생선, 콩제품	기타
이유 준비기 생후 3~4개월			6 유즙 (모유 및 조제유) 180 mL		50 mL 채소즙	50 mL 과즙			
이유 전기 생후 5~6개월	1~2	2	4 유즙 180 mL	30~40 g 묽은죽	10~20 g 채소즙	50~70 mL 과즙	1/4~1/2개 노른자	고기, 생선 5~10 g 콩제품	
이유 중기 생후 7~8개월	2	2	2 유즙 200 mL	50~100 g 죽 찐감자 부드러운 빵	20~ 30 g 삶은 당근 샐러드 미역국	80 g 과일 으깬 것 바나나죽	1/2~2/3개 통달걀	고기, 생선 15~25 g 콩제품 25~50 g 닭죽, 소고기 죽, 생선죽, 연두부죽	푸딩 크로켓
이유 후기 생후 9~10개월	3	3	2 유즙 + 우유 220 mL	100 g 된죽	30~ 40 g 채소죽 호박죽 샐러드	80~ 90 g 생과일 갈은 것	2/3~1개 통달걀	고기, 생선 25~30 g 콩제품 50 g 두부찜, 닭죽, 햄, 소시지	
이유 완료기 1년 전후	3	3	2 우유 240 mL	100 g 진밥	40 g 그대로 삶은 것 백김치	100g 생과일 먹기 좋게 얇게 저미거나 약간 굵게 긁어서	1개 통달걀	고기, 생선 30 g 콩제품 50~70 g 생선죽, 닭죽	프렌치 토스트 샌드위치

1) 교육목표

① 식품과 식사기간에 대해 긍정적인 태도와 인식을 가지도록 한다.

② 다양한 종류와 식품을 먹도록 유도한다.

③ 바람직한 식습관을 강조한다.

④ 유아에게 영양에 대한 지식과 식습관에 따라 건강에 주는 결과 등 구체적인 내용을 습득하도록 한다.

⑤ 영양교육은 일상생활 속에서 자연스럽게 습관이 이루어지도록 한다.

⑥ 식사준비에 참여시킴으로써 흥미와 관심을 일으키고, 식품과 조리에 대한 이해를 증진시킨다.

2) 교육방법 및 원칙

교육내용은 교육방법에 따라 그 효과가 차이가 있다. 유아의 지적수준을 고려해 듣기만 할 때 10~15%, 보고 들음으로써 15~30%, 스스로 말해봄으로써 30~50%, 행동해봄으로써 50~70%, 적절한 지시에 따라 실제로 행하므로 해서 75% 정도까지 기억할 수 있다고 한다. 그러므로 실물모형, 퍼즐, 그리기, 진흙으로 모형 만들기, 엄마와 요리하기, 게임 등을 활용한 영양교육은 식품에 대한 좋은 기억으로 바람직한 식습관 형성에 효과가 더 클 것으로 본다.

① 식습관 교육은 일찍부터 시작한다.
② 신체적, 지적 발달과정에 적합한 내용을 교육한다.
③ 습관으로 형성될 때까지 되풀이하여 지도한다.
④ 교육을 해나가는 과정에 적당한 보상과 격려가 행해져야 한다.
⑤ 교육은 일관성을 가져야 하며, 예외를 인정하지 않는 것을 원칙으로 한다.
⑥ 일상적인 생활 내에서 구체적인 본보기를 보여준다.

표 10-21 유아의 연령에 따른 식사시도

	3~4세	5~6세
식사 전	• 반드시 손을 씻는다. • 식사가 준비될 때까지 자리에 앉아 조용히 기다린다.	• 자발적으로 손 씻기를 바르게 한다. • 씻은 후에는 청결한 수건으로 잘 닦는다. • 감사의 마음으로 "잘 먹겠습니다."라고 인사한다.
식사 중	• 자기 혼자서 숟가락, 젓가락을 사용하여 먹는다. • 되도록 흘리지 않고 먹는다. • 바닥에 떨어진 음식은 주워 먹지 않는다. • 꼭꼭 잘 씹어 먹는다. • 식사 중에 큰 소리로 이야기하거나 자리를 뜨지 않는다.	• 바른 자세로 차분히 앉아서 먹는다. • 입 속에 음식물을 넣고 말하지 않는다. • 꼭꼭 잘 씹어 먹는다. • 식사 중 자리를 뜨지 않는다. • 정해진 시간 안에 식사를 끝내도록 한다.
식사 후	• 식탁이나 바닥에 흘린 것은 자기가 주워서 자기 주위를 깨끗이 한다. • 식사 후 "잘 먹었습니다."라고 인사한다. • 조용히 휴식한다.	• 식탁이나 바닥에 흘린 것은 자기가 주워서 자기 주변을 깨끗이 한다. • 식사 후 "잘 먹었습니다."라고 인사한다. • 식기는 정해진 장소에 소리내지 않고 갖다 놓는다. • 조용히 휴식한다.

그림 10-7 유아 식생활과 건강(계속)

자료 : 식품의약품안전처

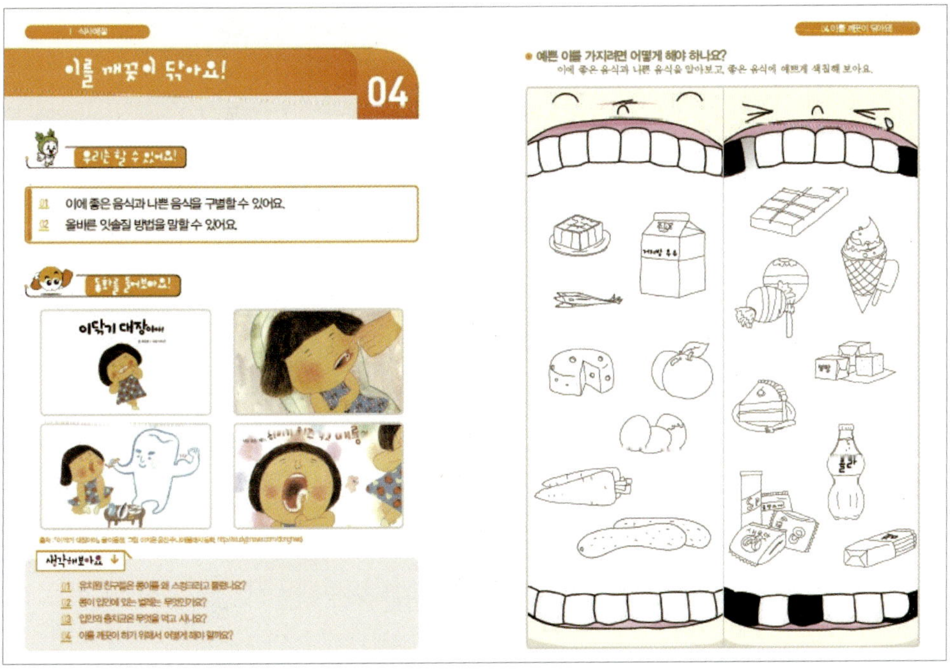

그림 10-7 유아 식생활과 건강

자료 : 식품의약품안전처

3) 교육내용

① 식품과 음식에 대한 이해를 높인다.
② 식품의 기능과 음식물의 여러 가지 역할에 대하여 알도록 한다.
③ 식품과 신체 및 건강과의 관계에 대하여 이해하도록 한다.
④ 바람직한 식사예절을 형성하도록 한다.
⑤ 가정통신문을 활용하여 가정과 보육시설이 연계하여 식사지도를 한다.

올바른 식사지도 요령

- 다섯 가지 기초식품군의 음식을 골고루 선택하도록 하고, 특정 음식을 지나치게 강조하지 않는다.
- 새로운 음식은 한 번에 한 가지만 소개하며, 특별히 좋아하는 음식과 함께 주는 것이 좋다.
- 식사시간을 넉넉히 하여 충분히 먹을 수 있도록 하되, 너무 길지 않게 하는 것이 좋다.
- 식사시간이 즐거운 시간이 되도록 하고, 잘 먹지 않는다고 야단치거나 먹기를 강요하면 오히려 식욕부진이나 편식을 심화시킬 수 있으므로 지도 시 각별히 신경을 쓴다.

3. 학동기 어린이의 영양교육

학동기는 대개 6세부터 사춘기 변화가 시작될 때까지를 말하며, 이 시기에는 내장기관과 조직이 충실해지고 성장과 신체활동이 활발해진다. 따라서 학동기의 영양상태는 평생 건강을 좌우하는 기초를 이루는 역할을 하게 된다. 우리나라 아동들의 체격은 커지고 있으나 체력과 체질은 저하되고 있으며 10대 성인병 환자가 늘고 있는데, 이는 좋지 않은 식습관과 운동부족이 그 원인으로 지적되고 있다.

또한 맞벌이 부부의 증가, 생활 패턴의 서구화 등은 패스트푸드, 가공식품, 음료의 섭취비율이 증가하게 되었으며, 이로 인해 비만의 주된 요인인 동물성 지방 및 단순당 섭취가 지속적으로 증가하고 있다. 비만 아동들 대부분이 성인비만으로 이행되는 경향이 있어 아동들의 바람직한 식생활을 기초로 하는 건강생활의 중요성이 그 어느 때보다 중요하게 대두되고 있다.

1) 교육목표

① 식품, 영양, 건강에 대한 개념과 이해를 증진시킨다.

② 어린이가 영양과 관련된 문제를 이해하는 데 필요한 지식, 기술, 태도를 가지도록 한다.

③ 식생활과 질병 및 건강과의 관계를 이해하도록 하며 건강을 증진시킨다.

④ 우리나라 식량자원의 생산, 분배, 합리적인 소비에 대한 지식을 가지도록 한다.

⑤ 우리 전통 식문화를 이해하고 계승시킨다.

2) 교육내용

① 영양소의 종류와 역할

② 영양과 성장발달 및 건강과의 관계

③ 올바른 식습관의 중요성

④ 편식의 문제점

⑤ 매끼 식사의 중요성-아침 식사의 중요성

⑥ 균형식이란?

⑦ 가공식품과 패스트푸드의 문제점

⑧ 올바른 간식 선택 방법

표 10-22 어린이를 위한 식생활 지침

식생활 지침	실천 지침
음식은 다양하게 골고루	• 편식하지 않고 골고루 먹습니다. • 끼니마다 다양한 채소 반찬을 먹습니나. • 생선, 살코기, 콩제품, 달걀 등 단백질 식품을 매일 한 번 이상 먹습니다. • 우유를 매일 두 컵 정도 마십니다.
많이 움직이고, 먹는 양은 알맞게	• 매일 한 시간 이상 적극적으로 신체활동을 합니다. • 나이에 맞는 키와 몸무게를 알아서, 표준체형을 유지합니다. • TV시청과 컴퓨터게임을 모두 합해서 하루에 두 시간 이내로 제한합니다. • 식사와 간식은 적당한 양을 규칙적으로 먹습니다.

(계속)

식생활 지침	실천 지침
식사는 제때에, 싱겁게	• 아침 식사는 꼭 먹습니다. • 음식은 천천히 꼭꼭 씹어 먹습니다. • 짠 음식, 단 음식, 기름진 음식을 적게 먹습니다.
간식은 안전하고, 슬기롭게	• 간식으로는 신선한 과일과 우유 등을 먹습니다. • 과자나 탄산음료 · 패스트푸드를 자주 먹지 않습니다. • 불량식품을 구별할 줄 알고 먹지 않으려고 노력합니다. • 식품의 영양표시와 유통기한을 확인하고 선택합니다.
식사는 가족과 함께 예의 바르게	• 가족과 함께 식사하도록 노력합니다. • 음식을 먹기 전에 반드시 손을 씻습니다. • 음식은 바른 자세로 앉아서 감사한 마음으로 먹습니다. • 음식은 먹을 만큼 담아서 먹고 남기지 않습니다.

자료 : 보건복지부, 2010

4. 청소년기의 영양교육

청소년기는 대략 12세부터 20세 미만의 시기로서 제2의 급속한 성장기이다. 사춘기를 지나 성적 성장이 완성되며 성인이 되어가는 시기이다. 그러므로 충분한 에너지와 단백질의 공급이 필요하며, 골질량 증가를 위해 칼슘 섭취를 증가시키고 성장에 따른 적혈구 수의 증가로 인해 남녀 모두 충분한 철분의 섭취가 요구되는 등 영양소 섭취가 성장과 건강 유지에 매우 크게 영향을 미치게 된다. 청소년기에는 잦은 결식이나 불규칙한 식사시간, 과다한 간식과 패스트푸드 섭취로 식생활에 많은 문제를 내포하고 있으며, 입시에 대한 중압감과 사춘기의 심리적 불안정 상태로 스트레스가 가중되고 있다. 이러한 상태는 식사의 질에 영향을 미치게 되며, 질적으로 저하된 식사가 지속되면 청소년들의 지적, 신체적 발달을 저해하게 되는 위험성이 있다.

또한, 많은 여학생들이 외모에 대한 관심이 높아지고 날씬한 체형을 선호하게 됨으로써 무분별한 방법으로 체중조절을 실시하는 경우가 급속도로 늘고 있다. 특히 청소년기 여성은 곧 임신과 출산의 과정을 겪게 될 연령층이므로 임신 전 모체의 영양상태와 건강이 태아의 장기와 뇌에 직접 영향을 미치게 된다는 점을 고려한다면 이 시기의 영양관리가 매우 결정적이라고 할 수 있다.

청소년기의 잘못된 식습관은 성인기에도 계속적으로 이어져 평생의 건강에 영향을 미치게 된다는 관점에서 청소년기의 건강한 식생활습관과 행동양식이 국가 경쟁력에 단단한 밑바탕이 된다는 인식과 영양교육 또한 체계적인 방법으로 이루어져야 한다.

1) 교육목표

① 올바른 식습관을 가질 수 있도록 한다.

② 올바른 신체상을 확립하고 건강 체중을 가지도록 한다.

③ 과학적 근거 없는 영양, 식품, 건강 정보를 무분별하게 받아들이지 않도록 올바른 지식을 습득한다.

④ 규칙적인 식사를 하고 특히 아침 식사를 거르지 않도록 한다.

⑤ 각종 가공식품과 패스트푸드에 의존하지 않도록 한다.

⑥ 운동, 음주, 흡연, 약물복용 등에 대해 올바른 지식을 가지고 건강생활을 하도록 한다.

수험생의 건강수칙

1. 영양소를 골고루 섭취하고 평소에 비타민 B군 및 섬유질이 부족하지 않도록 한다.
2. 규칙적인 생활을 한다.
3. 평소 6시간은 꼭 잔다.
4. 소화가 잘 되는 음식을 골고루 먹는다.
5. 과식하지 않는다.
6. 야식은 가볍게, 아침 식사를 꼭 한다.
7. 인스턴트, 패스트푸드, 청량음료를 피한다.
8. 대소변을 오래 참지 않는다.
9. 1일 20분 정도는 가벼운 운동을 하도록 한다.
10. 매사 긍정적으로 생각한다.

2) 교육내용

① 영양소원으로서의 식품

② 영양소의 기능

③ 식품 선택에 따른 영양소

④ 청소년기에 필요한 영양소

⑤ 표준체중 및 체중조절이 신체에 미치는 영향

⑥ 무절제한 체중조절의 문제점

표 10-23 청소년을 위한 식생활 지침

식생활 지침	실천 지침
각 식품군을 매일 골고루 먹자.	• 밥과 다양한 채소, 생선, 육류를 포함하는 반찬을 골고루 매일 먹습니다. • 간식으로는 신선한 과일을 주로 먹습니다. • 우유를 매일 2컵 이상 마십니다.
짠 음식과 기름진 음식을 적게 먹자.	• 짠 음식, 짠 국물을 적게 먹습니다. • 인스턴트 음식을 적게 먹습니다. • 튀긴 음식과 패스트푸드를 적게 먹습니다.
건강 체중을 바로 알고, 알맞게 먹자.	• 내 키에 따른 건강 체중을 압니다. • 매일 한 시간 이상 적극적으로 신체활동을 합니다. • 무리한 다이어트를 하지 않습니다. • TV시청과 컴퓨터게임을 모두 합해서 하루에 두 시간 이내로 제한합니다.
물이 아닌 음료를 적게 마시자.	• 물을 자주 충분히 마십니다. • 탄산음료, 가당 음료를 적게 마십니다. • 술을 절대 마시지 않습니다.
식사를 거르거나 과식하지 말자.	• 아침 식사를 거르지 않습니다. • 식사는 제시간에 천천히 먹습니다. • 배가 고프더라도 한꺼번에 많이 먹지 않습니다.
위생적인 음식을 선택하자.	• 불량식품을 먹지 않습니다. • 식품의 영양표시와 유통기한을 확인하고 선택합니다.

자료 : 보건복지부, 2010

5. 성인기 영양교육

울산의대, 서울의대, 고려의대 예방의학교실 연구팀이 한국인 120만 969명을 무작위 추출하여 140여 개 질병에 대해 1998년부터 2002년까지 5년간 추적 조사한 '한국인의 질병 부담 2005년 보고서'의 결과에 의하면 당뇨병, 위·십이지장궤양, 천식, 뇌졸중 및 뇌혈관 질환, 심근경색 등으로 부담을 갖고 있는 것으로 나타났다. 특히 당뇨병은 국내에서 매년 50만 명의 새 환자가 생기고 전 국민의 8.4%가 치료받고 있다고 한다. 그리고 스트레스와 헬리코박터 파이로리균 감염이 소화기관 궤양의 주범임을 감안하면 정신적 스트레스 강도가 높은 우리의 생활 구조와 60~70%의 높은 헬리코박터 감염률이 질병에 미치는 영향을 가늠할 수 있다.

한국 중년 남자들은 여자보다 심근경색증, 뇌졸중 등 심혈관 질환과 간질환으로 월

등히 많이 사망하였고, 이는 한국 중·장년 남자들의 높은 흡연율, 과도한 음주 습관, 운동부족 현상과 연관이 있다. 흡연으로 인한 질병 부담은 과도한 음주로 인한 것보다 9배 높았고, 비만보다 72배 더 높은 것으로 나타났다. 그러므로 성인, 즉 근로자를 대상으로 하는 사업장 영양교육의 제도적 정착이 요구된다.

질병 장애로 인한 부담 순위

성인은 어떤 질병으로 가장 많이 고생하나

① 당뇨병 ② 위, 십이지장 궤양 ③ 천식 ④ 뇌졸중 등 뇌혈관 질환
⑤ 류머티즘성 관절염 ⑥ 우울증 ⑦ 심근경색증, 협심증 ⑧ 피부 질환
⑨ 정신분열증 ⑩ 중이염

표 10-24 성인을 위한 식생활 지침

식생활 지침	실천 지침
각 식품군을 매일 골고루 먹자.	• 곡류는 다양하게 먹고 전곡을 많이 먹습니다. • 여러 가지 색깔의 채소를 매일 먹습니다. • 다양한 제철과일을 매일 먹습니다. • 간식으로 우유, 요구르트, 치즈와 같은 유제품을 먹습니다. • 가임기 여성은 기름기 적은 붉은 살코기를 적절히 먹습니다.
활동량을 늘리고 건강 체중을 유지하자.	• 일상생활에서 많이 움직입니다. • 매일 30분 이상 운동을 합니다. • 건강 체중을 유지합니다. • 활동량에 맞추어 에너지 섭취량을 조절합니다.
청결한 음식을 알맞게 먹자.	• 식품을 구매하거나 외식을 할 때 청결한 것으로 선택합니다. • 음식은 먹을 만큼만 만들고, 먹을 만큼만 주문합니다. • 음식을 만들 때는 식품을 위생적으로 다룹니다. • 매일 세 끼 식사를 규칙적으로 합니다. • 밥과 다양한 반찬으로 균형 잡힌 식생활을 합니다.
짠 음식을 피하고 싱겁게 먹자.	• 음식을 만들 때는 소금, 간장 등을 보다 적게 사용합니다. • 국물을 짜지 않게 만들고, 적게 먹습니다. • 음식을 먹을 때 소금, 간장을 더 넣지 않습니다. • 김치는 덜 짜게 만들어 먹습니다.
지방이 많은 고기나 튀긴 음식을 적게 먹자.	• 고기는 기름을 떼어내고 먹습니다. • 튀긴 음식을 적게 먹습니다. • 음식을 만들 때, 기름을 적게 사용합니다.
술을 마실 때는 그 양을 제한하자.	• 남자는 하루 2잔, 여자는 1잔 이상 마시지 않습니다. • 임신부는 절대로 술을 마시지 않습니다.

자료 : 보건복지부, 2010

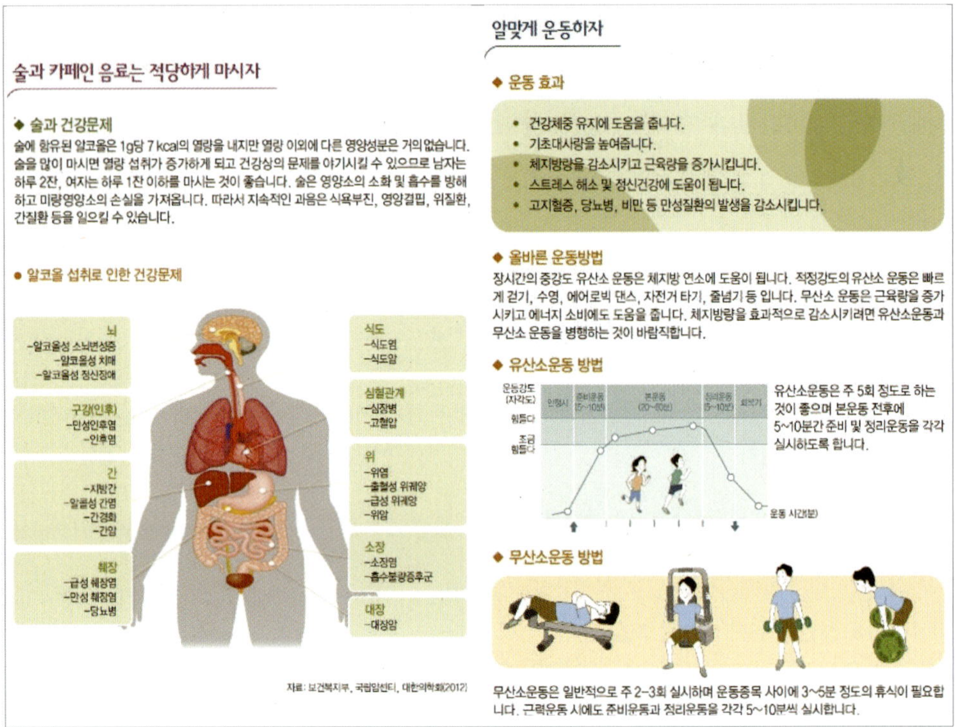

그림 10-8 청장년 맞춤형 식생활 가이드

자료 : 보건복지부, 국립암센터, 대학의학회, 식품의약품안전처

6. 노년기 영양교육

한국노인문제연구소의 '장기요양보호대상 노인의 실태파악 및 케어 요구조사'에 따르면 노인의 19%가 저체중에 해당되었다고 한다. 이 같은 결과는 지난 2001년 국민건강영양조사에서 20세 이상 성인의 저체중 비율이 11%대로 나타난 데 비해 훨씬 높은 것이다. 특히 농촌이 대도시나 중소도시에 비해 노인들의 저체중 비율이 두드러지게 높았으며, 과체중 및 비만(BMI 25 이상) 노인의 비율은 17.7%로 뚱뚱한 노인은 농촌(11.5%) 지역이 중소도시(22.6%)나 대도시(18.9%)에 비해 훨씬 적었다.

노인 5명 중 4명은 한 가지 이상의 만성 질환에 시달리고 있으며, 질환별로는 관절염이 37%로 가장 많았고, 고혈압, 신경통, 요통 등의 순이었으며, 암은 대도시가 농촌이나 중소도시에 비해 유병률이 훨씬 높았다.

혼자서는 일상생활이 어려워 장기요양보호서비스가 필요한 노인은 4명 중 1명꼴로 농촌 노인이 대도시나 중소도시에 비해 훨씬 많았다.

우리나라가 2019년에는 노인인구의 비율이 14.4%인 고령사회로, 2026년에는 20.0%인 초고령사회로 진입할 것으로 전망하고 있다. 고령사회에 도달하는 데 걸리는 시간이 프랑스는 115년, 미국은 70년, 일본 25년에 비해 우리나라는 불과 24년 밖에 되지 않는다. 이와 같이 노인인구의 빠른 증가로 인하여 건강한 노후를 위한 평생 건강관리에 대한 인식이 새로워지고 있다.

노인복지법에 따르면 노인의 질환을 사전 예방 또는 조기 발견하고 질환상태에 따른 적절한 치료, 요양으로 심신의 건강을 유지하고, 노후의 생활 안정을 위하여 필요한 조치를 강구함으로써 노인복지 증진에 기여함을 목적으로 정의하였듯이 사회복지시설 노인뿐 아니라 혼자 사는 독거노인 등을 대상으로 노인센터나 복지관, 보건소 민간 지역 영양서비스 조직 등에서 노년기의 생리적 변화 및 영양상태에 영향을 주는 요인들을 고려한 영양교육 및 상담을 제공할 것을 제안하고 있다.

표 10-25 어르신을 위한 식생활 지침

식생활 지침	실천 지침
각 식품군을 매일 골고루 먹자.	• 고기, 생선, 달걀, 콩 등의 반찬을 매일 먹습니다. • 다양한 채소 반찬을 매끼 먹습니다. • 다양한 우유제품과 두유를 매일 먹습니다. • 신선한 제철과일을 매일 먹습니다.
짠 음식을 피하고 싱겁게 먹자.	• 음식을 싱겁게 먹습니다. • 국과 찌개의 국물을 적게 먹습니다. • 음식에 소금이나 양념을 더 넣지 않습니다.
식사는 규칙적이고 안전하게 하자.	• 세 끼 식사를 꼭 합니다. • 외식할 때에는 영양과 위생을 고려하여 선택합니다. • 오래된 음식을 먹지 않고, 신선하고 청결한 음식을 먹습니다. • 식사로 건강을 지키고, 식이보충제가 필요한 경우는 신중히 선택합니다.
물은 많이 마시고 술은 적게 마시자.	• 목이 마르지 않더라도 물을 자주 충분히 마십니다. • 술은 하루 1잔을 넘기지 않습니다. • 술을 마실 때에는 반드시 다른 음식과 같이 먹습니다.
활동량을 늘리고 건강한 체중을 갖자.	• 앉아 있는 시간을 줄이고 가능한 한 많이 움직입니다. • 건강한 체중을 알고, 유지하기 위해 노력합니다. • 매일 최소 30분 이상 숨이 찰 정도로 유산소운동을 합니다. • 일주일에 최소 2회, 20분 이상 힘이 들 정도로 근육운동을 합니다.

자료 : 보건복지부, 2010

그림 10-9 어르신을 위한 식생활 안전 가이드

자료 : 식품의약품안전처, 연세대학교 급식품질경영연구실

1) 교육목표와 내용

① 활동적인 생활습관을 가지고 적당한 체중을 유지한다.

② 기능 저하와 신체의 상태에 맞는 식생활을 한다.

③ 다양하고 소화되기 쉬운 음식을 골고루 제시간에 먹는다.

④ 식사시간은 규칙적으로 하고, 적당한 운동과 휴식을 취한다.

⑤ 음주와 흡연을 절제한다.

2) 노년기의 생리적 변화 및 영양상태에서의 영향

생리적 변화	영양상태에서의 변화
타액분비량 감소	미각 둔화, 식욕부진, 구강 건조로 인한 식품 섭취 감소
후각의 둔화	미각 둔화, 식품에 대한 흥미 저하로 인해 식품 섭취 감소
치아의 손실과 치근막염	의지가 잘 맞지 않아 씹는 데 어려움이 있어 식품 선택의 제한, 식품 섭취의 감소, 틀니로 인한 미각의 둔화로 식품에 대한 향미 및 섭취 감소
시력 및 청력 저하	식사 시 친교, 교제 및 조리의 어려움으로 음식에 대한 흥미 및 섭취 감소
위산 및 소장 내 효소분비 감소 소화관 연동운동 저하	영양소 소화흡수율 저하
신장에서의 소변 농축 기능 저하	탈수
장운동 저하 복근 약화 감각에 대한 지각 저하	만성 변비로 인한 음식물 섭취량 감소
체지방조직량 감소 지방조직 증가 신진대사율 저하	비만
호흡능력 감소	활동량 감소로 인해 칼로리 소모량이 감소되며 비만 또는 음식물 섭취량 감소는 체성분 소모를 일으킴
내당능 저하	당뇨병으로 인한 식사 선택의 제한으로 식품 섭취 감소

제11장

식품안전성과 영양교육

제1절 식품 안전성 관리

제2절 식품영양표시제

제3절 건강기능식품과 영양교육

우리나라는 급속한 경제성장과 의료서비스의 향상 및 건강에 대한 관리 수준이 높아져서 평균수명이 1980년에 65.8세, 2003년 77.4세, 2008년에는 79.9세로 증가되었고 앞으로도 이러한 증가 추세는 지속될 것으로 보인다. 그에 따라 노인인구의 증가와 함께 암, 고혈압, 당뇨병 등 성인병이 증가하고 있는 추세이다.

성인병은 운동부족, 스트레스, 식생활, 유전 요인 등이 주요 원인으로 알려져 있다. 이러한 성인병 요인 중 식생활은 가장 큰 비율을 차지하고 있는 것으로 알려져 있고 또한 쉽게 조절할 수 있어서 식생활의 중요성이 대두되고 있다. 따라서 소비자들은 식생활과 건강에 대한 욕구가 한없이 증대되어 식품에서 유래되는 건강위해나 심혈관계 질환을 그 어느 때보다 걱정하고 있으며 건강기능식품이나 특수영양식품에 대한 관심도 높아지고 있다.

소비자들이 식품을 구매할 때 식품의 안전성 문제에 대해 불안감을 느끼고 있어 식품의 안전성 문제에 대한 소비자 영양교육은 시급하다. 식품안전이란 건강상의 위해와 관련하여 식품의 품질에 광범위하게 적용되는 용어로서 전염병(사람, 동물)이나 천연적, 인위적 독소 또는 물질에 의한 급성·만성 중독의 식품매개성 질환이나 위해의 위험으로부터 소비자들을 보호하는 것이라 할 수 있다.

제1절 식품안전성 관리

최근 우리나라 식생활은 여러 가지로 급속히 변화하고 있다. 경제발전, 국민소득 증대, 과학기술의 진보에 의한 식품공업이나 가공기술의 발전은 사람들의 생활수준 향상과 더불어 식생활의 합리화, 근대화를 초래하고 매우 다양한 식품이 대량 공급되어 소비되고 있으며, 시장개방정책에 따라 수입식품이 증가하고 있다.

그러나 식중독의 발생, 식품의 제조·가공과정에서 식품첨가물 사용의 문제, 새롭게 선보이는 가공식품의 안전성 문제, 중금속, 농약, 신화학물질 등의 환경오염에 의한 식품오염의 문제, 그리고 수입식품의 방사능 오염이나 잔류농약 오염의 문제 등 식품안전성이 크게 위협받고 있어 우리들의 식생활에 풍족함과 함께 불안감을 증대시키고 있다. 한편 이들 식품문제에 대하여 소비자들의 의식도 높아지고 있다.

식품의 안전성이란 인체에 해를 미칠 유해요소가 함유되어서는 안 된다는 것을 말한다. 미생물, 농약, 중금속, 항생물질, 곰팡이독소, 환경호르몬 등 식품의 생산에서 소비에 이르는 전 과정에 건강을 위협하는 요인들이 산재하고, 그 결과 식품사고가 빈발하고 있지만 안전한 식생활에 대한 정보는 부족한 실정이다.

식품의 안전성을 확보하는 일이 바로 식품위생이다. 식품위생(food hygiene)이란 식품 전체의 안전성 확보를 위하여 식품으로부터 오는 위해인자를 확인하고 위해발생을 미리 방지하기 위한 수단으로, 우리나라 「식품위생법」 제2조제8항에서는 "식품, 식품첨가물, 기구 또는 용기, 포장을 대상으로 하는 음식에 관한 위생"으로 정의하고 있다. 세계보건기구(WHO)에서는 "재배, 생산, 또는 제조 시부터 사람이 섭취할 때까지 모든 단계에서 모든 식품의 안전성, 완전성 및 건전성이 확보되도록 하기 위한 모든 조치"로 정의하고 있다.

식품에 의한 유해는 이유를 불문하고 발생하게 되면 그 피해가 대단히 크고, 특히 섭취 후에는 건강에 악영향을 주는 것은 물론 때로는 생명에 치명적인 영향을 미칠 수 있기 때문에 사전 예방이 요망되며 따라서 식품위생 감시가 필요하다. 특히, 국민의 의식 및 생활수준의 향상으로 건강에 대한 관심이 날로 증가되고 있어, 식품의 안전성을 위한 지도, 감시 역할의 비중도 매우 고조되고 있다. 식품위생의 최종 목적은 국민이 쾌적한 식생활을 영위할 수 있도록 하여 신체의 보존, 체력증진 및 건강을 유지하는 데 있으므로, 이와 관련된 식품첨가물, 기구·용기·포장 등도 건강상 위해요소가 없어야 한다. 식품위생은 곧 식품의 안전성을 확보하는 일이다.

또한, 소비자의 식품에 대한 선택은 관능적 외관에 의존하고 있어 위생적인 확인을 위한 수단의 확보는 더욱 열악하다. 즉, 소비자는 식품에 대한 안전성의 판별능력이 거의 없다. 국민의 건강을 보호해야 할 정부에서는 이에 대한 지도와 감시를 지속적으로 수행함으로써 식품원료의 처리에서부터 제조, 가공 및 유통에 이르기까지의 전 과정에 걸쳐 식품의 안전성이 확보되어 보다 안전한 식품이 국민에게 공급되게 하고 국민이 식품을 자유롭게 선택할 수 있도록 하여야 한다.

식품의 위생 상태를 향상시킴으로써 식생활에서 유래되는 위해를 방지하고 궁극적으로 식품의 안전성을 보장하기 위한 관례적인 절차는 다음과 같다.

- 유해성분이나 병원미생물에 대한 정보수집 및 법적 기준의 설정
- 유통식품의 모니터링 및 기준 초과에 대한 행정조치
- 유해성분이나 병원체에 의한 인구집단의 노출 및 건강위해도 평가
- 유해성분이나 병원미생물로 오염된 식품의 제독 및 인체 피해 경감대책
- 매스컴을 통한 전문가와 소비자의 안전성 대화

2013년도 식품안전관리 정책 추진방향

- 국민이 신뢰하고 안심할 수 있는 수준의 국가식품안전관리체계 구축을 위해 우수 생산·제조·수입·유통 기반을 마련
- 중앙정부와 지자체 간의 정보공유와 협력체계를 공고히 하여 문제 있는 수입식품이 유통되지 않도록 인·허가, 제조·유통 판매 과정에 대한 관리 철저
- 집단급식소, 음식점 등에 대한 식중독 예방 관리 활동을 강화하고, 식중독 발생 원인 규명을 위한 원인조사반 운영, 노로바이러스 감시체계 구축
- 정책 형성 단계부터 소비자 참여 유도, 관련 정책에 대한 정보를 지속적이고 쉽게 전달하여 국민의 신뢰를 확보
- 학교주변 어린이 기호식품 판매 업소에 대한 지도·점검과 수거검사를 강화하고 악덕·상습적인 부정·불량식품 판매 행위에 대한 철저한 단속 실시

1. 식품안전성 위해요소

「식품위생법」 제4조(위해식품 등의 판매 등 금지)의 규정에서 정하고 있는 '위해요소'라 함은 '인체의 건강을 해할 우려가 있는 생물학적, 화학적 또는 물리적 인자나 조건'을 말한다. 그러나 외부에서 유입된 이물질이나 소비자의 위생에 직접적인 영향을 미치지 않는 변패 등은 위해로 간주하지 않는다. 위해요소는 식품의 원료, 보관, 시설, 설비, 작업 환경, 사람, 운송, 유통 등 모든 과정에서 발생 또는 혼입 가능한 것을 포함하고 있다.

식품안전성 위해요소는 생물학적 위해, 화학적 위해, 물리적 위해요소로 크게 세 가지로 분류한다.

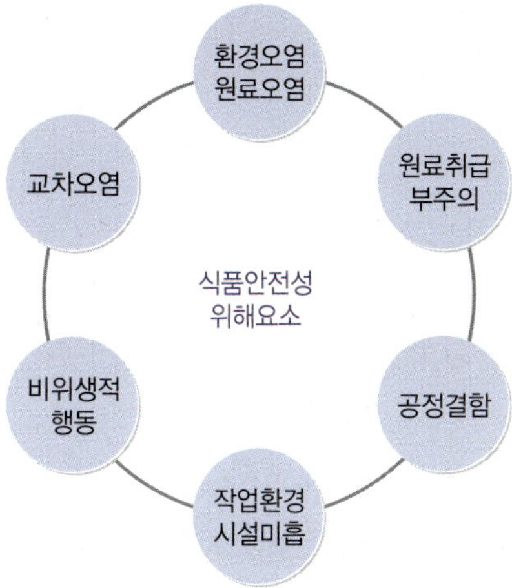

그림 11-1 식품안전성 위해요소

1) 생물학적 위해

생물, 미생물들로 사람의 건강에 영향을 미칠 수 있는 것을 말한다. 보통 박테리아는 식품에 넓게 분포하고 있으며 대다수는 무해하나 일부 병원성을 가진 종에 있어서 문제시된다. 또한 식육 및 가금육의 생산에서 가장 일반적인 생물학적 요인은 미생물학적 요인이라 할 수 있다. 생물학적 위해요소는 곰팡이, 세균, 바이러스 등의 미생물과 기생충 등의 생물체를 포함한다. 식품에서 가장 많이 발생할 수 있는 생물학적 위해요소가 미생물이다. 생물학적 위해요소는 원료의 생산 및 유통과정에서 작업장 안으로 유입될 수 있으며, 작업장 환경, 종업원, 식품성분, 제조·가공과정 그 자체에 의하여 오염될 수도 있다.

2) 화학적 위해

오염된 식품이 광범위한 질병을 일으키기 때문에 큰 주목을 받는다. 비록 일반적으로 영향을 미치는 원인은 더 적으나 식인성 질병을 일으킬 수 있다. 화학적 위해는 일반적으로 다음의 4가지 오염원에서 기인한다.

(1) 천연적으로 발생하는 화학적 위해

아플라톡신과 같은 식물, 동물 또는 미생물의 대사산물 등

(2) 비의도적(우발적)으로 첨가된 화학물질

- 농업용 화학물질 : 농약, 제초제, 동물약품, 비료 등
- 공장용 화학물질 : 세정제, 소독제, 오일 및 윤활유, 페인트, 살충제 등
- 환경적 오염물질 : 납, 카드뮴, 수은, 비소, PCBs 등

(3) 의도적으로 첨가된 화학물질

공업용 수단색소, 조기에 사용된 황색 · 적색 색소, 꿀벌에 첨가된 항생제 등

(4) 가공 · 저장 중 발생하는 위해물질

아크릴아마이드, 퓨란, HCAs(heterocyclic amines), 에틸카바메이트(ethylcarbamate) 등
자연계에서 발생하는 화학적 위해요소는 자연적 구성성분 또는 농산물에 기생하는 미생물에 의해 생성되는 버섯독, 복어독, 조개독 등의 천연독소가 해당된다. 식품의 생산 및 가공 중에 오염되는 화학적 위해요소는 의도적 또는 비의도적으로 첨가되거나 오염되는 독성물질 또는 유해물질로서 동물약품, 살충제, 허용 외 식품첨가물뿐만 아니라 윤활제, 세척제, 페인트 및 코팅제제와 같은 식품 생산시설, 장비, 기구 등에 사용되는 화학물질들이 포함된다. 현재 식품원료에서 주로 문제가 되는 화학적 위해요소는 항생물질 등 동물약품의 잔류와 중금속 등 환경오염물질의 잔류이며 각종 신종 유해물질 또한 이슈화되고 있다. 이러한 유해한 화학물질은 식품에서 유래하는 급성 질병 및 만성 질병과 관련이 있다.

3) 물리적 위해

외부로부터의 모든 물질이나 이물에 해당하는 여러 가지 것들이 포함된다. 물리적 위해요소는 제품을 소비하는 사람에게 질병이나 상해를 발생시킬 수 있는 식품 중에서 정상적으로는 존재할 수 없는 모든 물리적 이물로 정의될 수 있다. 여기에는 유리, 금속 및 플라스틱과 같은 다양한 이물질을 포함하는데, 그 요인으로는 오염된 원료, 잘못 설계되거나 불충분하게 유지된 시설 및 장비, 오염된 포장재료, 가공공정 중 잘못된 조작 및 종업원의 부주의 및 관행 등에 의해 발생될 수 있다. 물리적 위해요소는 유리, 금속과 같은 다양한 이물질을 포함하는데, 「식품공전」에 의한 '이물'의 정의는 다음

과 같다. '이물'이라 함은 정상식품의 성분이 아닌 물질을 말하며 동물성으로 절족동물 및 그 알, 유충과 배설물, 설치류 및 곤충의 서식 흔적물, 동물의 털, 배설물, 기생충 및 그 알 등이 있고, 식물성으로 종류가 다른 식물 및 그 종자, 곰팡이, 짚, 겨 등이 있으며, 광물성으로 토사, 유리, 금속, 도자기 파편 등이 있다.

4) 식중독

식중독이란 식품 섭취로 인하여 인체에 유해한 미생물 또는 유독물질에 의하여 발생하였거나 발생한 것으로 판단되는 감염성 질환 또는 독소형 질환을 말한다. 우리나라에서 식중독은 1년 중 특히 5~6월과 9월 등 한여름보다는 그 전후에 많이 발생하고 있다. 식중독의 원인식품은 어패류, 육류, 판매용 김밥, 도시락의 순이며, 살모넬라와 대장균이 가장 많다. 식중독 집중관리 대상으로는 학교, 기업체, 사회복지시설 등 집단급식소이며, 현재 학교급식은 물론 일부 대규모 급식업체는 HACCP 시스템을 적용하고 있으나 그 수가 많지 않다.

5) 식품첨가물

식품첨가물은 식품을 제조, 가공 또는 보존함에 있어서 식품에 첨가, 혼합, 침윤, 기타의 방법에 의하여 사용되는 물질을 말한다. 대개 화학적 합성물이며 제품의 보존, 표백, 감미, 발색, 착색을 위해 사용된다. 식품첨가물이 체내에 들어가면 대부분은 배설되지만 일부는 체내에 남아 인체에 유해한 결과를 초래하기도 한다. 많은 소비자들은 식품안전성 위해요소 중에서 식품첨가물이 가장 위해하다고 생각하고 있으며, 식품첨가물 중 표백제, 보존료, 발색제, 감미료, 착색료 등에 대해 우려하고 있다. 또한, 현재는 알 수 없으나 화학물질로 인해 일어날 수 있는 건강상의 문제점, 발암성, 식품제조업자에 대한 불신 등의 이유로 식품첨가물이 건강에 해를 끼칠 수 있다고 생각하고 있다.

대다수의 소비자들은 포장재에 명시된 식품첨가물 표시사항에 대한 불만이 크며, 주로 텔레비전과 신문을 통해 첨가물 관련 정보를 얻는 정도에 그치고 있다. 그러므로 대중매체는 물론 인터넷, 소비자단체 등도 적극적으로 소비자에게 식품첨가물의 목적, 안전성, 종류, 허용량, 식품첨가물이 건강에 미치는 영향 등의 정보를 제공할 필요가 있다.

6) 잔류농약과 수입농산물

소비자는 채소나 과일을 조리할 때 잔류농약이 안전한 수준인지에 관심이 높다. 농산물 생산량 증대 및 품질 유지를 위하여 사용되는 농약은 식품에 잔류될 수 있으며, 과량이 잔류된 식품을 섭취할 경우 인체에 독성을 나타낼 수 있다. 따라서 농약으로부터 발생할 수 있는 식품안전사고를 예방하고 잔류농약의 위해성과 허용량, 세척방법에 따른 잔류 양, 조리방법에 따른 잔류 양 등, 수입농산물에 대한 지식과 정보 등을 제공하기 위해서는 영양교육이 이루어져야 한다.

특히, 시장개방 이후 외국의 다양한 농산물이 수입됨에 따라 국내 소비자는 식품 선택의 폭이 넓어졌으나 수입농산물에 대한 지식이나 정보가 부족하여 식품을 선택하는데 어려움을 겪고 있다. 소비자들은 장거리 장시간 운송을 거치는 수입농산물에는 농약이나 첨가물이 더 많이 사용되지 않을까를 불안해하고 있다. 소비자는 국내산과 수입산을 구별할 능력이 부족하여 수입농산물에 원산지 표시를 하지 않으면 피해를 입기도 한다. 따라서 소비자들이 식품을 구입 시 식품표시를 확인하도록 교육하고 국내산과 수입산을 구별하는 방법에 대한 영양교육이 이루어져야 한다.

7) 중금속과 환경호르몬

급격한 산업 발달로 인한 환경오염에 따라 식품의 중금속 오염도 증가되고 있다. 현대의 식생활 패턴은 곡류 위주에서 채소, 과일, 육류, 가공식품 등의 소비가 증가하고 있는 추세이며 수산물, 축산물 및 농산물 등의 식품 원재료뿐 아니라 가공식품에서의 각종 중금속 오염이 문제되고 있다. 중금속은 환경오염이나 식품오염으로 체내로 들어와 축적되며, 중금속 중 납, 카드뮴, 비소 등은 자체 독성이 있으면서 축적성도 있어 중추신경 및 신장 독성을 일으켜 위해를 끼칠 우려가 있다. 우리나라는 식품 중 납, 카드뮴, 수은, 비소 등 중금속으로 인한 노출 위험성은 현재 시점에서는 낮은 편으로 평가되지만 국제 추세에 부합하고 국민의 건강보호를 위해 원재료 및 가공식품에 대한 균형 있는 중금속 안전관리를 수행하고 있다(그림 11-2, 11-3). 농산물을 주식으로 하는 국내의 경우 2006년 농산물 10종에 대한 중금속 기준·규격을 설정하여 관리하고 있으며, 이들 이외의 다소비 농산물 및 식품에 대한 추가적인 중금속 오염 실태에 대한 현황 파악도 지속해 오고 있다.

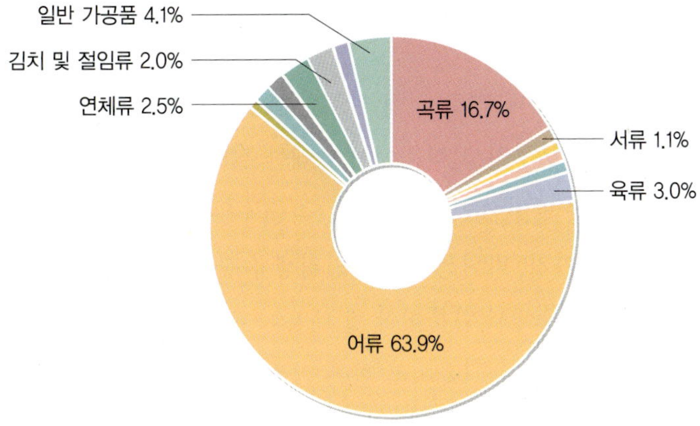

그림 11-2 식품별 납 노출 기여율

자료 : 식품의약품안전처, 식품과 중금속

최근 환경호르몬은 생태계 및 인간의 생식기능 저하·성장 장애·기형·암 등을 유발하는 중대한 영향을 끼치기 때문에 심각한 문제로 대두되고 있다. 환경호르몬은 생물체에서 정상적으로 생성·분비되는 물질이 아니라, 인간의 산업활동을 통해서 생성·방출된 화학물질로 내분비계의 정상적인 기능을 방해하거나 혼란케 하는 화학물질을 말한다. 환경호르몬의 대표적인 물질로는 소각장에서 피복전선이나 페인트 성분이 들어있는 화합물을 태울 때 발생하는 다이옥신 등이 있다. 따라서 소비자들에게 환경호르몬의 위해성, 종류, 방출물질, 오염방지 대책에 대한 영양교육이 이루어져야 한다.

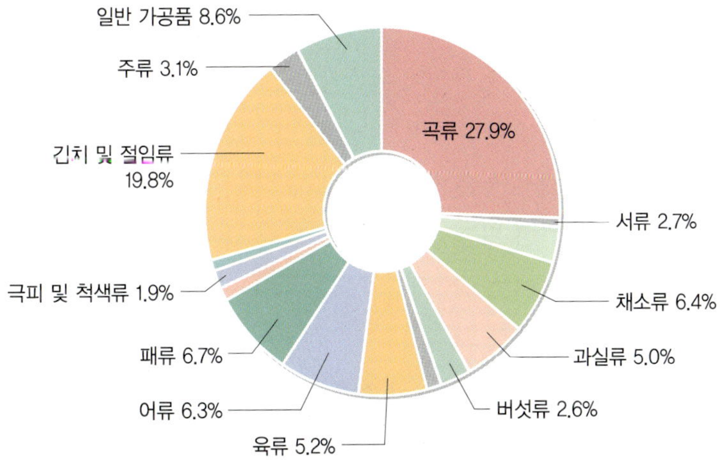

그림 11-3 식품별 수은 노출 기여율

자료 : 식품의약품안전처, 식품과 중금속

2. 식품안전성과 영양교육

체계적이지 못한 식품안전관리로 인해 외식산업 및 급식산업의 발전은 사회 전반적인 위생수준의 향상에도 불구하고 식품에서 유래한 질병의 발생률을 증가시키고 그 피해 규모를 확대시키는 문제를 야기할 수 있다. 식중독은 안전성이 결여된 식재료, 부적절한 조리방법, 오염된 기기, 비위생적인 개인위생 습관 등에 기인하여 발생하므로, 식품 취급자를 위한 영양교육에서 다루어야 할 내용이 된다.

식중독을 예방하기 위한 위생교육이라 함은 식품의 안전을 확보하기 위해 개인위생, 시설·설비 관리, 온도, 시간, 교차오염, 세척과 소독 등 식품 취급자가 지켜야 할 행동요령을 습득하게 하는 것이다.

첫째, 식중독을 예방하기 위해 가장 필요한 정보는 신선한 식재료를 고르는 방법이라 할 수 있다. 살모넬라, 독소, 식품첨가물, 농약, 공장폐수 등에 오염된 불안전한 식재료는 식품안전성을 위협하여 위해요소에 해당된다.

둘째, 철저한 온도-시간 관리를 교육한다. 조리한 음식의 냉각이나 보관 시에도 온도와 소요시간을 엄격히 통제한다. 모든 식품은 병원균을 사멸하기에 충분한 온도와 시간으로 가열조리해야 한다. 우리나라에서 식중독의 원인균인 살모넬라, 장염비브리오균, 노로바이러스 및 황색포도상구균은 가열조리하면 식중독을 쉽게 예방할 수 있다.

셋째, 오염된 기기에 의한 교차오염이 주된 원인이므로 동물성 식품의 조리 시에는 조리된 음식과 날 음식, 청결작업구역과 일반작업구역의 분리를 교육한다.

넷째, 개인위생이 매우 중요한 식중독 발생 원인이 되고 있다. 바이러스성 식중독은 대부분 사람의 접촉에 의해서 혹은 하수에 의해서 식품에 오염된다. 식중독 예방을 위해서는 효과적인 수세 습관이 필요하며, 특히 화장실 사용 후에는 필수적이다. 일회용 장갑을 적절히 사용하도록 하고, 주방에서의 흡연이나 식사는 식품의 오염 기회를 증가시킬 수 있다.

식중독과 같이 식품위해를 최소화하기 위해서는 위해인자를 사전에 발굴하여 관리할 수 있는 효율적인 식품안전관리 체계가 설정되어야 한다. 식품과 관련된 위험을 통제하기 위한 이런 총체적인 접근방식은 원재료에서부터 소비에 이르는 모든 단계에 관

그림 11-4 식중독 예방 원칙

자료 : 식품의약품안전처

련된다. 소비자들은 원재료에서부터 소비에 이르는 모든 단계에서 식품의 안전과 위생에 대해 알고 활용할 수 있어야 하므로 소비자 영양교육의 중요성이 크다고 할 수 있다. 또한, 식품 취급자들의 역할이 무엇보다 중요하므로 이들에 대한 철저한 교육을 병행해야 한다. 또한, 농산물이나 전통식품, 가공식품, 방사선조사식품 등을 나타내는 마크를 식품에 표시하고 있는 식품 품질인증제도도 영양교육의 일종이다(그림 11-5).

그림 11-5 식품 품질인증마크

가정에서 식중독을 예방하기 위한 '안전한 식품조리' 10대 원칙

1. 안전을 위하여 가공식품을 선택하십시오.
   신선한 식품을 섭취하는 것이 좋지만 생과일, 채소류는 미생물 등에 오염됐을 수 있는 만큼 적절한 방법으로 살균되거나 청결히 세척된 제품을 선택합니다.

2. 식중독 등을 유발하는 미생물을 없애려면 철저히 가열해야 합니다.
   고기는 70도 이상에서 익혀야 하고 뼈에 붙은 고기도 잘 익히도록 합니다.
   적절한 방법으로 가열·조리하십시오.

3. 조리한 식품은 신속히 섭취하십시오.
   조리한 식품을 실온에 방치하면 위해미생물이 증식할 수 있으므로 조리한 음식은 가능한 한 신속히 섭취하십시오.

4. 조리식품을 저장·보관할 때에는 주의를 기울이십시오.
   조리식품을 4~5시간 이상 보관할 경우에는 반드시 60℃ 이상이나 10℃ 이하에서 저장하여야 합니다. 특히, 먹다 남은 유아식은 보관하지 말고 버리십시오. 조리식품의 내부온도는 냉각속도가 느리기 때문에 위해미생물이 증식될 수 있습니다. 따라서 많은 양의 조리식품을 한꺼번에 냉장고에 보관하지는 마십시오.

5. 저장하였던 조리식품을 섭취할 경우 재가열 하십시오.
   냉장보관 중에도 위해미생물의 증식이 가능하므로 이를 섭취할 경우 70℃ 이상의 온도에서 3분 이상 재가열하여 드십시오.

6. 조리한 식품과 조리하지 않은 식품이 서로 접촉되어 오염되지 않도록 하십시오.
   가열조리한 식품과 날 식품이 접촉하면 조리한 식품이 오염될 수 있으므로 서로 섞이지 않도록 하십시오.

7. 손은 철저히 씻으십시오.
   손을 통한 위해미생물의 오염이 빈번하므로 조리 전과 다른 용무를 본 후에는 반드시 손을 씻어야 합니다.

8. 조리대는 항상 청결을 유지하십시오.
   부엌의 조리대를 항상 청결하게 유지하고 음식이 오염되지 않도록 합니다. 행주, 도마 등 조리기구는 매일 살균, 소독, 건조해야 합니다.

9. 쥐 및 곤충 등이 접근하지 못하도록 음식보관에 유의하십시오.
   곤충, 쥐, 기타 동물 등을 통해 위해미생물이 식품에 오염될 수도 있으므로 동물의 접근을 막을 수 있도록 주의하여 보관하여야 합니다.

10. 깨끗한 물로 조리하십시오.
    깨끗한 물로 세척하거나 조리해야 하지만 오염이 의심될 때에는 물을 끓여 사용합니다. 특히, 유아식을 만들 때는 오염 여부에 주의하는 것이 좋습니다.

자료 : WHO(세계보건기구), 안전한 식품조리를 위한 10대 원칙

제2절 식품영양표시제

1. 식품영양표시제 필요성

최근 우리나라는 급격한 식품산업의 발달, 핵가족화, 도시화 등의 사회변화에 따라 각종 가공·편의식품의 구입과 이용이 빈번해지는 추세로 변모되고 있다. 가공식품의 섭취율은 급격히 증가하고 있으며, 이로 인해 생활 패턴의 변화와 영양학적 지식의 부족으로 현명한 식품을 선택하기가 어려운 실정이다. 또한 가공식품은 가공과정에서 일부 영양소가 파괴되기도 하고 특정 영양소를 첨가하거나 제거하는 경우가 많아 동일한 식품이라 하더라도 제품이 가진 영양적 가치가 달라지는 경우가 많다. 이러한 문제점을 해결하기 위해 '식품영양표시제'가 창안되었다.

식품영양표시제는 식품표시 항목 중의 하나로 식품의 영양에 대한 적절한 정보를 소비자에게 제공함으로써 소비자들이 합리적인 식품 선택과 건강관리에 도움을 주는 데 목적이 있다. 우리나라도 「국민건강증진법」 제정에 따라 국민영양관리가 중요한 위치를 차지하게 되면서 1995년 포장 가공식품에 도입시켜 식품영양표시제를 시작하였다. 소비자들이 식품의 질에 많은 관심을 갖게 되었고, 질병이 있는 환자들이 사용할 수 있는 식품과 사용해서는 안 되는 식품의 구별을 위한 요구가 증대되고 있다. 또한, 성인병과 영양이나 특수 영양성분의 생리기능 등에 관한 최신 정보는 대중매체를 통해 재빨리 전파되고 소비자는 제품 선택 시 이런 정보를 활용하려고 해도 표시가 충분하지 않으면 상품을 제대로 알 수가 없다. 영양표시는 소비자의 식품 선택을 도와주어 영양적으로 적절한 식사를 계획하는 데 유용한 도구가 되며, 구매 시점에서 직접적인 영양교육의 방법이 되기도 한다.

식품산업체에서는 영양표시를 통하여 제품의 영양적 품질 향상을 유도하고 공정한 경쟁 환경을 조성하는 등의 기능을 제공하게 된다. 예를 들어, 소비자들이 나트륨이 적거나 지방함량이 적은 제품을 선호한다면 식품산업체는 제품에 사용되는 식염이나 지방의 양을 줄일 수 있는 방안을 적극적으로 연구하여 제품을 개발하게 되고, 이렇게 개발된 제품에는 '저나트륨' 혹은 '저지방' 등의 표현을 표기하여 홍보할 수 있다. 이로 인해 전 국민이 가공식품으로부터 얻는 나트륨과 지방의 섭취량을 줄일 수 있을 것이다.

그러므로 식품영양표시제의 필요성은 국민의 만성 질환 발병을 감소시키고 예방하기 위한 식생활 변화를 기대할 수 있고 식품의 영양정보의 유통으로 식품시장의 경쟁을 보다 증진시키고 소비자에게는 식품안전문제를 해결할 가능성을 제시할 수 있다. 그리고 특정건강식품의 오남용과 과대광고로 인한 소비자 피해 방지 효과와 시장 개방화로 인한 특수건강식품의 수입증가가 예상되므로 이에 대한 영양정보를 소비자에게 제공할 수 있으며 특수건강식품의 소비자 안전을 확보할 수 있는 효과가 있다.

2. 식품영양표시제 현황

영양표시 내용을 보면 특수영양식품과 건강기능식품은 식품별로 함량표시 영양성분이 정해져 있고 권장섭취량과 섭취방법을 표시하도록 되어 있으며, 영양강조표시 식품은 「식품 등의 표시기준」(2013.04.05. 개정)의 세부사항을 따르도록 하고 있다. 우리나라 영양성분의 세부 표시 방법으로는 열량은 kcal로, 탄수화물 · 단백질 · 지방은 g으로, 콜레스테롤 · 나트륨은 mg으로 표시한다. 이때 영양소 함량과 영양소 기준치에 대한 비율도 함께 제시한다. 이외에도 영양소 함량을 특정 용어를 사용하여 강조하고자 할 경우에는 규정에 정한 기준을 따라야 한다.

영양강조표시노 「식품 등의 표시기준」에 따라 적합한 경우 '저 · 무 · 고(또는 풍부)' 또는 '함유(또는 급원)' 등의 강조표시나 '덜 · 더 · 감소 · 라이트 · 강화 · 첨가' 등의 비교강조표시를 한다.

1) 식품영양표시제의 내용

식품영양표시제도에 해당하는 표시 대상 품목에는 특수영양식품 또는 건강보조식품, 영양성분표시를 하고자 하는 식품, 그리고 영양강조표시를 하고자 하는 식품으로 정하고 있으며, 제품의 영양적 특성을 그 표지에 나타내는 모든 표현을 대상으로 하며, 표지에 실제 나타나는 표현은 그 표시 대상이나 표현 방법이 다양하지만 크게 다음과 같은 3가지 범주로 구분해 볼 수 있다.

(1) 영양성분표시(nutrient declaration)

영양성분은 그 식품이 가진 영양적인 가치를 표준화된 양식으로 숫자나 그래프 등을 이용하여 제품이 판매되는 시점에서 100 g당, 100 mL당, 또는 소비자가 1회에 섭취하는 양인 경우에는 1포장당 함유된 값으로 표시하여야 하며, 용기·포장에 소비자에게 제공하는 횟수를 표시한 경우(예 : '○○인분' 또는 '○○회용')에는 1인 분량당 또는 1회 분량당 함유된 값으로 표시할 수 있다. 또한 액체에 담긴 것으로써 통상 그 액체를 섭취하지 아니하는 제품은 고열량에 근거한 함량을 기준으로 산출하여야 한다.

- 제품에 함유된 영양소의 함량을 일정 기준에 따라 표시하도록 한다.
- 열량, 탄수화물 : 당류, 단백질, 지방 : 포화지방, 트랜스지방, 콜레스테롤, 나트륨은 그 명칭과 함량을 반드시 표시하여야 하고 비타민, 무기질, 식이섬유질 등은 임의로 표시할 수 있으나 이 경우 반드시 그 명칭과 함량을 표시하여야 한다.

(2) 영양강조표시(nutrient claim)

일일이 영양표시된 수치를 읽지 않고도 제품의 영양적 특성을 금방 알 수 있도록 특정 용어를 사용하여 표현하거나 암시하는 모든 표현을 말한다. 용어별('저·무·고' 또는 '풍부·함유')로 사용 기준에 부합할 경우에는 표시할 수 있다(표 11-1).

예) '저지방'이라고 표기하기 위해서는 제품 100 g당 지방이 3 g 미만이어야 한다.

(3) 건강정보표시(health claim)

그 제품에 함유된 특정 성분과 질병 간에 상관성이 있음을 표현하거나 암시하는 표현을 말한다.

- 식품 내 특정 영양소나 성분이 특정 질병과 상관성이 있음을 주장할 경우 정해진 기준에 부합하여야 한다.

예) "칼슘이 많이 함유된 식품을 섭취할 경우, 골다공증의 발생 위험을 줄일 수 있습니다."라고 표기하기 위해서는 제품 내 칼슘 함량이 일정량 이상이어야 하며 칼슘과 인의 비가 1:1이어야 한다. 제품 내 총지방, 포화지방, 콜레스테롤, 나트륨이 일정량 이하여야 한다.

표 11-1 영양소 함량 강조표시 세부 기준

영양성분	강조표시	표시조건
열량	저	식품 100 g당 40 kcal 미만 또는 식품 100 mL당 20 kcal 미만일 때
	무	식품 100 mL당 4 kcal 미만일 때
지방	저	식품 100 g당 3 g 미만 또는 식품 100 mL당 1.5 g 미만일 때
	무	식품 100 g 또는 식품 100 mL당 0.5 g 미만일 때
포화지방	저	식품 100 g당 1.5 g 미만 또는 식품 100 mL당 0.75 g 미만이고, 열량의 10% 미만일 때
	무	식품 100 g당 0.1 g 미만 또는 식품 100 mL당 0.1 g 미만일 때
트랜스지방	저	식품 100 g당 0.5 g 미만일 때
콜레스테롤	저	식품 100 g당 20 mg 미만 또는 식품 100 mL당 10 mg 미만이고, 포화지방이 식품 100 g당 1.5 g 또는 식품 100 mL당 0.75 g 미만이며 포화지방이 열량의 10% 미만일 때
	무	식품 100 g당 5 mg 미만 또는 식품 100 mL당 5 mg 미만이고, 포화지방이 식품 100 g당 1.5 g 또는 식품 100 mL당 0.75 g 미만이며 포화지방이 열량의 10% 미만일 때
당류	무	식품 100 g당 또는 식품 100 mL당 0.5 g 미만일 때
나트륨	저	식품 100 g당 120 mg 미만일 때
	무	식품 100 g당 5 mg 미만일 때
단백질	함유 또는 급원	식품 100 g당 1일 영양소 기준치의 10% 이상, 식품 100 mL당 1일 영양소 기준치의 5% 이상일 때 또는 식품 100 kcal당 1일 영양소 기준치의 5% 이상일 때
	고 또는 풍부	식품 100 g당 1일 영양소 기준치의 20% 이상, 식품 100 mL당 1일 영양소 기준치의 10% 이상일 때 또는 식품 100 kcal당 1일 영양소 기준치의 10% 이상일 때
비타민 또는 무기질	함유 또는 급원	식품 100 g당 1일 영양소 기준치의 15% 이상, 식품 100 mL당 1일 영양소 기준치의 7.5% 이상일 때 또는 식품 100 kcal당 1일 영양소 기준치의 5% 이상일 때
	고 또는 풍부	식품 100 g당 1일 영양소 기준치의 30% 이상, 식품 100 mL당 1일 영양소 기준치의 15% 이상일 때 또는 식품 100 kcal당 1일 영양소 기준치의 10% 이상일 때

자료 : 「식품 등의 표시기준」

2) 세부 표시사항

(1) 제품명(기구 또는 용기, 포장은 제외함)

'제품명'이라 함은 그 제품의 고유명칭으로서 허가 관청에 신고 또는 보고하는 명칭으로 표시하여야 한다. 제품명은 소비자를 오도하거나 혼동시키지 않도록 상호·로고 또는 상표 등의 표현을 함께 사용할 수 있다. 허위·과대의 표시·광고에 해당하는 표현 및 다른 유형의 식품과 오인, 혼동할 수 있는 표현을 포함하여 사용하여서는 안 된다.

(2) 식품의 유형(따로 정하는 제품에 한함)

'식품의 유형'이라 함은 「식품위생법」 규정에 의한 식품 등의 기준 및 규격의 최소 분류 단위를 말한다. 그 분류 단위는 다음과 같다.

- 다류
- 음료류(기타 음료에 한한다)
- 특수용도식품
- 기타 식품류 중 추출 가공식품
- 식품별 기준 및 규격 이외의 일반 가공식품
- 식품 특성이나 유형과 관련이 없는 가상의 명칭을 제품명 또는 그 일부로 사용한 식품
- 식품별 개별 기준에 의하여 식품 유형을 표시하도록 한 식품

위의 식품별 기준 및 규격 이외의 일반 가공식품은 식품 유형에 따라 곡류 가공품, 두류 가공품, 서류 가공품, 전분 가공품, 식용유지 가공품, 당류 가공품, 과실류, 채소류 가공품, 수산물 가공품, 축산물 가공품, 기타 가공품을 표시하여야 하고, 법 규정에 의한 식품별 기준 및 규격상의 식품군, 식품 종, 식품 유형의 명칭을 표시해서는 안 된다.

(3) 업소명 및 소재지

식품 등 제조, 가공업소의 경우에는 「식품위생법」 규정에 의하여 영업허가나 신고 시 허가 또는 신고 관청에 제출한 업소명 및 소재지를 표시하여야 한다. 이 경우 소재지를 표시함에 있어 반품교환 업무를 대표하는 소재지를 표시할 수 있다. 식품소 분업소, 유통전문판매업소의 경우에는 제조업소명(소재지 포함)과 함께 당해 업소명 및 소

재지를 병행하여 표시하여야 한다. 식품 등의 수입판매업소의 경우에는 업소명 및 소재지와 당해 제품의 제조업소명을 표시하여야 한다. 다만, 외국의 제조업소명이 외국어로 표시되어 있는 경우에는 그 제조업소명을 한글로 따로 표시하지 않아도 된다. 기타 판매업소 등의 업소명 및 소재지를 병기하고자 하는 때에는 제조업소명의 표시 활자와 같거나 작은 크기의 활자로 표시하여야 한다.

(4) 제조연월일(따로 정하는 제품에 한함)

'제조연월일'이라 함은 포장을 제외한 그 이상의 제조나 가공이 필요하지 아니한 시점(포장 후 멸균 및 살균 등과 같은 별도의 제조공정을 거치는 제품은 최종 공정을 마친 시점)을 말한다. 다만, 캡슐제품은 충전, 성형 완료 시점으로, 소분 판매하는 제품은 소분용 원료제품의 제조연월일로, 원료제품의 저장성이 변하지 않는 단순 가공처리만을 하는 제품은 원료제품의 포장 시점으로 한다. 표시 대상은 도시락류, 설탕, 가공 소금 및 주류(다만 주류의 경우 제조번호 또는 병입 연월일을 표시한 경우에는 제조일자를 생략할 수 있다)에 한하며 도시락류의 경우에는 제조시간까지 표시하여야 한다.

(5) 유통기한 또는 품질유지기한(식품첨가물과 기구 또는 용기, 포장은 제외함)

'유통기한'이라 함은 제품의 제조일로부터 소비자에게 판매가 허용되는 기한을 말한다. 식품은 그 유통기한을 정하여 표시하여야 한다. 다만 설탕, 아이스크림류, 빙과류, 식용얼음, 과자류 중 껌류(소포장 제품에 한함)와 제제, 가공, 정제 소금 및 주류(탁주 및 약주는 제외)는 유통기한 표시를 생략할 수 있다. 유통기한 표시는 사용 또는 보존에 특별한 조건이 필요한 경우 이를 함께 표시하여야 한다. 이 경우 냉동 또는 냉장보관하여 유통해야 하는 제품은 '냉동보관' 또는 '냉장보관'을 표시하여야 한다. 유통기한이 서로 다른 두 가지 이상의 제품을 함께 포장하였을 경우 그중 가장 짧은 유통기한을 표시하여야 한다.

(6) 내용량(내용량에 해당하는 열량)

내용량은 기구 또는 용기·포장 제품을 제외하며, 내용량에 해당하는 열량은 영양성분 대상 식품에 한하여 표시한다. 내용물의 성상에 따라 중량, 용량 또는 개수를 표시하여야 한다. 이 경우 내용물이 고체 또는 반고체일 경우 중량으로, 액체일 경우 용량으로, 고체와 액체의 혼합물(직접 음용하지 않는 액체를 포함)일 경우 중량 또는 용량으로 표시하고, 개수를 표시할 때에는 중량 또는 용량을 괄호 속에 표시하여야 한다. 섭취 전에 버리게 되는 액체는 제품의 특성에 따라 용량을 괄호 속에 표시하여야 한다.

(7) 원재료명(기구 또는 용기·포장은 재질로 표시) 및 함량(원재료를 제품명 또는 제품명의 일부로 사용하는 경우 등에 한함)

'원재료'라 함은 식품 또는 식품첨가물의 제조·가공 또는 조리에 사용되는 물질로서 최종제품 내에 들어 있는 것을 말한다. 인위적으로 가한 정제수를 제외한 모든 원재료명 또는 성분명을 제조, 가공 시 많이 사용한 순서에 따라 표시하여야 한다. 다만, 법 제7조의 규정에 의한 식품의 기준 및 규격에서 정한 주원료의 원료명을 우선 표기할 수 있으며, 중량 비율로써 2% 미만인 경우에는 함량 순서에 따르지 아니하고 표시할 수 있다.

(8) 성분명 및 함량(성분표시를 하고자 하는 식품 및 성분명을 제품명 또는 제품명의 일부로 사용하는 경우에 한함)

'성분'이라 함은 제품에 따로 첨가한 영양소 또는 비영양소이거나 제품에 따로 첨가하지 아니한 식품 또는 식품첨가물의 제조, 가공 또는 조리에 사용된 원재료의 구성요소를 말한다. 제품에 직접 첨가하지 아니한 제품에 사용된 원재료 중에 함유된 성분명을 표시하고자 할 때에는 그 명칭과 실제 그 제품에 함유된 함량을 중량 또는 용량으로 표시하여야 한다. 다만, 이러한 성분명을 영양소 강조표시에 준하여 표시하고자 하는 때에는 영양소 강조표시 관련 규정을 준용할 수 있다.

(9) 영양성분 등(따로 정하는 제품에 한함)

표시 대상 성분은 열량, 탄수화물(당류), 단백질, 지방(포화지방·트랜스지방), 콜레스테롤, 나트륨, 그 밖에 영양표시나 영양강조표시를 하고자 하는 영양소 기준치표의 영양성분을 표시하여야 한다.

(10) 기타 표시사항

- 식품소분업소에서 식품을 소분하여 재포장한 경우에는 소분한 식품의 원래 표시사항을 변경하여서는 안 된다.

- 일반가공식품의 식품 유형을 표시하여야 하는 대상식품 중 유탕·유처리식품은 '유탕·유처리식품'으로 살균제품, 멸균제품은 '살균제품' 또는 '멸균제품'으로 각각 표시하여야 한다.
- 합성수지제의 재질에 따라 염화비닐수지, 폴리에틸렌, 폴리프로필렌, 폴리스티렌, 폴리염화비닐리덴, 폴리에틸렌테레프탈레이트, 페놀수지 등으로 각각 구분하여 표시한다.
- 폴리에틸렌(PE), 폴리프로필렌(PP), 폴리에틸렌테레프탈레이트(PET), 폴리스티렌(PS), 염화비닐수지(PVC)가 표시되어 있으면 별도 재질표시를 생략할 수 있다.
- 이온수, 생명수, 약수 등의 용어를 사용하여서는 안 된다.
- '100%'의 표시는 표시 대상 원재료를 제외하고는 어떠한 물질도 첨가하지 아니한 경우에 한하여 표시할 수 있다. 다만, 농축액을 희석하여 원상태로 환원하여 사용하는 제품의 경우에는 환원된 표시 대상 원재료의 농도가 100% 이상이면 제품 내에 식품첨가물이 포함되어 있다 하더라도 100%의 표시를 할 수 있다.
- 카페인을 인위적으로 첨가하였거나 카페인을 함유한 원재료를 사용하여 제조·가공한 액체식품은 카페인 함량이 mL당 0.15 mg 이상 함유한 경우에 주표시면에 '고카페인함유'와 이와 나란히 카페인 함량을 '○○○ mg'으로 표시하여야 한다.

3. 식품영양표시제와 영양교육

식품영양표시제는 식품영양에 대한 적절하고 올바른 정보를 소비자에게 제공함으로써 소비자들이 합리적인 식품을 선택하여 건강한 식생활을 유지할 수 있도록 돕기 위한 제도이나. 그러나 현행 식품영양표시제도는 영양정보·내용면에서 정보 전달 방법면에서도 제한점이 있어 소비자가 활용하기에는 매우 어려우므로 여러 가지 개선이 이루어져야 할 것으로 보인다.

이를 위해 우리나라도 미국과 유사한 '영양표시 및 교육법' 등 특별법이 제정되어 국민영양교육이 필요하고, 일본과 같이 (재)일본건강영양식품협회가 주관하는 JSD제도와 영양개선법이 필요하다.

최근 우리나라도 잘못된 식습관으로 인한 비만, 당뇨, 심혈관계 질환 등의 질병이 계속 증가함에 따라 식품에 들어 있는 여러 물질이나 성분에 대한 보다 정확한 정보를 제공함으로써 건강을 위협하는 식품 섭취를 줄이고 균형된 올바른 식생활 습관을 가지도록 하기 위해 영양성분표시를 의무화하고, 기타 표시기준을 보다 합리적으로 정비하는 등 현행 제도상의 미비점을 개선하여 2006년 9월에 일부 개정되었다.

일반적으로 소비자들은 가공식품을 구입할 때 영양표시 표준에 대해 잘 알지 못하므로, 표준 1회 분량과 같이 제시하면 소비자에게 영양표시의 올바른 활용을 유도할 수 있다. 따라서 소비자를 위한 영양교육 프로그램을 제도화해야 한다. 미국의 경우 가공식품의 식품영양표시 의무화와 영양교육으로 인해 향후 20년간 심장병과 암에 대한 위험으로부터 생명을 연장시킬 수 있다고 보고되었으며, 의료비 절감으로 인해 국가적

그림 11-6 영양표시

자료 : 식품의약품안전처, 영양표시 먼저 확인하세요.

이득이 발생할 수 있다고 추정되었다. 또한 미국에서는 식품영양표시제가 'Nutrition Labeling and Education Act'인 점에서도 알 수 있듯이, 교육을 함께 강조하여 중·고등학교 보건영양 교육과정에 식품영양표시제에 관한 내용을 포함시키고 각종 보건영양 조직을 통해 대국민 영양교육을 실시하고 있다. 그러므로 소비자들이 가공식품 관련 식행동과 식품영양표시제의 활용과 이해도를 알아보고 식품영양표시제도의 올바른 인식과 정착이 필요하며, 소비자들이 올바른 영양지식을 가지고 현명하게 식품을 선택할 수 있도록 교육프로그램이 다양한 방식으로 제시해야 한다.

앞으로의 식품영양표시제의 개선 방향은 다음과 같다.

첫째, 「식품위생법」과 「식품 등의 표시기준」을 식품안전성 위주에서 영양교육의 포괄적 내용을 강조하는 방향으로 전환한다.

둘째, 우리의 식생활과 소비자 영양지식에 기준한 영양표시 표준을 설정한다.

셋째, 소비자에게 영양표시에 대한 교육을 실시하여 올바른 활용을 유도한다.

넷째, 식품업체들과 협조하면서 제도화를 추진한다.

다섯째, 외식의 영양성분표시제를 정착시킨다.

제3절 건강기능식품과 영양교육

1. 건강기능식품의 정의와 종류

「건강기능식품에 관한 법률」 제3조의 정의에 의하면 건강기능식품(GMP, Good Manufacturing Practice)이란 '인체에 유용한 기능성을 가진 원료나 성분을 사용하여 정제, 캡슐, 분말, 과립, 액상, 환 등의 형태로 제조 가공한 식품'을 말한다. 여기서 '기능성'이라 함은 "인체의 구조 및 기능에 대하여 영양소를 조절하거나 생리학적 작용 등과 같은 보건 용도에 유용한 효과를 얻는 것을 말한다."라고 정의하고 있다. 또한 건강기능식품

그림 11-7 건강기능식품 마크

은 반드시 식품의약품안전처장이 기능성이 있다고 인정하는 식품이라야 한다.

건강기능성식품의 과학적 근거가 있는 식품의 기능성 정보는 표시를 통해 제공되어야 하고 기능성 표시제도는 미국, 일본, EU 등의 선진국과 CODEX와 같은 국제기구는 건강기능식품의 기능성 표시를 정비하고 있다. 그러나 우리나라의 「건강기능식품에 관한 법률」과 같이 의약품과 식품의 '중간식품'에 대한 법률이 아니라 평가된 기능성 표시에 대한 대상 및 요건에 부합하면 모든 식품에 허용하는 '표시제도' 중심으로 관리되고 있다. 「건강기능식품의 표시기준」에는 식품의약품안전처의 평가를 통해 인정된 기능성을 다음의 세 가지 방법으로 표시할 수 있도록 규정되어 있다.

1) 영양소 기능 표시

인체의 성장·증진 및 정상적인 기능에 대한 영양소의 생리학적 기능을 나타낸 것은 영양소 기준치가 설정된 것에 한한다.

2) 기타 기능 표시

인체의 정상 기능이나 생물학적 활동에 특별한 효과가 있어 건강상의 기여나 기능 향상 또는 건강 유지 개선을 나타내는 영양소 기능 이외의 표시.

3) 질병 발생 위험 감소 기능 표시

전체 식사를 통한 식품의 섭취가 질병의 발생 또는 건강상태의 위험 감소와 관련된 표시. 건강기능성 식품은 식품의 종류별과 건강에 도움을 주는 기능별로 구분한다.

표 11-2 식품의 종류별 건강기능성 원료

분류	원료
탄수화물류	글루코사민 함유제품
	뮤코, 다당, 단백
	식이섬유
	키토올리고당
	키토산
	프락토올리고당
	난소화성 말토덱스트린
지질류	감마리놀렌산, 레시틴
	배아유, 뱀장어유
	식물스테롤, 식물스테롤에스테르
	스쿠알렌
	옥타코사놀, 알콕시글리세롤
지질류	EPA/DHA 함유제품
	자라유, 지방산유
	포도씨유
	씨스팜리프리놀
식물성분	녹차추출물
	매실추출물
	배아
	알로에
	인삼
	엽록소
	홍삼
	바나바주정추출물
	참당귀주정추출물
조류	스피루리나
	클로렐라

분류	원료
단백질류	대두단백
	아미노산류
	정어리펩타이드
	자라분말
	로열젤리
비타민/무기질류	베타카로틴
	비타민 A, D, E
	비타민 B_1, 비타민 B_1, 비타민 B_1
	비타민 B_1, 비타민 B_1, 바이오틴
	나이아신, 엽산
	칼슘, 마그네슘, 철, 아연, 구리,
	망간, 요오드, 셀레늄, 크롬,
	몰리브덴
발효 미생물류	식물추출 발효물
	유산균
	홍국
발효 미생물류	효모
	효소
기타	프로폴리스
	화분
	버섯류

표 11-3 건강에 도움을 주는 기능별 건강기능성 식품

기능	식품
장건강	유산균, 프락토올리고당, 목이버섯, 알로에, 효소
건강한 콜레스테롤 유사	감마리놀렌산, 레시틴, 키토산, 키토올리고당, 대두단백, 식물스테롤, 홍국
건강한 혈액 흐름	EPA/DHA, 감마리놀렌산, 버섯
건강한 혈압 유지	정어리펩타이드
건강한 체지방 유지	식이섬유, 히비스커스 복합추출물, 공액리놀렌산
건강한 혈당 유지	난소화성 말토덱스트린, 바나바주정추출물
유해산소 제거	녹차추출물, 엽록소, 베타카로틴
건강한 면역기능 유지	인삼, 홍삼, 알콕시글리세롤
뼈와 관절	뮤코, 다당, 단백, 글루코사민, 프락토올리고당, N-아세틸글루코사민, 유니베스틴케이 황금등복합추출물, 다이메틸설폰(dimethysulfone), 초록잎혼합추출물, 오일 혼합물
인지능력	참당나귀뿌리주정추출 분말
치아건강	자일리톨

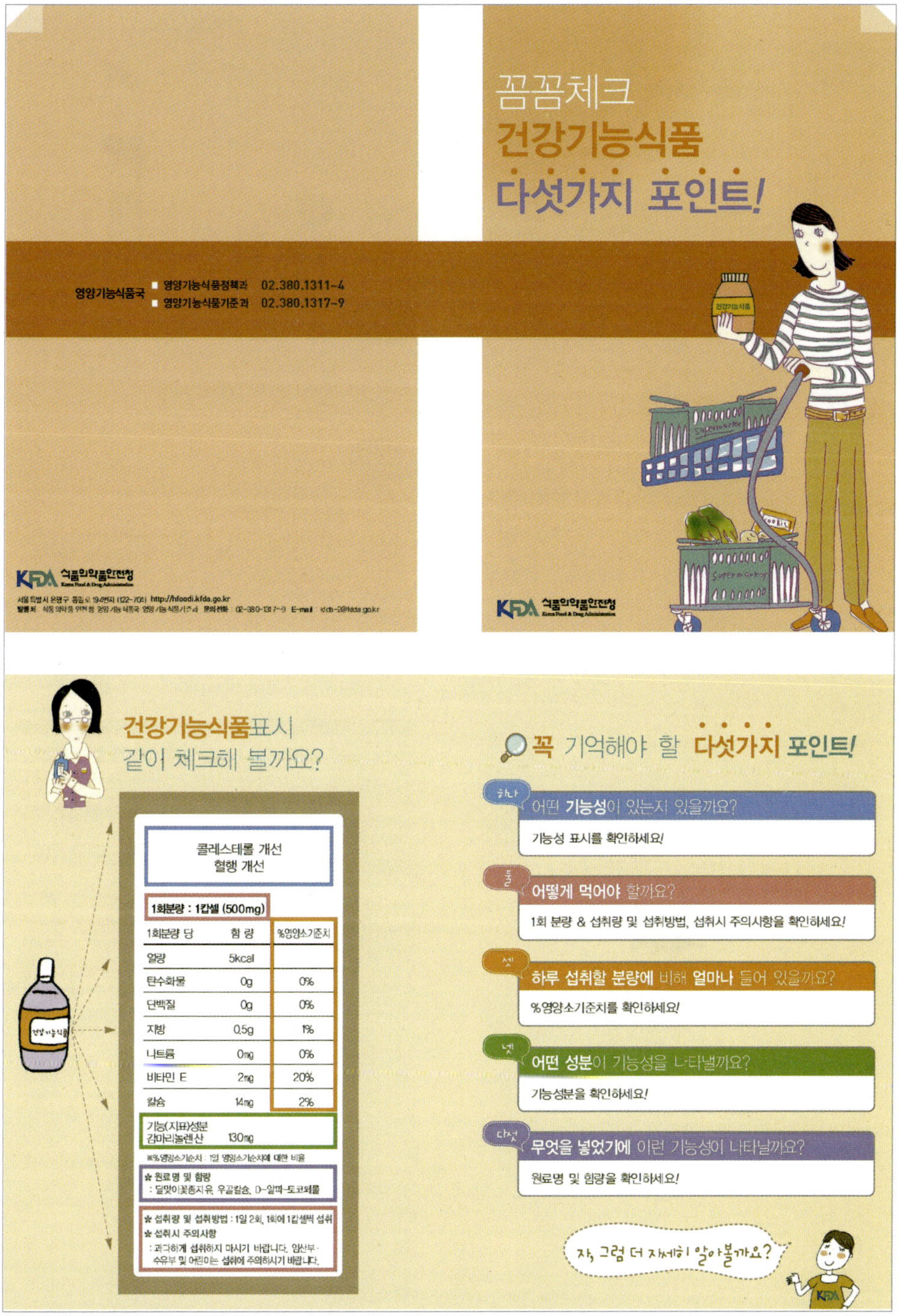

그림 11-8 건강기능식품 영양교육(계속)

자료 : 식품의약품안전처, 건강기능식품 다섯 가지 포인트

포인트 하나

기능성 표시

건강기능식품마다 기능성이 다릅니다. 표시된 기능성을 확인하세요.

포인트 둘

1회 분량 & 섭취량 및 섭취방법

건강기능식품은 1회에 섭취하는 양을 기준으로 표시됩니다. 1회 분량과 함께 섭취량, 섭취방법을 확인하면 하루에 얼마나 먹는지 알 수도 있답니다. 이 제품은 1회분량이 1캡셀이고 1일 2회 섭취하라고 되어 있으니 하루에 2캡셀을 먹는 것이군요! 하루에 2캡셀을 섭취하면 기능성분인 감마리놀렌산은 하루에 260mg을 먹는 거겠죠? 더불어 섭취할 때 주의할 점도 확인해 보세요~

포인트 셋

%영양소기준치

하루에 섭취해야할 분량을 100이라고 하였을 때, 해당 건강기능식품의 섭취를 통해 얻는 영양성분의 비율이 표시됩니다. 이 제품에는 비타민 E가 기준치의 20%가 들어있군요. 1일 2캡셀을 먹으면 1일 비타민 E 기준량의 40%를 섭취하는 거겠죠?

%영양소기준치는 건강기능식품뿐만 아니라 일반 식품에도 모두 표시가 되어 있습니다. 건강기능식품, 일반식품 합쳐서 100이 되도록 먹는 것이 바람직하니, 100을 드시고 있는지 확인해 보세요!

포인트 넷

기능성분 또는 지표성분

'기능성 원료' 안의 '기능성 성분'이 '기능성'을 나타냅니다. '달맞이꽃종자유'의 '감마리놀렌산'이 '콜레스테롤 개선', '혈행 개선' 기능성을 나타내는 거군요!

포인트 다섯

원료명 및 함량

이 제품을 만드는 데 사용된 원료들에 대한 표시로, 기능성 원료가 우선적으로 표시된답니다.

영양성분인 비타민C, 칼슘은 어디서 유래된 걸까요? 원료명 및 함량을 확인하면 영양성분들의 원료를 찾을 수 있습니다. 칼슘은 우골칼슘분말에서, 비타민C는 레몬분말에서 유래된 것이네요.

다섯가지 포인트는 **식약청**에서 철저히 검토하여 표시됩니다.

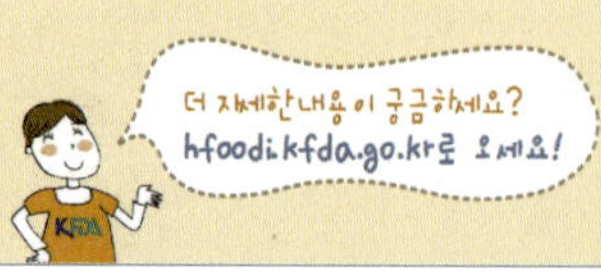

인정된 기능성 표시

기능성 내용	기능성 원료
혈중 지질 조절	감마리놀렌산함유유지, 구아검/구아검가수분해물, 귀리식이섬유, 글루코만난, 대두단백, 대두식이섬유, 레시틴, 스피루리나원말, 식물스타놀에스테르, 식물스테롤/식물스테롤에스테르, 아마인, 알로에추출물분말 N-932, 알로에복합추출물분말-932, 오메가 3 지방산 함유유지, 옥수수겨식이섬유, 옥타코사놀함유유지, 유니벡스대나무잎추출물, 이눌린/치커리추출물, 정어리 정제어유, 차전자피, 키토산/키토올리고당, 폴리코사놀-사탕수수 왁스알코올, 홍국
관절 및 연골 건강	글루코사민, 로즈힙분말, 뮤코다당단백, 유니베스틴케이황금등복합물, 써스펌리프리놀-초록입홍합추출오일복합물, Dimethylsulfone(MSM), KD-28복합추출분말, N-아세틸글루코사민
배변활동	구아검/구아검가수분해물, 글루코만난, 난소화성말토덱스트린, 대두식이섬유, 대두올리고당, 라피노스, 목이버섯YJ001, 밀식이섬유, 보리식이섬유, 분말한천, 알로에전잎, 이소말토올리고당, 차전자피, 치커리추출물, 폴리덱스트로스, 프락토올리고당, 프로바이오틱스
항산화	끄꼬망포도종자추출물, 녹차추출물, 복분자 주정 추출 폴리페놀 EA108, 스쿠알렌, 엽록소함유식물, 유니벡스대나무잎추출물, 코엔자임Q10, 포도종자추출물, 프로폴리스추출물, 피크노제놀-프랑스해안송껍질추출물, 헤마토코쿠스조엽계 추출물
혈당	구아검/구아검가수분해물, 구아바잎, 귀리식이섬유, 난소화성말토덱스트린, 대두식이섬유, 밀식이섬유, 바나바주정추출물, 솔잎증류농축액, 씨제이홍경천등복합추출물, 옥수수겨식이섬유, 이눌린/치커리추출물, 콩발효추출물, 탈지달맞이꽃종자주정추출물, 도치대두발효추출물, 피니톨, 호로파종자, PMO 알부민
장내 유익균 증식 유해균 성장 억제	대두올리고당, 라피노스, 이소말토올리고당, 프락토올리고당, 프로바이오틱스
면역력/신체저항능	게란티바이오 Ge-효모, 알콕시글리세롤 함유 상어간유, 알로에겔, 인삼, 표고버섯균사체 AHCC, 홍삼, FK-23, 헤모힘당귀등혼합추출물, L-글루타민
혈액 흐름	감마리놀렌산함유유지, 영지버섯자실체추출물, 오메가-3 지방산 함유유지, PMO 정어리정제어유, 피크노제놀
피부건강	알로에겔, 엽록소 함유식물, LG소나무껍질추출물등복합물
혈압 건강 유지	가쯔오부시올리고펩타이드, 올리브잎주정추출물 EFLA943, 정어리펩타이드, 카제인 가수분해물
기억력/인지능력 개선	대두유래포스파티딜세린, 씨제이테아닌등복합추출물, 피브로인추출물BF-7, INM176참당귀주정추출분말
눈 건강	루테인, 빌베리주정추출물, 헤마토코쿠스추출물
피로회복	매실추출물, 인삼, 홍삼
체지방 감소	씨제이히비스커스등복합추출물, CLA, Green Mate Extract EFLA920
운동시 지구력수행능력 증진	옥타코사놀함유유지, 크레아틴
전립선 건강	쏘팔메토열매추출물
충치 발생 위험	자일리톨
구강 내 항균작용	프로폴리스추출물
장건강	알로에겔
칼슘 흡수에 도움	프락토올리고당
간기능	브로콜리스프라우트분말, 헛개나무과병추출분말

그림 11-8 건강기능식품 영양교육

자료 : 식품의약품안전처, 건강기능식품 다섯 가지 포인트

2. 건강기능식품과 영양교육

최근 식품가공산업의 발달로 생산된 가공식품과 인스턴트식품의 섭취가 늘면서 현대인들의 동물성 지방의 과잉 섭취와 비타민·무기질·식이섬유소의 결핍 등 영양불균형이 초래되고 있다. 이러한 문제점이 나타난 가운데 매스컴을 통해 건강기능식품이 질병 예방이나 건강증진에 효과가 있다고 알려져 건강기능식품에 대한 소비가 급증하고 있다. 그러나 건강기능식품의 남·오용에 따른 문제점이 나타나고 있으며, 특정 영양소의 중복 섭취와 과잉 섭취로 부작용이 일어나고 있다. 또한 건강기능식품의 과학적인 근거가 입증되지 않아 효능이 미흡하거나 부작용까지 호소하는 경우가 늘고 있으며, 과장광고나 부당표시 및 터무니없이 높은 가격 등으로 인해 소비자 피해 사례가 발생하고 있다.

건강기능식품은 기호나 열량 위주의 불균형한 식사에 미량원소 등의 보충으로 도움이 될 수 있지만, 단순히 보조식품의 역할에 그쳐야 위해를 없앨 수 있다. 그러기 위해서는 영양교육을 통해 소비자는 안전한 건강기능식품을 선택하도록 유도하고 생산업자는 건강기능식품의 안전성을 제공하도록 해야 한다. 즉, 소비자가 제품을 선택할 때 참고할 수 있도록 원료별 과학적 근거의 차이를 제공해야 하며, 생산자는 식물 재료인 경우 농약 등의 잔류 화학물질에 대해 철저히 검토하며, 비조리 섭취 식품의 경우 오염 미생물 등을 엄격히 관리하고, 공정규격에 의한 품질관리를 제도화하고 홈페이지에 공개함으로써 제품의 안전성을 도모해야 한다. 특히, 급증하고 있는 수입된 건강기능식품에 대한 품질평가와 유통관리에 주의를 기울여야 한다.

건강기능식품으로는 인삼이 가장 많고, 그 다음으로 유산균, 비타민제, 스쿠알렌 등의 순이며, 사용한 동기는 친지의 권유, 라디오와 텔레비전, 신문, 잡지의 영향 순으로 방문판매와 광고의 영향이 컸다. 건강기능식품과 한약이 다르다고 생각하는 경우는 80% 이상이지만, 알고 있는 건강기능식품과 약품(또는 한약)의 두 문항 모두 인삼이라는 답이 가장 많아서 두 가지를 구별하지 못하는 등, 올바른 건강기능식품의 사용을 위한 교육의 필요성을 알 수 있다.

건강기능식품에 대한 영양교육이 여러 면에서 실시되어야 하는데 첫째, 국가적인 차원에서 식품의약품안전처, 한국소비자원, 소비자단체 등에서 건강기능식품의 올바른 선택과 섭취방법에 대해 홈페이지나 광고를 통해 홍보하는 것이 필요하다. 둘째, 건강기능식품 생산자는 소비자가 손쉽게 볼 수 있도록 건강기능식품의 섭취량과 섭취빈도를 상품 겉면에 홍보하고 광고할 수 있도록 한다. 셋째, 건강기능식품 판매원은 건강기능식품에 대한 충분한 이해와 지식을 바탕으로 소비자들에게 믿을 수 있는 정보를 제공하고 소비자가 이해할 수 있도록 설명을 하여 소비자들이 자신에게 맞는 건강기능식품을 선택할 수 있도록 돕는다.

한편, 최근 건강기능식품에 대한 영양교육 프로그램이 인터넷과 온라인 교육을 통해 실시되고 있다. 이는 건강기능식품의 기능적인 면에 관해 소비자와 전문가들이 쉽고

그림 11-9 건강기능식품 부작용 추정사례 신고

자료 : www.foodnara.go.kr

빠르게 학습하며, 관련 내용을 접할 수 있도록 제공하여 건강기능식품의 기능성 측면에서의 활용가치를 교육하는 데 유용하게 사용될 수 있다는 장점이 있다. 교육 프로그램을 소비자에게 효율적으로 제공하려면 정부차원의 적극적인 홍보가 필수적으로 지원돼야 하며, 이러한 방법을 제품 표지에 표시하거나 건강기능식품 판매 사이트 또는 건강기능식품과 연계하여 판매자 교육프로그램으로 활용해야 할 것이다. 건강기능식품의 부작용 추정사례 등 안전성 정보 보고는 가능한 한 '부작용 추정사례 신고 센터' 홈페이지를 이용하여 보고하며, 인터넷 접속이 어려울 경우 팩스, 우편 또는 전화를 이용한 구두 보고도 가능하다. 인터넷을 이용한 부작용 추정사례 등 안전성 정보 보고는 '식품나라(http://www.foodnara.go.kr)' 사이트의 '소통광장' 메뉴에서 '건강기능식품 부작용 추정사례 신고'를 선택하여 부작용 사례를 선택하여 보고할 수 있다.

참고 문헌

강상현 · 채백 엮음, 대중매체의 이해와 활용, 한나래, 1993

강이철, 교육방법 및 교육공학의 입문, 양서원, 2011

계승희 · 하명주 · 이행신 · 윤진숙 · 김초일, 총식이조사를 위한 식품 소비형태 및 식품 섭취량 조사연구, 한국영양학회지, 30(1):61-74, 1997

고재희, 통합적 접근의 교육방법 및 교육공학, 교육과학사, 2008

고지혈증 치료지침 제정위원회, 고지혈증 치료지침, 2003

고지혈증자료지침 제정위원회, 고지혈증의 진단과 치료, 2000

곽동경 외 1인, 집단급식을 위한 식품 위해 요소 중점관리 기준 관리지침서, 1996

구재옥 외 5인, 영양교육의 이론과 실제, 파워북, 2010

국립의료원 당뇨병 교실, 당뇨병 환자를 위하여 15판, 2004

국제임상영양표준용어지침서(번역서). International Dietetics & Nutrition Terminology(IDNT) Reference manual : Standard Language for the Nutrition Care Process 2nd ADA, 대한영양사협회 출판, 2011

권옥자 외 5인, 유아를 위한 교수공학과 매체, 형설출판사, 2001

김광자, 교수학습방법의 이해, 집문당, pp.49~67, 2000

김석원 · 권재현 · 윤정금 · 이혁기 · 이근미 · 정승필, 성인 비만 여성에서 허리둘레/신장비와 심혈관질환 위험인자 사이의 연관성, 가정의학회지, 25:740-745, 2004

김연희 · 이상선 · 김미경 · 최보율, 식이조사방법 중 자기 기록식 24시간 회상반복 조사의 변이원에 관한 연구, 한국영양학회지, 30(3): 349-359, 1997

김영현 외 5인, 영양교육&상담, 지구문화사, 2011

김용하, 국민건강증진종합계획, 순천향대학교, 2012

김초일, 영양 정책을 위한 영양사의 리더십, 한국보건산업진흥원

김혜경 · 윤진숙, 식사섭취조사방법의 비교연구, 한국영양학회지, 22(1):23-31, 1989

김혜련, 국가영양정책의 현안과제와 발전전략 모색, 보건복지포럼, 2008

김혜련 · 곽노성 · 문현경 · 백희영 · 강장미 · 김어지나 · 이정원, 고령사회에 대비한 국가영양관리 발전 전략 모색, 한국보건사회연구원, 2007

김혜숙 · 이상현, 실기교육방법론, 교육과학사, pp.12~123, 1999

김화영 · 강명희 · 조민숙, 영양상태판정, 신광출판사, 2001

노성윤, 근로자 정기건강검진을 기초로 한 영양 및 건강관리전산화 프로그램 개발에 관한 연구, 경희대학교 박사학위논문, 2001

노완섭 외 4인, 건강보조식품과 기능성식품, 도서출판 효일, 2000

대한당뇨학회 식품위원회, 당뇨병 식사요법 지침서, 대한당뇨학회, 대한영양사회, 한국영양학회, 1995

대한소아과학회 보건통계위원회, 1998년 한국 소아 및 청소년 신체발육 표준치 세부자료, 2000

대한소아과학회 영양위원회, 소아 청소년 비만:진료실에서 유용한 안내서, 2006

대한소아과학회, 한국 소아 및 청소년 신체발육 표준치 측정, 추계학술대회초록집, 1998

대한영양사협회, 국민영양, 제28권 제6호(통권270호), pp.43~45, 2005

대한영양사협회, 영양관리(NCP)의 이론과 실제, 2011년도 전국병원영양사회 워크숍, 2011

대한영양사협회, 영양관리지침서 제3판, 2010

대한영양사협회, 영양상담(임상영양사과정 교재)

대한영양사협회, 영양상담지침서, 2002

대한영양사협회, 임상영양관리지침서, 2000

대한영양사회, 임상영양관리지침서 개정판, 2008

데니스 맥퀘일 저, 양승찬 · 강미은 · 도준호 역, 나남출판, p.21, 2002

박영숙 외 4인, 영양교육과 상담, 교문사, 2011

박영숙 외 4인, 영양교육과 상담, 교문사, 2012

박영숙 · 이정원 · 서정숙 · 이보경 · 이혜상, 영양교육과 상담, 2010

보건복지부, 제1차 국민영양관리기본계획(2012~2016), 2012

보건복지부, 제3차 국민건강증진종합계획(2011~2020), 2011

보건복지부 질병관리본부, 2007 국민건강통계: 국민건강영양조사, 2008

보건복지부 질병관리본부, 2013 국민건강통계: 국민건강영양조사, 2014

보건복지부 · 한국영양학회, 2015 한국인 영양소 섭취기준, 2015

서연경, 영양정책과 행정(1), 방송통신대학교

서연경, 영양정책과 행정(2), 방송통신대학교

서울중앙병원, 임상영양가이드, 2006

서울시영양사회, 2010년 어린이 단체급식시설 식품안전 · 영양교육, p.31, 2010

손숙미 외 3인, 영양교육 및 상담의 실제, 라이프사이언스, 2009

손숙미 · 이경혜 · 김경원 · 이연경, 영양교육 및 상담의 실제, 라이프사이언스, 2007

송정아 · 최규련, 가족치료의 이론과 기법, 도서출판 하우, 2007

승정자 · 홍원주 · 김순경 · 김애정, 영양판정, 청구문화사, 1998

유혜령 외 2인, 육아 교수공학과 교수 · 학습방법, 창지사 2009

이문규, 대사증후군의 정의, 대한의사협회지 48(8):707-714, 2005

이영남 · 정은자 · 박란숙 · 허채옥 · 김현오 · 백희준 · 노성윤, 영양교육 및 상담, 수학사, 2007

이영민 외 2인, 블로그 활용 수업의 실제, 교육과학사, 2008

이정권, 역학연구에서 식이조사방법, 한국영양학회지 27(5):505-508, 1994

이정원 외 4인, 영양판정, 교문사, 2009

이정원 · 이미숙 · 김정희 · 손숙미 · 이보숙, 영양판정, 교문사, 2007

임창재, 수업심리학 실기교육방법론, 학지사, 1994

장남수 · 강명희 · 정혜경, 지역사회영양학, 광문각, pp.2~23, 2005

장유경 · 정영진 · 문현경 · 윤진숙 · 박혜련, 영양판정, 신광출판사, 2006

정인석, 상담기초학의 기초이론, 대왕사, 1993

정현숙 외 5인, 생애주기영양학, 수학사, 2012

조규락 · 김선연, 교육방법 및 교육공학, 학지사, 2007

조승제, 교과교육과 교수·학습 방법론, 양서원, pp.101~125, 2006

조여원·정구명, 영양판정, 광문각, 2006

조용개 외 5인, 성공적인 수업을 위한 교수전략, 학지사, 2009

최미숙·한경희·박기순, 회상법, 기록법 및 식품섭취빈도조사법을 이용한 노인의 영양소 섭취 수준의 비교, 한국영양학회지 34(6):688-700, 2001

최영선·조성희·윤진숙·서성숙, 영양판정, 형설출판사, 2000

최혜미·김경원·김창임·김희선·손정민, 지역사회영양학, 파워북, 2011

한국농촌경제연구원, 식품수급표, 2005

한국보건산업진흥원, WHO의 식품안전을 위한 세계적 전략, 2005

한국영양학회, 한국인을 위한 영양섭취기준치, 2010

한양대학교병원, 질환별영양교육지침, 2000

홍순명, 영양상태판정 및 영양상담, 내하출판사, 2005

Abramson JH. 외 2인, Food frequency interview as an epidemiological tool, *Am J. Public Health*, 53:1093-1101, 1963

Clarie B. Hollenbeck 외 1인, *Diabetes Mellitus*

David, M, *Paige* : *Diabetes Mellitus, clinical Nutri*, The C.V. Mosby co.

Eleanor MP. 외 2인, *USDA Methodological Research for Largescale Dietary Intake Surveys*, United States Department of Agriculture, 1975-1988

Fehily AM, Epidemiological for nutritionists 4 survey methods, *Human Nutr. Applied Nutrition* 37A:419-425, 1983

Gillespie AH, Developing a university-community partnership model intergrating reserch and intervention to improve food decisions in families and communities, 대한지역사회영양학회추계학술대회, 1997

Helene C. 외 1인, Promoting School Lunch Participation through Nutrition Education, *J. of Nutr. Educ.* 17.1, 1985.

Jessie Craig Obert, *Community Nutrition*, John Wiley & Sons, Inc, 1986.

Leamn Lipps Birch, The Relationship between children's Food preferences and those of their parents, *J. of Nutr. Educ*. 12.1 1980.

Lee RD, Nieman DC, *Nutritional Assessment*, Mosby, 1996

Lee RD, Nieman DC, *Nutritional Assessment*, 4th ed, Mosby, St.Louis, 2006

Linda G, Snetselaar, *Nutriton counseling Skills assessement, treatment and evaluation* 2nd, An Aspen Publication, 1989

Linda G, Snetselaar, *Counselling for Change : In Kruases' Food, Nutrition & Diet Therpy*, 11th, SAUNERS, 2004

Margaret DS. 외 2인, *Nutrition Assessment*, Aspen Publishers, 1984

National Research Council, *Recommended Dietary Allowances*, 10th ed, National Academy Press, 1989

Nestle M, Nutrition in Medical Education New policies needed for the 1990s, *J. Nutr. Educ.* 20: S31, 1988

Nestle M, Dietary guidance for 21th century : new approaches, *J. Nutr. Educ.* 27(5), 1995

Owen AC, What patient need to know about nutrition, *J. Nutr. Educ.* 20:S25, 1988

Prochaska JO, DiClement CC, Stages and processes of self-change of smoking: toward an intergrative model of change, *J. Consult Clin Psycho.* 51:390-395, 1983

Prochaska JO, Velicer WF, Rossi JS, et al, Stages of change and decisional balance for 12 problem behavior, *Health Psychol.* 13:39-46, 1994

Schucker RE, Alternative approaches to classic food consumption measurement methods, *Am J. Clin. Nutr*, 35:1306-1309, 1982

Sharon Rady Rolfes, Kathryn Pinna, Ellie Whitney, *Understanding Normal and Clinical Nutrition*, Thomson wadsworth, 2005

Snetselaar LG, *Nutrition Counseling* 2nd ed, An Aspen Publication, 1989

Snetselaar LG, *Nutritional Counseling Skills*, An Aspen Publication, 1989

Terry RD, *Introductory Community Nutrition*, Mosby, 1994

The effectiveness of nutrition education and implications for nutrition education policy program and research: A review of research, *Am J. Nutr. Educ.* 27(6):84-286, 1995

Young VR. 외 4인, Evaluation of the protein quality of an isolated soy protein in young man: relative requirment and effect of methionine supplemention, *Am J. Clin. Nutr*, 39:16-24, 1984

찾아보기

ㄱ

가구조사 238
가족치료 265
강화 291
개방형 질문 280
개혁확산 모델 44
거대적아구성빈혈 195
건강길라잡이 338
건강신념 모델 36
견갑골 하부 피부두겹집기 170
경구 당부하 검사 181
경청 267
경험의 원추(cone of experience) 115
계약 292
계통적 추출법 226
계획적 행동이론 39
고중성지방혈증 188
고지혈증 185
고혈당 188
고혈압 188
골격근증 193
공유반응 282
과일 제공 시범사업 337
과정평가 121
관찰법 226
광고지 125
괘도 131
교육부 349
구각염 186
구체화 292
국립보건연구원 352
국민건강영양조사 236, 339
국민건강증진법 21, 328
국민건강증진종합계획 257, 328
국민영양관리기본계획 328
국민영양관리법 21, 31, 328, 337
그림자료 136
근육단백질 183
근접학 275
글루타싸이온 환원효소 194
기록법 202
기입법 226
기초대사율 160

ㄴ

내담자중심요법 262
내장단백질 183
농림축산식품부 349
농촌진흥청 349
누운키(length) 159
니코틴산아마이드 194

ㄷ

다각형도 138
다단 추출법 225
다용도판 135
단순 무작위 추출법 225
당뇨병과 영양상담 321
당뇨병 환자를 위한 식품교환표 312
당화 헤모글로빈(HbA_1C) 검사 181
대사증후군 187
대수도표 138
대한비만학회 식사치료지침 315
대한영양사협회 32
대형카드 128
데옥시유리딘 억제 검사법 195, 196

도수분포도 138
동기유발 면담 290
동량수거분석법 210
동작학 275
두위 161
듣기기술 277
디오라마 122
띠도표 137

» ㄹ

뢰러(Röhrer)지수 165
리플릿 122

» ㅁ

막대도표 137
맞춤 292
매체(media) 114
멀티미디어 147
면담기술 272
면역능력 검사 184
모델링 289
모의실험 290
모형 140
목표결정단계 286
무릎높이(knee height) 159
문제 해결 291

» ㅂ

반영 278
벽신문 126
보건복지부 349
보건의식행태 조사 239
복부비만 188
복부 피부두겹집기 171
부연설명 278
브로카(Broca) 법 165
블로그 148
비만도 165
비만 예방 교육자료(KIT) 338
비언어적 의사소통 273
비타민 C 포화도 검사 198
빈혈 186

» ㅅ

4-pyridoxic acid 195
사회인지론 40
사회적 지원 291
삼두근 피부두겹집기 170
3-메틸히스티딘 183
상관도 139
상담(counseling) 260
상담 관계 형성의 촉진 요소 268
상대체중 166
상완근육둘레(MAMC) 176
상완근육면적(AMA 176
상완둘레 175
생애주기별 식생활 지침 340
설염 186
소멸 292
소변 중의 4-pyridoxic acid(PA) 측정 195
소변 중 크레아티닌 배설량 183
소아 표준 성장도표 162, 163
손목둘레 167
수용 277
수중 체중 측정법 178
숟가락 모양의 손톱 186
스트레스관리 291
스티커 128
시청각 자료 308
식사계획 시 활용 도구 309
식사구성안 311
식사기록법 49, 203
식사기록지 308
식사력조사법 202, 209
식생활 조사 240
식재료원산지표시 338

식품섭취량 조사 240
식품섭취빈도 조사 240
식품섭취빈도조사법 202, 205
식품영양안전국 351
식품영양표시제 338
식품위생교육 339
식품의약품안전처 349
식품표시제 20
신장체중지수 164
실링테스트(Schilling test) 196
실물 140
실측법 202, 204
심혈관 질환과 영양상담 318

›› ㅇ

아이소타이프(isotype)를 이용한 도표 138
알부민 184
암 적응력(dark adaptation) 192
약식조사 224
어린이 기호식품 신호등 표시제 339
어린이 식생활안전관리 특별법 338
어린이 식생활 안전지수 339
어린이 식품안전보호구역 339
언어적 의사소통 273
연하곤란 186
영양개선 17
영양관리과정(NCP, Nutrition Care Process) 260
영양교육의 목적 17
영양교육의 목표 17
영양교육의 실시 과정 17
영양교육의 정의 16
영양교육의 필요성 19
영양사에 관한 규칙 31
영양상담(nutrition counseling) 260
영양상담기록지 295
영양상담 전략 289
영양정책 328
영양지원사업 341
영양판정 284
영양표시제 20
영양플러스 사업 340
영양플러스사업 337
영양행동이론 36
옆중심선 부분 피부두겹집기 172
운동실조 193
원도표 137
위산분비 저하증 186
융판 133
의사소통 272
이두근 피부두겹집기 170
이상체중(IBW) 165
이상체중백분율 160
24시간 회상법 203
이환조사 238
인지적 재구성 291
인형 142
입체도표 138
입체매체 140

›› ㅈ

자극통제 293
자기관리 293
자기관리법 266
자기관찰법 293
자기지시 293
자료수집 284
자석판 134
자아효능감 37
장골 상부 피부두겹집기 172
장딴지둘레 177
저프로트롬빈혈증 193
적외선 간섭법 180
적혈구 엽산 196
적혈구 지수 190
전기저항 측정법 178

전산프로그램 305
전시 132
절선도표 137
점도표 138
정리요약 279
정보제공 방법 282
준언어학 275
중립형 질문 280
지단백질 185
지도형 질문 280
지역보건법 337
지연형 피부 반응 검사(DCH) 185
직면 281
직접분석법 210
질문 280
질병관리본부 352
집락 추출법 225

›› ㅊ

철 결핍성 빈혈 186, 189
청 엽산 196
청취법 226
체지방량 169
체질량지수 160, 164
초음파 진단법 179
총단백질 184
총임파구 수 184
총체수분량 측정법 180
총칼륨량 측정법 180
측정법 226
층별 추출법 225

›› ㅋ

카우프(Kaup)지수 165
컴퓨터 단층촬영법 179
콩팥 질환 환자를 위한 식품교환표 313
크레아티닌-신장지수 160
크레아티닌-신장지수 측정 183

›› ㅌ

통계도표 137
투시물환등기 143
투약-반응 검사(RDR 192
투입자원평가 121
트랜스케톨레이스 193
트랜스페린 포화도 189
트립토판 부하검사 195
티미딘(thymidine) 196

›› ㅍ

팔꿈치두께 167
패널(panel) 141
팸플릿 122
퍼즐게임 153
폐쇄형 질문 280
포스터 125
표본 140
표본조사 224
표어 127
표준체중 165, 166
피부두겹집기 170

›› ㅎ

학교급식법 31
학교보건법 338
한국인 영양섭취기준 309, 340
한국지질·동맥경화학회 심혈관계 질환의 영양 치료지침 권고안 319
합리적 정서요법 263
합리적 행동이론 38
해석 281
핵자기공명영상법 179
행동기술 279
행동변화단계 모델 42
행동요법 262
행동통제력 39
허리둘레 174

허리-엉덩이 둘레비 173
허벅지둘레 177
허벅지 피부두겹집기 172
헤모글로빈 189
현실요법 264
혈중 중성지질 185
혈중 콜레스테롤 185
혈청 비타민 A 농도 검사 192
혈청 트랜스페린 184
혈청 페리틴 189
회상법 202
효과적인 영양상담 272
효과평가 121
흉위 161

》A
ADIME 형식 300
AGR 173
Alanine Aminotransferase(ALT) 198
Alkaline Phosphatase(ALP) 198
anemia 186
angular's tomatitis 186
ASSURE 모형 119
AST 199
ataxia 193

》B
BUN 199

》C
CD-ROM 149

》D
deoxyuridine suppression test 195
dietary history 202
dietary method 202
dysphagia 186

》G
glossitis 186
glutathione reductase 194

》H
HDL 콜레스테롤 185, 188, 375
hypochlorhydria 186
hypoprothrombinemia 193

》L
Lactate Dehydrogenase(LDH) 198
LDL 185

》M
MAC 176
medical history 202

》P
PES문 300
PLP(pyridoxal phosphate) 195

》R
Rapport 형성의 구성 요소 268

》S
skeletal myopathy 193
SOAP 형식 296
spoon nail 186

》T
TPP(thiamin pyrophosphate) 194
transketolase 193
TSF 176

》V
VLDL 185

저자 소개

정은자
서울여자대학교 대학원 졸업(이학박사)
현재 을지대학교 식품영양학과 교수

박란숙
세종대학교 대학원 졸업(이학박사)
현재 숭의여자대학 식품영양과 교수

허채옥
한양대학교 대학원 졸업(이학박사)
현재 한양여자대학교 식품영양과 교수

노성윤
경희대학교 대학원 졸업(이학박사)
현재 대법원 보건행정관
경희대학교 강사

백희준
한양대학교 대학원 졸업(이학박사)
현재 한양대학교병원 영양팀장
한양대학교 식품영양학과 겸임교수

오희경
서울대학교 대학원 졸업(농학박사)
현재 장안대학교 식품영양과 교수

재미있는 영양교육 및 상담

2019년 8월 1일 초판 3쇄 발행
2016년 2월 26일 초판 2쇄 발행
2013년 9월 10일 초판 1쇄 발행

지은이 정은자 · 박란숙 · 허채옥 · 노성윤 · 백희준 · 오희경
발행인 이 영 호
발행처 **수 학 사**
06653 서울특별시 서초구 효령로 263
출판등록 1953년 7월 23일 No.16-10
전화번호 02) 584-4642(代) 팩스 02) 521-1458
http://www.soohaksa.co.kr
디자인 북큐브

값 24,000원

ISBN 978-89-7140-384-6 93590